COURS & ENTRAÎNEMENT

prépabac

Tle GÉNÉRALE

NOUVEAU BAC

Physique chimie

SPÉCIALITÉ

- **Nathalie Benguigui**
  Professeur agrégée de physiqu
  Lycée Bellevue au Mans
- **Patrice Brossard**
  Professeur agrégé de physique-chimie
  Lycée Europe Robert-Schuman à Cholet
- **Joël Carrasco**
  Professeur certifié de physique-chimie
  Lycée Marcel-Pagnol à Marseille
- **Gaëlle Cormerais**
  Professeur certifiée de physique-chimie
  Collège Marseilleveyre à Marseille
- **Éric Langlois**
  Professeur agrégé de physique-chimie
  Lycée Descartes à Tours
- **Jacques Royer**
  IA-IPR de physique-chimie
  Académie de Nantes

Hatier

TABLE DES ILLUSTRATIONS
4 ph © guenterguni/coll. E+/Getty images • 5 ph © Robert Harding Picture Library/Andre Seale/Biosphoto • 6 ph © Dmytro Aksonov/coll. E+/Getty images • 7 ph © Laurence MEDARD/CNRS Photothèque • 8 ph © Tass/ABC/Andia.fr • 9 ph © Robert Harding Picture Library/Andre Seale/Biosphoto • 11 ph © guenterguni/coll. E+/Getty images • 37ph © Alexander Raths - stock.adobe.com • 63 ph © upthebanner/iStock/Getty Images Plus • 89 Coll. Particulière • 115 ph © Unique Vision - stock.adobe.com • 143 ph © Robert Harding Picture Library/Andre Seale/Biosphoto • 169 ph © Bim/coll. E+/Getty images • 197 ph © yuelan/iStock/Getty Images Plus • 199 ph © Dmytro Aksonov/coll. E+/Getty images • 223 ph © Michel Hans • 251 ph © yuelan/iStock/Getty Images Plus • 275 ph © Eric ARISTIDI/CNRS Photothèque • 277 ph © Eric ARISTIDI/CNRS Photothèque • 305 ph © Tass/ABC/Andia.fr • 307 ph © Laurence MEDARD/CNRS Photothèque • 333 ph © Tass/ABC/Andia.fr • 355 ph © PeopleImages/E+/Getty Images.
Malgré nos efforts, il nous a été impossible de joindre les ayants-droit de certains documents pour solliciter l'autorisation de reproduction, mais nous avons naturellement réservé en notre comptabilité des droits usuels.

Maquette de principe : Frédéric Jély
Mise en pages : STDI
Schémas : STDI
Iconographie : Nelly Gras/Hatier Illustration
Édition : Julie Drappier

 ISBN 978-2-401-06466-9

AVANT-PROPOS

VOUS ÊTES EN TERMINALE générale, vous avez choisi la spécialité physique-chimie et vous savez que la réussite dans cette matière demande un travail tout au long de l'année ? Alors ce Prépabac est pour vous !

Cet ouvrage va vous permettre en effet de mémoriser les connaissances essentielles sur chacun des thèmes du nouveau programme et d'acquérir progressivement des méthodes clés pour gagner en efficacité !

Cet objectif est rendu possible grâce à un ensemble de ressources très complet : des fiches de cours et de méthode – synthétiques et visuelles –, des cartes mentales récapitulatives, des exercices progressifs, enfin des sujets guidés, pour vous préparer à l'épreuve finale du bac.

Nous vous recommandons de les utiliser régulièrement, en fonction de vos besoins. Ainsi vous pourrez aborder l'épreuve écrite de physique-chimie et le Grand Oral en toute sérénité, et acquérir les compétences nécessaires à la poursuite de vos études.

Les auteurs

Nathalie Benguigui

Patrice Brossard

Joël Carrasco

Gaëlle Commerais

Éric Langlois

Jacques Royer

SOMMAIRE

Constitution et transformations de la matière

1 Les transformations acide-base

2 Analyse d'un système chimique par des méthodes physiques et chimiques

3 Évolution d'un système, siège d'une transformation chimique

4 Les transformations nucléaires

COURS & MÉTHODES

5 Sens d'évolution d'un système oxydant-réducteur

COURS & MÉTHODES

6 Sens d'évolution d'un système acide-base

COURS & MÉTHODES

SOMMAIRE

7 Stratégies en synthèse organique

Mouvement et interactions

8 Description d'un mouvement

9 Deuxième loi de Newton - Mouvement dans un champ

SOMMAIRE

13 Lunette astronomique – Flux de photons

14 Dynamique d'un système électrique

Aide-mémoire

Constitution et transformations de la matière

1 Les transformations acide-base

Dallol est un site géologique situé dans le désert du Danakil, au nord-est de l'Éthiopie. Dallol signifie « décomposé » à cause de ses sources chaudes acides. Certaines concrétions de Dallol se forment par des **réactions acide-base**, entre la soude (une base), le soufre solidifié et l'acide sulfurique des sources chaudes.

1 Réaction acide-base

En bref *La définition d'un acide et d'une base permet d'expliquer les réactions acide-base et d'établir leur équation.*

I Acide et base de Brönsted

■ Un **acide** est une espèce chimique susceptible de céder un ou plusieurs ions hydrogène H^+ ou protons.

■ Une **base** est une espèce chimique susceptible de capter un ou plusieurs ions hydrogène H^+.

> **À NOTER**
> L'ion hydrogène H^+ n'est constitué que d'un seul proton (l'atome H ayant perdu son seul électron). C'est pourquoi il est souvent appelé proton.

■ La **base conjuguée** d'un acide de Brönsted est l'entité formée une fois que l'acide a cédé un ion H^+.

■ L'**acide conjugué** d'une base de Brönsted est l'entité formée après que la base a accepté un ion H^+.

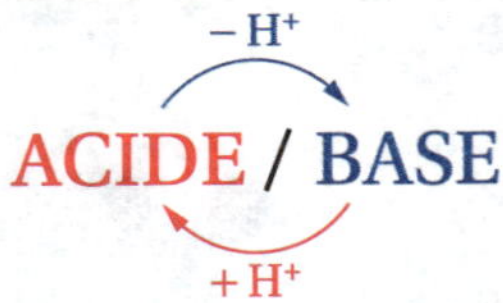

■ Un **couple acide-base** est constitué d'un acide et d'une base **conjugués**, qui s'obtiennent l'un à partir de l'autre par échange (gain ou perte) d'un ion H^+ selon la demi-équation :

$$\text{Acide} \rightleftarrows \text{Base} + H^+$$

II Établir l'équation de la réaction entre un acide et une base

Une **réaction acide-base** met en jeu deux couples acide-base. L'acide d'un couple échange un ion H^+ avec la base conjuguée d'un autre couple selon les équations suivantes :

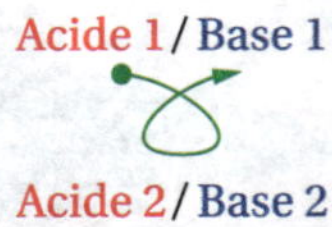

(1) L'acide 1 cède un proton H^+ :	$\text{Acide 1} \rightleftarrows \text{Base 1} + H^+$
(2) La base 2 capte un proton H^+ :	$\text{Base 2} + H^+ \rightleftarrows \text{Acide 2}$
(1) + (2) Bilan :	$\text{Acide 1} + \text{Base 2} \rightleftarrows \text{Base 1} + \text{Acide 2}$

Exemple :

Acide 1 — Perte de H^+ — Base 1

$$CH_3\text{-}CO_2H_{(aq)} + H_2O_{(\ell)} \rightleftarrows CH_3\text{-}COO^-_{(aq)} + H_3O^+_{(aq)}$$

Base 2 — Gain de H^+ — Acide 2

Les deux couples mis en jeu sont : $CH_3COOH_{(aq)}/CH_3COO^-_{(aq)}$ et $H_3O^+_{(aq)}/H_2O_{(\ell)}$.

Méthode

Interpréter une réaction acide-base

L'aniline réagit avec l'eau selon la réaction d'équation :

$$C_6H_5NH_{2(aq)} + H_2O_{(\ell)} \rightleftarrows C_6H_5NH_{3(aq)}^+ + HO_{(aq)}^-.$$

a. L'aniline est-elle un acide ou une base ? Quel est le rôle de l'eau ?

b. Montrer que cette réaction s'interprète comme un transfert de proton entre deux espèces.

CONSEILS

À partir de la définition d'un acide et d'une base de Brönsted, identifiez les deux couples acide-base intervenant dans la réaction étudiée.

SOLUTION

a. • Rôle de l'aniline : $C_6H_5NH_2 + H_2O \rightleftarrows C_6H_5NH_3^+ + HO^-$

Gain de H^+

$C_6H_5NH_{2(aq)}$ gagne un proton et donne $C_6H_5NH_{3(aq)}^+$.

Une espèce capable de capter un proton est une base de Brönsted. L'aniline est donc une base : $C_6H_5NH_2 + H^+ \rightleftarrows C_6H_5NH_3^+$

• Rôle de l'eau : $C_6H_5NH_2 + H_2O \rightleftarrows C_6H_5NH_3^+ + HO^-$

Perte de H^+

H_2O perd un proton et donne l'ion hydroxyde HO^-. Une espèce capable de céder un proton est un acide. Ici, l'eau a un rôle d'acide : $H_2O \rightleftarrows H^+ + HO^-$.

b. La réaction met en jeu deux couples acide-base dont l'acide d'un couple réagit avec la base du second par transfert de proton.

• Couple $H_2O_{(\ell)}/HO_{(aq)}^-$

H_2O cède un proton : $H_2O \rightleftarrows H^+ + HO^-$

• Couple $C_6H_5NH_{3(aq)}^+/C_6H_5NH_{2(aq)}$

L'alanine capte H^+ : $C_6H_5NH_2 + H^+ \rightleftarrows C_6H_5NH_3^+$

Bilan : $C_6H_5NH_2 + H^+ + H_2O \rightleftarrows C_6H_5NH_3^+ + H^+ + HO^-$

$$C_6H_5NH_{2(aq)} + H_2O_{(\ell)} \rightleftarrows C_6H_5NH_{3(aq)}^+ + HO_{(aq)}^-$$

Au cours de cette réaction, l'eau cède un proton et donne sa base conjuguée l'ion hydroxyde, alors que la base aniline capte ce proton et donne son acide conjugué.

2 Exemples de couples acide-base

En bref *Connaître les couples acide-base de l'eau est important pour étudier les réactions acide-base pouvant avoir lieu en solution aqueuse et faisant intervenir d'autres couples.*

I Les couples de l'eau

- H_3O^+/H_2O : l'ion oxonium H_3O^+ est un acide, il est capable de céder un ion H^+ et de donner sa base conjuguée, l'eau H_2O : $H_3O^+ \rightleftarrows H_2O + H^+$.
- H_2O/HO^- : H_2O est un acide, il est capable de céder un ion H^+ et de donner sa base conjuguée, l'ion hydroxyde HO^- : $H_2O \rightleftarrows HO^- + H^+$.

MOT CLÉ
L'eau H_2O est une espèce **amphotère** car elle peut jouer le rôle d'un acide ou d'une base.

II D'autres couples acide-base

■ Un **acide carboxylique** RCOOH possède un groupe carboxyle où la liaison OH est **polarisée**. Cette liaison se rompt : l'oxygène, plus électronégatif, récupère le doublet liant et un proton est cédé. L'anion résultant est appelé ion carboxylate.

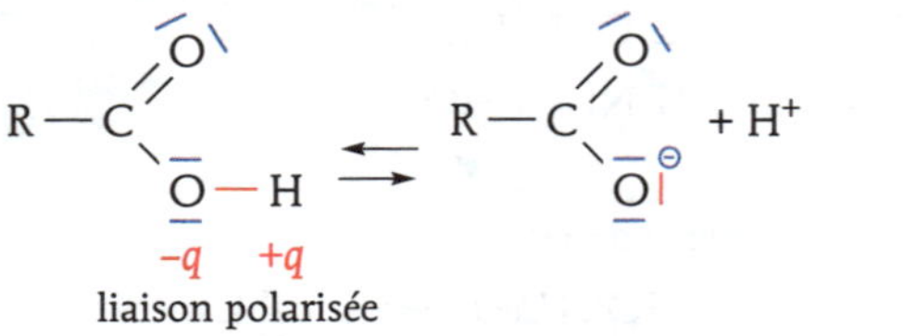

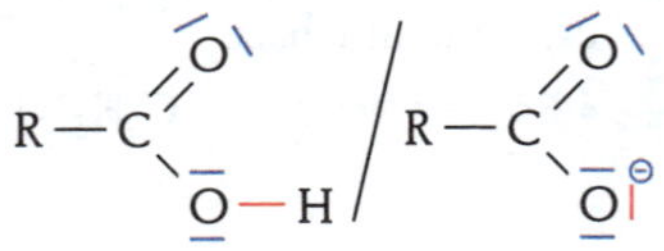

Couple HA/A⁻

Acide carboxylique Ion carboxylate Proton

■ La base **ammoniac** NH_3 est une entité capable d'accepter un proton grâce au doublet non liant de l'atome d'azote. L'azote est de ce fait déficitaire d'un électron d'où sa charge positive.

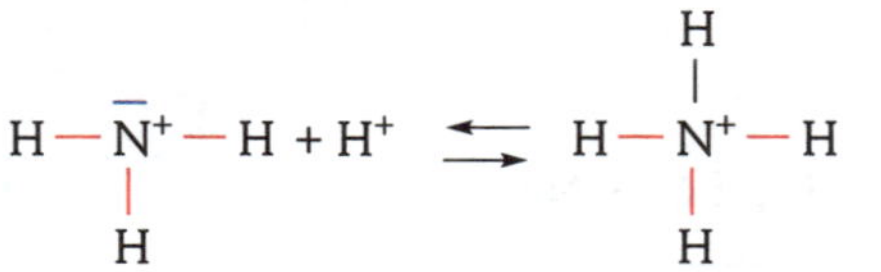

NH_4^+/NH_3

Couple acide-base

Ammoniac Proton Ion ammonium

Les **amines** $R\text{–}NH_2$ → FICHE 27 comme l'ammoniac sont des bases et leurs acides conjugués sont des ions alkylammonium. *Exemple* : $CH_3CH_2NH_3^+/CH_3CH_2NH_2$.

■ L'acide carbonique H_2CO_3 peut céder deux protons, c'est un **diacide** :
- acide carbonique/ion hydrogénocarbonate : H_2CO_3/HCO_3^- ;
- ion hydrogénocarbonate/ion carbonate : HCO_3^-/CO_3^{2-}.

L'ion HCO_3^- est une espèce amphotère.

Méthode

Identifier des couples acide-base et une espèce amphotère

1. Identifier dans chacune des équations ci-dessous les deux couples acide-base mis en jeu. Préciser quelles sont l'espèce acide et l'espèce basique dans chaque couple.

a. $HCOOH_{(aq)} + H_2O_{(\ell)} \rightleftarrows HCOO^-_{(aq)} + H_3O^+$

b. $H_2SO_{3(aq)} + C_2H_5NH_{2(aq)} \rightleftarrows C_2H_5NH^+_{3(aq)} + HSO^-_{3(aq)}$

c. $HSO^-_{3(aq)} + HO^-_{(aq)} \rightarrow SO^{2-}_{3\,(aq)} + H_2O_{(\ell)}$

2. L'espèce HSO_3^- est-elle une espèce amphotère ? Justifier.

CONSEILS

1. Pour chaque équation, identifiez l'espèce qui capte un proton (base) et celle qui en cède (acide). On écrit le couple acide-base en commençant toujours par l'acide.

SOLUTION

1. a. • HCOOH cède un proton et donne sa base conjuguée $HCOO^-$:

$$HCOOH \rightleftarrows H^+ + HCOO^-$$

Un acide et sa base conjuguée forment un couple acide-base soit ici le couple $HCOOH_{(aq)}/HCOO^-_{(aq)}$.

• Toute réaction acido-basique met en jeu deux couples acide-base : l'acide d'un couple réagit avec la base du second. Donc H_2O est une base qui capte un proton et donne son acide conjugué H_3O^+, donc le second couple est H_3O^+/H_2O.

b. • H_2SO_3 cède un proton (c'est un acide) et donne sa base conjuguée $HSO^-_{3(aq)}$:

$$H_2SO_3 \rightleftarrows H^+ + HSO_3^-$$

• $C_2H_5NH_{2(aq)}$ est une base car elle réagit avec l'acide H_2SO_3 et capte un proton. Son acide conjugué est $C_2H_5NH^+_{3(aq)}$:

$$C_2H_5NH_2 + H^+ \rightleftarrows C_2H_5NH_3^+$$

Les deux couples sont $H_2SO_3/HSO^-_{3(aq)}$ et $C_2H_5NH^+_{3(aq)}/C_2H_5NH_{2(aq)}$.

c. • $HSO^-_{3(aq)}$ est un acide et donne sa base conjuguée $SO^{2-}_{3(aq)}$:

$$HSO_3^- \rightleftarrows H^+ + SO_3^{2-}$$

• H_2O est l'acide conjugué de la base $HO^-_{(aq)}$:

$$HO^- + H^+ \rightleftarrows H_2O$$

Les deux couples sont $HSO^-_{3(aq)}/SO^{2-}_{3(aq)}$ et $H_2O_{(\ell)}/HO^-_{(aq)}$.

2. Dans les équations **b.** et **c.** intervient l'espèce HSO_3^-, mais dans deux couples différents. Dans la réaction **b.**, HSO_3^- est la base du couple $H_2SO_{3(aq)}/HSO^-_{3(aq)}$ tandis que dans la réaction **c.**, HSO_3^- est l'acide du couple $HSO^-_{3(aq)}/SO^{2-}_{3(aq)}$.

Cette espèce appartient à deux couples, donc elle peut avoir soit un rôle d'acide, soit un rôle de base : c'est la définition d'une espèce amphotère.

3 pH d'une solution

En bref *Le pH d'une solution aqueuse est mesuré à l'aide d'un pH-mètre. Connaissant son pH, on peut qualifier une solution d'acide, basique ou neutre.*

I Définition et mesure du pH

Le **pH**, abréviation de « potentiel hydrogène », est un paramètre servant à définir si un milieu est acide ou basique. Il est lié à la concentration en ions oxonium H_3O^+ :

$$\mathrm{pH} = -\log\left(\frac{[H_3O^+]}{c^0}\right)$$

pH sans unité
$[H_3O^+]$ en $\mathrm{mol \cdot L^{-1}}$
$c^0 = 1\ \mathrm{mol \cdot L^{-1}}$ (concentration standard)

Cette relation est équivalente à : $\frac{[H_3O^+]}{c^0} = 10^{-\mathrm{pH}}$.

À NOTER
L'échelle de pH est comprise entre 0 et 14 à 25 °C. Le pH est une fonction décroissante de la concentration en H_3O^+.

- Le pH d'une solution aqueuse est mesuré à l'aide d'un **pH-mètre**, préalablement étalonné.
- Au lycée, on mesure un pH, au mieux, à 0,05 unité près. Une telle incertitude sur la mesure de pH correspond à une **incertitude relative élevée** ; en conséquence toute concentration déduite d'une mesure de pH devra être exprimée avec, au maximum, deux chiffres significatifs.

III Solution neutre, acide ou basique

- À 25 °C, le pH de l'eau pure est égal à 7,0 soit : $[H_3O^+] = 1{,}0 \times 10^{-7}\ \mathrm{mol \cdot L^{-1}}$. La présence d'ions H_3O^+ résulte de l'ionisation de quelques molécules d'eau par transfert d'un proton : c'est l'**autoprotolyse de l'eau** :

$$2\ H_2O \rightleftarrows H_3O^+ + HO^-.$$

- Une solution aqueuse est **neutre** si elle contient autant d'ions H_3O^+ que l'eau pure à 25 °C, **acide** si elle en contient plus ou **basique** si elle en contient moins.

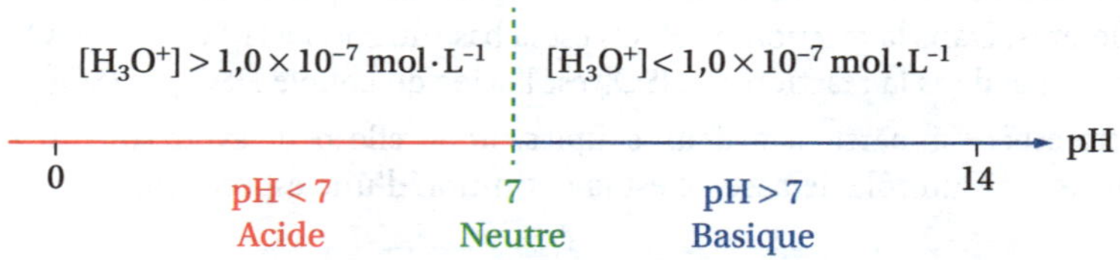

Méthode

1 Identifier une solution acide, neutre ou basique

On dispose d'une solution diluée de vinaigre blanc de concentration en ions oxonium $[H_3O^+] = 5{,}0 \times 10^{-3}$ mol·L^{-1} et d'une solution d'eau de javel de pH = 10,9 à 25 °C.

Déterminer si chacune des deux solutions est acide, neutre ou basique.

CONSEILS
Calculer le pH de la solution de vinaigre.

SOLUTION

$$pH = -\log\left(\frac{[H_3O^+]}{c^0}\right) = -\log\left(\frac{5{,}0 \times 10^{-3}}{1{,}0}\right) = 2{,}3.$$

La solution diluée de vinaigre est acide (pH = 2,3 < 7) tandis que la solution diluée d'eau de javel est basique (pH = 10,9 > 7).

2 Déterminer l'incertitude sur la concentration en ion H_3O^+

Le pH d'une solution aqueuse S, mesuré avec un pH-mètre, est pH = 8,90 ± 0,05.

a. Déterminer un encadrement de la concentration en ions H_3O^+ avec 3 chiffres significatifs. À partir de cet encadrement, déterminer la valeur de l'incertitude $U([H_3O^+])$.

b. Calculer l'incertitude relative et donner la concentration en ions H_3O^+ sous la forme :

$$[H_3O^+] \pm U([H_3O^+]).$$

CONSEILS
Attention, l'incertitude $U(G)$ ne peut être plus précise que la valeur G déterminée.

SOLUTION

a. $8{,}85 < pH < 8{,}95$ et $[H_3O^+] = c^0 \times 10^{-pH}$

d'où $1{,}12 \times 10^{-9} < [H_3O^+] < 1{,}41 \times 10^{-9}$ mol·L^{-1}.

$$U([H_3O^+]) = \frac{1{,}41 \times 10^{-9} - 1{,}12 \times 10^{-9}}{2} = 0{,}15 \times 10^{-9} \text{ mol·L}^{-1}$$

et $[H_3O^+] = 1{,}0 \times 10^{-8{,}90} = 1{,}26 \times 10^{-9}$ mol·L^{-1}.

b. $\dfrac{U([H_3O^+])}{[H_3O^+]} = \dfrac{0{,}15 \times 10^{-9}}{1{,}26 \times 10^{-9}} = 0{,}118 = 12\ \%$

donc $[H_3O^+] = (1{,}3 \pm 0{,}2) \times 10^{-9}$ mol·L^{-1}.

L'incertitude relative est supérieure à 10 %, donc la concentration $[H_3O^+]$ doit être exprimée avec deux chiffres significatifs. Par conséquent $U([H_3O^+])$ est arrondi à $0{,}2 \times 10^{-9}$ mol·L^{-1}.

4 Concentration d'une solution

En bref *Connaissant la densité et le titre massique d'une solution commerciale acide ou basique, on peut déterminer sa concentration en masse ou en quantité de matière.*

I Grandeurs caractéristiques d'une solution

■ La **masse volumique** ρ d'une solution s'exprime :

$$\rho_{solution} = \frac{m_{solution}}{V_{solution}}$$ $m_{solution}$ en kg ; $V_{solution}$ en m^3 ; ρ en $kg \cdot m^{-3}$.

La masse volumique s'exprime souvent aussi en $g \cdot cm^{-3}$.

> **À NOTER**
> Au cours d'un mélange il y a conservation de la masse mais pas des volumes !

■ La **densité d'une solution** *d* est un nombre sans unité permettant de comparer la masse d'un volume de solution à la masse du même volume d'eau.

$$d_{solution} = \frac{\rho_{solution}}{\rho_{eau}}$$ $\rho_{solution}$ et ρ_{eau} exprimées avec la même unité ; *d* sans unité.

Il faut connaître : $\rho_{eau} = 1,0 \times 10^3\ kg \cdot m^{-3} = 1,0\ kg \cdot L^{-1} = 1,0\ g \cdot cm^{-3}$.

■ Le **titre massique d'une solution** *t* est le rapport de la masse de soluté contenu dans un volume *V* de solution sur la masse de ce volume *V* de solution.

$$t = \frac{m_{soluté}}{m_{solution}}$$ $m_{soluté}$ et $m_{solution}$ exprimées avec la même unité ; *t* sans unité.

Le titre massique s'exprime souvent en pourcentage massique : titre × 100.

II Déterminer la concentration en soluté

À partir d'une solution de titre massique et de densité fournis, on détermine la concentration **en masse** *c* ou **en quantité de matière** C :

$$c = \frac{m_{soluté}}{V_{solution}} \text{ en } g \cdot L^{-1} \text{ ou } C = \frac{n_{soluté}}{V_{solution}} \text{ en } mol \cdot L^{-1}.$$

- Le **titre massique** *t* permet d'exprimer la masse de soluté $m_{soluté} = t \times m_{solution}$.
- La **densité** *d* permet de connaître la masse volumique de la solution $\rho_{solution}$.
- Connaissant $\rho_{solution}$, on exprime la concentration **en masse** *c* en fonction de *t* et $\rho_{solution}$: $c = \frac{m_{soluté}}{V_{solution}} = \frac{t \times m_{solution}}{V_{solution}}$ soit : $c = t \times \rho_{solution}$.
- En divisant la concentration en masse *c* par la masse molaire *M* du soluté, on détermine la concentration **en quantité de matière** car $n_{soluté} = \frac{m_{soluté}}{M_{soluté}}$.

Méthode

Déterminer la concentration en soluté

On dispose d'une solution commerciale d'acide méthanoïque HCOOH dont les caractéristiques sont les suivantes :

- titre massique $t = 0{,}82$ (pourcentage massique = 82 %) ;
- densité $d = 1{,}18$;
- masse molaire $M(\text{HCOOH}) = 46\ \text{g}\cdot\text{mol}^{-1}$.

a. Vérifier que la concentration en quantité de matière de la solution commerciale en acide méthanoïque est $C = 21\ \text{mol}\cdot\text{L}^{-1}$.

b. En déduire la concentration en masse.

CONSEILS

a. Exprimez littéralement les caractéristiques données (t et d). Exprimez la concentration en quantité de matière en fonction de ces grandeurs connues.

b. Pour passer de la concentration en quantité de matière à la concentration en masse, il suffit de multiplier la concentration en quantité de matière par la masse molaire du soluté.

SOLUTION

a. On cherche $C = \dfrac{n_{\text{acide}}}{V_{\text{solution}}}$ et la quantité de matière est :

$$n_{\text{acide}} = \frac{m_{\text{acide}}}{M_{\text{acide}}} \text{ soit } C = \frac{m_{\text{acide}}}{M_{\text{acide}} \times V_{\text{solution}}}.$$

On peut exprimer m_{acide} à partir du titre massique $t = \dfrac{m_{\text{acide}}}{m_{\text{solution}}}$.

Soit $m_{\text{acide}} = t \times m_{\text{solution}}$ et en reportant dans C : $C = \dfrac{t \times m_{solution}}{M_{acide} \times V_{solution}}$.

Le rapport $m_{\text{solution}}/V_{\text{solution}}$ n'est autre que la masse volumique de la solution. On la connaît grâce à la densité :

$$d = \frac{\rho_{\text{solution}}}{\rho_{\text{eau}}} \text{ d'où } \rho_{\text{solution}} = d \times \rho_{\text{eau}} \text{ avec } \rho_{\text{eau}} = 1{,}0 \times 10^3\ \text{g}\cdot\text{L}^{-1}.$$

Donc $C = \dfrac{t \times d \times \rho_{\text{eau}}}{M_{\text{acide}}}$.

Application numérique : $C = \dfrac{0{,}82 \times 1{,}18 \times 1{,}0 \times 10^3}{46} = 21\ \text{mol}\cdot\text{L}^{-1}$.

b. La concentration en masse est :

$$c = \frac{m_{\text{acide}}}{V_{\text{solution}}} = \frac{n_{\text{acide}} \times M_{\text{acide}}}{V_{\text{solution}}} = C \times M_{\text{acide}}.$$

Application numérique : $c = 21 \times 46 = 9{,}7 \times 10^2\ \text{g}\cdot\text{L}^{-1}$.

Le résultat doit être donné avec deux chiffres significatifs.

MÉMO VISUEL

Acide et base

Couple acide-base

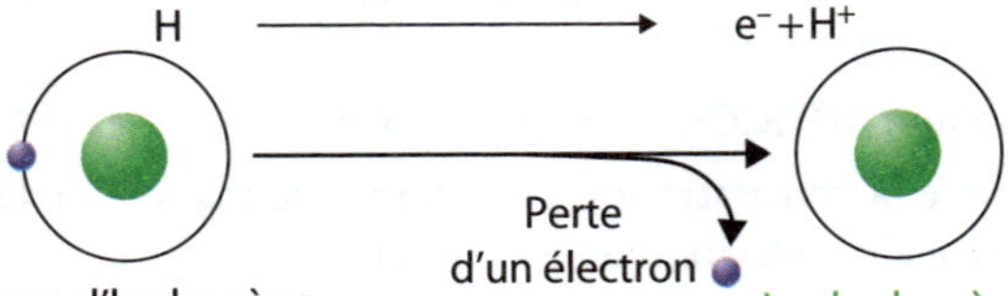

Atome d'hydrogène
Noyau (1 proton) + 1 électron

Ion hydrogène
= 1 proton

Acide : toute espèce capable de céder un ou plusieurs ions hydrogène H^+.
Base : toute espèce capable de capter un ou plusieurs ions hydrogène H^+.

$- H^+$
ACIDE / BASE
$+ H^+$

Un couple acide-base est constitué d'un acide et d'une base dits **conjugués** : Acide $\rightleftarrows$ Base + H^+

Réaction acide-base

Acide 1 / Base 1
Acide 2 / Base 2

Transfert de proton entre l'acide d'un couple et la base d'un autre couple.

Acide 1 $\rightleftarrows$ Base 1 + H^+
Base 2 + H^+ $\rightleftarrows$ Acide 2

Acide 1 + Base 2 $\rightleftarrows$ Base 1 + Acide 2

TRANSFORMATIONS

Exemples de couples acide-base

Les couples de l'eau

- H_3O^+ / H_2O : $H_3O^+ \rightleftarrows H_2O + H^+$
- H_2O / HO^- : $H_2O \rightleftarrows HO^- + H^+$

H_2O molécule amphotère*

Autres couples

- acide carboxylique / ion carboxylate

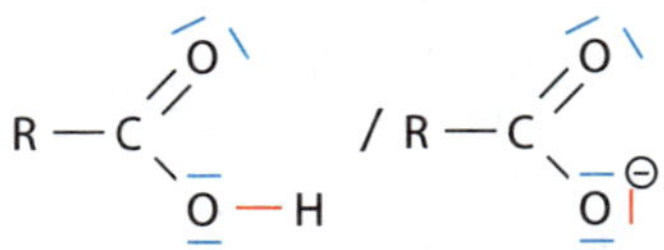

- couples de l'acide carbonique

H_2CO_3 / HCO_3^-
HCO_3^- / CO_3^{2-}
HCO_3^- espèce amphotère*

- ion alkylammonium / amine

$R-NH_3^+ / R-NH_2$

* **Amphotère** : qui peut se comporter comme un acide ou une base.

ACIDE-BASE

pH d'une solution

Définition du pH

pH : 0 → 14

$[H_3O^+]$: $1\ \text{mol}\cdot\text{L}^{-1}$ ← $10^{-14}\ \text{mol}\cdot\text{L}^{-1}$

Sans unité → $\text{pH} = -\log\left(\frac{[H_3O^+]}{c^0}\right)$ ← $\text{mol}\cdot\text{L}^{-1}$ ou $\frac{[H_3O^+]}{c^0} = 10^{-\text{pH}}$

avec $c^0 = 1{,}0\ \text{mol}\cdot\text{L}^{-1}$ (concentration standard)

Mesure du pH

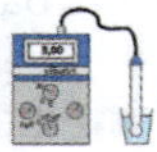

- Détermination approchée à l'aide de **papier pH**.
- Mesure à l'aide d'un **pH-mètre** préalablement étalonné.

Incertitude : concentration $[H_3O^+]$, calculée à partir d'une mesure de pH, donnée avec 2 chiffres significatifs au maximum.

Solution neutre, acide ou basique

Eau pure **neutre** avec $\text{pH} = 7$ à 25 °C et $[H_3O^+] = 1{,}0 \times 10^{-7}\ \text{mol}\cdot\text{L}^{-1}$

pH 0 → 7	7	7 → 14
$[H_3O^+] > 1{,}0 \times 10^{-7}\ \text{mol}\cdot\text{L}^{-1}$		$[H_3O^+] < 1{,}0 \times 10^{-7}\ \text{mol}\cdot\text{L}^{-1}$
$\text{pH} < 7$ Acide	Neutre	$\text{pH} > 7$ Basique

Concentration d'une solution

Grandeurs caractéristiques d'une solution

- **Masse volumique** : $\rho_{\text{solution}} = \frac{m_{\text{solution}}}{V_{\text{solution}}}$ (ρ en $\text{kg}\cdot\text{m}^{-3}$; m en kg ; V en m^3)
- **Densité** : $d_{\text{solution}} = \frac{\rho_{\text{solution}}}{\rho_{\text{eau}}}$ (Sans unité ; ρ_{solution} et ρ_{eau} : Même unité)
- **Titre massique** : $t = \frac{m_{\text{soluté}}}{m_{\text{solution}}}$ (Sans unité ; $m_{\text{soluté}}$ et m_{solution} : Même unité)

Concentrations en masse c et en quantité de matière C

$c = \frac{m_{\text{soluté}}}{V_{\text{solution}}}$ $(\text{g}\cdot\text{L}^{-1})$ et $C = \frac{n_{\text{soluté}}}{V_{\text{solution}}}$ $(\text{mol}\cdot\text{L}^{-1})$

$c = C \times M_{\text{soluté}}$ avec $M_{\text{soluté}}$ masse molaire du soluté $(\text{g}\cdot\text{mol}^{-1})$

SE TESTER QUIZ

Vérifiez que vous avez bien compris les points clés des **fiches 1 à 4**.

1 Réaction acide-base

→ FICHES 1 et 2

Soit la réaction acide-base :

$$CH_3NH_2 + H_2O \rightleftarrows CH_3NH_3^+ + HO^-$$

Parmi les affirmations suivantes, lesquelles sont vraies ?

☐ **a.** CH_3NH_2 capte un proton, c'est une base.

☐ **b.** L'eau a ici un rôle de base.

☐ **c.** $CH_3NH_3^+$ est la base conjuguée de CH_3NH_2.

☐ **d.** HO^- est la base conjuguée de H_2O.

2 pH d'une solution

→ FICHE 3

Parmi les affirmations suivantes, lesquelles sont vraies ?

☐ **a.** $pH = \log[H_3O^+]$.

☐ **b.** Si $pH = 4{,}2$ alors $[H_3O^+] = 6{,}3 \times 10^{-4}\ mol\cdot L^{-1}$.

☐ **c.** Plus une solution est basique, plus le pH est grand et plus sa concentration en ions oxonium est faible.

3 pH et couple acide-base

→ FICHES 2 et 3

On dissout de l'éthanoate de sodium CH_3COONa dans de l'eau pure afin d'obtenir une solution de 100 mL. Le pH de cette solution est 7,8.

Équation de dissolution : $CH_3COONa_{(s)} \rightarrow CH_3COO^-_{(aq)} + Na^+_{(aq)}$.

Parmi les affirmations suivantes, lesquelles sont vraies ?

☐ **a.** $[H_3O^+] < 10^{-7}\ mol\cdot L^{-1}$: c'est une solution basique.

☐ **b.** L'ion éthanoate est un acide.

☐ **c.** CH_3COOH est la base conjuguée de l'ion CH_3COO^-.

☐ **d.** $[H_3O^+] = 1{,}6 \times 10^{8}\ mol\cdot L^{-1}$.

4 Concentration d'une solution

→ FICHE 4

1. Le titre massique d'une solution est égal à :

☐ **a.** $t = \dfrac{m_{soluté}}{V_{solution}}$ ☐ **b.** $t = \dfrac{m_{soluté}}{m_{solution}}$ ☐ **c.** $t = \dfrac{V_{soluté}}{m_{solution}}$ ☐ **d.** $t = \dfrac{c\,(g\cdot L^{-1})}{\rho_{solution}}$

2. La concentration en masse d'un soluté peut s'exprimer par :

☐ **a.** $c = \dfrac{m_{soluté}}{V_{solution}}$ ☐ **b.** $c = C \times M_{soluté}$ ☐ **c.** $c = \dfrac{C}{M_{soluté}}$ ☐ **d.** $c = \dfrac{n_{solution}}{V_{solution}}$

S'ENTRAÎNER

5 L'acide benzoïque dans l'eau

→ FICHE 1

On dispose d'une solution A d'acide benzoïque C_6H_5–COOH de pH = 3,3.

a. Écrire la réaction de cet acide avec l'eau.

b. Quel est le rôle de l'eau ?

c. Identifier les couples mis en jeu.

> **À NOTER**
> c. Tout acide carboxylique a des propriétés acides et sa base conjuguée est un ion carboxylate. On a alors le couple R–COOH/R–COO^-.

6 Couples acide-base

→ FICHES 1 et 2

a. Écrire les couples acide-base que l'on peut former avec les entités suivantes :

$$HPO_4^{2-}\ ;\ HO^-\ ;\ H_3PO_4\ ;$$
$$NH_4^+\ ;\ PO_4^{3-}\ ;\ H_3O^+\ ;$$
$$H_2PO_4^-\ ;\ H_2O\ ;\ NH_3.$$

b. Identifier les espèces amphotères.

7 Réaction acide-base

→ FICHES 1 et 2

1. Donner les équations bilan des réactions acido-basiques entre :

a. l'ion amidure NH_2^- (base) et l'ion dihydrogénophosphate $H_2PO_4^-$;

b. l'ion hydroxyde HO^- (base) et l'ion oxonium H_3O^+.

2. Identifier dans chacune des équations ci-dessous les deux couples acide-base mis en jeu puis préciser quelles sont l'espèce acide et l'espèce basique dans chaque couple.

a. $NH_2OH_{(aq)} + HNO_{2(aq)} \rightleftarrows NO^-_{2(aq)} + NH_3OH^+_{(aq)}$

b. $NH^+_{4(aq)} + H_2O_{(\ell)} \rightleftarrows NH_{3(aq)} + H_3O^+_{(aq)}$

c. $CH_3\text{–}COOH_{(aq)} + HO^-_{(aq)} \rightarrow CH_3\text{–}COO^-_{(aq)} + H_2O_{(\ell)}$

d. $CH_3\text{–}COO^-_{(aq)} + NH^+_{4(aq)} \rightleftarrows CH_3\text{–}COOH_{(aq)} + NH_{3(aq)}$

8 Calculer un pH ou une concentration en ion oxonium

→ FICHE 3

a. Définir le pH d'une solution.

b. Utiliser la calculatrice pour calculer le pH ou la concentration en ions H_3O^+ des solutions aqueuses et compléter le tableau suivant.

pH				3,4	9,8
$[H_3O^+]$ en $mol \cdot L^{-1}$	$1{,}0 \times 10^{-2}$	$1{,}0 \times 10^{-3}$	$4{,}8 \times 10^{-8}$		

c. Comment varie le pH d'une solution si la concentration en ions H_3O^+ est multipliée par 10 ? si elle est divisée par 100 ?

9 Préparation d'une solution d'ammoniac

→ FICHE 4

On veut préparer $V = 500$ mL d'une solution d'ammoniac NH_3 de concentration $C = 1{,}0 \times 10^{-1}$ mol·L^{-1} à partir d'une solution mère d'ammoniac de densité 0,950 et de pourcentage massique 28,0 % en ammoniac.

a. Déterminer la concentration en quantité de matière de la solution mère d'ammoniac.

b. Calculer le volume de solution mère à prélever pour préparer les 500 mL de solution diluée. Préciser la verrerie employée et le protocole à suivre pour réaliser cette solution.

c. Sachant que l'ammoniac NH_3 est une base, écrire l'équation de la réaction acide-base qui se produit dans l'eau.

Données : masses molaires : $M_H = 1$ g·mol^{-1} et $M_N = 14$ g·mol^{-1}.

À NOTER

a. Le gaz NH_3 est l'ammoniac, avec un « c ». L'**ammoniaque** désigne la solution aqueuse du gaz ammoniac.

b. Au cours d'une dilution, il y a conservation de la quantité de matière.
Pour préparer une solution par dilution, choisissez de la verrerie de précision (fiole jaugée et pipette jaugée ou graduée).

10 Contrôler le pH d'une piscine

→ FICHES 1 à 3

Le pH des piscines doit être contrôlé. Ce contrôle permet de prévenir la formation d'algues, une action plus efficace du chlore et surtout de conserver une eau non irritante pour la peau. Idéalement le pH doit être compris entre 7,2 et 7,6.

Les vendeurs de produits d'entretien pour piscines fournissent deux produits en granulés appelés « pH-moins® » et « pH-plus® ».

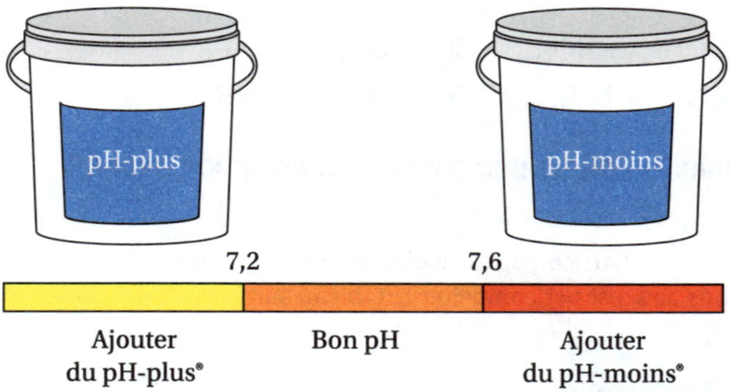

L'un des deux produits contient de l'hydrogénosulfate de sodium $(NaHSO_4)_{(s)}$ tandis que l'autre contient du carbonate de sodium $(Na_2CO_3)_{(s)}$.

• Les granulés d'hydrogénosulfate de sodium vont se dissoudre dans l'eau suivant l'équation :

$$NaHSO_{4(s)} \rightarrow Na^+_{(aq)} + HSO^-_{4(aq)}$$

L'ion hydrogénosulfate HSO_4^- réagit avec l'eau suivant l'équation :

$$HSO^-_{4(aq)} + H_2O_{(\ell)} \rightarrow SO^{2-}_{4(aq)} + H_3O^+_{(aq)}$$

• Les granulés de carbonate de sodium vont se dissoudre dans l'eau suivant l'équation :

$$Na_2CO_{3(s)} \rightarrow 2\ Na^+_{(aq)} + CO^{2-}_{3(aq)}$$

L'ion carbonate CO_3^{2-} réagit avec les ions oxonium H_3O^+ présents dans l'eau.

Au cours de l'entretien de sa piscine, Laure mesure un pH de 8,4.

a. Qualifier l'eau de la piscine avant entretien.

b. Comment va faire Laure pour ramener le pH à la bonne valeur ? Identifier le produit qu'elle doit utiliser pour ne pas avoir de problèmes de peau et de picotements dans les yeux. Justifier.

c. L'ion hydrogénosulfate est-il une espèce acide ou basique ? Expliquer.

d. Écrire l'équation de la réaction acido-basique entre les ions carbonate et oxonium.

e. De quoi sont constitués les produits « pH-moins » et « pH-plus » ? Argumenter.

11 Acide α-aminé

→ FICHES 1 à 3

Les acides α-aminés constituent les matières de base des polypeptides et des protéines. Ce sont des molécules qui interagissent avec leur milieu et leur action dépend du pH. Le pH du milieu détermine la forme ionique des acides aminés. En fait les acides aminés ne sont jamais sous forme NH_2/COOH, mais sous 3 types de formes : la forme acide, la forme basique ou la forme iso-électrique (amphion ou zwitterion). Pour chaque acide aminé, il existe une valeur spécifique du pH pour laquelle la charge globale de la molécule est nulle. Cette valeur de pH (pHi) représente le *point isoélectrique* où la concentration de l'amphion (ou zwitterion) de l'acide aminé est maximale.

1. L'alanine est un acide α-aminé dont la formule topologique est donnée ci-dessous.

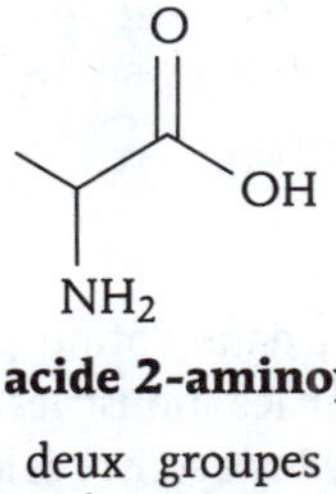

L'alanine ou acide 2-aminopropanoïque

a. Identifier les deux groupes caractéristiques de cette molécule. À partir des données fournies, établir la formule de Lewis de la molécule d'alanine.

À NOTER
• La formule de Lewis a été vue en classe de 1re : elle s'établit à partir de la connaissance des structures électroniques des atomes.
• Reportez-vous au chapitre 7 où sont étudiés la famille des amines → FICHE 27 ainsi que le principe d'écriture d'une formule topologique → FICHE 26.

b. En solution aqueuse, le transfert intramoléculaire d'un proton a lieu du groupe carboxyle vers le groupe amine : il se forme alors un amphion ou zwitterion. Expliquer pourquoi ce transfert a lieu du groupe carboxyle vers le groupe amine.

c. Écrire la formule de l'amphion formé.

d. L'amphion est une espèce amphotère. Déterminer les deux couples acide-base auxquels il appartient.

2. La charge globale portée par les différentes formes ioniques d'un acide α-aminé en solution dépend de la valeur du pH de la solution. Cette charge électrique globale est :

- nulle lorsque le pH de la solution est égal au pHi ;
- positive lorsque le pH de la solution est inférieur au pHi ;
- négative lorsque le pH de la solution est supérieur au pHi.

a. Sachant que l'alanine à un pHi = 6,1, sous quelle forme se trouve l'alanine dans un milieu de pH = 2 ? Écrire alors la réaction acide-base qui se produit avec l'eau. Quel est le rôle de l'eau ?

b. Que se passe-t-il si le pH du milieu contenant de l'alanine devient basique ?

Données :

Atome	Structure électronique	Électronégativité
H	$1s^1$	2,2
C	$1s^2\ 2s^2\ 2p^2$	2,55
N	$1s^2\ 2s^2\ 2p^3$	3,04
O	$1s^2\ 2s^2\ 2p^4$	3,44

OBJECTIF BAC

12 Pluies acides

40 min

Ce sujet permet d'étudier l'impact de l'activité humaine sur les eaux de pluies, qui génère des problèmes importants au niveau de l'environnement. En étudiant les réactions acido-basiques qui ont lieu, on peut évaluer le pH de l'eau de pluie.

LE SUJET

La principale cause des pluies acides est le rejet dans l'atmosphère de dioxyde d'azote (NO_2) et de dioxyde de soufre (SO_2) par les industries ou les véhicules automobiles. Au contact de l'eau de pluie, le dioxyde de soufre et le dioxyde d'azote de la pollution atmosphérique forment de l'acide sulfurique (H_2SO_4) et de l'acide nitrique (HNO_3). D'autres acides peuvent également intervenir comme l'acide chlorhydrique (HCl). C'est ce qui rend les pluies acides.

Les pluies acides endommagent les écosystèmes, en particulier la flore et les écosystèmes aquatiques, ainsi que les bâtiments (murs et statues calcaires, plomb des vitraux…).

Données :

• schéma de Lewis de l'acide sulfurique :

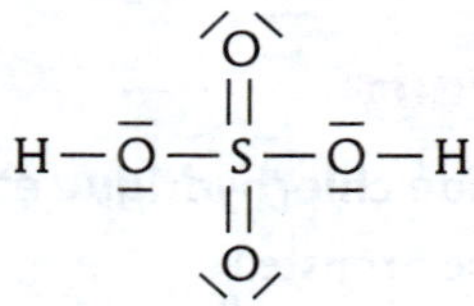

• masses molaires de quelques atomes en $g \cdot mol^{-1}$:

H	C	N	O	S	Cl
1	12	14	16	32	35,5

• électronégativité de quelques atomes :

C	N	O	S	H
2,55	3,04	3,44	2,52	2,2

Partie 1 À propos de l'acide chlorhydrique et de l'acide nitrique

a. Donner les couples acide-base associés à l'acide chlorhydrique et à l'acide nitrique.

b. Une solution d'acide chlorhydrique de concentration $C_1 = 1{,}0 \times 10^{-2}$ $mol \cdot L^{-1}$ a un $pH_1 = 2{,}0$. Déterminer la concentration en ions H_3O^+ dans cette solution et la comparer à la concentration en soluté apporté C_1.

c. La réaction entre l'acide chlorhydrique et l'eau est-elle totale ? Écrire cette équation.

d. Une solution d'acide nitrique de concentration $C_2 = C_1$ a un pH égal à 2.

La réaction entre l'acide nitrique et l'eau est-elle totale ? Écrire cette équation.

Partie 2 À propos de l'acide sulfurique

e. À partir du schéma de Lewis de l'acide sulfurique, justifier pourquoi l'acide sulfurique est un diacide.

f. La réaction de l'acide sulfurique dans l'eau est totale et prouve que cet acide est un diacide. Écrire le bilan de cette réaction.

Partie 3 Analyse d'une eau de pluie

g. Des analyses montrent qu'une eau de pluie contient les polluants suivants :

$$NO_3^- : 1{,}24\ mg \cdot L^{-1}\ ;\ SO_4^{2-} : 2{,}88\ mg \cdot L^{-1}\ ;\ Cl^- : 0{,}35\ mg \cdot L^{-1}.$$

À partir des équations établies précédemment, des résultats des analyses et de vos connaissances, peut-on considérer cette pluie comme néfaste pour l'environnement ?

Pour résoudre ce problème, vous êtes invité(e) à présenter toutes les étapes de la démarche suivie de manière détaillée, même si elle n'a pas abouti.

▶▶▶ LA FEUILLE DE ROUTE

Partie 1 À propos de l'acide chlorhydrique et de l'acide nitrique

a. Définir un acide au sens de Brönsted → FICHES 1 et 2

Écrivez la réaction traduisant le transfert de proton pour identifier les deux espèces du couple.

b. à d. Définir le pH et écrire une réaction acide-base → FICHES 1 à 3

Donnez la relation entre $[H_3O^+]$ et le pH. Une réaction est totale si tout le réactif limitant est consommé.
Quel est le rôle de l'eau ? Identifiez les deux couples mis en jeu.
Une réaction totale est symbolisée par une simple flèche « $\rightarrow$ » sinon la réaction est limitée et symbolisée par une double flèche « $\rightleftarrows$ ».

Partie 2 À propos de l'acide sulfurique

e. Analyser un schéma de Lewis et argumenter → FICHE 2

Identifiez les hydrogènes acides. Quelle est sa base conjuguée ? Argumenter en vous aidant de l'électronégativité des atomes.

f. Écrire une réaction acide-base → FICHES 1 et 2

Rappelez-vous qu'une réaction acide-base met en jeu deux couples. Attention ici il s'agit d'un diacide : il va se former deux ions H^+.

Partie 3 Analyse d'une eau de pluie

g. Mener une résolution de problème → FICHES 1 à 4

Reformulez le problème. Quelle(s) information(s) doit-on déterminer pour le résoudre ?
Quelle(s) grandeur(s) doit-on rechercher ?
Comment expliquer la présence des ions NO_3^-, SO_4^{2-} et Cl^- ? Faites le lien avec les acides présents.
Tenez compte de l'ensemble des réactions. À partir des concentrations en masse, on peut déterminer des concentrations en quantité de matière.
Rédigez correctement chaque étape de votre démarche avant de conclure.

CORRIGÉS

SE TESTER QUIZ

1 Réaction acide-base

Réponses a. et d. L'affirmation **b** est fausse car il s'agit d'une réaction par transfert de proton entre l'acide H_2O et la base CH_3NH_2.
L'affirmation **c** est fausse car on a $CH_3NH_3^+ \rightleftarrows CH_3NH_2 + H^+$ donc $CH_3NH_3^+$ est l'acide conjugué de CH_3NH_2.

2 pH d'une solution

Réponse c. L'affirmation **a** est fausse car $pH = -\log\left(\frac{[H_3O^+]}{c^0}\right)$.

L'affirmation **b** est fausse car si pH = 4,2 alors :
$[H_3O^+] = C^0 \times 10^{-pH} = 10^{-4,2} = 6,3 \times 10^{-5}\ mol \cdot L^{-1}$.

3 pH et couple acide-base

Réponse a. Le pH de cette solution est 7,8. Or, pour une solution basique, pH > 7 et donc $[H_3O^+] < 10^{-7}\ mol \cdot L^{-1}$.
L'affirmation **b** est fausse car l'ion éthanoate est capable de capter un ion H^+ : $CH_3COO^- + H^+ \rightleftarrows CH_3COOH$ donc c'est une base.
L'affirmation **c** est fausse car CH_3COOH est l'acide conjugué de l'ion CH_3COO^-.
L'affirmation **d** est fausse car :

$$[H_3O^+] = C^0 \times 10^{-pH} = 10^{-7,8} = 1,6 \times 10^{-8}\ mol \cdot L^{-1}.$$

4 Concentration d'une solution

1. Réponses b et d. Le titre massique d'une solution est égal à :

$$t = \frac{m_{soluté}}{m_{solution}} = \frac{m_{soluté} \times V_{solution}}{V_{solution} \times m_{solution}} = \frac{m_{soluté}}{\rho_{solution} \times V_{solution}} = \frac{c\ (g \cdot L^{-1})}{\rho_{solution}}.$$

2. Réponses a et b. La concentration en masse d'un soluté peut s'exprimer par :

$$c = \frac{m_{soluté}}{V_{solution}} = \frac{n_{soluté}}{V_{solution}} \times M_{soluté} = C \times M_{soluté}.$$

S'ENTRAÎNER

5 L'acide benzoïque dans l'eau

a. $C_6H_5\text{-}COOH_{(aq)} + H_2O \rightleftarrows C_6H_5\text{-}COO^-_{(aq)} + H_3O^+$.
b. L'acide benzoïque réagit avec une base : l'eau H_2O.
c. $C_6H_5\text{-}COOH_{(aq)}$ cède un ion H^+ et donne sa base conjuguée $C_6H_5\text{-}COO^-_{(aq)}$ tandis que H_2O capte un ion H^+ pour donner son acide conjugué H_3O^+.
Les couples mis en jeu sont $C_6H_5\text{-}COOH_{(aq)}/C_6H_5\text{-}COO^-_{(aq)}$ et le couple de l'eau H_3O^+/H_2O.

6 Couples acide-base

a. $H_3PO_4 \rightleftarrows H_2PO_4^- + H^+$ soit le couple $H_3PO_4/H_2PO_4^-$; de même on peut identifier les couples : $H_2PO_4^-/HPO_4^{2-}$ et HPO_4^{2-}/PO_4^{3-}.
Sont présents les couples de l'eau (H_3O^+/H_2O et H_2O/HO^-) et NH_4^+/NH_3.
b. Une espèce amphotère appartient à deux couples acide-base où elle joue le rôle d'acide dans l'un et de base dans l'autre.
$H_3PO_4/H_2PO_4^-$ et $H_2PO_4^-/HPO_4^{2-}$: $H_2PO_4^-$ est une espèce amphotère.
De même, HPO_4^{2-} ($H_2PO_4^-/HPO_4^{2-}$ et HPO_4^{2-}/PO_4^{3-}) ainsi que l'eau (H_3O^+/H_2O et H_2O/HO^-).

7 Réaction acide-base

1. a. La base NH_2^- capte un H^+ et donne NH_3 son acide conjugué tandis que l'acide $H_2PO_4^-$ cède un H^+ pour donner sa base conjuguée HPO_4^{2-}.

$$NH_2^- + H^+ \rightleftarrows NH_3$$
$$H_2PO_4^- \rightleftarrows HPO_4^{2-} + H^+$$
$$NH_{2(aq)}^- + H_2PO_{4(aq)}^- \rightleftarrows NH_{3(aq)} + HPO_4^{2-}$$

b. L'ion hydroxyde HO^- (base) capte un H^+ et donne son acide conjugué H_2O.
L'ion oxonium H_3O^+ cède un H^+ et donne sa base conjuguée H_2O.
D'où la réaction :

$$HO_{(aq)}^- + H_3O_{(aq)}^+ \rightarrow 2\ H_2O_{(\ell)}$$

2. a.
$$NH_2OH + H^+ \rightleftarrows NH_3OH^+ \qquad \text{couple } NH_3OH_{(aq)}^+/NH_2OH_{(aq)}$$
$$HNO_2 \rightleftarrows NO_2^- + H^+ \qquad \text{couple } HNO_{2(aq)}/NO_{2(aq)}^-$$
$$NH_2OH_{(aq)} + HNO_{2(aq)} \rightleftarrows NO_{2(aq)}^- + NH_3OH_{(aq)}^+$$

b.
$$NH_4^+ \rightleftarrows NH_3 + H^+ \qquad \text{couple } NH_{4(aq)}^+/NH_{3(aq)}$$
$$H_2O + H^+ \rightleftarrows H_3O^+ \qquad \text{couple } H_3O_{(aq)}^+/H_2O_{(\ell)}$$
$$NH_{4(aq)}^+ + H_2O_{(\ell)} \rightleftarrows NH_{3(aq)} + H_3O_{(aq)}^+$$

c. $CH_3\text{-}COOH_{(aq)} + HO_{(aq)}^- \rightarrow CH_3\text{-}COO_{(aq)}^- + H_2O_{(\ell)}$
$CH_3\text{-}COOH \rightleftarrows CH_3\text{-}COO^- + H^+$ donc $CH_3\text{-}COOH$ cède un proton : c'est un acide ; il appartient au couple $CH_3\text{-}COOH/CH_3\text{-}COO^-$.
$HO^- + H^+ \rightleftarrows H_2O$ donc l'ion hydroxyde HO^- capte un H^+ : c'est une base ; il appartient au couple H_2O/HO^-.

d. $CH_3\text{-}COO_{(aq)}^- + NH_{4(aq)}^+ \rightleftarrows CH_3\text{-}COOH_{(aq)} + NH_{3(aq)}$
$CH_3\text{-}COO^- + H^+ \rightleftarrows CH_3\text{-}COOH$ donc $CH_3\text{-}COO^-$ capte un H^+ : c'est une base ; il appartient au couple $CH_3\text{-}COOH/CH_3\text{-}COO^-$.
$NH_4^+ \rightleftarrows NH_3 + H^+$ donc NH_4^+ cède un proton : c'est un acide ; il appartient au couple NH_4^+/NH_3.

8 Calculer un pH ou une concentration en ion oxonium

a. $\text{pH} = -\log\left(\frac{[H_3O^+]}{c^0}\right)$ ou $\frac{[H_3O^+]}{c^0} = 10^{-\text{pH}}$.

b.

pH	2,0	3,0	7,3	3,4	9,8
$[H_3O^+]$ en $\text{mol}\cdot\text{L}^{-1}$	$1,0 \times 10^{-2}$	$1,0 \times 10^{-3}$	$4,8 \times 10^{-8}$	$4,0 \times 10^{-4}$	$1,6 \times 10^{-10}$

c. $\text{pH} = -\log\left(\frac{[H_3O^+]}{c^0}\right)$ et on cherche le pH_1 pour $[H_3O^+]_1 = 10 \times [H_3O^+]$

$$\text{pH}_1 = -\log\left(\frac{[H_3O^+]_1}{c^0}\right) = -\log\left(\frac{[H_3O^+]\times 10}{c^0}\right) = -\left(\log\left(\frac{[H_3O^+]}{c^0}\right) + \log 10\right) = \text{pH} - 1.$$

Le pH diminue d'une unité si la concentration en ions H_3O^+ est 10 fois plus grande.

On cherche le pH_2 pour $[H_3O^+]_2 = \frac{[H_3O^+]}{100}$ soit :

$$\text{pH}_2 = -\log\left(\frac{[H_3O^+]_2}{c^0}\right) = -\log\left(\frac{[H_3O^+]}{100 \times c^0}\right) = -\left(\log\left(\frac{[H_3O^+]}{c^0}\right) + \log\frac{1}{100}\right) = \text{pH} + 2$$

Le pH augmente de 2 unités si la concentration en ions H_3O^+ est 100 fois plus faible.

CONSEILS

b. Les concentrations en ions H_3O^+ doivent être données avec deux chiffres significatifs, puisque le pH est donné avec deux chiffres significatifs.

c. Utilisez les propriétés des logarithmes décimaux :
$\log(a \times b) = \log a + \log b$; $\log(a/b) = \log a - \log b$; $\log(1/a) = -\log a$.

9 Préparation d'une solution d'ammoniac

a. La densité de cette solution mère d'ammoniac s'écrit : $d_{\text{mère}} = \frac{\rho_{\text{mère}}}{\rho_{\text{eau}}}$.

On en déduit la masse volumique de cette solution : $\rho_{\text{mère}} = d_{\text{mère}} \times \rho_{\text{eau}}$.
La masse volumique de l'eau est $\rho_{\text{eau}} = 1,00 \text{ g}\cdot\text{cm}^{-3}$.
$\rho_{\text{mère}} = 0,950 \times 1,00 = 0,950 \text{ g}\cdot\text{cm}^{-3} = 9,50 \times 10^2 \text{ g}\cdot\text{L}^{-1}$.
28 % de cette masse est de l'ammoniac (28,0 g de NH_3 pour 100 g de solution).
La masse d'ammoniac par litre de solution mère est donc :

$$m = \frac{9,50 \times 10^2 \times 28}{100} = 266 = 2,66 \times 10^2 \text{ g}.$$

La quantité de matière d'ammoniac par litre de solution mère est :

$$n = \frac{m}{M} = \frac{266}{17} = 15,6 \text{ mol. On en déduit : } C_{\text{mère}} = \frac{n}{V} = \frac{15,6}{1} = 15,6 \text{ mol}\cdot\text{L}^{-1}.$$

b. On veut préparer $V_{\text{fille}} = 0,500$ L de la solution diluée d'ammoniac de concentration $C_{\text{fille}} = 1,0 \times 10^{-1}$ $\text{mol}\cdot\text{L}^{-1}$ à partir de la solution mère de concentration $C_{\text{mère}} = 15,6 \text{ mol}\cdot\text{L}^{-1}$.

Au cours d'une dilution la quantité de matière est conservée : $n_{\text{mère}} = n_{\text{fille}}$

$C_{\text{mère}} \times V_{\text{mère}} = C_{\text{fille}} \times V_{\text{fille}}$

d'où : $V_{\text{mère}} = \dfrac{C_{\text{fille}} \times V_{\text{fille}}}{C_{\text{mère}}} = \dfrac{1{,}0 \times 10^{-1} \times 0{,}5}{15{,}6} = 3{,}2 \times 10^{-3}\ \text{L} = 3{,}2\ \text{mL}.$

Choix du matériel : une pipette graduée de 5,0 mL est nécessaire pour prélever les 3,2 mL de solution mère et une fiole jaugée de 500 mL pour préparer les 500 mL de solution fille.

Protocole : avec une pipette graduée de 5 mL munie d'un pipeteur, on prélève précisément 3,2 mL de la solution mère, que l'on verse dans la fiole jaugée. On ajoute de l'eau distillée au 2/3, on agite. Puis on complète avec de l'eau distillée jusqu'au trait de jauge. On bouche la fiole et on agite pour homogénéiser la solution.

c. Une base de Brönsted capte un ion H^+ :

$$NH_3 + H^+ \rightleftarrows NH_4^+$$

L'ammoniac est mis en solution dans l'eau qui a un rôle d'acide et cède un ion H^+ :

$$H_2O \rightleftarrows HO^- + H^+$$

Soit le bilan :

$$NH_3 + H_2O \rightleftarrows NH_4{}^+ + HO^-$$

Il y a un transfert d'ion H^+ entre la base NH_3 et l'eau.

10 Contrôler le pH d'une piscine

a. Le pH mesuré est de 8,4 c'est-à-dire un pH basique.

b. Le pH doit être maintenu entre 7,2 et 7,6, il faut donc diminuer le pH de l'eau de la piscine avec du « pH-moins® ».

c. L'ion hydrogénosulfate réagit avec l'eau suivant l'équation :

$$HSO^-_{4(aq)} + H_2O_{(\ell)} \rightarrow SO^{2-}_{4(aq)} + H_3O^+_{(aq)}$$

Cette réaction acide-base met en jeu deux couples, l'acide de l'un réagissant avec la base de l'autre.

• Le premier couple est H_3O^+/H_2O :

$$H_2O + H^+ \rightleftarrows H_3O^+$$

L'eau capte un H^+ (c'est une base de Brönsted) et donne son acide conjugué H_3O^+.

• L'eau a un rôle de base donc HSO_4^- a un rôle d'acide : il cède un H^+ et donne sa base conjuguée SO_4^{2-}. Le second couple est HSO_4^-/SO_4^{2-} : $HSO_4^- \rightleftarrows H^+ + SO_4^{2-}$.

d. L'ion carbonate CO_3^{2-} réagit avec les ions oxonium H_3O^+ présents dans l'eau. L'ion oxonium H_3O^+ est un acide, il va céder un H^+ et donner sa base conjuguée H_2O. L'ion carbonate CO_3^{2-} est donc une base qui capte un H^+ et donne son acide conjugué HCO_3^-. D'où l'équation :

$$CO^{2-}_{3(aq)} + H_3O^+{}_{(aq)} \rightarrow HCO^-_{3(aq)} + H_2O$$

e. • L'ion hydrogénosulfate est un acide et, avec l'eau, il produit des ions H_3O^+ : la concentration $[H_3O^+]$ augmente donc le pH diminue. Or, lorsqu'on ajoute du pH-moins®, le pH diminue : ce produit contient donc de l'hydrogénosulfate de sodium.

• Lorsqu'on ajoute du pH-plus®, le pH augmente. On introduit donc une espèce basique : les ions carbonate CO_3^{2-}. D'après l'équation écrite en d., ces ions carbonate réagissent avec les ions oxonium H_3O^+, donc $[H_3O^+]$ diminue et le pH augmente. Par conséquent, les granulés « pH-plus » sont constitués de carbonate de sodium $(Na_2CO_3)_{(s)}$.

11 Acide α-aminé

1. a. Le groupe carboxyle –COOH est présent ainsi que le groupe amine $-NH_2$.
Dans la formule de Lewis, on doit indiquer les doublets liants et non liants.

- Le carbone possède 4 électrons sur sa couche de valence ($2s^2\ 2p^2$) donc il forme 4 doublets liants pour obtenir une structure stable en octet.
- L'azote a 5 électrons sur sa couche de valence ($2s^2\ 2p^3$) donc il forme 3 doublets liants ou 3 liaisons pour avoir une structure stable en octet, il s'entoure de 8 électrons : 3 doublets liants et 1 doublet non liant.
- L'oxygène a 6 électrons sur sa couche de valence ($2s^2\ 2p^4$) donc il forme 2 doublets liants et s'entoure de 8 électrons : 2 doublets liants et 2 doublets non liants.
- L'hydrogène s'entoure de deux électrons et forme un doublet liant.

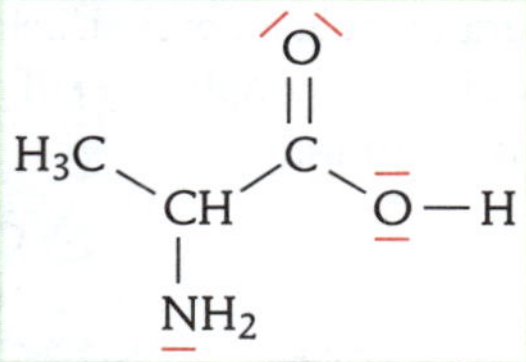

b. La liaison OH du groupe carboxyle est polarisée car l'oxygène est plus électronégatif que l'hydrogène. De ce fait, cette liaison peut se rompre. L'oxygène récupère le doublet d'électron et H^+ est cédé : le groupe carboxyle est un acide de Brönsted ($-COOH \rightleftarrows -COO^- + H^+$).
On remarque que l'azote possède un doublet non liant. Il pourra alors capter le H^+ cédé. C'est une base de Brönsted : $-NH_2 + H^+ \rightleftarrows NH_3^+$.
Il y a un transfert de H^+ du carboxyle vers l'azote du groupe amine.

c. L'amphion est chargé positivement sur l'azote et négativement sur l'oxygène qui a cédé un proton.

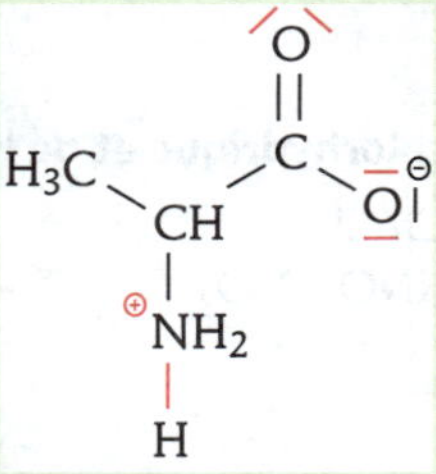

L'amphion peut céder un H^+ et avoir un rôle d'acide H^+ :

$$R\text{-}NH_3^+ \rightleftarrows R\text{-}NH_2 + H^+$$

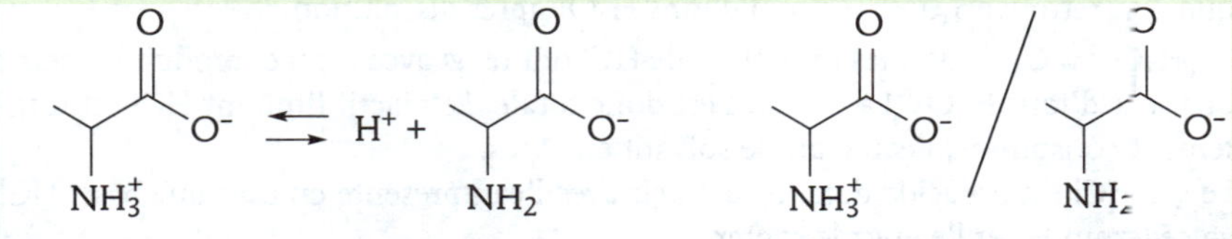

Acide (amphion) Base conjuguée Couple amphion/base conjuguée

L'amphion peut aussi capter un H^+ et avoir un rôle de base :

$$R\text{-}COO^- + H^+ \rightleftarrows RCOOH$$

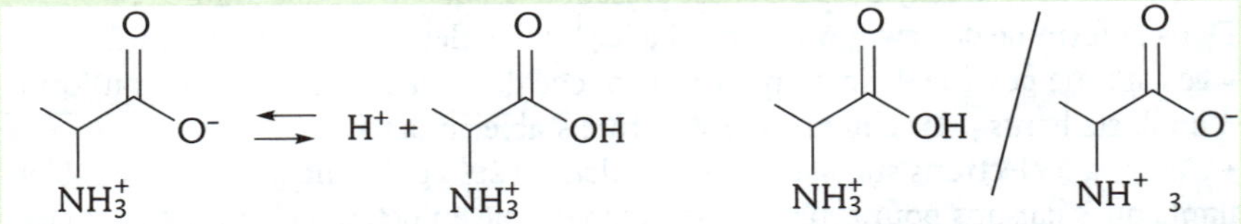

Base (amphion) Acide conjugué Couple acide conjugué/amphion

2. a. pH = 2 < pHi : d'après les informations, si le pH est inférieur à pHi alors l'acide aminé est chargé positivement soit la formule ci-contre.

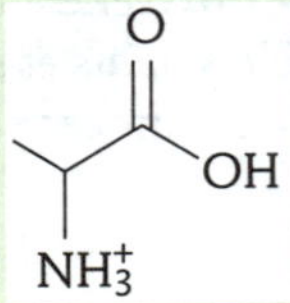

Il s'agit d'un acide et l'eau aura un rôle de base. L'acide va céder un proton donnant sa base conjuguée (amphion) et l'eau va capter le proton et donner un ion oxonium.

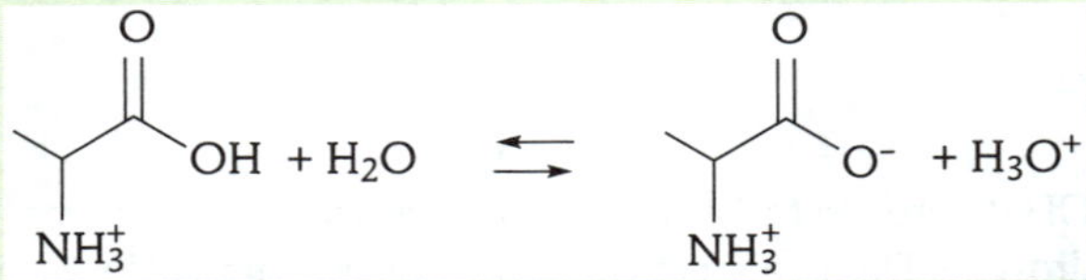

b. Si le pH devient basique alors l'alanine se trouvera sous sa forme chargée négativement soit la formule ci-contre.

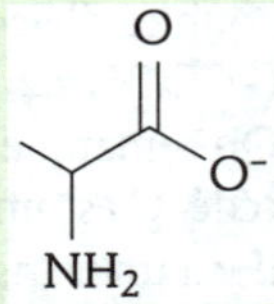

OBJECTIF BAC

12 Pluies acides

Partie 1 À propos de l'acide chlorhydrique et de l'acide nitrique

a. $HCl \rightleftarrows Cl^- + H^+$: couple HCl/Cl^-.
$HNO_3 \rightleftarrows NO_3^- + H^+$: couple HNO_3/NO_3^-.

b. $pH_1 = 2{,}0$ or $\dfrac{[H_3O^+]}{c^0} = 10^{-pH}$
d'où $[H_3O^+] = 10^{-pH} \times c^0$.
$[H_3O^+] = 10^{-2{,}0} \times 1{,}0 = 1{,}0 \times 10^{-2}\ mol \cdot L^{-1}$.
On constate que pour un litre de solution, on a dissous $1{,}0 \times 10^{-2}$ mol de HCL et que l'on retrouve $1{,}0 \times 10^{-2}$ mol d'ions H_3O^+ après dissolution.

c. $[H_3O^+] = C_1$. Toutes les molécules de HCl ont réagi avec l'eau et produit la même quantité d'ions H_3O^+. La réaction est donc totale. Le réactif limitant HCl est totalement consommé, l'eau étant le solvant en excès.
Le gaz HCl est un acide donc il va réagir avec l'eau présente en tant que base. HCl va céder un H^+ et l'eau va le capter.

> **CONSEILS**
> **a.** Un acide est une espèce capable de céder un proton. Écrivez la demi-équation traduisant cette définition.

$$HCl \rightleftarrows Cl^- + H^+$$
$$H_2O + H^+ \rightleftarrows H_3O^+$$
$$HCl_{(g)} + H_2O_{(\ell)} \rightarrow Cl^-_{(aq)} + H_3O^+_{(aq)}$$

d. $C_2 = C_1 = [H_3O^+]$. Comme pour l'acide chlorhydrique, on constate que l'acide nitrique réagit totalement avec l'eau puisque la quantité d'ions H_3O^+ formée est égale à la quantité de HNO_3 initialement introduite. La réaction est totale. Tous les HNO_3 réagissent et donnent autant d'ions H_3O^+.

$$HNO_3 \rightleftarrows NO_3^- + H^+$$
$$H_2O + H^+ \rightleftarrows H_3O^+$$
$$HNO_{3(\ell)} + H_2O_{(\ell)} \rightarrow NO^-_{3(aq)} + H_3O^+_{(aq)}$$

Partie 2 À propos de l'acide sulfurique

e. D'après le schéma de Lewis, on voit deux hydrogènes liés chacun à un atome d'oxygène. On constate que l'électronégativité de l'oxygène est bien supérieure à celle de l'atome d'hydrogène. De ce fait, le doublet liant de la liaison est attiré par l'oxygène donc la liaison est polarisée. Les deux liaisons O–H sont fragilisées et cette liaison va se rompre : l'oxygène garde le doublet d'électrons et libère l'ion H^+ :

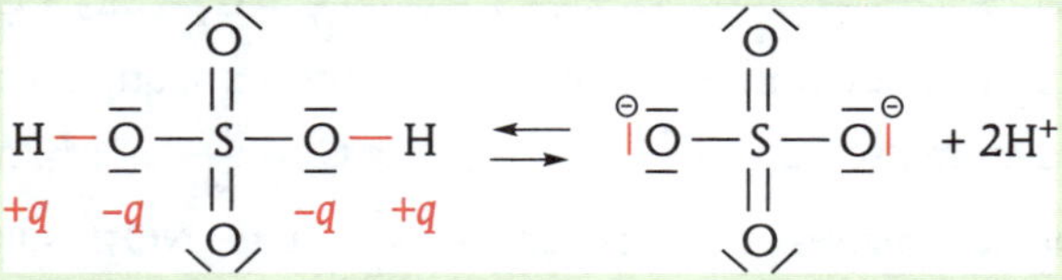

f. L'acide sulfurique réagit avec l'eau et libère un premier ion H^+ :

$$H_2SO_4 + H_2O \rightarrow HSO_4^- + H_3O^+ \text{ (réaction totale)}$$

Sa base conjuguée HSO_4^- peut à son tour réagir avec l'eau pour libérer un second ion H^+ :

$$HSO_4^- + H_2O \rightarrow SO_4^{2-} + H_3O^+.$$

Le bilan donne :

$$H_2SO_4 + 2\ H_2O \rightarrow SO_4^{2-} + 2\ H_3O^+$$

Partie 3 Analyse d'une eau de pluie

g. • Quelle(s) grandeur(s) doit-on rechercher ?

Pour répondre à la question posée (« Peut-on considérer cette pluie comme néfaste pour l'environnement ? »), il faut connaître le pH de cette eau, donc déterminer la concentration en ions H_3O^+.

• Comment expliquer la présence des ions NO_3^-, SO_4^{2-} et Cl^- ?

Les ions NO_3^- proviennent de la réaction de l'acide nitrite avec l'eau.
Les ions sulfate SO_4^{2-} proviennent de la réaction de l'acide sulfurique avec l'eau.
Les ions chlorure Cl^- proviennent de la réaction de l'acide chlorhydrique avec l'eau.
Ces trois réactions sont totales :

① $HNO_3 + H_2O \rightarrow NO_3^- + H_3O^+$
② $H_2SO_4 + 2H_2O \rightarrow SO_4^{2-} + 2H_3O^+$
③ $HCl + H_2O \rightarrow Cl^- + H_3O^+$

• Comment déterminer la concentration en ions H_3O^+ et le pH ?
La quantité d'ions H_3O^+ est donc la somme des H_3O^+ formés lors de ces 3 réactions. Pour un volume V de pluie on a n_1 mol d'ions NO_3^-, une quantité n_2 mol d'ions SO_4^{2-} et une quantité n_3 mol d'ions Cl^-.

Réaction ① :

$$HNO_3 + H_2O \rightarrow NO_3^- + H_3O^+$$

Il se forme autant de mol de NO_3^- que de H_3O^+ : la réaction ① produit la même quantité d'ions NO_3^- et d'ions H_3O^+ soit n_1.

Réaction ② :

$$H_2SO_4 + 2\ H_2O \rightarrow 1\ SO_4^{2-} + 2\ H_3O^+$$

Il se forme deux fois plus de mol de H_3O^+ que de SO_4^{2-} : la réaction ② produit la quantité n_2 d'ions SO_4^{2-} et $2n_2$ d'ions H_3O^+.

Réaction ③ :

$$HCl + H_2O \rightarrow 1\ Cl^- + 1\ H_3O^+$$

Il se forme autant de mol de Cl^- que de H_3O^+ : la réaction ③ produit la même quantité d'ions Cl^- et d'ions H_3O^+ soit n_3.
La quantité totale d'ions H_3O^+ est donc égale à : $n_1 + 2n_2 + n_3$.
Par conséquent, la concentration d'ions H_3O^+ est :

$$[H_3O^+] = \frac{n_1 + 2n_2 + n_3}{V} = \frac{n_1}{V} + \frac{2n_2}{V} + \frac{n_3}{V} = C_1 + 2C_2 + C_3$$

On peut déterminer les concentrations en quantité de matière connaissant les concentrations en masse : $C_1 = \frac{c_1}{M_1}$; $C_2 = \frac{c_2}{M_2}$ et $C_3 = \frac{c_3}{M_3}$ où M_1, M_2 et M_3 sont respectivement les masses molaires des ions nitrate NO_3^-, sulfate SO_4^{2-} et chlorure Cl^-.

$M_1 = M(NO_3^-) = 14 + 3 \times 16 = 62\ g \cdot mol^{-1}$;
$M_2 = M(SO_4^{2-}) = 32 + 4 \times 16 = 96\ g \cdot mol^{-1}$;
$M_3 = M(Cl^-) = 35{,}5\ g \cdot mol^{-1}$.

Finalement : $[H_3O^+] = C_1 + 2C_2 + C_3 = \frac{c_1}{M_1} + \frac{2c_2}{M_2} + \frac{c_3}{M_3}$

$$[H_3O^+] = \frac{1{,}24 \times 10^{-3}}{62} + \frac{2 \times 2{,}88 \times 10^{-3}}{96} + \frac{0{,}35 \times 10^{-3}}{35{,}5} = 9{,}0 \times 10^{-5}\ mol \cdot L^{-1} \text{ donc :}$$

$$pH = -\log\left(\frac{[H_3O^+]}{c^0}\right) = -\log\left(\frac{9{,}0 \times 10^{-5}}{1{,}0}\right) = 4{,}0.$$

• Comment répondre à la question posée ? (Conclusion)
La présence des polluants nitrate, sulfate et chlorure montre que l'activité humaine a des conséquences puisque cela génère des pluies acides de pH inférieur à 7. Cette acidité va endommager les écosystèmes, ce qui est néfaste pour l'environnement.

2 Analyse d'un système chimique par des méthodes physiques et chimiques

Le **contrôle de qualité** est indispensable pour valider la teneur d'une espèce dans un produit, que ce soit dans le domaine alimentaire, médical, industriel ou environnemental… Différentes méthodes sont possibles comme les titrages directs mais aussi des méthodes non destructives par étalonnage ou encore la spectroscopie IR et UV.

5 Mesure d'une grandeur physique

En bref *La mesure d'une grandeur physique (pression, conductivité...) liée à la concentration ou à la quantité de matière d'un réactif ou d'un produit permet d'analyser un système chimique.*

I Mesure de la pression

- Si la transformation chimique fait intervenir un gaz, on mesure la **pression**, proportionnelle au nombre de moles de gaz, à température T et volume V fixés.

- **Loi des gaz parfaits** : $PV = nRT$ ou $n = \frac{V}{RT}P$.

avec P pression du gaz (Pa), V volume occupé par ce gaz (m^3), n quantité de matière du gaz (mol), $R = 8{,}31\ J \cdot K^{-1} \cdot mol^{-1}$ constante des gaz parfaits et T température en kelvins (K) ($T(K) = \theta(°C) + 273{,}15$). → FICHE 11

- Les **gaz réels** se comportent comme des gaz parfaits à faible pression.

À NOTER
Le volume molaire d'un gaz ou loi d'Avogadro Ampère et la loi de Mariotte PV = cste à T et n constants ont été abordés en 1re.

II Conductimétrie

- La **conductimétrie** est l'étude des solutions ioniques conductrices du courant électrique. On mesure la conductance $G = \frac{1}{R} = \frac{I}{U}$ d'une solution contenant des ions entre deux électrodes planes et parallèles. Le conductimètre affiche directement la conductivité σ :

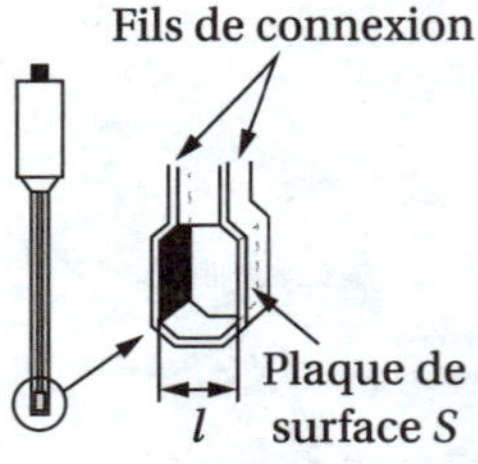

$$\sigma = \frac{l}{S}G$$ σ en $S \cdot m^{-1}$; G en siemens (S) ; l en m ; S en m^2.

- D'après la **loi de Kohlrausch**, la conductivité d'une solution diluée d'une espèce ionique dissoute est proportionnelle à sa concentration :

$$\sigma = k \times C$$ σ en $S \cdot m^{-1}$; C en $mol \cdot L^{-1}$; k en $S \cdot L \cdot m^{-1} \cdot mol^{-1}$.

- Un **dosage par étalonnage** consiste à déterminer la concentration d'une espèce chimique en comparant une grandeur physique, la conductivité σ caractéristique de la solution, à la même grandeur physique mesurée pour des solutions étalons contenant l'espèce à doser.

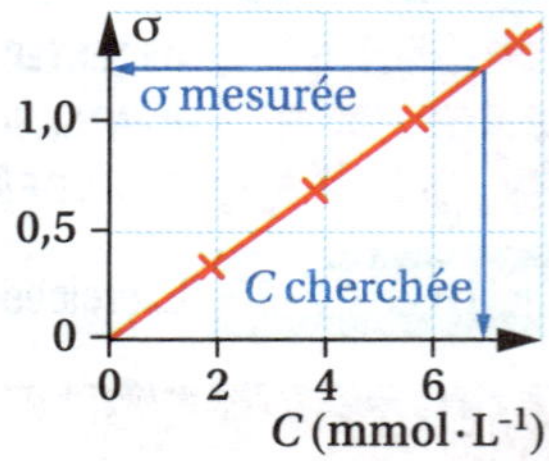

Méthode

Déterminer une quantité de matière à partir d'une mesure de pression

On fait réagir un ruban de magnésium avec une solution d'acide chlorhydrique dans un flacon de 130 mL hermétiquement fermé, suivant la réaction :

$Mg_{(s)} + 2H_3O^+_{(aq)} \rightarrow Mg^{2+}_{(aq)} + H_{2(g)} + 2H_2O_{(\ell)}$.

Un manomètre permet de mesurer la pression P dans le flacon au-dessus de la solution.

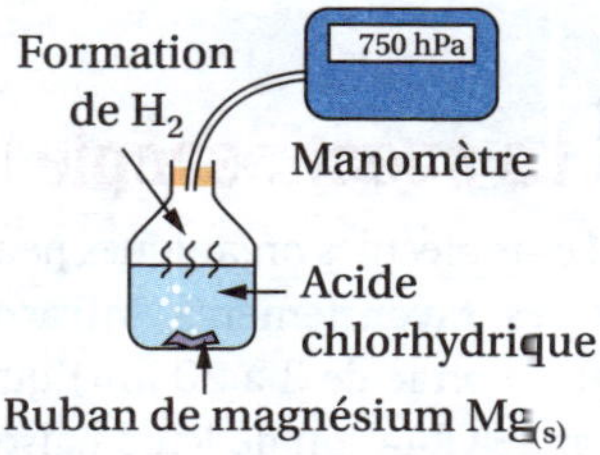

État initial	$P_0 = 1\,021$ hPa ; $\theta = 20{,}5$ °C. Volume de solution d'acide chlorhydrique : $V_1 = 40{,}0$ mL.
État final	$P_f = 1\,780$ hPa ; $\theta = 20{,}5$ °C.

Données : volume du flacon : 130 mL ; $R = 8{,}31\ J \cdot K^{-1} \cdot mol^{-1}$; $T(K) = \theta(°C) + 273{,}15$.

a. À quoi correspond la pression initiale dans le flacon ?

b. En utilisant l'équation des gaz parfaits, démontrer que $P_f = P_0 + P_{H_2}$.

c. Déterminer la quantité de matière de dihydrogène formée.

CONSEILS

b. Veillez aux unités lors de l'application numérique de l'équation des gaz parfaits. Pour le volume, on a : $1\ mL = 10^{-3}\ L$; $1\ L = 1\ dm^3 = 10^{-3}\ m^3$; pour la pression : $1\ hPa = 10^2\ Pa$.

SOLUTION

a. P_0 est la pression de l'air dans le flacon au-dessus de la solution.

b. D'après la loi des gaz parfaits $P = n\dfrac{RT}{V}$.

Dans l'état initial : $P_0 = n_0\dfrac{RT}{V}$ avec n_0 le nombre de moles d'air.

Dans l'état final, le nombre de moles de gaz est $n_f = n_0 + n_{H_2}$.

$$P_f = n_f\frac{RT}{V} = \left(n_0 + n_{H_2}\right)\frac{RT}{V} = n_0\frac{RT}{V} + n_{H_2}\frac{RT}{V} = P_0 + P_{H_2}.$$

c. On exprime le nombre de moles de dihydrogène. La pression doit être en pascals, la température en kelvins, le volume en m³. Le volume occupé par le gaz est $V = V_{flacon} - V_{solution} = 130 - 40 = 90\ mL = 90 \times 10^{-6}\ m^3$.

$P_f = P_0 + P_{H_2}$ d'où $P_f - P_0 = P_{H_2} = n_{H_2}\dfrac{RT}{V}$ soit $n_{H_2} = \dfrac{V}{RT}\left(P_f - P_0\right)$.

$$n_{H_2} = \frac{90 \times 10^{-6}}{8{,}31 \times (20{,}5 + 273{,}15)} \times (1\,780 - 1\,021) \times 10^2 = 2{,}8 \times 10^{-3}\ mol.$$

La quantité de dihydrogène formée est $2{,}8 \times 10^{-3}$ mol soit 2,8 mmol.

6 Spectroscopies infrarouge et UV-visible

En bref *Le principe de ces techniques repose sur l'analyse des rayonnements absorbés dans deux domaines différents de longueurs d'onde.*

I La spectroscopie infrarouge

■ Les molécules organiques peuvent absorber des **rayonnements infrarouges** (longueur d'onde de 2 à 20 µm) qui modifient l'état de vibration de leurs liaisons.

■ Un **spectre IR** représente la **transmittance** T d'un échantillon en fonction du nombre d'onde du rayonnement $\sigma = \frac{1}{\lambda}$. La valeur du nombre d'ondes σ de chaque bande d'absorption permet de reconnaître des liaisons dans la molécule et donc d'identifier des groupes caractéristiques.

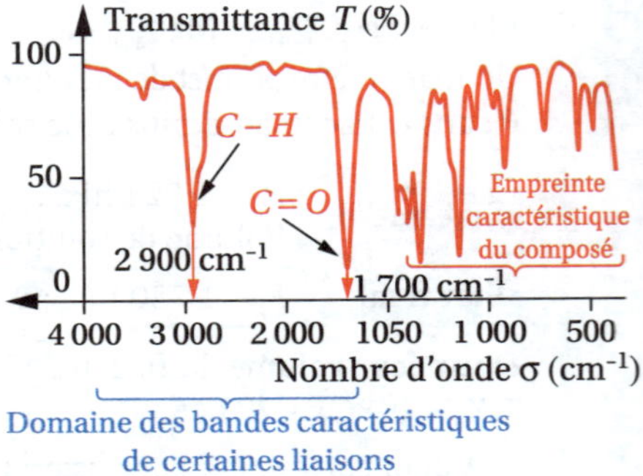

■ Les **bandes** sont analysées selon trois critères : position (cm^{-1}), intensité (faible, moyenne, forte) et forme (large ou fine). Pour les tables IR voir → RABATS II et III.

> **MOT CLÉ**
> La **transmittance** est le rapport de l'intensité I du rayonnement transmis sur l'intensité I_0 incidente.

■ Un spectre permet d'**identifier** les groupes caractéristiques d'un composé inconnu et de **suivre** un processus réactionnel.

II La spectroscopie UV-visible

■ Un **spectre UV-visible** représente l'absorbance $A = \log\left(\frac{1}{T}\right)$ d'un échantillon en fonction de la longueur d'onde λ, dans le domaine 200-400 nm pour l'UV et 400-800 nm pour le visible.

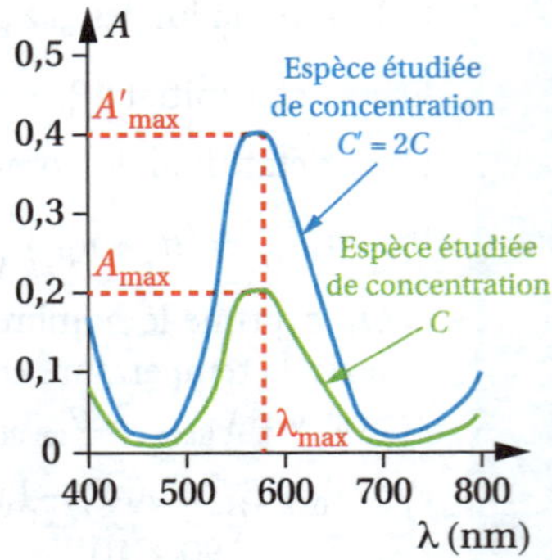

■ Le spectre d'absorption d'une espèce est caractérisé par les coordonnées des maxima d'absorption λ_{max} et $A(\lambda_{max})$. On peut alors **identifier une espèce** avec un spectre de référence.

■ D'après la **loi de Beer Lambert**, pour de faibles concentrations, l'absorbance d'une espèce chimique est proportionnelle à sa concentration :

$$A = k \times C$$

A sans unité ; C en $mol \cdot L^{-1}$; k en $L \cdot mol^{-1}$.

Méthode

Identifier un groupe caractéristique à partir du spectre IR

On donne la formule topologique de 3 amides de formule brute : C_3H_7ON.

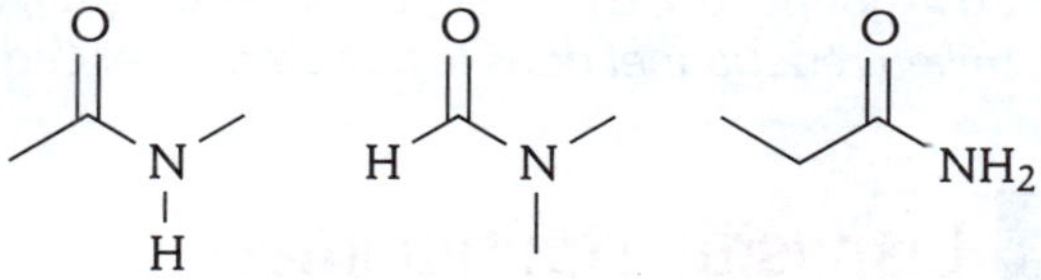

a. Pourquoi le spectre IR ci-dessous ne peut-il pas correspondre à une amine ?

b. Associer ce spectre à l'une des trois molécules proposées.

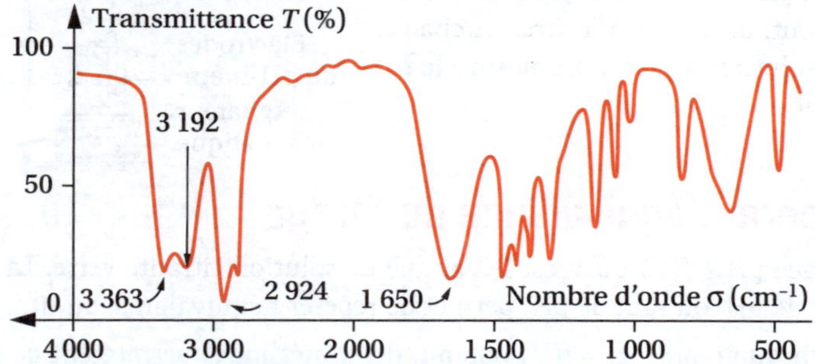

Groupement	Liaison	Nombre d'onde σ (cm^{-1})	Bandes	Intensité
amine primaire	–N–H	3 500 cm^{-1} et 3 410 cm^{-1}	2 bandes	moyenne
amine secondaire	–N–H	entre 3 500-3 300 cm^{-1}	1 bande	moyenne
amide	C=O	entre 1 650-1 700 cm^{-1}	1 bande	intense
amide non substitué	N–H	3 050 cm^{-1} et 3 500 cm^{-1}	2 bandes larges	moyenne
amide substitué	N–H	entre 3 050-3 400 cm^{-1}	1 bande large	moyenne

SOLUTION

a. La bande caractéristique de nombre d'onde σ = 1 650 cm^{-1} est présente sur le spectre étudié. Elle est caractéristique du groupe carbonyle présent seulement dans un amide et conforme à ce qu'indiquent les tables. Le spectre IR ne peut donc pas correspondre à une amine.

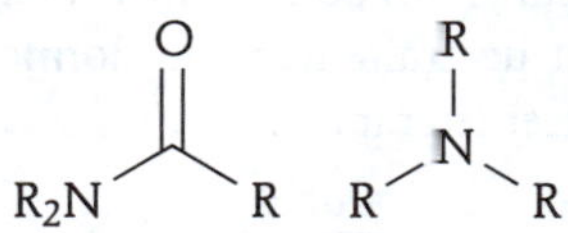

Amide Amine

b. On note la présence de deux bandes (3 363 et 3 192 cm^{-1}) caractéristiques des liaisons N–H d'un amide non substitué –CO–NH_2. On retrouve ainsi la double bande des liaisons N–H et la bande du groupe carbonyle comme l'amide numéro 3 : il s'agit de la propanamide.

7 Titrage pH-métrique

En bref *Lorsque la réaction support du titrage est une réaction acide-base quantitative (rapide, totale et unique), on suit l'évolution du pH du milieu réactionnel dans le but de repérer l'équivalence.*

I Dispositif expérimental

La solution titrante de la burette est versée progressivement dans un volume prélevé précisément, de solution à titrer. À chaque ajout de solution titrante, **on mesure le pH** de la solution.

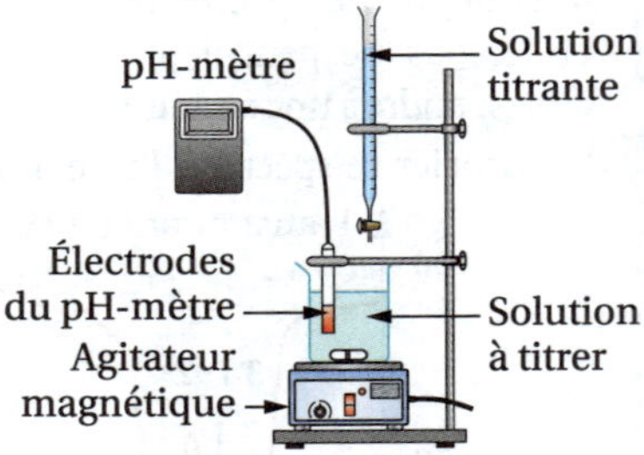

II Repérer l'équivalence du titrage

- On trace pH = $f(V)$ où V est le volume de solution titrante versé. La brusque variation de pH, ou saut de pH, permet de repérer l'**équivalence** du titrage.
- À partir du graphe pH = $f(V)$ obtenu, **deux méthodes** permettent de déterminer les coordonnées du point équivalent E avec une bonne précision.

• **Méthode des tangentes**

On trace une tangente T_1 à la courbe avant le saut de pH, puis on trace T_2, parallèle à T_1 et tangente à la courbe après le saut de pH. On construit le segment perpendiculaire à T_1 et à T_2, puis la médiatrice D de ce segment. Cette médiatrice D coupe la courbe pH = $f(V_{titrant})$ au point E d'abscisse V_E.

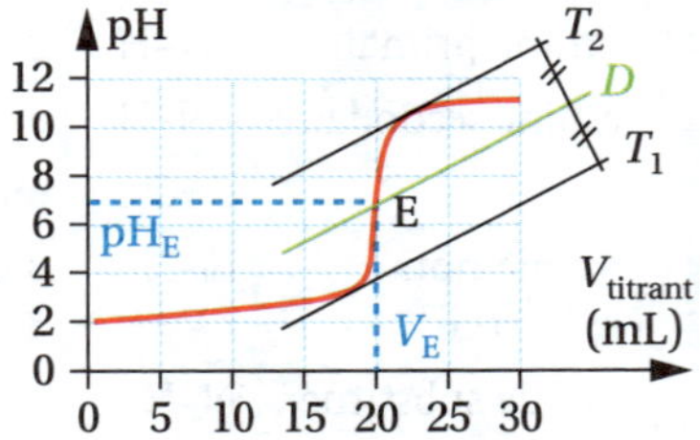

• **Méthode de la courbe dérivée**

À partir des points expérimentaux, un logiciel de traitement de données permet de tracer le graphe :

$$\frac{\mathrm{dpH}}{\mathrm{d}V_{titrant}} = f\left(V_{titrant}\right).$$

L'équivalence du titrage correspond à l'extremum de la courbe dérivée. Cet extremum repère le point d'abscisse V_E.

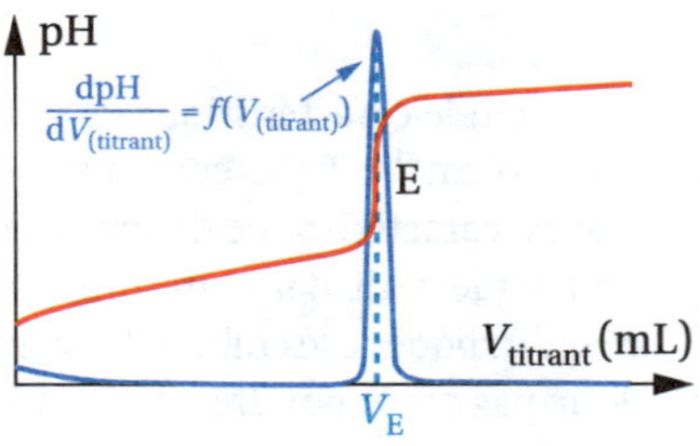

- À partir de la détermination de V_E, on déduit la concentration ou la quantité de matière d'espèce à titrer, sachant qu'à l'équivalence on a réalisé un **mélange stœchiométrique** du réactif titrant et du réactif titré.

Méthode

Exploiter une courbe de titrage pH-métrique

On dose un volume $V_1 = 20,0$ mL d'une solution d'acide éthanoïque.

On réalise un suivi pH-métrique de la solution d'acide éthanoïque par une solution d'hydroxyde de sodium de concentration $C_2 = 4,0 \times 10^{-2}$ mol·L^{-1}.

On obtient les courbes ci-contre.

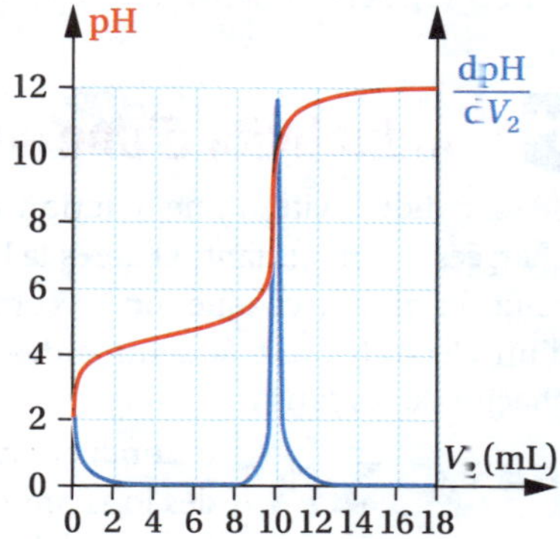

La réaction support du titrage est :

$$CH_3COOH_{(aq)} + HO^-_{(aq)} \rightarrow CH_3COO^-_{(aq)} + H_2O_{(\ell)}$$

a. Déterminer le volume équivalent par deux méthodes différentes.

b. En expliquant votre démarche, déterminer la concentration de la solution d'acide éthanoïque.

CONSEILS

a. Appliquez les méthodes des tangentes et de la courbe dérivée.
b. Définissez l'équivalence du titrage et déduisez-en, à partir de l'équation de la réaction, la relation entre les quantités de réactifs qui ont réagi à l'équivalence.

SOLUTION

a. L'équivalence se situe dans le saut de pH. On applique la méthode des tangentes et on détermine $V_E = 10$ mL.

Par lecture de l'abscisse du maximum de la courbe dérivée $\frac{dpH}{dV_2} = f(V_2)$, on détermine la même valeur de V_E soit $V_E = 10$ mL.

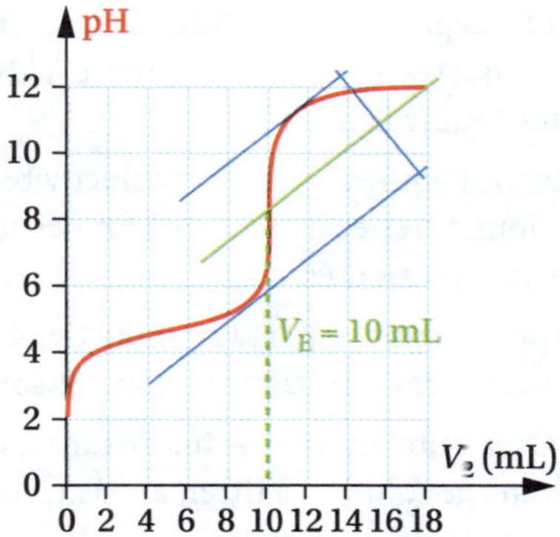

b. À l'équivalence, les deux réactifs sont totalement consommés : on a réalisé un mélange stœchiométrique du réactif titrant et du réactif titré.

D'après l'équation de la réaction, les deux réactifs réagissent mol à mol :

$n(CH_3COOH)_i = n(HO^-)_E$

soit $C_1 \times V_1 = C_2 \times V_E$ d'où $C_1 = \frac{C_2 \times V_E}{V_1} = \frac{4,0 \times 10^{-2} \times 10}{20} = 2,0 \times 10^{-2}$ mol·L^{-1}.

8 Titrage conductimétrique

En bref *Un titrage conductimétrique peut être envisagé lorsque la réaction support du titrage fait intervenir des ions.*

I Conductivité d'une solution

■ La conductivité d'une solution est fonction des concentrations des espèces chargées la constituant. D'après la **loi de Kohlrausch** (forme générale), dans une solution diluée, chaque ion se comporte comme s'il était seul. La conductivité d'un électrolyte est la somme des conductivités propres σ_i, indépendantes, de chacun de ses ions :

$$\sigma = \sum_i \sigma_i = \sum_i \lambda_i^0 [x_i]$$

σ conductivité de la solution ($S \cdot m^{-1}$) ; $[x_i]$ concentration des ions présents dans la solution ($mol \cdot m^{-3}$) ; λ_i^0 conductivité molaire des ions présents ($S \cdot m^2 \cdot mol^{-1}$).

■ **Conductivité molaire** ionique de quelques ions :

Ion	H_3O^+	HO^-	Na^+	Cl^-
λ ($S \cdot m^2 \cdot mol^{-1}$)	34,98	19,92	5,01	7,63

Exemple : pour une solution de chlorure de sodium :
$\sigma = \lambda_{Na^+} \times [Na^+] + \lambda_{Cl^-} \times [Cl^-] = (\lambda_{Na^+} + \lambda_{Cl^-}) \times C$ avec C concentration apportée en chlorure de sodium.

II Repérer l'équivalence du titrage

■ On explique **l'évolution de la conductivité** σ d'une solution en comparant la conductivité molaire λ_i^0 propre à chaque ion présent dans la solution avant et après l'équivalence.

- **Avant l'équivalence**, la conductivité σ varie au fur et à mesure de la disparition des ions titrés et de l'apparition des ions produits par la réaction et/ou des ions spectateurs ajoutés.

- **Après l'équivalence**, la conductivité σ varie encore, mais uniquement en raison de l'ajout des ions titrants non consommés et/ou des ions spectateurs.

■ On ajoute un **volume important d'eau** au volume de solution à titrer, ainsi au cours du titrage $V_{titrant\text{-}ajouté} << V_{solution} = V_{titré} + V_{eau}$, la dilution due à l'ajout du titrant est alors négligeable. Ainsi, la courbe $\sigma = f(V_{titrant})$ est constituée de segments de droites dont l'intersection permet de repérer l'équivalence.

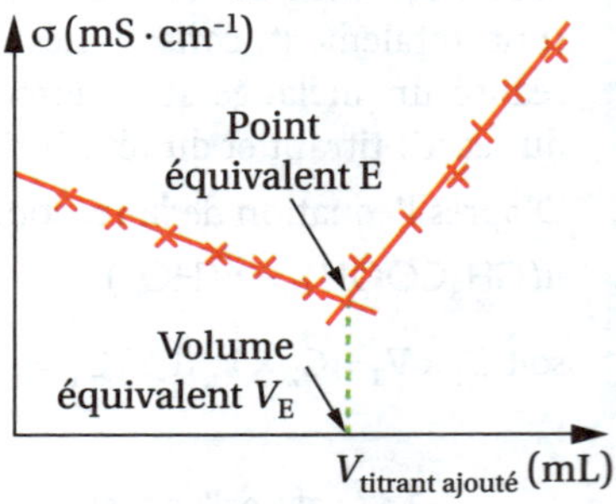

Méthode

Interpréter une courbe de titrage conductimétrique

On titre une solution d'acide chlorhydrique ($H_3O^+ + Cl^-$) par une solution d'hydroxyde de sodium ($Na^+ + HO^-$). On suit la conductivité de la solution titrée en fonction du volume V_b de solution titrante versé. La réaction support du titrage est : $H_3O^+_{(aq)} + HO^-_{(aq)} \rightarrow 2\ H_2O_{(\ell)}$.

Doc 1 Montage

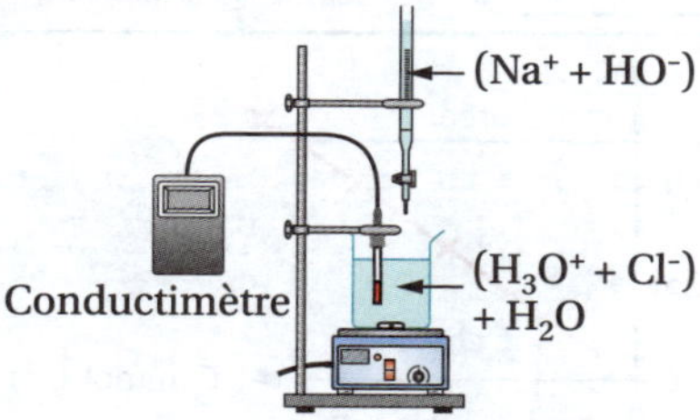

Doc 2 Courbe obtenue

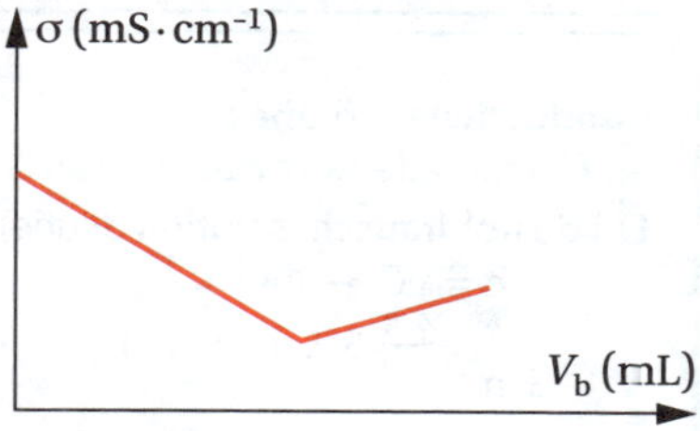

a. Justifier l'allure de la courbe obtenue (document 2).

b. Comment déterminer le volume équivalent V_E ?

Données : conductivités molaires ioniques (en $mS \cdot m^2 \cdot mol^{-1}$ à 25 °C) :

Ion	H_3O^+	Na^+	HO^-	Cl^-
λ	34,98	5,01	19,92	7,63

CONSEILS

a. Faites l'inventaire de toutes les espèces ioniques et regardez comment leurs concentrations évoluent au cours du titrage (avant et après l'équivalence). Comparez la conductivité molaire ionique des ions qui apparaissent ou disparaissent pour justifier l'évolution globale de la conductivité de la solution.

SOLUTION

a. $Na^+_{(aq)}$ et $Cl^-_{(aq)}$ sont des ions spectateurs. Au début du titrage, sont présents dans la solution les ions $H_3O^+_{(aq)}$ et $Cl^-_{(aq)}$. Avant l'équivalence, le réactif titrant versé est limitant : les ions HO^- réagissent complètement avec les ions H_3O^+ alors $[H_3O^+]$ diminue et $[Na^+]$ croît. Mais comme la conductivité molaire ionique de H_3O^+ est très grande devant celle de Na^+, la conductivité du mélange décroît.

Après l'équivalence, le réactif titré est limitant, les ions HO^- sont en excès, donc $[HO^-]$ et $[Na^+]$ augmentent et la conductivité croît.

Ainsi à l'équivalence, la conductivité est minimale.

b. À l'intersection des deux droites, la conductivité est minimale et correspond à l'équivalence du titrage. On peut alors lire le volume équivalent V_E.

MÉMO VISUEL

ANALYSE SYSTÈME

Mesure d'une grandeur physique

Pression et quantité de matière de gaz

Loi des gaz parfaits : $PV = nRT$

- P : Pa
- V : m^3
- n : mol
- R : $8{,}31\ J \cdot K^{-1} \cdot mol^{-1}$
- T : K

Conductivité σ d'une solution en fonction de sa concentration

Loi de Kohlrausch (solution diluée) :

$\sigma = kC$

- σ : $S \cdot m^{-1}$
- k : $S \cdot L \cdot m^{-1} \cdot mol^{-1}$
- C : $mol \cdot L^{-1}$

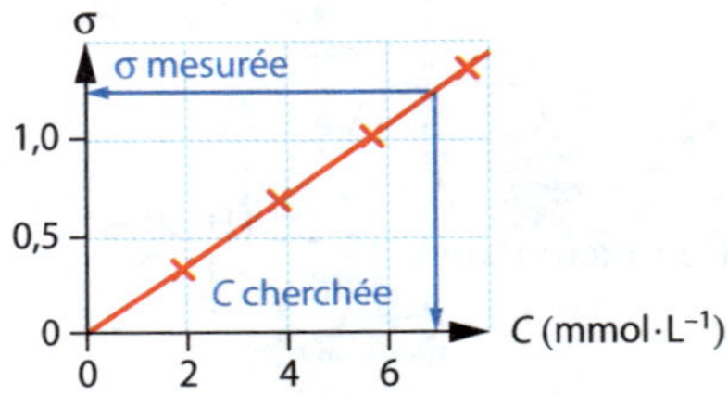

Spectroscopies infrarouge et UV-visible

Spectroscopie infrarouge

Exemple : spectre IR de l'acide butanoïque

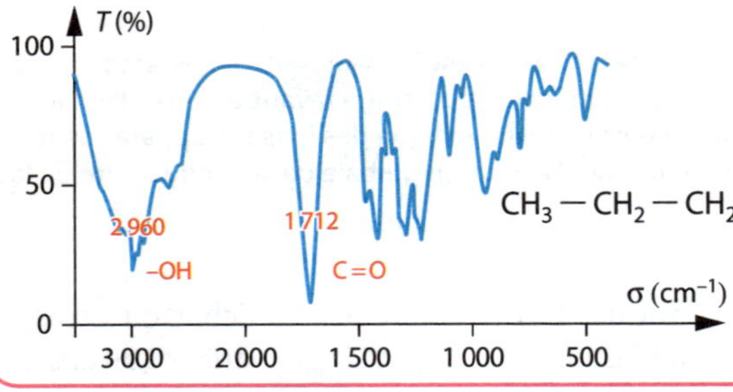

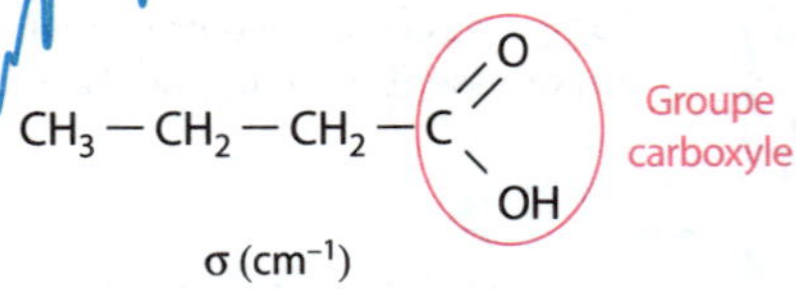

Spectroscopie UV-visible

- Maximum d'absorption λ_{max} caractéristique d'une espèce.
- **Loi de Beer-Lambert** (faibles concentrations) : $A = kC$
  - A : Sans unité
  - k : $L \cdot mol^{-1}$
  - C : $mol \cdot L^{-1}$

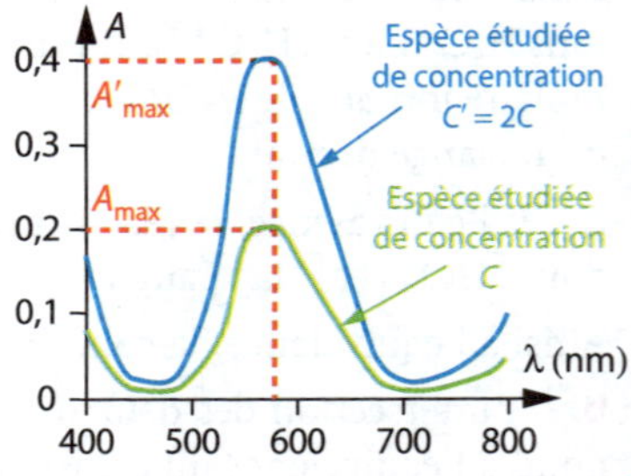

Deux méthodes pour repérer l'équivalence

- **Méthode des tangentes**

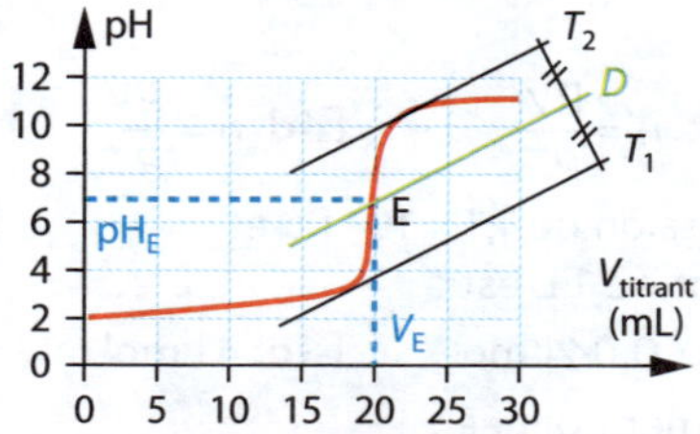

- **Méthode de la courbe dérivée**

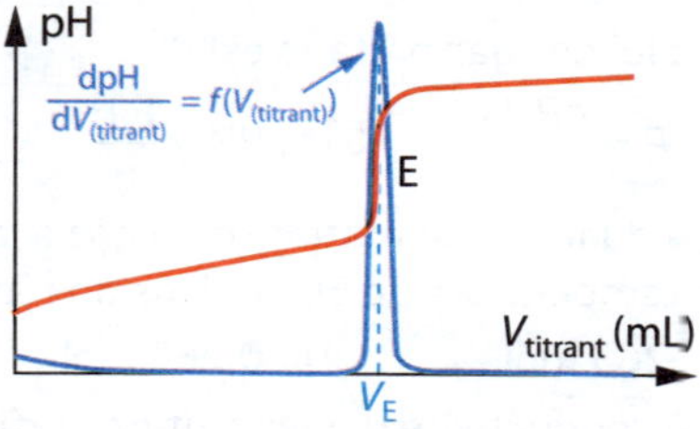

Titrage pH-métrique

Suivi pH-métrique

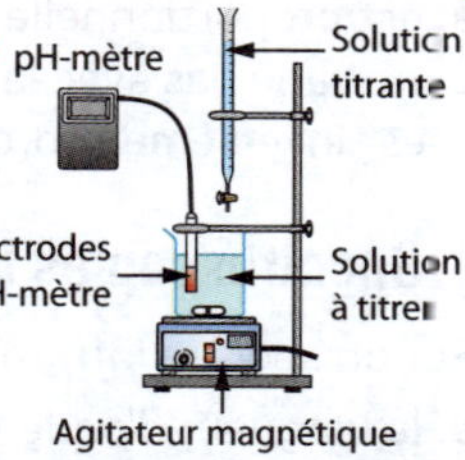

D'UN CHIMIQUE

Titrage conductimétrique

Conductivité σ d'une solution en fonction des concentrations des espèces chargées la constituant

Loi de Kohlrausch (forme générale) :

$$\sigma = \sum_i \sigma_i = \sum_i \lambda_i^0 [x_i]$$

σ en $S \cdot m^{-1}$; λ_i^0 : Conductivité molaire des ions présents ($S \cdot m^2 \cdot mol^{-1}$) ; $[x_i]$: Concentration des ions présents ($mol \cdot m^{-3}$)

Méthode pour repérer l'équivalence

Mesure de la conductivité σ à chaque ajout de solution titrante.

Si $V_E << V_{titré} + V_{eau}$ alors $\sigma = f(V_{titrant})$ constituée de **segments de droites,** qui se coupent à l'équivalence.

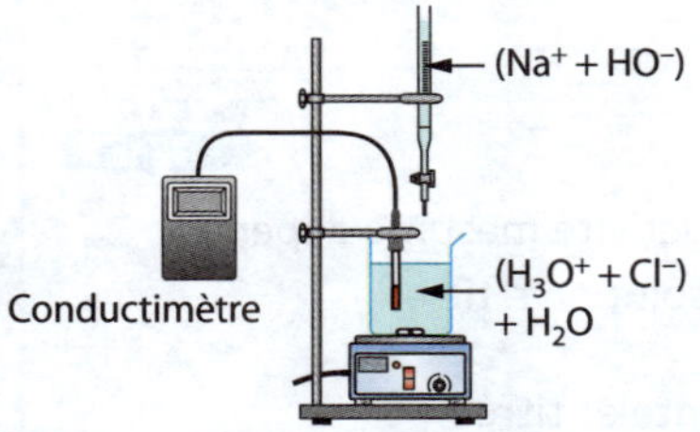

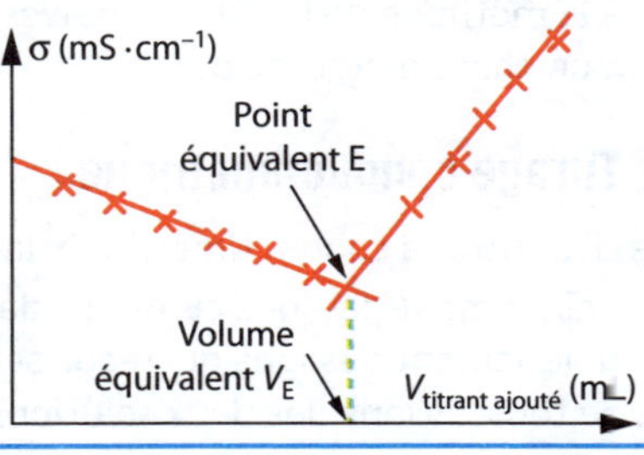

SE TESTER QUIZ

Vérifiez que vous avez bien compris les points clés des **fiches 5 à 8**.

1 Mesure d'une grandeur physique

→ FICHE 5

1. La loi des gaz parfaits est :

☐ **a.** $P = \frac{nRV}{T}$ ☐ **b.** $PV = \frac{RT}{n}$ ☐ **c.** $n = \frac{RV}{PT}$ ☐ **d.** $n = \frac{PV}{RT}$

2. La quantité de matière d'un gaz à la pression de $1{,}1 \times 10^5$ Pa et à la température de 50 °C dans un récipient de 1 L est :

☐ **a.** 265 mol ☐ **b.** 0,265 mol ☐ **c.** 0,041 mol ☐ **d.** 41 mol

3. La conductivité d'une solution suffisamment diluée :

☐ **a.** est proportionnelle à la concentration de la solution
☐ **b.** ne varie pas avec la concentration de la solution
☐ **c.** est inversement proportionnelle à la concentration de la solution

2 Spectroscopies infrarouge et UV-visible

→ FICHE 6

1. Sur un spectre infrarouge, on trouve en abscisse :

☐ **a.** la longueur d'onde ☐ **b.** le nombre d'onde ☐ **c.** la transmittance

2. Un spectre infrarouge d'une molécule permet l'identification :

☐ **a.** de la molécule ☐ **b.** de certaines liaisons de la molécule
☐ **c.** du groupe caractéristique présent sur la molécule

3. On donne le spectre UV-visible d'une espèce chimique. Le domaine de longueur d'onde dans lequel absorbe cette espèce est le domaine :

☐ **a.** UV
☐ **b.** visible
☐ **c.** infrarouge

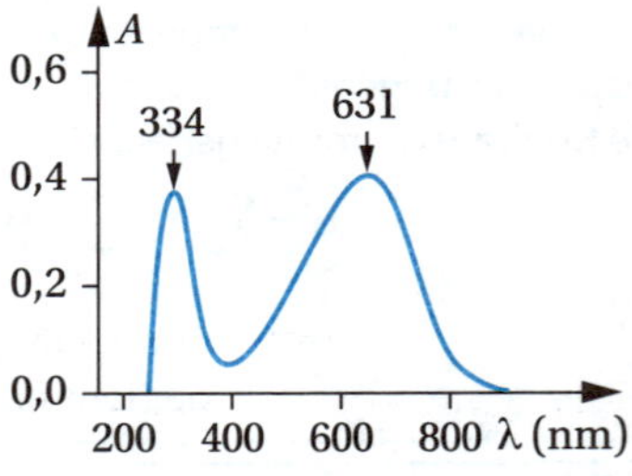

3 Titrage pH-métrique

→ FICHE 7

L'équivalence d'un titrage pH-métrique est repérée grâce :

☐ **a.** à la méthode de la courbe dérivée ☐ **b.** à la méthode des tangentes
☐ **c.** à un changement de pente

4 Titrage conductimétrique

→ FICHE 8

Lors d'un titrage conductimétrique, la conductivité mesurée dépend :

☐ **a.** uniquement des ions contenus dans la solution à titrer
☐ **b.** uniquement des ions qui réagissent
☐ **c.** de tous les ions des deux solutions titrante et titrée

S'ENTRAÎNER

5 Bouteille de dioxygène

→ FICHE 5

Une bouteille en verre de volume $V = 1{,}50$ L, contient du dioxygène à une température $\theta = 20{,}0$ °C et à la pression atmosphérique $P = 1{,}013 \times 10^5$ Pa.

a. Donner la loi des gaz parfaits et préciser les unités de chaque terme.

b. Calculer la quantité de matière n d'air contenu dans la bouteille.

c. On chauffe à une température de $\theta = 100$ °C l'air contenu dans la bouteille hermétiquement fermée. Quelle grandeur physique se trouve également changée ?

Donnée : constante des gaz parfaits $R = 8{,}31\ J \cdot K^{-1} \cdot mol^{-1}$.

6 Analyser un spectre UV-visible (vu en 1re)

→ FICHE 6

On donne le spectre d'absorption d'une solution aqueuse d'ions nickel Ni^{2+}.

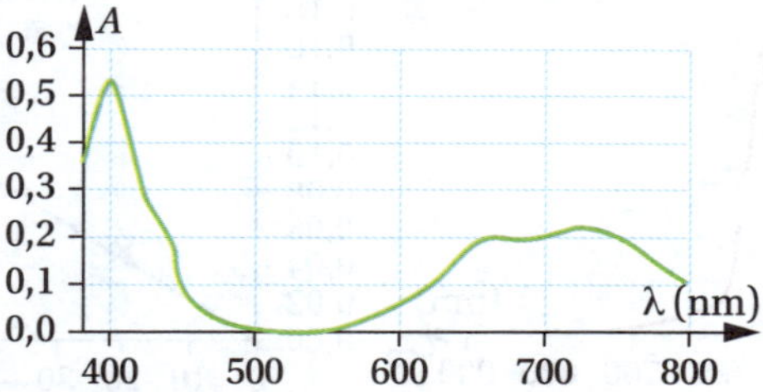

Pour chacune des propositions suivantes, dire si elle est vraie ou fausse. Justifier.

a. La solution est incolore.

b. La solution est de couleur rouge.

c. L'absorbance maximale est égale à 0,53 pour une longueur d'onde de 400 nm.

d. À 500 nm, la totalité de l'intensité lumineuse du faisceau incident est absorbée.

7 Interpréter le spectre IR de l'éthanoate d'éthyle

→ FICHE 6

a. Donner la formule semi-développée de l'éthanoate d'éthyle. Identifier et nommer son groupe caractéristique.

b. Rechercher les bandes d'absorption spécifiques de ce groupe caractéristique.

c. Vérifier la présence de ces bandes sur le spectre ci-dessous.

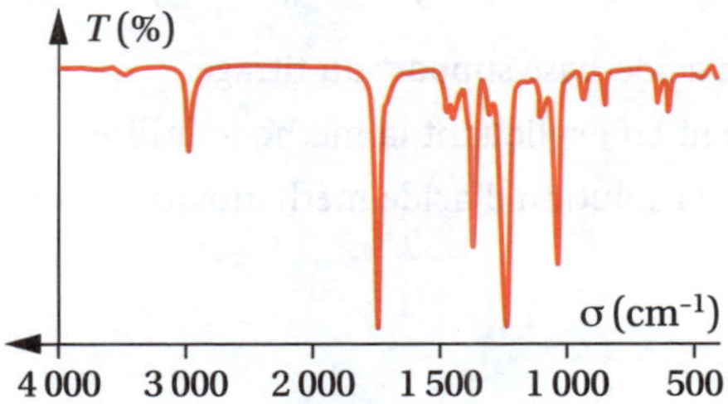

CONSEILS

a. La famille des esters est décrite → FICHE 27.

b. et **c.** Pour l'analyse du spectre, reportez-vous aux tables IR → RABATS II et III.

8 Exploiter une courbe d'étalonnage (vu en 1re)

→ FICHES 5 et 6

On mesure l'absorbance de solutions étalons en permanganate de potassium à $\lambda = 525$ nm et on trace la droite d'étalonnage (document 2).

a. Justifier le choix de la longueur d'onde de travail et de la constitution de la gamme étalon.

b. La loi de Beer-Lambert est-elle vérifiée ?

c. Pour contrôler la concentration en permanganate de potassium d'une eau de Dakin®, on mesure $A_{Dakin} = 0{,}136$ à 525 nm. Déterminer graphiquement la concentration en permanganate de potassium de l'eau de Dakin®. La solution est-elle conforme ?

Doc 1 Spectre d'absorption du permanganate de potassium

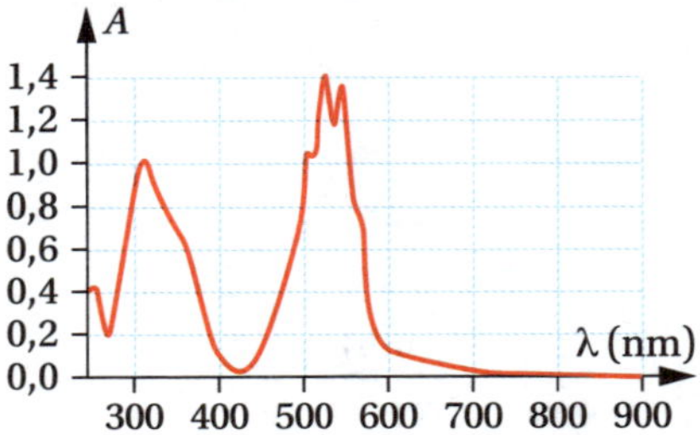

Doc 2 Courbe d'étalonnage

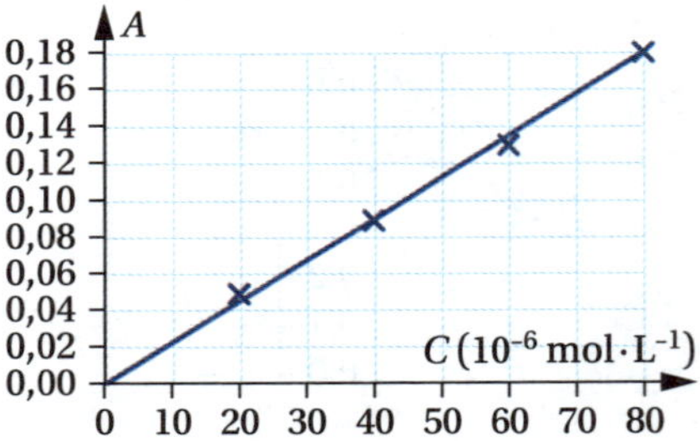

Donnée : l'eau de Dakin® est une solution antiseptique contenant du permanganate de potassium à une concentration voisine de 60 µmol·L⁻¹.

9 Titrage d'une solution d'acide méthanoïque

→ FICHE 7

On dose un volume $V_1 = 30{,}0$ mL d'une solution aqueuse d'acide méthanoïque HCOOH de concentration C_1, par une solution d'hydroxyde de sodium $(Na^+_{(aq)} + HO^-_{(aq)})$ de concentration $C_2 = 1{,}0 \times 10^{-1}$ mol·L^{-1}. Au cours du dosage, on suit l'évolution du pH du milieu en fonction du volume V_2 de solution d'hydroxyde de sodium versé. On obtient la courbe ci-contre.

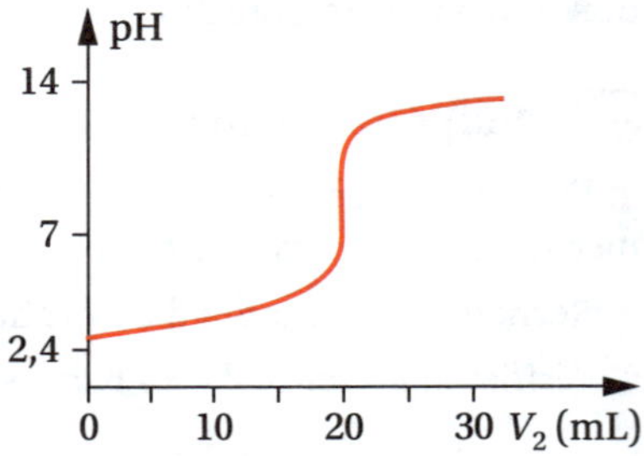

a. Écrire l'équation de la réaction acide-base support du titrage.

b. Déterminer le volume équivalent en expliquant la méthode utilisée.

c. En déduire la concentration de la solution d'acide méthanoïque.

10 Teneur en ions chlorure dans un lait de vache

→ FICHE 8

La mammite est une inflammation de la mamelle engendrant la présence de cellules inflammatoires et de bactéries dans le lait. La composition chimique et biologique du lait est alors sensiblement modifiée. La concentration de lactose diminue, tandis que la concentration en ions sodium et en ions chlorure augmente. Cette altération du lait le rend impropre à la consommation.

Dans le lait frais normal, la concentration massique en ions chlorure est comprise entre 0,8 $g \cdot L^{-1}$ et 1,2 $g \cdot L^{-1}$. Pour un lait « mammiteux », cette concentration est égale ou supérieure à 1,4 $g \cdot L^{-1}$. L'industrie laitière met en œuvre divers contrôles de qualité du lait, avant de procéder à sa transformation (production de yaourts par exemple) ou à sa commercialisation.

Dans un laboratoire d'analyse, une technicienne titre 20,0 mL de lait mélangés à 200 mL d'eau déminéralisée par une solution de nitrate d'argent ($Ag^+_{(aq)} + NO^-_{3(aq)}$) de concentration molaire $5{,}00 \times 10^{-2}$ $mol \cdot L^{-1}$. Les ions argent réagissent avec les ions chlorure pour former un précipité de chlorure d'argent $AgCl_{(s)}$. Le titrage est suivi par conductimétrie. Le volume équivalent déterminé par la technicienne est $11{,}6 \pm 0{,}1$ mL.

a. Schématiser et légender le dispositif de titrage.

b. Quel est l'intérêt d'ajouter 200 mL d'eau au 20,0 mL de lait ?

c. Écrire l'équation de la réaction support du titrage.

d. Parmi les représentations graphiques suivantes, laquelle représente l'allure de l'évolution de la conductivité σ du mélange en fonction du volume V de solution de nitrate d'argent versé ?

CONSEILS

d. Réfléchissez bien au déroulement du titrage. La conductivité d'une solution dépend de toutes les espèces ioniques présentes : n'oubliez pas de considérer les ions spectateurs.

❶
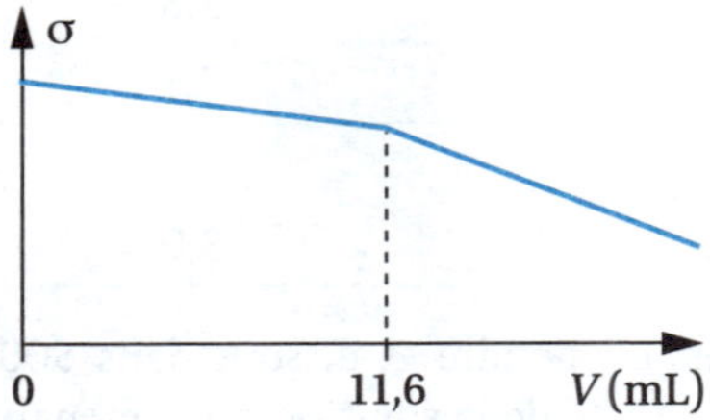

❷
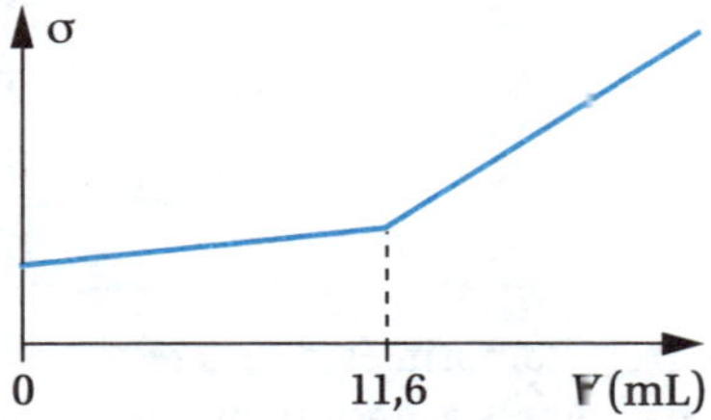

❸
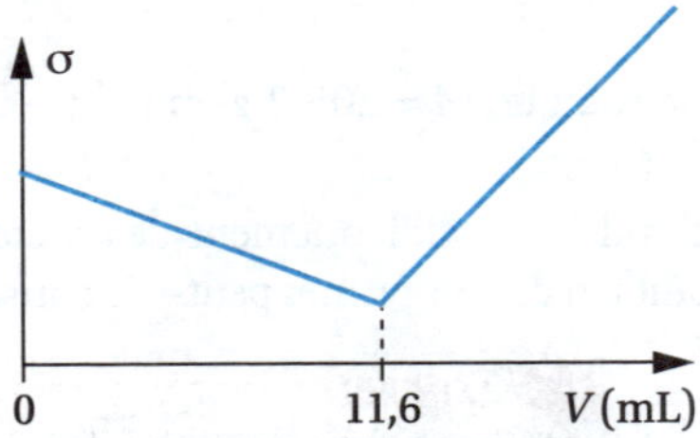

❹
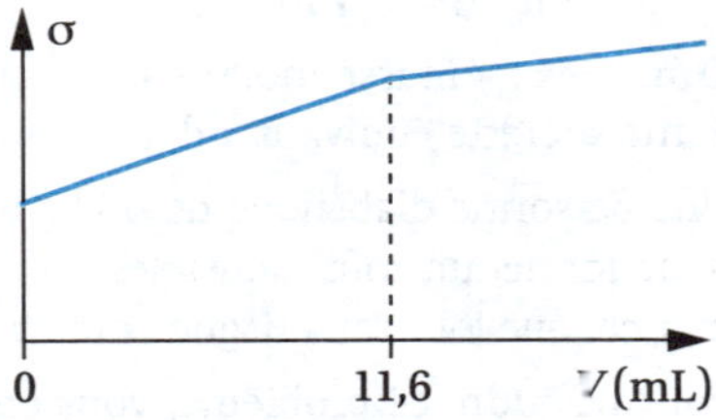

e. Le lait analysé est-il « mammiteux » ? Une réponse argumentée et des calculs rigoureux sont attendus.

Données :

• masses molaires atomiques :

Atome	H	C	N	O	Na	Cl	Ag
M ($g \cdot mol^{-1}$)	1,0	12,0	14,0	16,0	23,0	35,5	107,9

• conductivités molaires ioniques à 25 °C :

Ion	Ag^+	Cl^-	NO_3^-
$\lambda°$ ($mS \cdot m^2 \cdot mol^{-1}$)	6,19	7,63	7,14

11 Consommer avec ou sans modération les sucrettes ?

→ FICHES 5 et 7

Les sucrettes sont des édulcorants pour sucrer les boissons (café, thé, chocolat chaud...). Ces édulcorants ne sont pas assimilés par l'organisme, ils conviennent aux personnes qui souhaitent surveiller leur poids ou contrôler leur diabète. Le principe actif des sucrettes est la saccharine sodique de formule donnée ci-contre.

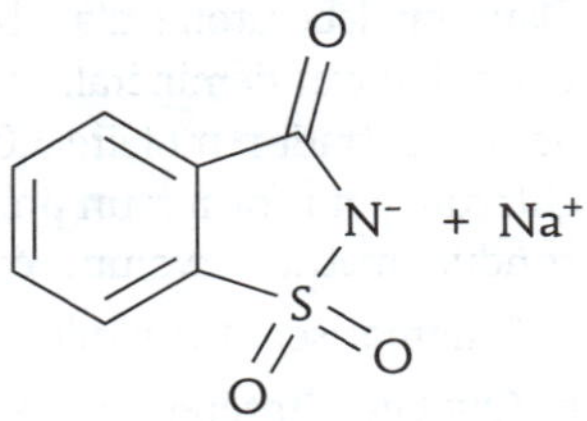

La DJA, ou Dose Journalière Admissible, est la quantité de substance chimique que l'on peut ingérer par jour, au cours de sa vie, sans aucun risque appréciable pour sa santé. La DJA de la saccharine sodique est de 5 mg par kilogramme de masse corporelle.

Protocole expérimental

• On mesure la conductivité de solutions étalons de saccharine sodique.

Solution étalon	Concentration en $mol \cdot L^{-1}$	σ en $mS \cdot m^{-1}$
S_1	$2{,}0 \times 10^{-4}$	1,5
S_2	$4{,}0 \times 10^{-4}$	3,8
S_3	$6{,}0 \times 10^{-4}$	5,1
S_4	$8{,}0 \times 10^{-4}$	6,7
S_5	$10{,}0 \times 10^{-4}$	9,0

• Trois comprimés de sucrette sont réduits en poudre et dissous dans 500 mL d'eau. Après agitation, on mesure la conductivité de la solution ainsi préparée et on obtient : $\sigma = 6{,}4$ $mS \cdot m^{-1}$.

Données : • masse molaire de la saccharine sodique $M = 205{,}2$ $g \cdot mol^{-1}$;

• une sucrette équivaut à deux morceaux de sucre.

Une personne diabétique de 60 kg décide d'utiliser quotidiennement des sucrettes pour donner un goût sucré à ses boissons. Combien de comprimés peut-elle consommer chaque jour sans risque pour sa santé ?

Pour résoudre ce problème, vous êtes invité à présenter toutes les étapes de la démarche suivie de manière détaillée, même si elle n'a pas abouti.

CONSEILS

Lisez attentivement les documents pour en extraire les informations utiles et exploitez le dosage par étalonnage.

OBJECTIF BAC

12 Contrôle de qualité de médicaments

60 min

Ce problème montre l'intérêt de la spectroscopie infrarouge dans la synthèse d'un médicament et des différentes techniques de dosage pour réaliser des contrôles de qualité de médicaments.

LE SUJET

Partie 1 Synthèse du paracétamol

Le paracétamol est un médicament utilisé pour ses propriétés analgésiques et antipyrétiques. On le synthétise à partir du para-aminophénol et de l'anhydride éthanoïque suivant la réaction :

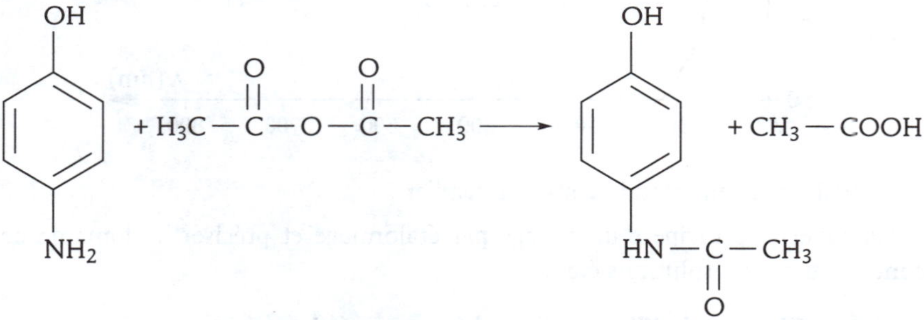

para-aminophénol + anhydride éthanoïque → paracétamol + acide éthanoïque

a. Entourer et nommer les groupes caractéristiques présents sur le para-aminophénol et sur le paracétamol.

b. On donne ci-dessous le spectre infrarouge du para-aminophénol et celui du produit synthétisé.

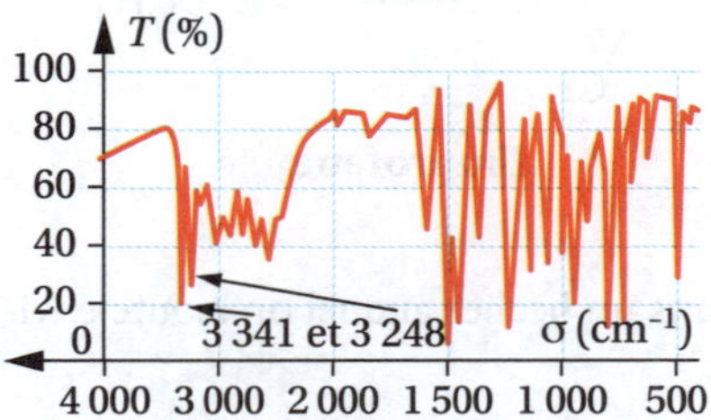

Para-aminophénol

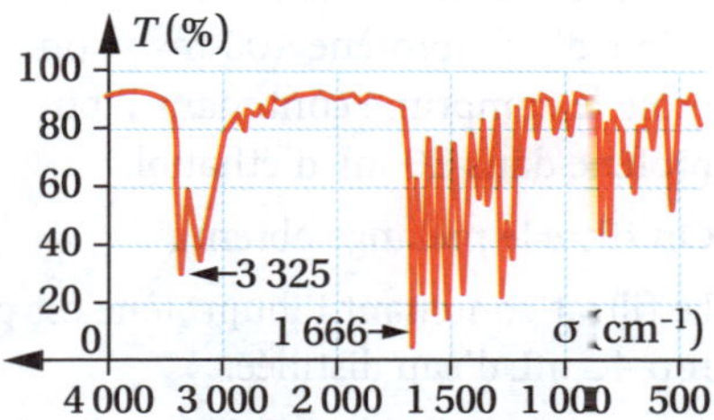

Produit synthétisé

Expliquer à quoi sont dues les bandes d'absorption à 3 341 et 3 248 cm^{-1} sur le spectre du para-aminophénol.

c. L'analyse du spectre du produit synthétisé permet-elle de valider la formation du paracétamol ?

CONSEILS

b. Pour l'analyse des spectres, reportez-vous aux tables IR → RABATS I et III.

Partie 2 Dosage du paracétamol

Dans le cadre du contrôle qualité d'un médicament, on veut vérifier la teneur en paracétamol contenue dans un comprimé « paracétamol 500 mg ».

On souhaite réaliser un dosage par étalonnage. Pour cela, on prépare une solution par dissolution d'un comprimé dans une fiole jaugée de 1 litre.

On réalise le spectre UV-visible d'une solution de paracétamol de concentration $2{,}0 \times 10^{-3}$ mol·L^{-1}, donné ci-dessous.

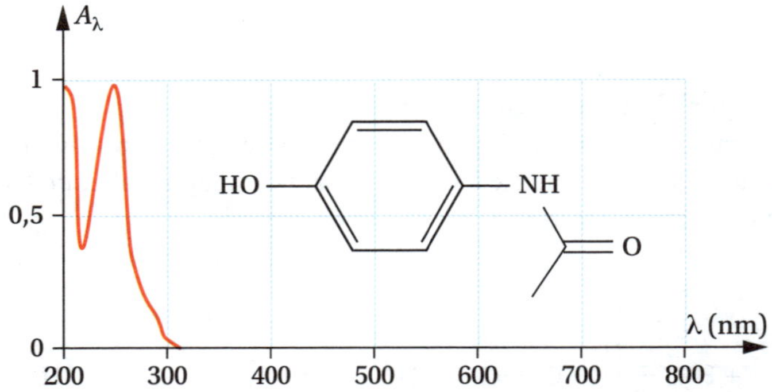

d. À quelle longueur d'onde doit-on travailler ?

e. Expliquer le principe d'un dosage par étalonnage et préciser le domaine de concentration des solutions étalons.

Partie 3 Titrage de l'ibuprofène dans un médicament

L'ibuprofène est un médicament utilisé pour ses propriétés analgésiques et antipyrétiques.

Afin de réaliser le titrage de l'ibuprofène contenu dans un comprimé d'« ibuprofène 400 mg », on broie le comprimé contenant l'ibuprofène dans 20 mL d'éthanol.

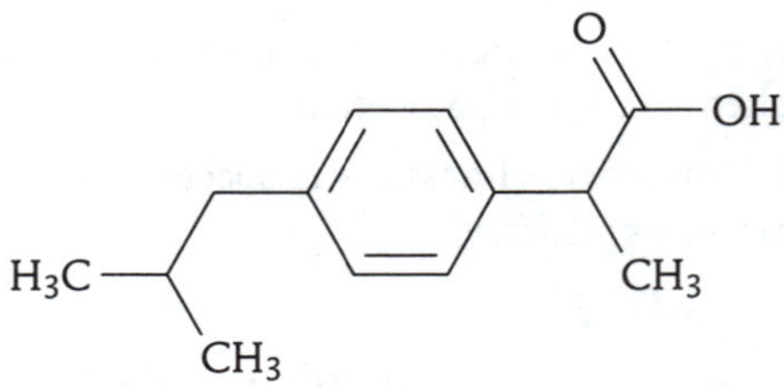

Ibuprofène

On filtre le mélange obtenu.

Le filtrat contenant l'ibuprofène est placé dans un bécher auquel on ajoute environ 40 mL d'eau distillée.

On titre le contenu du bécher à l'aide d'une burette graduée contenant une solution aqueuse d'hydroxyde de sodium ($Na^+_{(aq)} + HO^-_{(aq)}$) de concentration en quantité de matière apportée $c_b = (2{,}0 \pm 0{,}1) \times 10^{-1}$ mol·L^{-1}.

Le titrage est suivi par pH-métrie. Un logiciel permet d'obtenir la courbe dérivée.

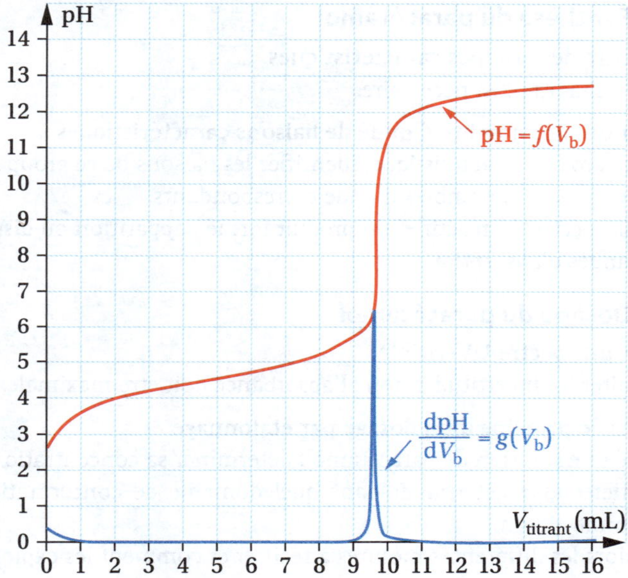

f. Définir l'équivalence d'un titrage.

g. Déterminer la valeur du volume équivalent V_E par une méthode de votre choix. On note, l'ibuprofène R–COOH.

h. À quel couple acide-base appartient l'ion hydroxyde HO^- ?

i. Écrire l'équation de la réaction support de titrage.

j. Quelles caractéristiques doit posséder une réaction chimique pour être utilisée lors d'un titrage ?

k. Exploiter le titrage afin de déterminer la masse d'ibuprofène contenu dans un cachet. Votre résultat devra être associé à une incertitude. Ce médicament est-il conforme à l'indication fournie ?

Données :

- masse molaire de l'ibuprofène : $M(C_{13}H_{18}O_2) = 206\ g \cdot mol^{-1}$;
- masse molaire du paracétamol : $M(\text{paracétamol}) = 151\ g \cdot mol^{-1}$;
- incertitude $U(m)$ sur la masse m liée aux différentes sources d'erreurs avec un niveau de confiance de 95 % telle que : $\frac{U(m)}{m} = \sqrt{\left(\frac{U_{burette}}{V_E}\right)^2 + \left(\frac{U_{c_b}}{c_b}\right)^2}$;
- incertitude sur la mesure du volume versé par la burette : $U_{burette} = 0{,}2$ mL.

▶▶▶ LA FEUILLE DE ROUTE

Partie 1 Synthèse du paracétamol

a. Reconnaître des groupes caractéristiques → FICHE 27

Consultez le chapitre 7 si nécessaire.

b. et c. Identifier le nombre d'onde de liaisons caractéristiques → FICHE 5

Pour chaque groupe caractéristique, identifiez les liaisons de ce groupe et recherchez dans les tables les nombres d'onde correspondants.

Comparez le spectre du réactif et du produit formé : apparition ou disparition de certaines bandes d'absorption.

Partie 2 Dosage du paracétamol

d. Analyser un spectre UV-visible → FICHES 6

On doit limiter les incertitudes donc l'absorbance doit être maximale.

e. Connaître le principe d'un dosage par étalonnage → FICHES 4 et 5

On a réalisé une solution de paracétamol, déterminer sa concentration en quantité de matière pour déterminer dans quel domaine de concentration doit se situer la gamme étalon.

Expliquez alors les différentes mesures à réaliser et comment les exploiter.

Partie 3 Titrage de l'ibuprofène dans un médicament

f. Définir l'équivalence.

Rappelez-vous que l'équivalence correspond à un mélange stœchiométrique.

g. Exploiter une courbe de titrage → FICHE 7

Il y a deux méthodes pour déterminer le volume équivalent recherché, mais ici comme on donne la courbe dérivée, l'utiliser sera plus rapide que d'appliquer la méthode des tangentes.

h. Identifier les deux espèces d'un couple acide-base → FICHES 1 et 2

Écrivez la réaction traduisant le transfert de proton pour identifier les deux espèces du couple.

i. Écrire une réaction acide-base → FICHE 1

Rappelez-vous qu'une réaction acide-base met en jeu deux couples : il y a transfert d'un ion H^+ de l'acide d'un couple vers la base d'un autre couple.

j. Connaître les caractéristiques d'une réaction support d'un titrage

Que signifie une réaction quantitative ? La réaction doit-elle être rapide ou lente ?

k. Exploiter l'équivalence du titrage → FICHE 7

Reportez-vous à l'équation support du titrage pour définir l'équivalence et déterminer la quantité de matière d'ibuprofène titré, c'est-à-dire la quantité contenue dans un cachet.

Calculez l'incertitude sur la masse $U(m)$ et présentez le résultat sous la forme $m = m \pm U(m)$ ou d'un encadrement, puis comparez à la valeur contenue dans un comprimé.

CORRIGÉS

SE TESTER QUIZ

1 Mesure d'une grandeur physique

1. Réponse d. La loi des gaz parfaits est $n = \frac{PV}{RT}$.

2. Réponse c. Le volume doit être exprimé en m³ soit $V = 1\ \text{L} = 1 \times 10^{-3}\ \text{m}^3$, la température doit être exprimée en kelvins soit $T = 50 + 273 = 323$ K d'où en utilisant la loi des gaz parfaits : $n = \frac{PV}{RT} = \frac{1{,}1 \times 10^5 \times 10^{-3}}{8{,}31 \times 323} = 0{,}041$ mol.

3. Réponse a. Dans le cas de solutions diluées la conductivité est proportionnelle à la concentration de la solution (la loi de Kohlrausch).

2 Spectroscopies infrarouge et UV-visible

1. Réponse b. Sur un spectre infrarouge on trouve en abscisse le nombre d'onde σ (en cm^{-1}) qui correspond à l'inverse de la longueur d'onde λ.

2. Réponses b et c. Un spectre infrarouge d'une molécule permet l'identification de certaines liaisons de la molécule et donc du groupe caractéristique présent sur la molécule.

3. Réponses a et b. Il y a deux maxima d'absorption : à 334 nm correspondant au domaine UV et 631 nm correspondant au domaine visible.

3 Titrage pH-métrique

Réponses a et b. L'équivalence d'un titrage pH-métrique est repérée grâce à la méthode de la courbe dérivée qui passe par un extremum dont l'abscisse correspond au volume équivalent. Mais on peut aussi déterminer l'équivalence par la méthode graphique des tangentes.
La proposition **c** est incorrecte, car c'est l'équivalence d'un titrage conductimétrique qui est repéré par un changement de pente.

4 Titrage conductimétrique

Réponse c. Lors d'un titrage conductimétrique, la conductivité mesurée dépend de tous les ions des deux solutions titrante et titrée.

S'ENTRAÎNER

5 Bouteille de dioxygène

a. La loi des gaz parfaits s'écrit : $PV = nRT$ avec P en pascals, V en m³, n en mol et T en kelvins.

b. $PV = nRT$ d'où $n = \frac{PV}{RT} = \frac{1{,}013 \times 10^5 \times 1{,}50 \times 10^{-3}}{8{,}31 \times (20 + 273)} = 6{,}24 \times 10^{-2}$ mol.

c. $PV = nRT$ soit $P = \left(\frac{nR}{V}\right)T$. La bouteille étant fermée la quantité de matière n est toujours la même ainsi que le volume V de la bouteille donc si la température augmente, la pression va également augmenter, car à n et V constants P est proportionnelle à T.

6 Analyser un spectre UV-visible (vu en 1re)

a. **Faux.** La solution absorbe dans le visible (400 – 800 nm), elle est donc colorée.
b. **Faux.** La solution absorbe autour de 400 nm et 700 nm, c'est-à-dire le bleu et le rouge, elle transmet les radiations dans le vert, elle est donc verte.

À NOTER

b. Lorsqu'une espèce chimique absorbe dans plusieurs domaines de longueurs d'onde, sa couleur résulte de la synthèse additive des couleurs complémentaires des radiations absorbées.

c. **Vrai.** L'absorbance maximale vaut 0,53 pour une longueur d'onde de 400 nm.
d. **Faux.** À 500 nm, l'absorbance est nulle ($A = 0$) : l'intensité du faisceau incident est totalement transmise.

7 Interpréter le spectre IR de l'éthanoate d'éthyle

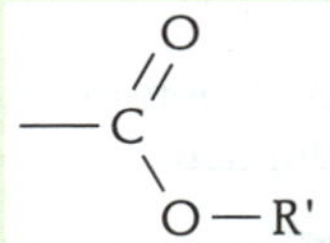

a. La formule de l'éthanoate d'éthyle est CH_3–COO–CH_2–CH_3. Le groupe caractéristique ester est représenté ci-contre.
b. D'après les tables, pour le C=O d'un ester, on doit observer une bande forte vers 1 720 – 1 750 cm^{-1}. Cette bande est souvent la plus forte du spectre et de largeur moyenne. Elle est généralement très évidente. Les tables indiquent également la présence de 2 bandes entre 1 300 et 1 050 cm^{-1} de forte intensité de la liaison C–O.
c. Le spectre confirme la présence d'un groupe ester, on retrouve une bande à 1 740 cm^{-1} du carbonyle C=O et deux bandes à 1 240 cm^{-1} et 1 050 cm^{-1} caractéristiques de la liaison C–O.

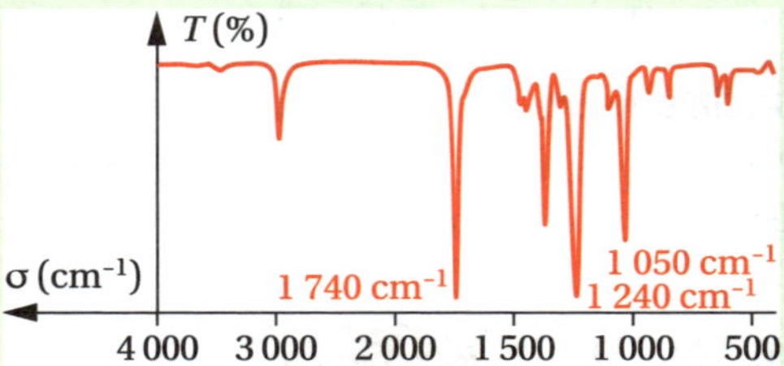

8 Exploiter une courbe d'étalonnage (vu en 1re)

a. La longueur d'onde de 525 nm correspond au maximum d'absorption des ions permanganate. En travaillant à cette longueur d'onde on limite les incertitudes, la précision des mesures est optimale. On doit préparer un ensemble de solutions étalons de l'espèce étudiée, de concentrations voisines de la solution à doser et l'encadrant. Ici les solutions étalons ont des concentrations comprises entre 0 et

80×10^{-6} mol·L^{-1} soit 80 µmol·L^{-1}. Le Dakin® doit avoir une concentration voisine de 60 µmol·L^{-1} qui est bien contenue dans la gamme étalon proposée.

b. La loi de Beer-Lambert est vérifiée, puisqu'on obtient une droite passant par l'origine qui montre que l'absorbance est proportionnelle à la concentration en ions permanganate : $A = k \times C$.

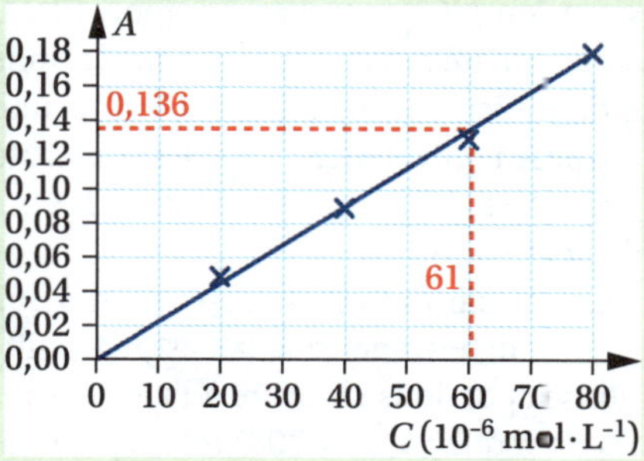

c. Graphiquement, on reporte sur la courbe l'absorbance du Dakin® et on lit (ci-contre) la concentration recherchée : $C = 61 \times 10^{-6}$ mol·L^{-1} = 61 µmol·L^{-1}.
La solution est conforme.

9 Titrage d'une solution d'acide méthanoïque

a. Un acide selon Brönsted cède un H^+ :
$HCOOH_{(aq)} \rightarrow HCOO^-_{(aq)} + H^+$.
L'ion hydroxyde HO^- est une base qui capte un proton : $HO^-_{(aq)} + H^+ \rightarrow H_2O$.
Soit la réaction acide-base :
$HCOOH_{(aq)} + HO^-_{(aq)} \rightarrow HCOO^-_{(aq)} + H_2O$

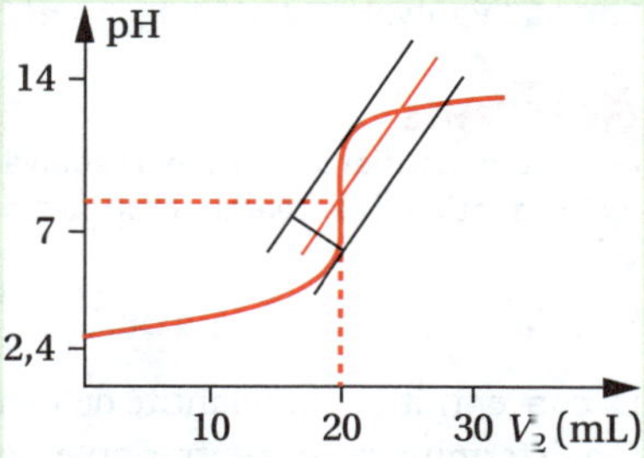

b. Par la méthode des tangentes, on détermine le point équivalent, se situant dans la brusque variation de pH. Le volume équivalent est égal à 20 mL.

c. À l'équivalence les réactifs sont totalement consommés, on a réalisé un mélange stœchiométrique et d'après la réaction, il faut ajouter autant d'ions hydroxyde que de molécules d'acide méthanoïque initialement présentes, puisque les réactifs réagissent mole à mole.

$n(\text{HA})_i = n(\text{HO}^-)_E$ soit $C_1 \times V_1 = C_2 \times V_E$.

$$C_1 = \frac{C_2 \times V_E}{V_1} = \frac{1{,}0 \times 10^{-1} \times 20}{30{,}0} = 6{,}7 \times 10^{-2} \text{ mol·L}^{-1}$$

10 Teneur en ions chlorure dans un lait de vache

a. Voir le dispositif ci-contre.

b. On ajoute un grand volume d'eau pour que la dilution au cours du titrage soit négligeable et pour travailler avec une solution suffisamment diluée (loi de Kohlrausch).

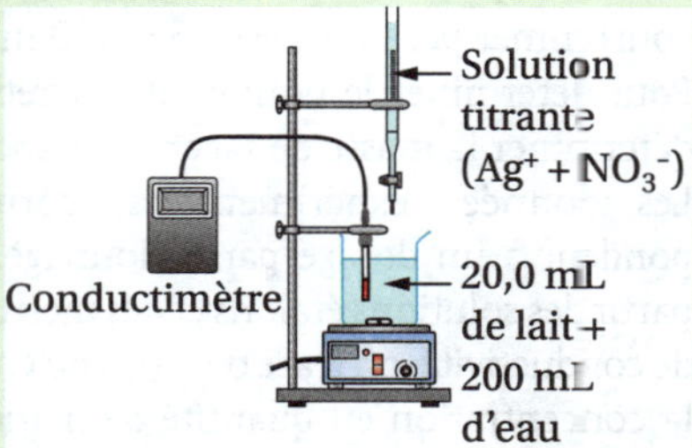

c. Espèce titrée : les ions chlorure $Cl^-_{(aq)}$.
Espèce titrante : les ions argent $Ag^+_{(aq)}$.
L'équation support du titrage est :
$Ag^+_{(aq)} + Cl^-_{(aq)} \rightarrow AgCl_{(s)}$.

d. Le changement de pente correspond à l'équivalence, c'est-à-dire au changement de réactif limitant.

• **Avant l'équivalence** : les ions Ag^+ sont limitants. À chaque fois qu'un ion Cl^- réagit avec un ion Ag^+, un ion spectateur NO_3^- est ajouté dans le bécher. C'est comme si un ion NO_3^- remplaçait un ion Cl^-. Or les ions chlorure Cl^- ont une meilleure conductivité molaire ionique que les ions nitrate : $\lambda(Cl^-) > \lambda(NO_3^-)$, la conductivité σ du milieu diminue. On obtient ici une droite de pente négative.
• **Après équivalence** : tous les ions chlorure Cl^- ont réagi. Les concentrations en ion Ag^+ et NO_3^- augmentent donc la conductivité augmente. On obtient une droite de pente positive.
• **Conclusion** : c'est la proposition 3 qui convient pour ce titrage.
e. Pour déterminer si le lait est mammiteux, il faut déterminer sa concentration en masse c_1 en ions chlorure à l'aide des résultats du titrage.
Sachant que : $V_{titré} = 20{,}0$ mL ; $V_E = 11{,}6 \pm 0{,}1$ mL ; concentration du réactif titrant $C_2 = 5{,}00 \times 10^{-2}$ mol·L^{-1}.
D'après la réaction : $Ag^+_{(aq)} + Cl^-_{(aq)} \rightarrow AgCl_{(s)}$ les réactifs réagissent mole à mole donc à l'équivalence $n(Cl^-)_{titré} = n(Ag^+)_E$.

CONSEILS
e. Pour justifier la relation à l'équivalence entre les réactifs, reportez-vous à l'équation de la réaction support du titrage.

Soit $C_1 \times V_{titré} = C_2 \times V_E$ d'où $C_1 = \dfrac{C_2 \times V_E}{V_{1titré}} = \dfrac{5{,}00 \times 10^{-2} \times 11{,}6}{20{,}0}$.
La concentration en quantité de matière est $C_1 = 2{,}90 \times 10^{-2}$ mol·L^{-1}.
On détermine la concentration en masse :
$$c_1 = C_1 \times M_{Cl^-} = \frac{C_2 \times V_E}{V_{1titré}} \times M_{Cl^-} = \frac{5{,}00 \times 10^{-2} \times 11{,}6}{20{,}0} \times 35{,}5 = 1{,}03 \text{ g·L}^{-1}.$$
En considérant l'incertitude sur V_E : $V_E = 11{,}6 \pm 0{,}1$ mL avec $U(V_E) = 0{,}1$ mL alors on obtient une concentration en masse :
$1{,}02$ g·L$^{-1} < c_1 < 1{,}04$ g·L^{-1} ou $c_1 = 1{,}03 \pm 0{,}1$ g·L^{-1}.
Le lait étudié n'est donc pas « mammiteux » car sa concentration massique en ions chlorure est comprise entre 0,8 g·L^{-1} et 1,2 g·L^{-1}.

11 Consommer avec ou sans modération les sucrettes ?

Pour une personne de 60 kg, la DJA étant de 5 mg par kg et par jour, elle peut consommer par jour : $60 \times 5 = 300$ mg de saccharine sodique.
Pour déterminer le nombre de sucrettes qu'elle peut consommer par jour, il faut déterminer la masse de saccharine sodique dans une sucrette.
Les données expérimentales, correspondent à un dosage par étalonnage. À partir des solutions étalons et des mesures de conductivité, on trace $\sigma = f(C)$ où C est la concentration en quantité de matière de saccharine sodique. On obtient une droite passant par l'origine (ci-contre) : la conductivité est proportionnelle à la concentration.

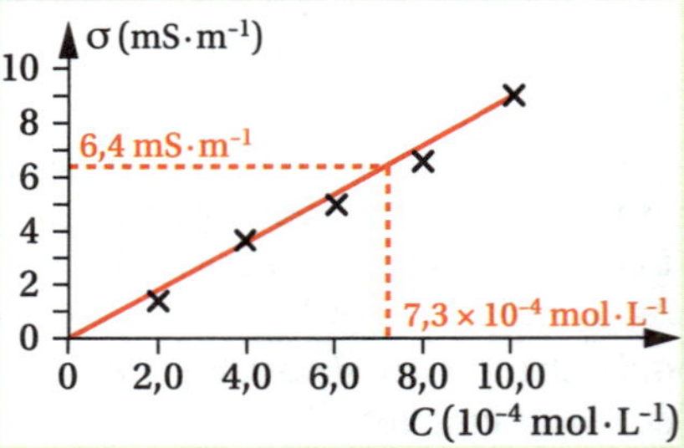

La conductivité de la solution préparée à partir de 3 sucrettes est 6,4 mS·m^{-1}. On détermine graphiquement la concentration : $C = 7{,}3 \times 10^{-4}$ mol·L^{-1}.
On en déduit la concentration en masse :
$c = C \times M = 7{,}3 \times 10^{-4} \times 205{,}2 = 1{,}5 \times 10^{-1}$ g·L^{-1}.
$c = \frac{m}{V}$ soit $m = c \times V = 1{,}5 \times 10^{-1} \times 0{,}500 = 7{,}5 \times 10^{-2}$ g.
Il y a $7{,}5 \times 10^{-2}$ g de saccharine sodique dans les 500 mL de solution c'est-à-dire dans 3 sucrettes. Donc dans une sucrette, on a :
$\frac{m}{3} = 2{,}5 \times 10^{-2}$ g ou 25 mg de saccharine sodique.
Sachant que la masse maximale est de 300 mg : $\frac{300}{25} = 12$.
La personne ne doit pas dépasser 12 sucrettes par jour. Une sucrette ayant la valeur de deux morceaux de sucre, si elle doit sucrer 3 à 4 boissons par jour cela équivaut à 3 ou 4 sucrettes. Il n'y a donc pas de risque pour sa santé.

OBJECTIF BAC

12 Contrôle de qualité de médicaments

Partie 1 Synthèse du paracétamol

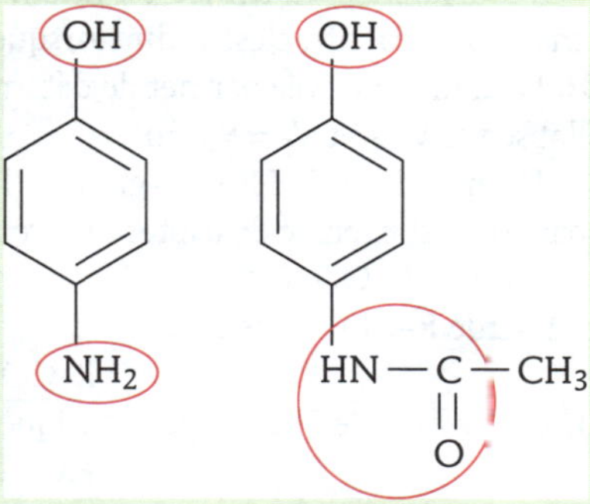

a. –OH groupe hydroxyle et $-NH_2$ groupe amino pour le para-aminophénol ; –OH groupe hydroxyle et amide –NH–C=O pour le paracétamol.
b. Les bandes d'absorption à 3 341 et 3 248 cm^{-1} sur le spectre du para-aminophénol sont dues aux 2 liaisons –NH de l'amine d'après les tables IR. Deux bandes caractéristiques du groupe $-NH_2$.
c. On observe l'apparition d'une bande à 1 666 cm^{-1} qui correspond d'après les tables à la présence d'un groupe carbonyle C=O dans le groupe amide. Alors que l'on avait deux bandes caractéristiques du groupe $-NH_2$ pour le réactif, il ne reste plus qu'une bande à 3 325 cm^{-1} pour le NH de l'amide. Ce qui confirme la présence du groupe amide et on peut penser que la synthèse a permis de synthétiser un amide donc le paracétamol.

Partie 2 Dosage du paracétamol

d. On doit se placer à la longueur d'onde se situant au maximum d'absorbance pour limiter les incertitudes, soit environ 250 nm (par lecture graphique ci-contre) c'est-à-dire dans le domaine des UV.

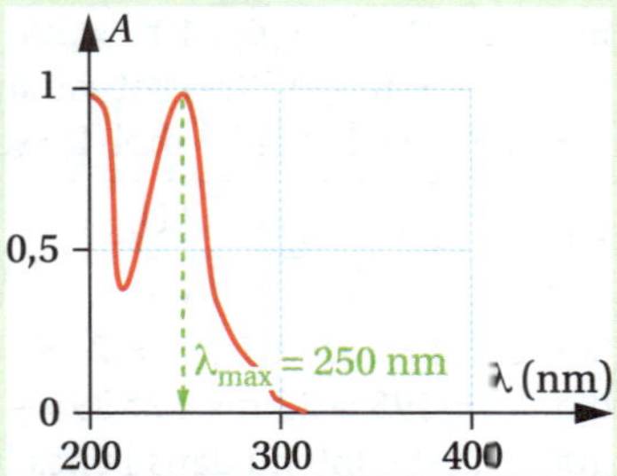

À NOTER
d. La solution de paracétamol absorbe dans l'UV, elle est incolore.

e. Pour réaliser un dosage par étalonnage, on doit préparer des solutions étalons de l'espèce à doser de concentrations connues. La gamme étalon utilisée doit encadrer la concentration de la solution à doser. La solution à doser contient 500 $mg \cdot L^{-1}$ de paracétamol (un comprimé contenant 500 mg dans 1 L) soit :

$n = \dfrac{m}{M} = \dfrac{0{,}5}{151} = 3{,}3 \times 10^{-3}$ mol.

Il faut donc préparer des solutions comprises entre 0 et 5×10^{-3} $mol \cdot L^{-1}$ de paracétamol par exemple.

Pour chaque solution étalon, on mesure l'absorbance à 250 nm puis on trace la courbe d'étalonnage $A = f(C)$ qui doit donner une droite passant par l'origine d'après la loi de Beer-Lambert $A = k \times C$, A est proportionnelle à C. On mesure ensuite l'absorbance de la solution à doser et graphiquement on détermine alors la concentration.

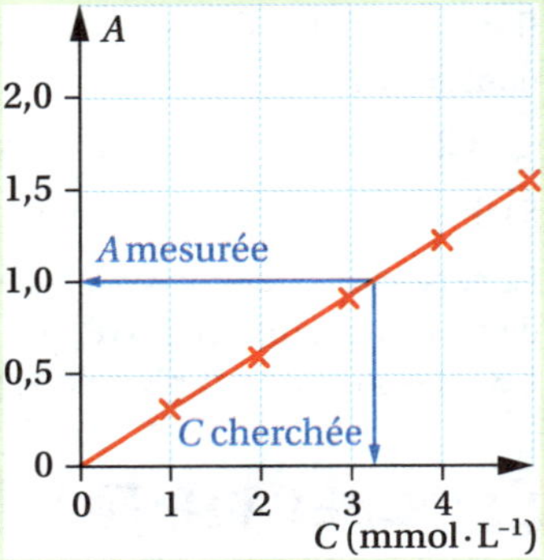

Partie 3 Titrage de l'ibuprofène dans un médicament

f. L'équivalence du titrage est atteinte lorsqu'on a réalisé un mélange stœchiométrique des réactifs, c'est-à-dire lorsque les deux réactifs titrant et titré sont limitants.

g. La courbe dérivée permet de déterminer V_E, puisque son extremum correspond à l'abscisse V_E soit $V_E = 9{,}6$ mL.

h. L'ion hydroxyde HO^- réagit avec l'ibuprofène R–COOH, un acide. HO^- est une base qui est capable de capter un proton H^+ et donner son acide conjugué H_2O, soit le couple : H_2O/HO^-.

i. L'acide R–COOH cède un H^+ :

$$R\text{–}COOH \rightarrow R\text{–}COO^- + H^+$$

L'ion hydroxyde HO^-, espèce basique, capte un proton H^+ :

$$HO^- + H^+ \rightarrow H_2O$$

D'où l'équation de la réaction :

$$R\text{–}COOH_{(aq)} + HO^-_{(aq)} \rightarrow R\text{–}COO^-_{(aq)} + H_2O_{(l)}$$

j. La réaction support du titrage doit être totale, rapide et spécifique.

k. D'après l'équation de la réaction, à l'équivalence : $n(RCOOH)_i = n(HO^-)_E$ car les réactifs réagissent mole à mole.

Donc $n(RCOOH)_i = C_b \times V_E = 2{,}0 \times 10^{-1} \times 9{,}6 \times 10^{-3}$ mol.

Soit la masse : $m = n(RCOOH)_i \times M(RCOOH)$

$m = 2{,}0 \times 10^{-1} \times 9{,}6 \times 10^{-3} \times 206 = 3{,}95 \times 10^{-1}$ g = 395 mg.

Il faut déterminer l'incertitude sur la masse :

$c_b = (2{,}0 \pm 0{,}1) \times 10^{-1}$ $mol \cdot L^{-1}$ soit $U(c_b) = 0{,}1 \times 10^{-1}$ $mol \cdot L^{-1}$ et $U_{burette} = 0{,}2$ mL.

$$\frac{U(m)}{m} = \sqrt{\left(\frac{U_{burette}}{V_E}\right)^2 + \left(\frac{U_{c_b}}{c_b}\right)^2} = \sqrt{\left(\frac{0{,}2}{9{,}6}\right)^2 + \left(\frac{0{,}1 \times 10^{-1}}{2{,}0 \times 10^{-1}}\right)^2} = 0{,}050.$$

Soit $U(m) = 0{,}050 \times 395 = 21{,}4 = 22$ mg

d'où $m = 395 \pm 22$ mg soit $395 - 22 < m < 395 + 22$ ou $373 < m < 417$ mg.

400 mg est contenu dans l'encadrement donc le médicament est conforme.

3 Évolution d'un système, siège d'une transformation chimique

On observe souvent une **couche verte** sur les structures en bronze en milieu urbain, comme sur la statue de la Liberté. Cette couche est composée de carbonate de cuivre qui se forme lors de réactions chimiques mettant en jeu le cuivre, le dioxyde de carbone, en présence d'eau. Ces réactions sont lentes (elles s'effectuent sur plusieurs années) et pour les étudier on définit la vitesse de réaction.

9 Suivi de l'évolution d'une réaction chimique

En bref *Selon la durée qui sépare l'instant de la mise en présence des réactifs de celui qui correspond à l'achèvement de la réaction (formation des produits et disparition des réactifs), on peut qualifier une réaction de lente ou de rapide. L'évolution d'une réaction lente peut être suivie par un capteur.*

I Réactions lentes ou rapides

- Une réaction est **rapide** si elle s'achève dès la mise en présence des réactifs. On ne peut pas mesurer la durée qui sépare le début de la fin de la réaction.
- Une réaction est **lente** si sa durée est comprise entre quelques secondes et plusieurs heures.

II Suivi d'une transformation lente

- Suivre l'évolution d'une réaction lente consiste à obtenir la **courbe d'évolution** au cours du temps de la quantité de matière d'un réactif ou d'un produit.

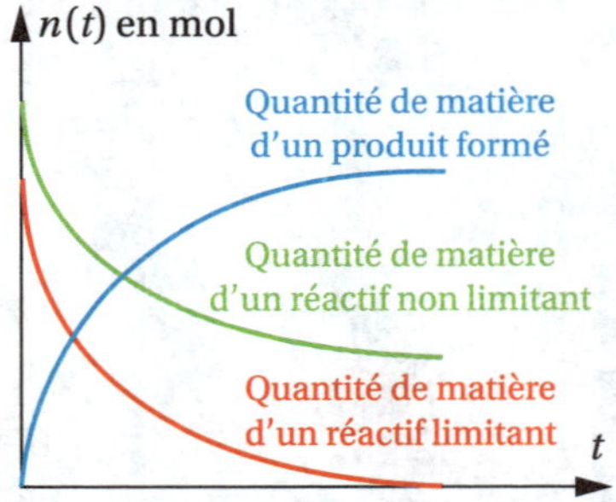

MOTS CLÉS
Un réactif est **limitant** si sa quantité de matière dans l'état final est nulle.
Dans le cas contraire, il est dit **non limitant** ou **en excès**.

- Un **capteur** adapté permet de réaliser le suivi de la transformation.

Capteur	Grandeur mesurée	Calcul de la quantité de matière associée
Pressiomètre	Pression $P(t)$	Loi des gaz parfaits : $n(t) = \frac{P(t) \times V}{RT}$ n en mol ; P en Pa ; V en m^3 ; R en J·K^{-1} ; T en K
Spectrophotomètre	Absorbance $A(t)$	Loi de Beer Lambert : $n(t) = \frac{A(t) \times V}{k}$ n en mol ; A sans unité ; k en L·mol^{-1}; V en L

- On peut aussi réaliser ce suivi en effectuant, à des intervalles réguliers de temps, des **dosages** d'un des réactifs ou d'un des produits de la réaction chimique.
- Le **temps de demi-réaction** $t_{1/2}$ est la durée au bout de laquelle la moitié du réactif limitant a disparu : sa quantité de matière a été divisée par 2.

Méthode

Choisir un capteur adapté et déterminer le temps de demi-réaction

On réalise la réaction entre une solution d'acide chlorhydrique ($H^+_{(aq)} + Cl^-_{(aq)}$) et le fer $Fe_{(s)}$. L'équation de la réaction est la suivante :

$$2\,H^+_{(aq)} + Fe_{(s)} \rightarrow H_{2(g)} + Fe^{2+}_{(aq)}.$$

Toutes les espèces chimiques sont incolores en solution aqueuse.

a. Justifier que le choix le plus approprié pour suivre la réaction est un pressiomètre.

b. Déterminer la relation entre la pression de dihydrogène H_2 formé $P_{H_2}(t)$ et la quantité de matière d'ions hydrogène H^+ consommée $n_{H^+}(t)$.

c. L'évolution de la quantité d'ions hydrogène consommée au cours du temps est donnée ci-contre. Déterminer le temps de demi-réaction.

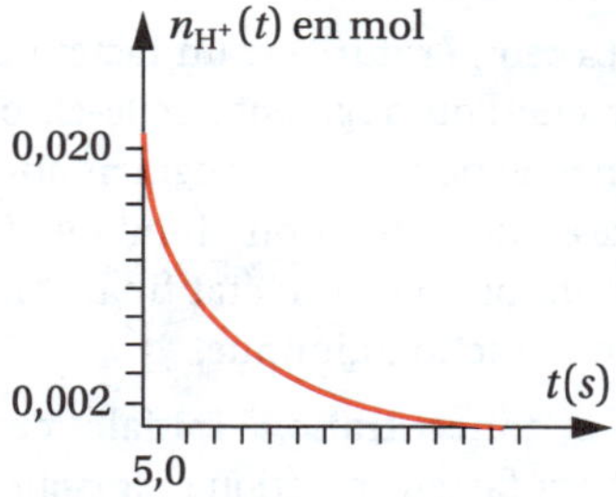

CONSEILS

a. Remarquez qu'il y a une espèce chimique formée qui est gazeuse.
b. Utilisez les relations de proportionnalité entre les quantités de matière des réactifs consommées et celles des produits formées, puis utilisez la loi des gaz parfaits.
c. Le temps de demi-réaction se calcule à partir de l'évolution de la quantité de matière du réactif limitant.

SOLUTION

a. Le dihydrogène étant le seul gaz formé, on peut utiliser un pressiomètre pour mesurer l'augmentation de pression due à sa formation.

b. On applique la relation de stœchiométrie : $\dfrac{n_{H^+}(t)}{2} = \dfrac{n_{H_2}(t)}{1}$

Puis on applique la loi des gaz parfaits : $n_{H_2}(t) = \dfrac{P_{H_2}(t)V}{RT}$

donc $n_{H^+}(t) = 2\dfrac{P_{H_2}(t)V}{RT}$.

c. L'ion hydrogène est le réactif limitant car sa quantité de matière s'annule. Le temps de demi-réaction est tel que : $n(t_{1/2}) = 0{,}010$ mol.
On trouve graphiquement : $t_{1/2} = 10{,}0$ s.

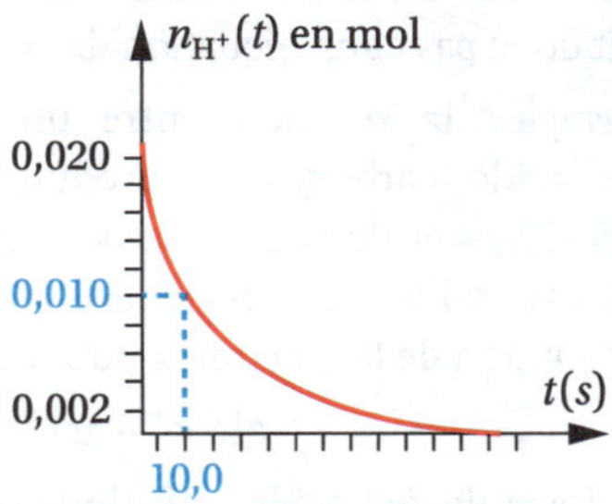

10 Facteurs cinétiques

En bref *Une réaction chimique lente peut voir sa vitesse augmentée en faisant varier un certain nombre de paramètres physique tels que la température du milieu réactionnel ou la concentration initiale des réactifs. Un catalyseur permet également d'accélérer une réaction.*

I Effet de la température et de la concentration initiale des réactifs

■ La température est un facteur cinétique : lorsque l'on augmente celle-ci, on observe généralement une augmentation de la vitesse de la réaction chimique. Le système atteint plus vite son état final et le temps de demi-réaction diminue.

■ La concentration initiale des réactifs est un facteur cinétique : lorsque l'on augmente celle-ci, on observe une augmentation de la vitesse de la réaction chimique. Le système atteint plus vite son état final et le temps de demi-réaction diminue.

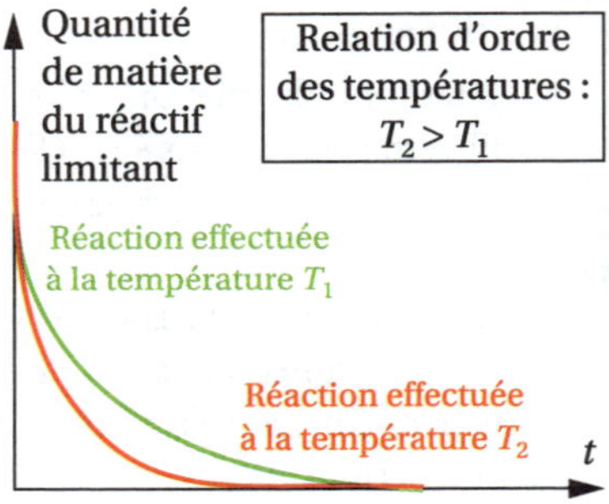

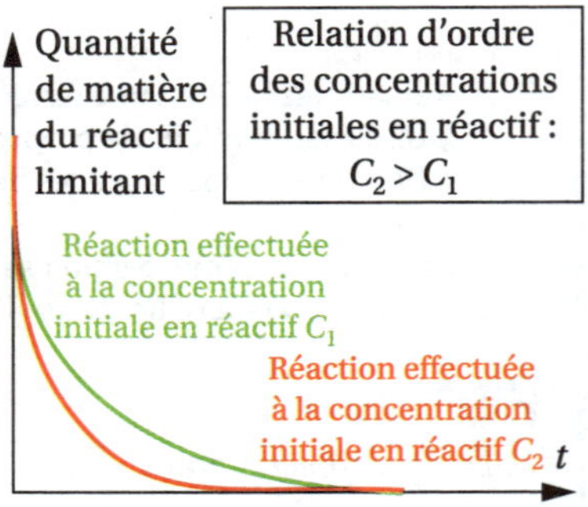

À NOTER
Pour certaines réactions chimiques d'autres facteurs cinétiques peuvent intervenir tels que la lumière.

II Rôle d'un catalyseur

Un catalyseur est une espèce chimique qui accélère une réaction chimique. Il n'est pas consommé au cours de la réaction. Il n'apparaît donc pas dans l'équation de la réaction.

Exemple : la réaction entre un alcool et un acide carboxylique produit un ester → FICHE 27 et de l'eau. Elle peut être catalysée par de l'acide sulfurique.

L'équation de la réaction a pour expression :

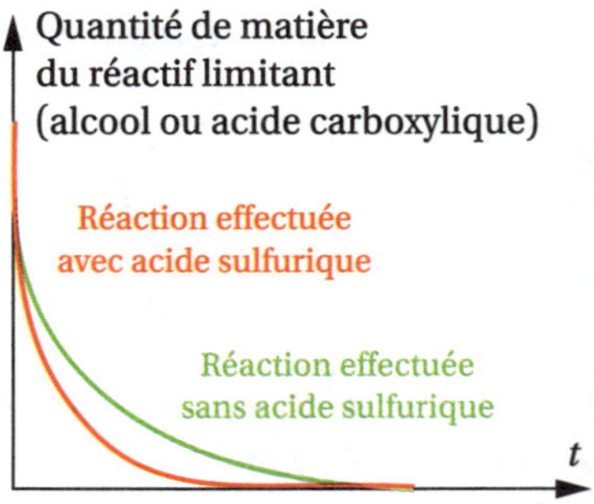

$$\text{alcool} + \text{acide carboxylique} \rightarrow \text{ester} + \text{eau}$$

La formule de l'acide sulfurique (catalyseur) n'apparaît pas dans cette équation.

Méthode

Identifier les conditions expérimentales d'une réaction à sa rapidité

On réalise la réaction entre une solution d'acide chlorhydrique ($H^+_{(aq)} + Cl^-_{(aq)}$) et le zinc $Zn_{(s)}$. L'équation de la réaction est la suivante :

$$2\,H^+_{(aq)} + Zn_{(s)} \rightarrow H_{2(g)} + Zn^{2+}_{(aq)}.$$

Les conditions expérimentales de trois réactions sont données ci-dessous.

Réaction 1	$T_1 = 20\ °C$	$[H^+]_0 = 0{,}20\ mol \cdot L^{-1}$
Réaction 2	$T_2 = 40\ °C$	$[H^+]_0 = 0{,}20\ mol \cdot L^{-1}$
Réaction 3	$T_3 = 20\ °C$	$[H^+]_0 = 0{,}40\ mol \cdot L^{-1}$

$[H^+]_0$ correspond à la concentration initiale en ion hydrogène H^+.

a. Déterminer quelle est la réaction la plus rapide entre la réaction 1 et la réaction 2 puis entre la réaction 1 et la réaction 3. Justifier.

b. Peut-on déterminer quelle est la réaction la plus rapide entre la réaction 2 et la réaction 3 ? Justifier.

c. Le temps de demi-réaction de la réaction 2 est égal à 15,2 s et celui de la réaction 3 est égal à 20,4 s. Conclure.

CONSEILS

a. Identifiez le facteur cinétique qui a une valeur différente entre chaque réaction, l'autre étant le même.
b. Rappelez-vous l'effet de chacun des facteurs cinétiques avant de conclure
c. Le temps de demi-réaction varie en fonction de la rapidité de la réaction.

SOLUTION

a. Les réactions 1 et 2 sont réalisées avec des concentrations initiales en ion hydrogène égales. La température où s'effectue la réaction 2 est supérieure à celle de la réaction 1, donc la réaction 2 est plus rapide que la réaction 1.
Les réactions 1 et 3 sont réalisées à des températures égales. La concentration initiale en ion hydrogène de la réaction 1 est inférieure à celle de la réaction 3, donc la réaction 3 est plus rapide que la réaction 1.

b. On ne peut pas savoir laquelle des deux réactions est la plus rapide car la température de la réaction 2 est supérieure à celle de la réaction 3 tandis que la concentration en ion hydrogène de la réaction 3 est supérieure à celle de la réaction 2.

c. Le temps de demi-réaction de la réaction 2 est inférieur à et celui de la réaction 3. On en conclut que la réaction 2 est plus rapide que la réaction 3.

11 Vitesse volumique d'une espèce chimique

En bref *Au cours d'une réaction chimique, les réactifs disparaissent et les produits sont formés. À partir des courbes d'évolution des quantités de matière des réactifs ou des produits, on peut déterminer leur vitesse volumique.*

I Vitesse volumique de disparition ou d'apparition

- La **vitesse volumique de disparition d'un réactif** $v_{\text{réactif}}$ se détermine à partir de la dérivée temporelle de la concentration molaire du réactif, notée [R] :

$$v_{\text{réactif}} = -\frac{d[R]}{dt}$$ $v_{\text{réactif}}$ en $mol \cdot L^{-1} \cdot s^{-1}$; [R] en $mol \cdot L^{-1}$.

À NOTER
On met un signe moins car la vitesse de disparition doit être positive.

- La **vitesse volumique d'apparition d'un produit** v_{produit} se détermine à partir de la dérivée temporelle de la concentration molaire du produit, notée [P] :

$$v_{\text{produit}} = \frac{d[P]}{dt}$$ v_{produit} en $mol \cdot L^{-1} \cdot s^{-1}$; [P] en $mol \cdot L^{-1}$

- La détermination de ces vitesses peut se faire graphiquement :

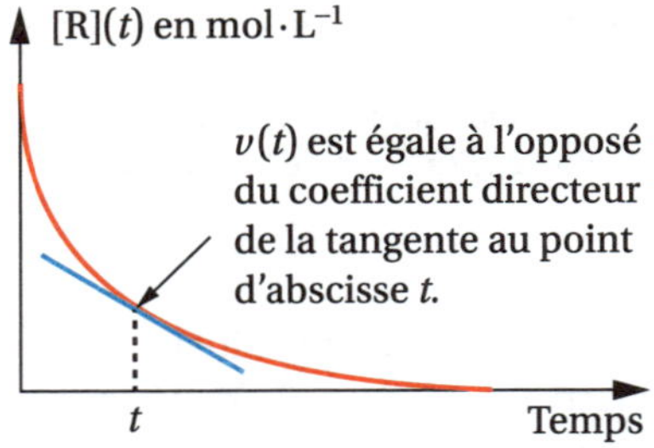

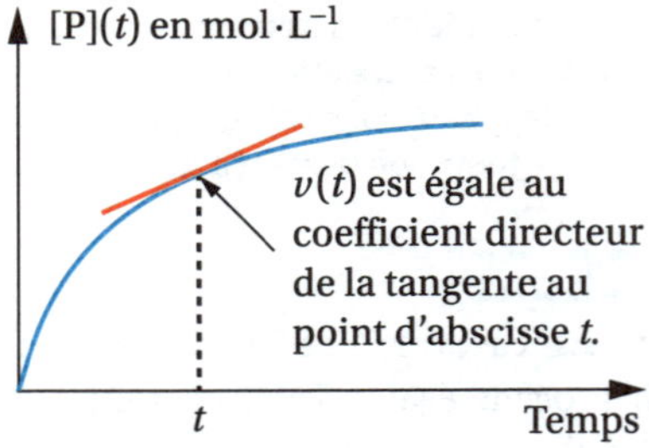

II Loi de vitesse d'ordre 1

- Une réaction suit une **loi de vitesse d'ordre 1** par rapport à un réactif ou à un produit si :

$$v_{\text{réactif}} = k_r \times [R]$$
$$v_{\text{produit}} = k_p \times [P]$$

$v_{\text{réactif}}$ et v_{produit} en $mol \cdot L^{-1} \cdot s^{-1}$; k_r et k_p en s^{-1} ; [R] et [P] en $mol \cdot L^{-1}$.

- Les concentrations obéissent alors à une **loi exponentielle** :

$$[R](t) = [R]_0 \times \exp(-k_r \times t) \text{ et } [P](t) = [P]_0 \times \left(1 - \exp(-k_p \times t)\right)$$

Méthode

Décrire l'évolution temporelle d'une vitesse volumique de réaction

On mesure lors d'une réaction chimique l'évolution au cours du temps de la concentration d'une espèce notée E.
La courbe est donnée ci-dessous.

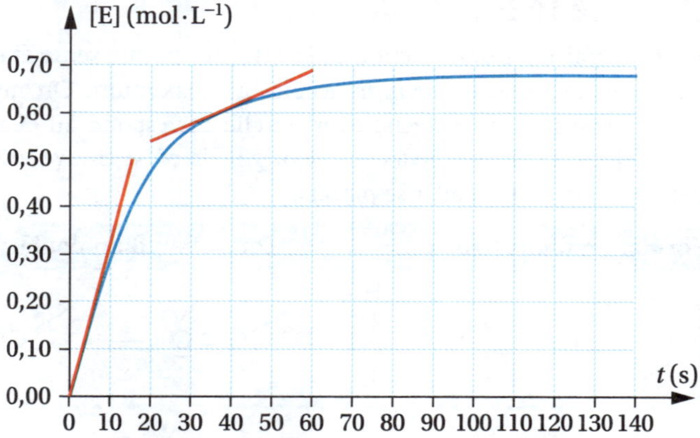

a. L'espèce chimique E est-elle un réactif ou un produit ? Justifier.

b. Calculer la vitesse volumique aux instants $t = 0$ s et $t = 40$ s.

c. Comment évolue la vitesse volumique de l'espèce E au cours du temps ?

CONSEILS

a. Rappelez-vous qu'un réactif est consommé tandis qu'un produit est formé.
b. Déterminez le coefficient directeur de la tangente à la courbe d'évolution
c. Observez l'évolution du coefficient directeur de la tangente le long de la courbe.

SOLUTION

a. L'espèce chimique E est un produit car sa concentration molaire (et donc sa quantité de matière) augmente au cours du temps.

b. On calcule la vitesse volumique d'apparition de E à l'instant $t = 0$ s :

$$v\,(t = 0\text{ s}) = \frac{0{,}50 - 0}{15 - 0} = 3{,}3 \times 10^{-2}\text{ mol}\cdot\text{L}^{-1}\cdot\text{s}^{-1}.$$

On calcule la vitesse volumique d'apparition de E à l'instant $t = 40$ s :

$$v\,(t = 40\text{ s}) = \frac{0{,}68 - 0{,}54}{60 - 20} = 3{,}5 \times 10^{-3}\text{ mol}\cdot\text{L}^{-1}\cdot\text{s}^{-1}.$$

c. On observe que le coefficient directeur de la tangente à la courbe diminue le long de la courbe : la vitesse volumique d'apparition de l'espèce chimique diminue au cours du temps.

12 Modélisation microscopique d'une réaction

En bref *L'équation d'une réaction ne représente qu'un bilan quantitatif. Pour rendre compte de la réalité de la transformation chimique, il faut s'intéresser à son mécanisme réactionnel qui fait intervenir des actes élémentaires.*

I Mécanisme réactionnel

■ Un **acte élémentaire** est une réaction qui s'effectue en **une seule étape**. Cette réaction fait intervenir une ou deux molécules au maximum. On modélise le transfert des électrons par une flèche courbe : elle correspond au déplacement d'un doublet d'électrons. La flèche a comme origine là où se trouve initialement le doublet et pointe là où il va aller se placer.

Formation d'une liaison	Formation d'un doublet libre
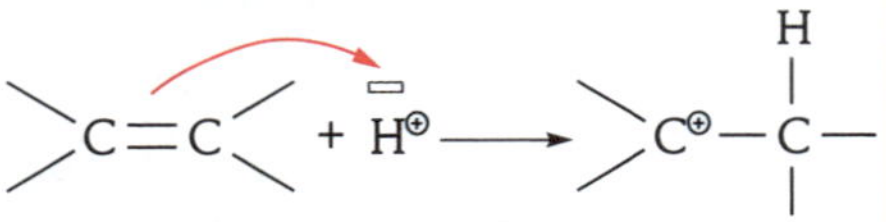	

■ Le **mécanisme réactionnel** associé à une réaction chimique correspond à la succession des actes élémentaires conduisant des réactifs aux produits.

■ Un **intermédiaire réactionnel** est une entité chimique très instable qui apparaît dans le mécanisme réactionnel. Il est produit par un acte élémentaire puis consommé dans un autre acte élémentaire : il n'apparaît pas dans l'équation de la réaction. Ces intermédiaires sont souvent des **carbocations** : ils possèdent un atome de carbone portant une charge positive.

■ Un **catalyseur** modifie le mécanisme réactionnel associé à une réaction chimique. Le catalyseur est consommé lors d'un acte élémentaire, puis reformé lors d'un acte élémentaire suivant. Il n'apparaît pas dans l'équation de la réaction.

II Interprétation microscopique de l'influence des facteurs cinétiques

■ Un **choc efficace** est la rencontre entre deux molécules de réactifs qui donne lieu à un acte élémentaire. La vitesse de réaction est d'autant plus élevée que le nombre de chocs efficaces par unité de temps est grand.

■ La **température** augmente la vitesse des entités chimiques. Le nombre de chocs efficaces par unité de temps augmente avec la température.

■ Le nombre de chocs efficaces par unité de temps augmente avec la **concentration initiale des réactifs** car il y a plus de réactifs par unité de volume : les molécules de réactifs ont plus de chance de se rencontrer.

Méthode

Écrire une équation de réaction à partir d'un mécanisme réactionnel

On considère une réaction dont le mécanisme réactionnel est le suivant :

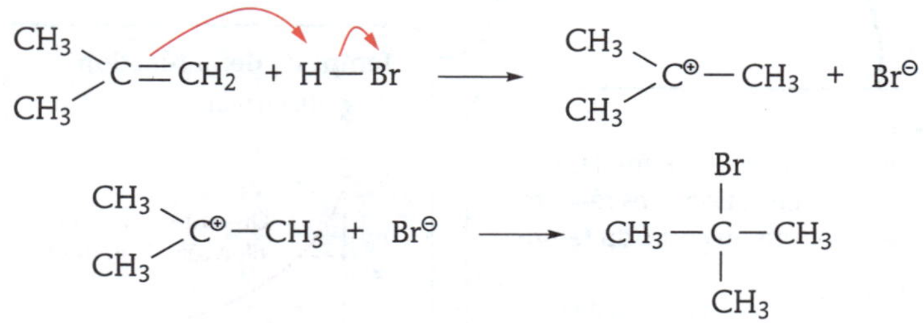

a. Identifier un intermédiaire réactionnel.

b. Ajouter dans l'étape 2 la flèche associée au transfert d'un doublet d'électrons.

c. Écrire l'équation de cette réaction chimique.

CONSEILS

a. Rappelez-vous qu'un intermédiaire réactionnel est une entité instable qui est souvent un carbocation.
b. Dessinez la flèche avec sa base là où se trouve le doublet électronique au départ et sa pointe là où le doublet est transféré.
c. Écrivez l'équation en enlevant toutes les entités qui apparaissent puis disparaissent au cours des actes élémentaires.

SOLUTION

a. L'intermédiaire réactionnel identifié est le carbocation : 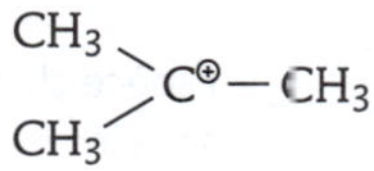

b. L'étape 2 s'écrit :

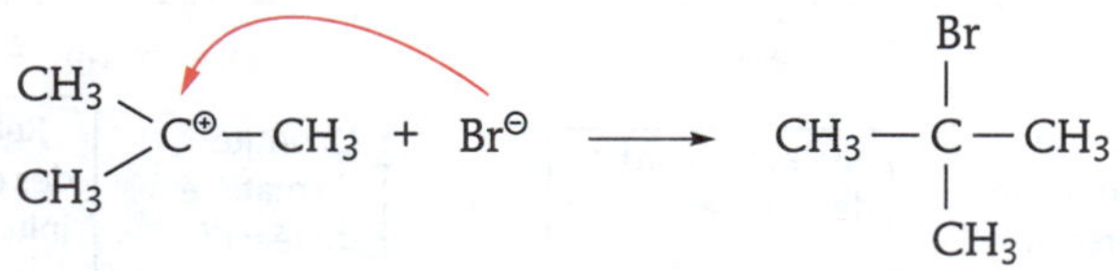

c. L'équation de la réaction s'écrit :

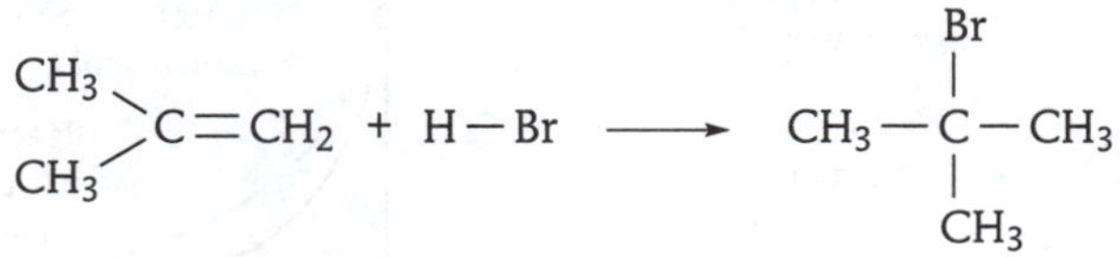

ÉVOLUTION SYSTÈME

Suivi de l'évolution d'une réaction chimique

Définition

Suivre les quantités de matière ou les concentrations des réactifs et des produits au cours du temps.

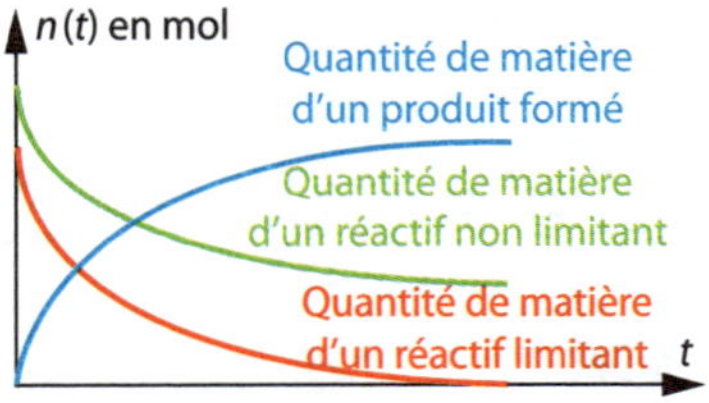

Temps de demi-réaction

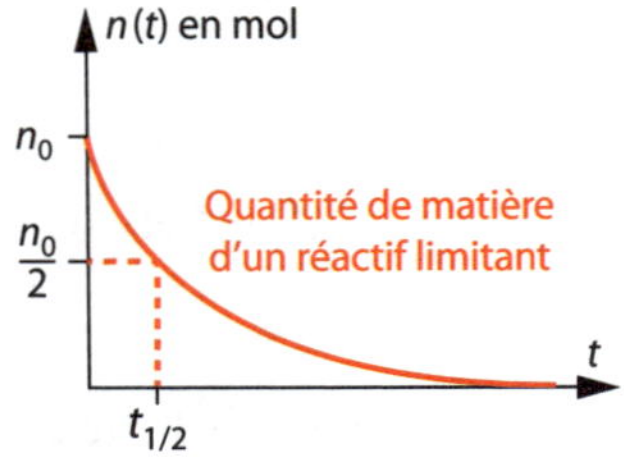

Facteurs cinétiques

Catalyseur

Espèce chimique qui **augmente la vitesse** d'une réaction sans intervenir dans l'équation de la réaction.

Effet de la température et de la concentration initiale en réactif

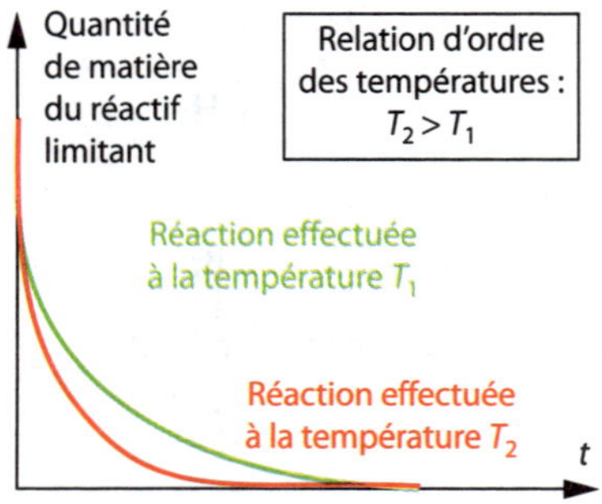

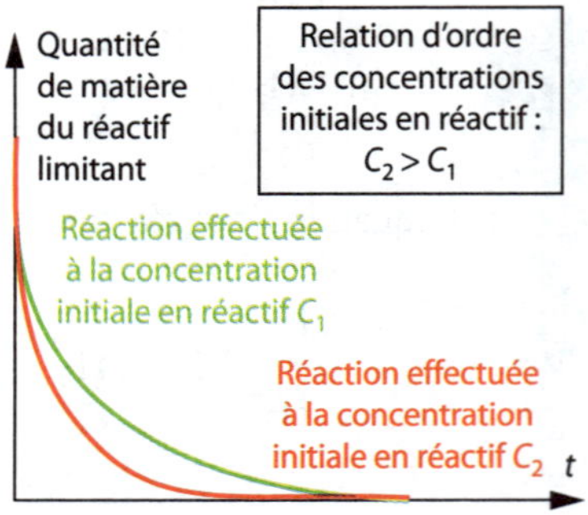

Vitesse volumique d'une espèce chimique

Définitions

- Vitesse volumique de **disparition d'un réactif** : $v_{\text{Réactif}} = -\dfrac{d[R]}{dt}$
- Vitesse volumique de **formation d'un produit** : $v_{\text{Produit}} = \dfrac{d[P]}{dt}$

Détermination graphique d'une vitesse volumique

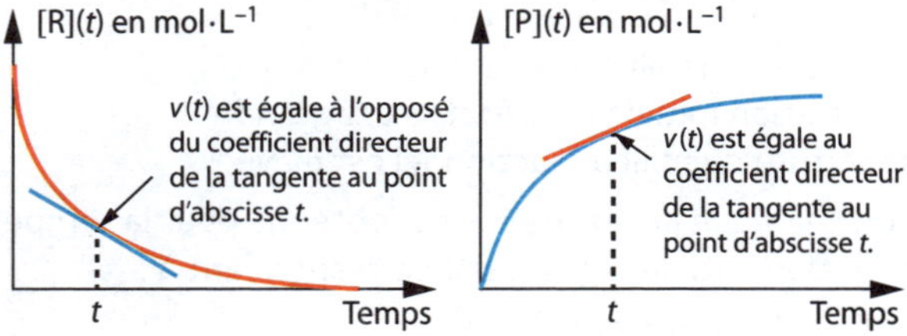

Loi de vitesse d'ordre 1

- Par rapport à un **réactif** : $v_{\text{Réactif}} = k_r \times [R]$
- Par rapport à un **produit** : $v_{\text{Produit}} = k_p \times [P]$

D'UN CHIMIQUE

Modélisation microscopique d'une réaction

Acte élémentaire et mécanisme réactionnel

- Acte élémentaire : il s'effectue en une **seule étape**.
- Mécanisme réactionnel : **succession des actes élémentaires** conduisant des réactifs aux produits de la réaction.

Transfert d'électrons

Modélisation par des **flèches courbes**

Formation d'une liaison	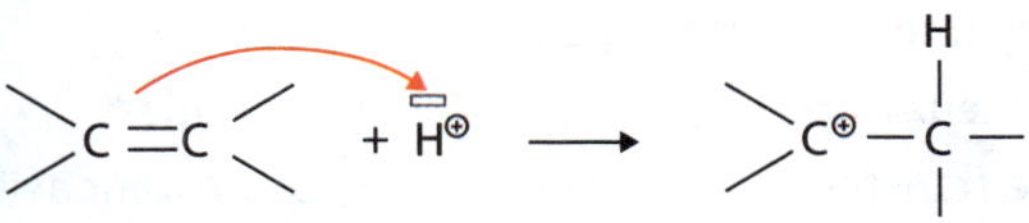
Formation d'un doublet libre	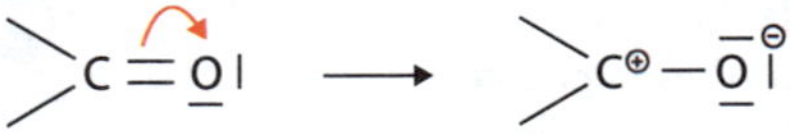

SE TESTER QUIZ

Vérifiez que vous avez bien compris les points clés des **fiches 9 à 12**.

1 Suivi de l'évolution d'une réaction chimique

→ FICHE 9

Le temps de demi-réaction est égal à la durée au bout de laquelle :

☐ **a.** la moitié de la quantité d'un produit a été formée
☐ **b.** la moitié de la durée de la réaction s'est écoulée
☐ **c.** la moitié de la quantité initiale du réactif limitant a été consommée

2 Facteurs cinétiques

→ FICHE 10

1. Une réaction est d'autant plus rapide que :

☐ **a.** la température du milieu réactionnel est basse
☐ **b.** la concentration initiale des réactifs est grande
☐ **c.** la température du milieu réactionnel est élevée

2. La réaction chimique la plus rapide est obtenue pour la température T et la concentration initiale d'un réactif correspondant à :

☐ **a.** $T = 30$ °C et $C = 0{,}15$ mol·L^{-1}
☐ **b.** $T = 30$ °C et $C = 0{,}25$ mol·L^{-1}
☐ **c.** $T = 40$ °C et $C = 0{,}28$ mol·L^{-1}

3 Vitesse volumique d'une espèce chimique

→ FICHE 11

1. La formule de la vitesse volumique de disparition d'un réactif R est égale à :

☐ **a.** $V_{\text{Réactif}} = -\dfrac{d[R]}{dt}$ ☐ **b.** $V_{\text{Réactif}} = \dfrac{d[R]}{dt}$ ☐ **c.** $V_{\text{Réactif}} = -\dfrac{[R]}{t}$

2. Une réaction suit une loi de vitesse d'ordre 1 par rapport à un réactif R si la vitesse volumique de disparition du réactif a pour expression :

☐ **a.** $V_{\text{Réactif}} = k_r \times [R]^2$
☐ **b.** $V_{\text{Réactif}} = k_r \times [R]$
☐ **c.** $V_{\text{Réactif}} = k_r / [R]$

4 Modélisation microscopique d'une réaction

→ FICHE 12

1. Un acte élémentaire peut mettre en jeu :

☐ **a.** deux molécules ☐ **b.** trois molécules ☐ **c.** une molécule

2. Le transfert d'un doublet électronique est modélisé par :

☐ **a.** une flèche droite
☐ **b.** une double flèche courbe
☐ **c.** une flèche courbe

S'ENTRAÎNER

5 Suivi de la réaction entre l'ion iodure et le peroxyde d'hydrogène

→ FICHE 9

On réalise la réaction entre l'ion iodure I^- et le peroxyde d'hydrogène H_2O_2.
À un instant initial $t = 0$, on verse dans un bécher une solution d'iodure de potassium $(K^+_{(aq)} + I^-_{(aq)})$ et une solution de peroxyde d'hydrogène $H_2O_{2(aq)}$.
Le volume réactionnel est égal à 100 mL.
L'équation de la réaction est la suivante :

$$2\,I^-_{(aq)} + H_2O_{2(aq)} + 2\,H^+_{(aq)} \rightarrow I_{2(aq)} + 2\,H_2O_{(\ell)}$$

Le diiode est l'unique espèce chimique colorée, de couleur jaune.

a. Quel capteur est adapté pour suivre une telle réaction ? Justifier.

b. On mesure l'absorbance du milieu réactionnel à des intervalles de temps réguliers (courbe ci-dessous). Calculer la quantité de matière de diiode formée aux instants : $t = 4$ min ; $t = 10$ min et $t = 20$ min.

Donnée : coefficient k de la loi de Beer-Lambert : $k = 7\,250\ \text{L}\cdot\text{mol}^{-1}$.

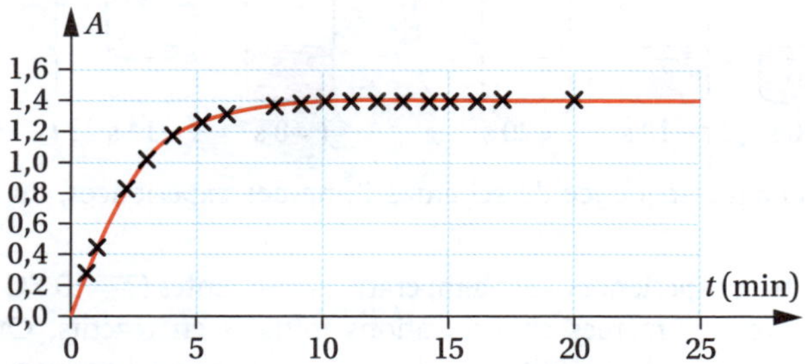

c. Déterminer la durée au bout de laquelle réaction semble terminée.

d. L'évolution de la quantité de matière de l'ion iodure et celle du diiode au cours du temps sont données ci-dessous. Déterminer le temps de demi-réaction.

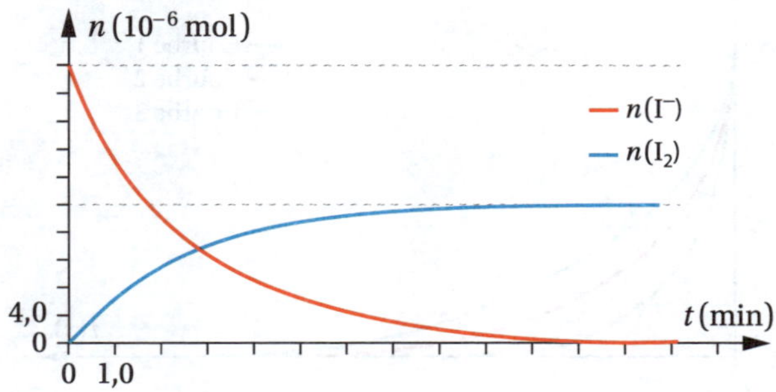

e. Comparer le temps de demi-réaction à la durée de la réaction.

6 Réaction entre l'acide oxalique et les ions permanganate

→ FICHE 10

On réalise la réaction entre l'acide oxalique $H_2C_2O_4$ et l'ion permanganate MnO_4^-. L'équation de la réaction est la suivante :

$$2\,MnO^-_{4(aq)} + 5\,H_2C_2O_{4(aq)} + 6\,H^+_{(aq)} \rightarrow 2\,Mn^{2+}_{(aq)} + 10\,CO_{2(aq)} + 8\,H_2O_{(\ell)}.$$

L'ion permanganate est la seule entité chimique colorée : il donne une couleur violette à la solution.

À un instant initial $t = 0$, on verse dans un bécher une solution de permanganate de potassium ($K^+_{(aq)} + MnO^-_{4(aq)}$) et une solution d'acide oxalique $H_2C_2O_{4(aq)}$.

a. On réalise deux expériences, à la même température, avec les concentrations initiales en réactifs suivantes :

- expérience 1 : $C(H_2C_2O_4) = 2{,}0 \times 10^{-2}\ mol \cdot L^{-1}$; $[MnO_4^-] = 5{,}0 \times 10^{-4}\ mol \cdot L^{-1}$;
- expérience 2 : $C(H_2C_2O_4) = 2{,}0 \times 10^{-2}\ mol \cdot L^{-1}$; $[MnO_4^-] = 1{,}0 \times 10^{-3}\ mol \cdot L^{-1}$.

On réalise des schémas de ces deux expériences au cours du temps : le premier à l'instant initial, le deuxième pendant la réaction et le troisième à l'instant final.

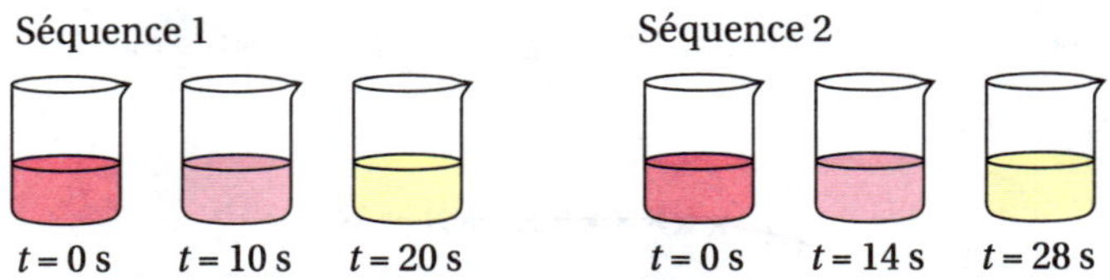

Attribuer à chaque séquence de schémas l'une des expériences, en justifiant le choix.

b. On réalise trois expériences à des températures différentes ($T = 10$ °C ; $T = 25$ °C ; $T = 50$ °C), avec les mêmes concentrations initiales en réactifs. On donne les courbes d'évolution de la quantité d'acide oxalique au cours du temps.

Identifier chaque courbe à une température en justifiant.

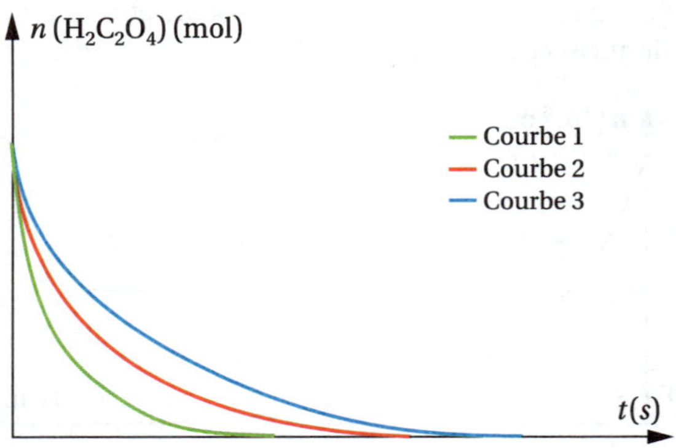

7 Détermination d'une vitesse volumique de réaction → FICHE 11

On réalise la réaction entre l'ion iodure I^- et l'ion peroxodisulfate $S_2O_8^{2-}$.

À l'instant initial $t = 0$, on verse dans un bécher une solution d'iodure de potassium $(K^+_{(aq)} + I^-_{(aq)})$ et une solution de peroxodisulfate de sodium $(2\ Na^+_{(aq)} + S_2O^{2-}_{3\,(aq)})$. L'équation de la réaction est la suivante :

$$2\ I^-_{(aq)} + S_2O^{2-}_{8(aq)} \rightarrow I_{2(aq)} + 2\ SO^{2-}_{4(aq)}.$$

La courbe de l'évolution de la concentration en diiode formé au cours du temps est donnée ci-dessous.

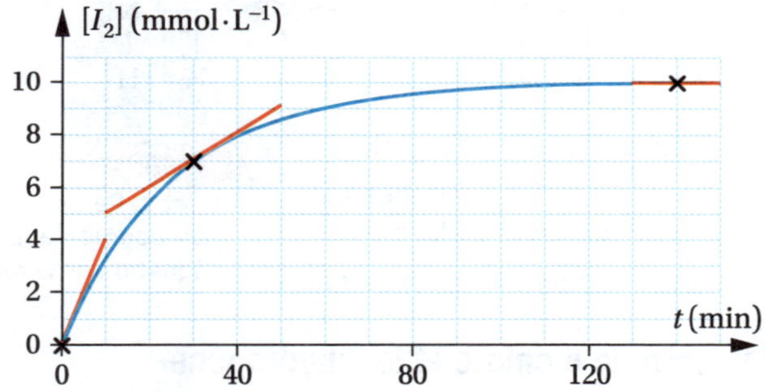

a. Calculer la vitesse volumique d'apparition du diiode aux instants $t = 0$ min, $t = 30$ min et $t = 140$ min, en $mol \cdot L^{-1} \cdot min^{-1}$.

CONSEILS
a. Pensez à la conversion : $1\ mmol = 10^{-3}\ mol$.

b. Comment évolue cette vitesse volumique au cours du temps ?

c. La réaction suit une loi de vitesse d'ordre 1 par rapport à l'ion peroxodisulfate. Donner les deux expressions de la vitesse volumique de disparition de l'ion peroxodisulfate.

d. La courbe d'évolution de la concentration en ion iodure au cours du temps est donnée ci-dessous.

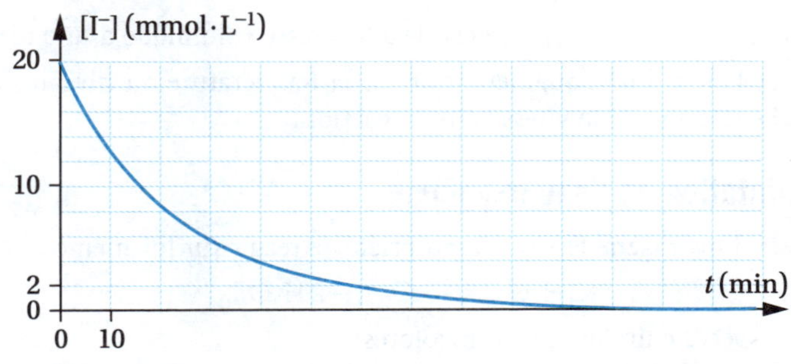

Déterminer, en justifiant, le temps de demi-réaction de la réaction.

8 Étude d'un mécanisme réactionnel

→ FICHE 12

On considère une réaction dont le mécanisme réactionnel est le suivant :

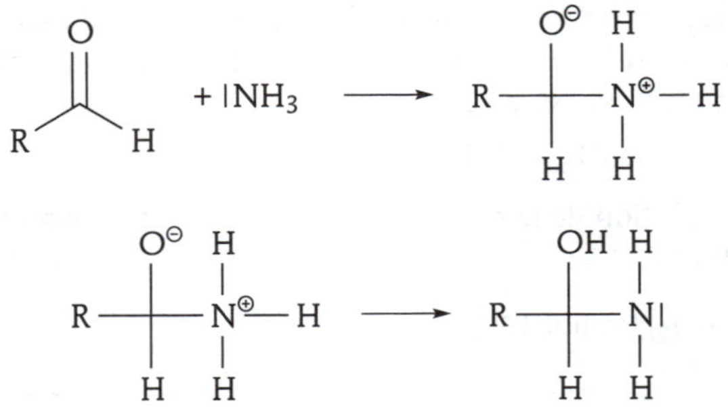

a. Identifier un intermédiaire réactionnel.

b. Ajouter dans les étapes 1 et 2 les flèches associées aux transferts des doublets d'électrons.

c. Écrire l'équation de cette réaction chimique.

CONSEILS

a. et c. Pensez qu'un intermédiaire réactionnel n'apparaît pas dans l'équation de la réaction.

9 Réaction entre le dichlore et le dihydrogène

→ FICHE 12

La réaction entre le dichlore Cl_2 et le dihydrogène H_2 produit du chlorure d'hydrogène HCl. On représente ci-dessous deux types de chocs :

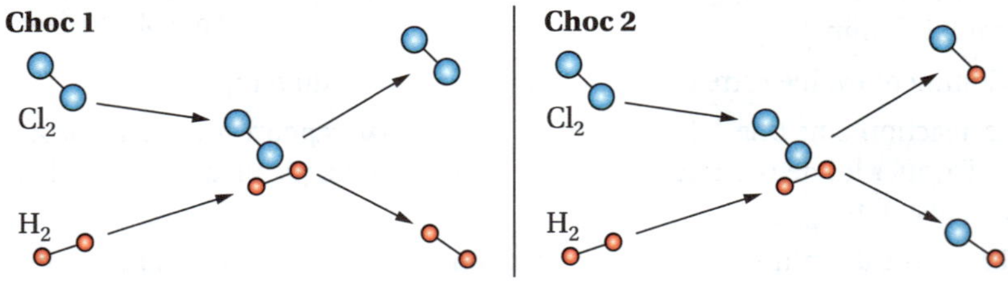

a. Indiquer en justifiant, lequel de ces chocs est efficace.

b. Quel paramètre microscopique est lié à la vitesse volumique d'une réaction ?

c. Expliquer l'effet d'une augmentation de la température au niveau microscopique sur l'évolution de la vitesse d'une réaction.

10 Dismutation de l'eau oxygénée

→ FICHES 9 à 11

Le peroxyde d'hydrogène H_2O_2 a la propriété de réagir sur lui-même :

$$2\,H_2O_{2(aq)} \rightarrow O_{2(g)} + 2\,H_2O_{(\ell)}.$$

Toutes les espèces chimiques sont incolores.

Le peroxyde d'hydrogène peut se conserver plusieurs mois dans un flacon. Si l'on verse un volume d'une solution de peroxyde d'hydrogène dans un bécher et que l'on y introduit des rondelles de platine, on observe immédiatement un dégagement de dioxygène.

1. Quel capteur pourrait-on utiliser pour suivre une telle réaction ? Justifier.

2. Quel est le rôle joué par le platine ?

3. On détermine l'évolution au cours du temps de la concentration en peroxyde d'hydrogène pour trois expériences. On obtient les courbes suivantes :

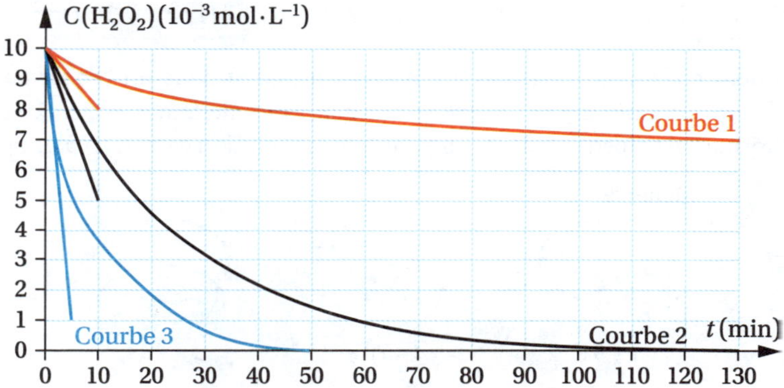

- Courbe 1 : $C(H_2O_2)$ ($t = 0$ s) = $1{,}0 \times 10^{-2}$ mol·L^{-1} ; $T = 20$ °C.
- Courbe 2 : $C(H_2O_2)$ ($t = 0$ s) = $1{,}0 \times 10^{-2}$ mol·L^{-1} ; $T = 60$ °C.
- Courbe 3 : $C(H_2O_2)$ ($t = 0$ s) = $1{,}0 \times 10^{-2}$ mol·L^{-1} ; $T = 20$ °C ; platine.

a. Quel est le facteur cinétique mis en jeu lors de l'expérience 2 ?

b. Calculer le temps de demi-réaction pour les expériences 2 et 3.

c. Calculer la vitesse volumique de disparition du peroxyde d'hydrogène à l'instant initial pour les trois expériences.

d. Quel est le moyen le plus efficace pour accélérer la réaction ?

OBJECTIF BAC

11 Réaction entre les ions thiosulfate et les ions oxonium

60 min

Ce problème traite dans une première partie des facteurs cinétiques influant sur la rapidité d'une réaction chimique, dans une deuxième partie de la méthode de suivi de la réaction par dosage avec l'exploitation cinétique que l'on peut en faire et enfin dans une troisième, des transferts d'électrons dans le mécanisme réactionnel.

LE SUJET

Lors d'une séance de travaux pratiques, les élèves étudient la réaction ayant lieu entre l'ion thiosulfate $S_2O_3^{2-}$ et l'ion oxonium H_3O^+. L'équation de la réaction est la suivante :

$$S_2O_{3(aq)}^{2-} + 2\,H_3O_{(aq)}^{+} \rightarrow S_{(s)} + SO_{2(aq)} + 3\,H_2O_{(\ell)}.$$

Il a été demandé aux élèves de préparer trois mélanges réactionnels dont les concentrations initiales en réactifs sont les suivantes :

Mélange 1	Mélange 2	Mélange 3
$[S_2O_3^{2-}] = 10\ mmol \cdot L^{-1}$ $[H_3O^+] = 100\ mmol \cdot L^{-1}$	$[S_2O_3^{2-}] = 20\ mmol \cdot L^{-1}$ $[H_3O^+] = 100\ mmol \cdot L^{-1}$	$[S_2O_3^{2-}] = 30\ mmol \cdot L^{-1}$ $[H_3O^+] = 100\ mmol \cdot L^{-1}$

Ils réalisent ensuite des schémas du mélange introduit dans un bécher au fond duquel une croix noire a été tracée, à des intervalles de temps égaux. Le soufre solide formé, en suspension dans le liquide, rend la solution de plus en plus opaque.

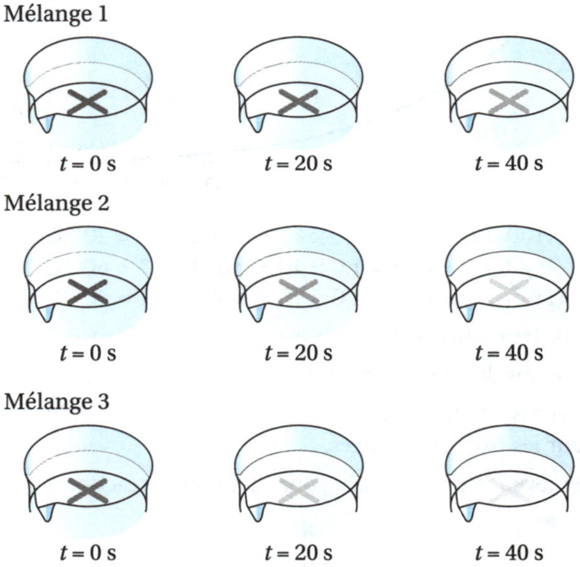

Partie 1 Étude des facteurs cinétiques

1. Quel mélange correspond à la réaction la plus rapide ?

2. Quel facteur cinétique est mis en jeu ? Expliquer la cohérence des observations avec celui-ci.

3. Sur quel autre facteur cinétique aurait-on pu jouer ? Qu'aurait-on alors observé ?

4. On donne dans le tableau suivant, pour différentes expériences, la température du milieu réactionnel et la concentration initiale en ion thiosulfate, la concentration initiale en ion oxonium étant la même.

Expérience 1	Expérience 2	Expérience 3
$[S_2O_3^{2-}] = 10\ mmol \cdot L^{-1}$ $T = 20\ °C$	$[S_2O_3^{2-}] = 30\ mmol \cdot L^{-1}$ $T = 20\ °C$	$[S_2O_3^{2-}] = 30\ mmol \cdot L^{-1}$ $T = 40\ °C$

Associer, en justifiant, à chacune de ces expériences, le temps de demi-réaction dont les valeurs sont les suivantes : $t_{1/2} = 33$ s ; $t_{1/2} = 58$ s ; $t_{1/2} = 45$ s.

CONSEILS

4. Pour comparer l'influence d'un facteur cinétique, il faut que seul celui-ci varie. Les autres paramètres doivent garder la même valeur.

Partie 2 Suivi de la réaction par dosage chimique

Afin de suivre la réaction, on dose à intervalles de temps régulier l'ion thiosulfate encore présent dans le milieu réactionnel. Pour cela, on prélève un volume du milieu réactionnel à un instant t, on le plonge dans un bain (eau + glace), afin de stopper la réaction entre cet ion et l'ion oxonium et on dose l'ion thiosulfate avec du diiode.

5. Expliquer pourquoi le bain (eau + glace) permet de stopper la réaction.

6. On obtient la courbe d'évolution de la concentration en ion thiosulfate au cours du temps.

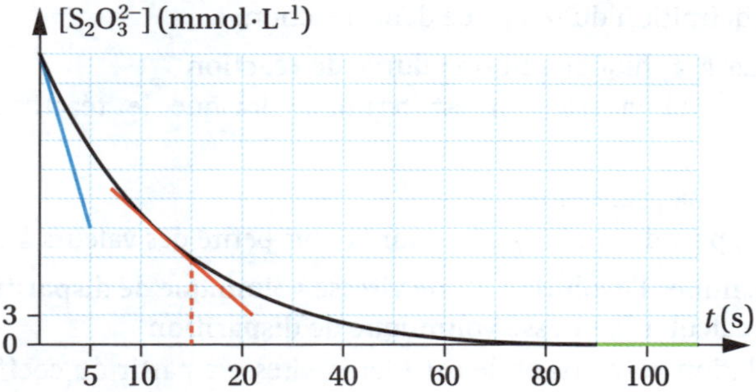

a. Déterminer le temps de demi-réaction.

b. Déterminer la durée au bout de laquelle la réaction semble terminée.

c. Comparer cette durée au temps de demi-réaction.

d. Comment varie la vitesse volumique de disparition de l'ion thiosulfate au cours du temps ? Justifier.

e. Calculer la vitesse volumique de disparition de l'ion thiosulfate aux instants $t = 0$ s ; $t = 15$ s et $t = 80$ s.

Partie 3 Étude du mécanisme réactionnel

7. Qu'est-ce qu'un acte élémentaire ? un mécanisme réactionnel ?

8. Une étape du mécanisme réactionnel est la suivante :

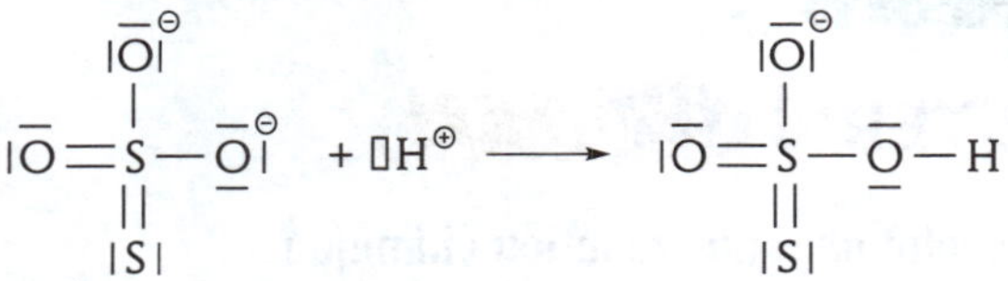

Ajouter la flèche associée au transfert d'un doublet d'électrons.

▶▶▶ LA FEUILLE DE ROUTE

Partie 1 Étude des facteurs cinétiques

1. Comparer la rapidité de plusieurs réactions → FICHE 9

Utilisez les données de l'énoncé concernant la formation du soufre solide.

2. et 3. Identifier un facteur cinétique → FICHE 10

La concentration initiale d'un réactif et la température sont des facteurs cinétiques.

4. Associer un temps de demi-réaction à des conditions expérimentales → FICHES 9 et 10

Utilisez la relation entre le temps de demi-réaction et la rapidité d'une réaction.

Partie 2 Suivi de la réaction par dosage chimique

5. Expliquer l'arrêt d'une réaction chimique → FICHE 10

Pensez à l'effet combiné des deux facteurs cinétiques.

6. a. Déterminer graphiquement un temps de demi-réaction → FICHE 9

Appliquez la définition du temps de demi-réaction.

b. Déterminer graphiquement une durée de réaction → FICHE 9

Rappelez-vous que la réaction est terminée lorsque le réactif limitant est consommé.

c. Comparer deux grandeurs → FICHE 9

Calculez le rapport de la plus grande sur la plus petite des valeurs à comparer.

d. et e. Déterminer l'évolution d'une vitesse volumique de disparition au cours du temps et calculer la vitesse volumique de disparition → FICHE 11

Utilisez la relation permettant de calculer la vitesse à partir du coefficient directeur de la tangente à la courbe.

Partie 3 Étude du mécanisme réactionnel

7. et 8. Tracer une flèche pour modéliser un transfert d'électrons → FICHE 12

La flèche part du doublet transféré.

CORRIGÉS

▶ SE TESTER QUIZ

1 Suivi de l'évolution d'une réaction chimique

Réponse c. Le temps de demi-réaction est la durée au bout de laquelle la moitié de la quantité initiale du réactif limitant a été consommée.

2 Facteurs cinétiques

1. Réponses b et c. La température et la concentration initiale des réactifs sont des facteurs cinétiques : plus leurs valeurs sont élevées et plus la réaction chimique est rapide.

2. Réponse c. L'affirmation **c** est correcte car elle correspond à la plus grande des températures (40 °C) et la plus grande concentration initiale du réactif C (0,28 $mol \cdot L^{-1}$) : ce sont les conditions pour avoir la réaction la plus rapide.

3 Vitesse volumique d'une espèce chimique

1. Réponse a. La vitesse est positive ce qui nécessite de mettre un moins devant la dérivée temporelle de la concentration du réactif qui est négative.

2. Réponse b. La réponse **b** est vraie car si une réaction suit une loi de vitesse d'ordre 1 par rapport à un réactif R alors la vitesse volumique de disparition du réactif est proportionnelle à la concentration [R] du réactif.

4 Modélisation microscopique d'une réaction

1. Réponses a et c. La réponse **b** est incorrecte car un acte élémentaire est une réaction s'effectuant en une seule étape et faisant intervenir deux molécules au maximum.

2. Réponse c. La flèche doit être courbe et simple.

S'ENTRAÎNER

5 Suivi de la réaction entre l'ion iodure et le peroxyde d'hydrogène

a. Le capteur adapté pour suivre une telle réaction est un spectrophotomètre qui permet de mesurer l'absorbance du milieu réactionnel. La seule espèce chimique colorée étant le diiode, l'absorbance mesurée est donc proportionnelle à la concentration en diiode. On peut alors déduire l'évolution de la quantité de matière de diiode au cours du temps puis, grâce à l'équation de la réaction, les évolutions des quantités de matières des réactifs et des autres produits.

b. L'absorbance aux instants $t = 4$ min, 10 min, 20 min est égale à :

t (min)	4	10	20
A	1,2	1,40	1,45

On applique la loi de Beer-Lambert : $C(I_2)(t) = \frac{A(t)}{k}$.

- $C(I_2)(t = 4\text{ min}) = \frac{1{,}2}{7\,250} = 1{,}7 \times 10^{-4}\ mol \cdot L^{-1}$;
- $C(I_2)(t = 10\text{ min}) = \frac{1{,}40}{7\,250} = 1{,}9 \times 10^{-4}\ mol \cdot L^{-1}$;
- $C(I_2)(t = 20\text{ min}) = \frac{1{,}40}{7\,250} = 1{,}9 \times 10^{-4}\ mol \cdot L^{-1}$.

On calcule la quantité de matière de diiode formée :

$$n(I_2)(t) = C(I_2)(t) \times V \text{ avec } V = 100 \text{ mL} = 0{,}100 \text{ L.}$$

- $n(I_2)(t = 4 \text{ min}) = 1{,}7 \times 10^{-4} \times 0{,}100 = 1{,}7 \times 10^{-5}$ mol ;
- $n(I_2)(t = 10 \text{ min}) = 1{,}9 \times 10^{-4} \times 0{,}100 = 1{,}9 \times 10^{-5}$ mol ;
- $n(I_2)(t = 20 \text{ min}) = 1{,}9 \times 10^{-4} \times 0{,}100 = 1{,}9 \times 10^{-5}$ mol.

c. La durée au bout de laquelle la réaction semble terminée est celle au bout de laquelle la quantité de diiode formée ne varie plus, ce qui correspond à une absorbance constante. On mesure sur la courbe : $t_{\text{réaction}} = 10$ min.

d. Le temps de demi-réaction de cette réaction est égal à la durée au bout de laquelle la quantité initiale de quantité de matière du réactif limitant a été divisée par deux. D'après la courbe, l'ion iodure est le réactif limitant car sa quantité finale est égale à zéro mole. Par détermination graphique, on trouve : $t_{1/2} = 2{,}0$ min.

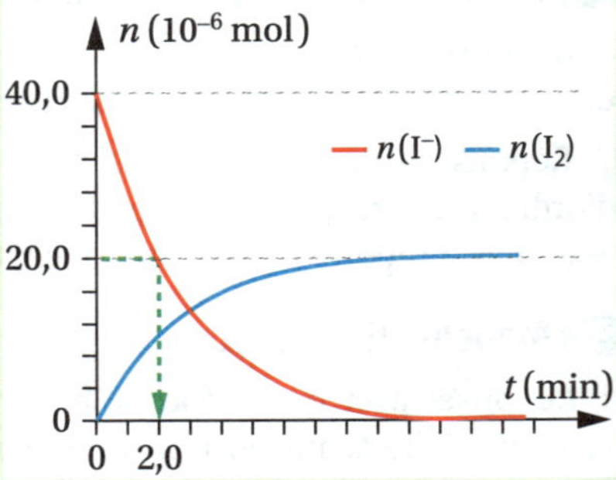

e. On compare le temps de demi-réaction à la durée de la réaction :

$\dfrac{t_{\text{réaction}}}{t_{1/2}} = \dfrac{10}{2{,}0} = 5{,}0$. La réaction dure 5,0 fois le temps de demi-réaction.

6 Réaction entre l'acide oxalique et les ions permanganate

a. Dans la première séquence, la couleur violette de l'ion permanganate disparaît au bout d'une durée égale à 20 s tandis que dans la seconde séquence, elle disparaît au bout d'une durée égale à 28 s. La première séquence correspond à une réaction plus rapide que la seconde. La concentration initiale de l'acide oxalique est la même dans les deux expériences mais la concentration initiale de l'ion permanganate est plus grande dans l'expérience 2 que dans l'expérience 1. La concentration initiale des réactifs étant un facteur cinétique (la réaction est d'autant plus rapide que la concentration initiale en réactif est grande), on en déduit que la première séquence correspond à l'expérience 2 et la seconde séquence correspond à l'expérience 1.

b. La température est un facteur cinétique : la réaction est d'autant plus rapide que la température est élevée. La quantité d'acide oxalique pour la courbe 1 est nulle au bout d'une durée inférieure à celle de la courbe 2, elle-même inférieure à celle de la courbe 3. On en déduit les températures associées à chacune des courbes :

- courbe 1 : $T = 50$ °C ;
- courbe 2 : $T = 25$ °C ;
- courbe 3 : $T = 10$ °C.

7 Détermination d'une vitesse volumique de réaction

a. On calcule la vitesse volumique d'apparition du diiode :

- à l'instant $t = 0$ min : $v(t = 0 \text{ min}) = \dfrac{4{,}0 - 0}{10 - 0} = 4{,}0 \times 10^{-1}$ mmol·L^{-1}·min^{-1} soit $v(t = 0 \text{ min}) = 4{,}0 \times 10^{-4}$ mol·L^{-1}·min^{-1} ;
- à l'instant $t = 30$ min : $v(t = 30 \text{ min}) = \dfrac{9{,}0 - 5{,}0}{50 - 10} = 1{,}0 \times 10^{-1}$ mmol·L^{-1}·min^{-1} soit $v(t = 30 \text{ min}) = 1{,}0 \times 10^{-4}$ mol·L^{-1}·min^{-1} ;

• à l'instant $t = 140$ min : $v(t = 140 \text{ min}) = \dfrac{10 - 10}{150 - 130} = 0 \text{ mmol}\cdot\text{L}^{-1}\cdot\text{min}^{-1}$ soit $v(t = 140 \text{ min}) = 0 \text{ mol}\cdot\text{L}^{-1}\cdot\text{min}^{-1}$.

b. On observe que le coefficient directeur de la tangente à la courbe diminue le long de la courbe : la vitesse volumique d'apparition du diiode diminue au cours du temps pour finalement s'annuler.

c. Les deux expressions de la vitesse volumique de disparition de l'ion peroxodisulfate sont : $v_{S_2O_8^{2-}} = -\dfrac{d[S_2O_8^{2-}]}{dt} = k_r \times [S_2O_8^{2-}]$.

d. La concentration finale en ion iodure est nulle : il s'agit du réactif limitant. On sait que le temps de demi-réaction est égal à la durée au bout de laquelle la moitié de la quantité initiale du réactif limitant a disparu, ce qui correspond à une concentration initiale divisée par deux. On trouve graphiquement $t_{1/2} = 15$ min.

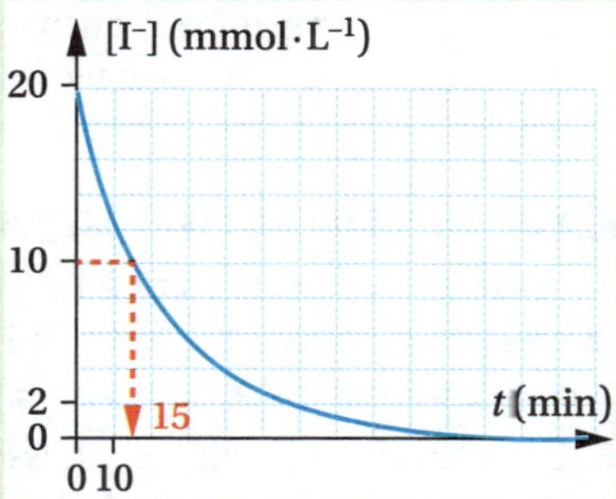

8 Étude d'un mécanisme réactionnel

a. Un intermédiaire réactionnel identifié est :

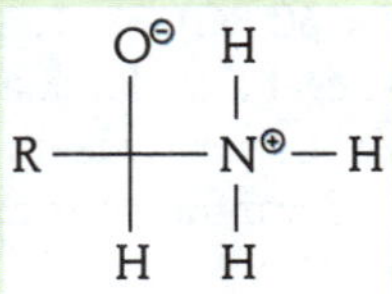

b. On ajoute les flèches associées aux transferts des doublets d'électrons :

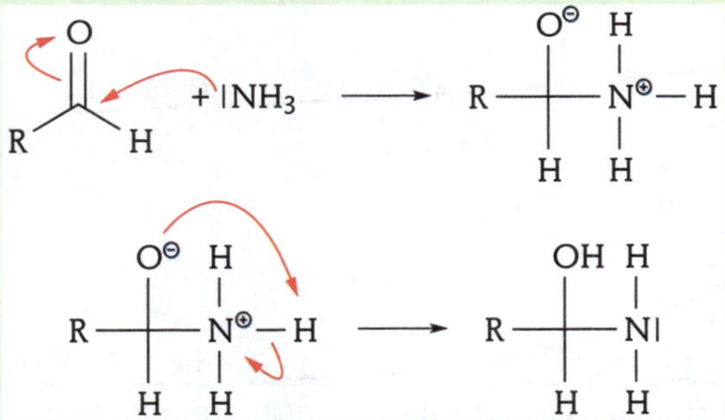

> **À NOTER**
> **b.** La flèche part de la position initiale du doublet et pointe là où il va se trouver ensuite.

c. On écrit l'équation de cette réaction chimique :

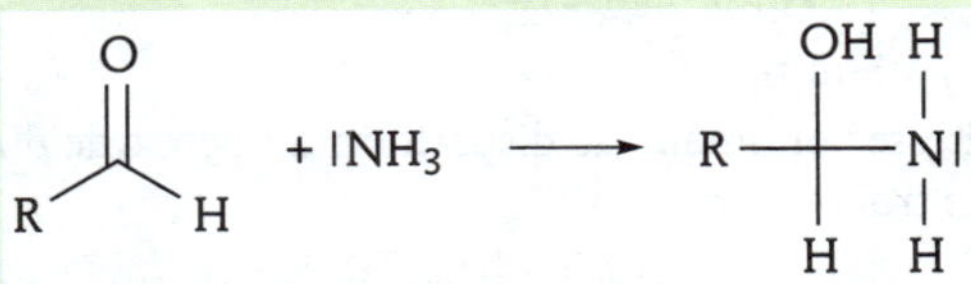

9 Réaction entre le dichlore et le dihydrogène

a. Le choc 2 est efficace car la rencontre entre la molécule de dichlore et celle de dihydrogène donne lieu à un acte élémentaire : formation de deux molécules de chlorure d'hydrogène. Dans le choc 1, les molécules ont rebondi l'une contre l'autre sans réagir.

b. Le paramètre microscopique est le nombre de chocs efficaces par unité de temps : plus il est élevé et plus la vitesse de réaction grande.

c. Lorsque la température augmente, la vitesse des molécules augmente. Cela entraîne que le nombre de chocs efficaces par unité de temps augmente car il y en a plus et leur efficacité est plus grande.

10 Dismutation de l'eau oxygénée

1. Le dioxygène formé étant à l'état gazeux, on peut suivre la réaction en mesurant la pression de dioxygène formé à l'aide d'un pressiomètre. Un spectrophotomètre n'est pas utilisable car toutes les espèces chimiques sont incolores.

2. Le platine joue le rôle de catalyseur. Il permet d'accélérer la réaction sans intervenir dans l'équation de la réaction.

3. a. Le facteur cinétique mis en jeu lors de l'expérience 2 est la température : lorsqu'elle augmente, la vitesse de la réaction augmente. C'est ce que l'on observe entre les courbes 1 ($T = 20$ °C) et 2 ($T = 60$ °C).

b. Le temps de demi-réaction est égal à la durée au bout de laquelle la moitié du réactif limitant a été consommée. Le peroxyde d'hydrogène est le réactif limitant pour les expériences 2 et 3. On détermine pour ces deux expériences le temps de demi-réaction à partir des courbes 2 et 3 :

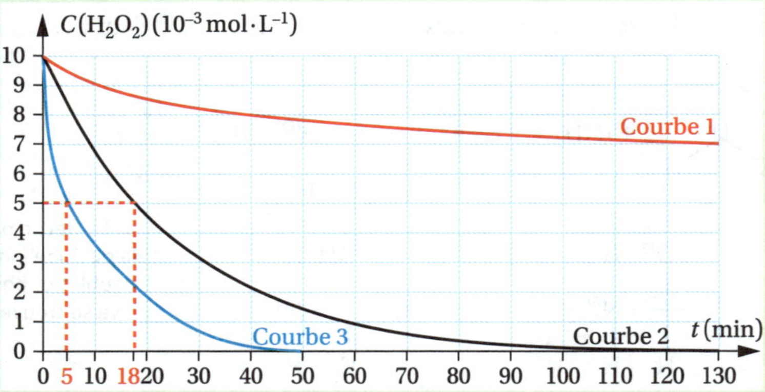

On trouve graphiquement pour chacune des expériences :

- expérience 2 : $t_{1/2} = 18$ min ;
- expérience 3 : $t_{1/2} = 5$ min.

c. On calcule la vitesse volumique de disparition du peroxyde d'hydrogène à l'instant initial pour les trois expériences :

- expérience 1 : $v(t = 0 \text{ min}) = -\dfrac{(8{,}0 - 10) \times 10^{-3}}{10 - 0} = 2{,}0 \times 10^{-4}\ \text{mol}\cdot\text{L}^{-1}\cdot\text{min}^{-1}$;

• expérience 2 : $v(t = 0 \text{ min}) = -\dfrac{(5{,}0 - 10) \times 10^{-3}}{10 - 0} = 5{,}0 \times 10^{-4} \text{ mol}\cdot\text{L}^{-1}\cdot\text{min}^{-1}$;

• expérience 3 : $v(t = 0 \text{ min}) = -\dfrac{(1{,}0 - 10) \times 10^{-3}}{5{,}0 - 0} = 1{,}8 \times 10^{-3} \text{ mol}\cdot\text{L}^{-1}\cdot\text{min}^{-1}$.

CONSEILS

3. c. N'oubliez pas de mettre un moins devant le calcul du coefficient directeur de la tangente car il s'agit d'une vitesse volumique de disparition : ce coefficient est négatif et la vitesse est comptée positivement.

d. Le moyen le plus efficace pour accélérer la réaction de dismutation consiste à utiliser le platine comme catalyseur : le temps de demi-réaction est environ 3 à 4 fois plus petit que celui obtenu en augmentant la température.

OBJECTIF BAC

11 Réaction entre les ions thiosulfate et les ions oxonium

Partie 1 Étude des facteurs cinétiques

1. Le mélange correspondant à la réaction la plus rapide est celui pour lequel la croix tracée est masquée par le soufre en suspension formé au bout de la durée la plus petite : il s'agit du mélange 3.

2. Le facteur cinétique mis en jeu est la concentration initiale en ion thiosulfate. On constate que plus la concentration en ion thiosulfate est grande, plus la rapidité de la réaction est grande.

3. L'autre facteur cinétique est la température du milieu réactionnel. Lorsque la température augmente, la réaction est plus rapide.

4. Plus la réaction est rapide et plus son temps de demi-réaction est petit. La rapidité étant d'autant plus grande que la température est élevée et la concentration initiale en ion thiosulfate est grande. On en déduit :

• Expérience 1 : $t_{1/2} = 58$ s ;
• Expérience 2 : $t_{1/2} = 45$ s ;
• Expérience 3 : $t_{1/2} = 33$ s.

Partie 2 Suivi de la réaction par dosage chimique

5. Le bain (eau + glace) permet de stopper la réaction car il agit en même temps sur les deux facteurs cinétiques qui sont abaissés brusquement :

• la température du mélange à 0 °C permet de baisser la température ;
• la concentration des réactifs est diminuée par dilution.

6. a. On détermine le temps de demi-réaction. Il correspond à la durée au bout de laquelle la quantité initiale (ou la concentration initiale) du réactif limitant est divisée par deux. Graphiquement, on lit : $t_{1/2} = 8$ min.

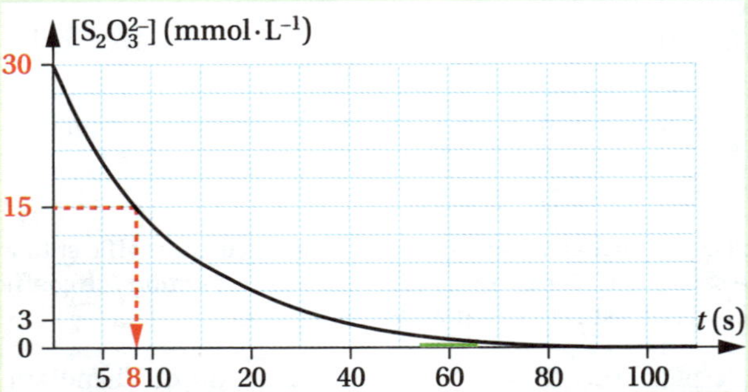

b. La durée au bout de laquelle la réaction semble terminée correspond à celle où la concentration en ion thiosulfate devient nulle. On trouve : $t_{\text{réaction}} = 80$ s.

c. On compare la durée de la réaction au temps de demi-réaction :
$\frac{t_{\text{réaction}}}{t_{1/2}} = \frac{80}{8,0} = 10$. La réaction dure 10 fois le temps de demi-réaction.

d. On sait que : $v_{S_2O_3^{2-}} = -\frac{d[S_2O_3^{2-}]}{dt}$. La vitesse volumique de disparition de l'ion thiosulfate est donc égale à l'opposé du coefficient directeur de la tangente à la courbe de la concentration en ion thiosulfate en fonction du temps. D'après la courbe, ce coefficient directeur diminue et tend vers zéro. La vitesse volumique de disparition de l'ion thiosulfate diminue donc au cours du temps et tend vers zéro.

e. On calcule la vitesse volumique de disparition de l'ion thiosulfate :

- à l'instant $t = 0$ s : $v(t = 0 \text{ s}) = -\frac{12 - 30}{5 - 0} = 3,6 \text{ mmol}\cdot\text{L}^{-1}\cdot\text{s}^{-1}$;
- à l'instant $t = 15$ s : $v(t = 15 \text{ s}) = -\frac{3,0 - 15,0}{22 - 7} = 8,0 \times 10^{-1} \text{ mmol}\cdot\text{L}^{-1}\cdot\text{s}^{-1}$;
- à l'instant $t = 80$ s : $v(t = 80 \text{ s}) = -\frac{0 - 0}{85 - 75} = 0 \text{ mmol}\cdot\text{L}^{-1}\cdot\text{s}^{-1}$.

Partie 3 Étude du mécanisme réactionnel

7. Un acte élémentaire est une réaction qui s'effectue en une seule étape. Un mécanisme réactionnel associé à une réaction chimique correspond à la succession des actes élémentaires conduisant des réactifs aux produits de la réaction.

8. Le transfert du doublet d'électrons est modélisé par :

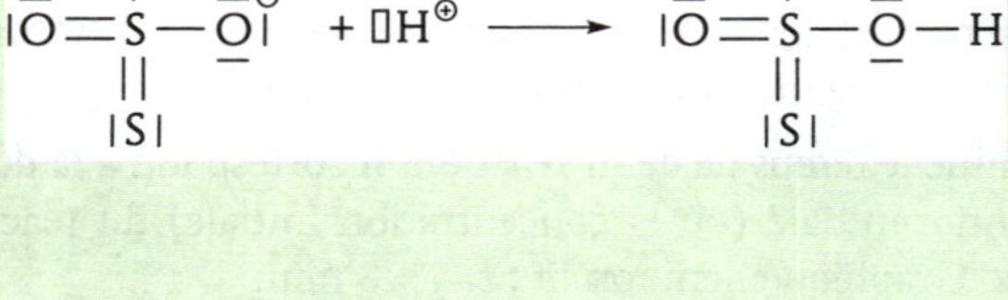

4 Les transformations nucléaires

Entre les deux guerres, a existé une mode commerciale du radium pour promouvoir les bienfaits de la radioactivité. Cette affiche publicitaire pour des produits cosmétiques en est un bel exemple

13 Noyaux stables et instables

En bref *Tous les noyaux atomiques sont repérés dans un diagramme (N, Z) dans lequel sont clairement distingués les noyaux stables des noyaux instables (radioactifs).*

I Noyaux atomiques et isotopes

- Le **noyau atomique**, situé au cœur de l'atome et entouré de Z électrons, est un assemblage de A nucléons (N neutrons et Z protons) : $A = Z + N$. Il est symbolisé par $^{A}_{Z}X$ où X est le symbole de l'élément chimique de numéro atomique Z.

> **MOTS CLÉS**
> A est appelé **nombre de masse** ; Z est nommé numéro atomique ou **nombre de charges**.

- Le proton (positif) et l'électron (négatif) portent en valeur absolue la même charge électrique appelée **charge élémentaire** : $e = 1{,}602 \times 10^{-19}$ C (coulomb).

Exemple : le noyau de sodium $^{23}_{11}Na$ est formé de 11 protons et 12 neutrons.

- Des **isotopes** sont des atomes d'un même élément chimique (même nombre Z de protons) qui diffèrent par leur **nombre de neutrons** (donc par leur masse).

Exemple : le zinc existe à l'état naturel sous forme de cinq isotopes stables. Le plus léger est le zinc 64 de symbole $^{64}_{30}Zn$ et le plus lourd le zinc 70 de symbole $^{70}_{30}Zn$.

II Diagramme (*N*, *Z*)

- La centaine d'éléments chimiques connus existent sous la forme de plus de 3 000 isotopes naturels ou artificiels. Moins de 10 % de ces isotopes ont un **noyau stable**, tous les autres sont **radioactifs** → FICHE 14 c'est-à-dire instables. On parle de radio-isotopes.

- Lorsqu'on repère chaque noyau $^{A}_{Z}X$ dans un diagramme (N, Z), l'ensemble des isotopes stables constituent **la vallée (ou domaine) de stabilité**.

- Pour $Z < 20$, les noyaux stables sont proches de la bissectrice ($Z = N$).

Pour $Z > 20$, les noyaux stables contiennent plus de neutrons que de protons ; ils sont situés au-dessous de la bissectrice. Il n'existe pas de noyaux stables pour les « gros » noyaux au-delà de l'uranium ($Z \geqslant 93$).

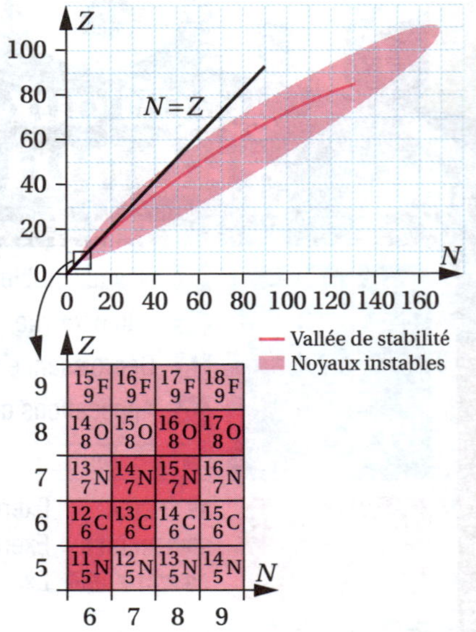

Allure générale du diagramme (*N*, *Z*)

- Un même élément peut avoir **plusieurs isotopes stables** (exemple : l'hydrogène).

Méthode

Utiliser le diagramme (*N*, *Z*)

On donne le diagramme (*N*, *Z*) pour les 10 premiers éléments chimiques.

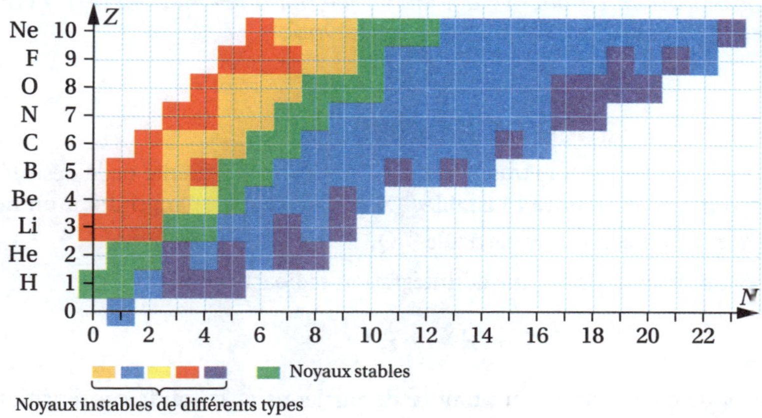

a. Dénombrer les isotopes du lithium. Identifier et symboliser ceux qui sont stables.

b. Identifier et symboliser tous les noyaux contenant deux neutrons.

c. Identifier tous les noyaux constitués de huit nucléons. Combien sont stables ?

> **CONSEILS**
> Chaque noyau est représenté dans le diagramme par une case d'abscisse *N* et d'ordonnée *Z*. Pour obtenir son symbole $^{A}_{Z}X$, utilisez la relation $A = Z + N$.

SOLUTION

a. Dans le diagramme, les isotopes du lithium Li sont représentés sur la ligne horizontale d'ordonnée $Z = 3$; on en compte dix. Deux seulement sont stables (cases vertes). Ils contiennent respectivement $N = 3$ et $N = 4$ neutrons.

En utilisant la relation $A = Z + N$, on en déduit que les deux isotopes stables sont le lithium 6 ($^{6}_{3}Li$) et le lithium 7 ($^{7}_{3}Li$).

b. On trouve les noyaux à deux neutrons sur la verticale d'abscisse $N = 2$.

Le premier est tel que $Z = 1$ donc $A = 3$, il s'agit de l'hydrogène trois ($^{3}_{1}H$).

Les suivants sont l'hélium 4 ($^{4}_{2}He$), le lithium 5 ($^{5}_{3}Li$), le béryllium 6 ($^{6}_{4}Be$), le bore 7 ($^{7}_{5}B$) et le carbone 8 ($^{8}_{6}C$).

> **À NOTER**
> L'hydrogène 3 est aussi appelé tritium.

c. On identifie les noyaux à huit nucléons ($A = Z + N = 8$) en recherchant les cases telles que la somme de l'abscisse et de l'ordonnée soit égale à 8.

Il s'agit de : $^{8}_{2}He$, $^{8}_{3}Li$, $^{8}_{4}Be$, $^{8}_{5}B$ et $^{8}_{6}C$. Aucun de ces noyaux n'est stable.

14 Radioactivité

En bref *La radioactivité, découverte en 1896 par Henri Becquerel, est de type alpha (α), bêta moins (β⁻), bêta plus (β⁺) ou gamma (γ). Une désintégration radioactive est modélisée par une équation de réaction nucléaire respectant deux lois de conservation.*

I Désintégration radioactive

- La radioactivité est une transformation nucléaire qui résulte de la **désintégration spontanée d'un noyau instable** $^{A_1}_{Z_1}X$ (dit noyau père) engendrant un noyau fils $^{A_2}_{Z_2}Y$ et l'émission d'une particule $^{A_3}_{Z_3}Q$.
- L'**équation** modélisant une désintégration radioactive s'écrit :

$$^{A_1}_{Z_1}X \rightarrow {}^{A_2}_{Z_2}Y + {}^{A_3}_{Z_3}Q$$

- La loi de conservation du **nombre de nucléons** et la loi de conservation du **nombre de charges** s'écrivent respectivement :

$$A_1 = A_2 + A_3 \text{ et } Z_1 = Z_2 + Z_3$$

II Les différents types de radioactivité

Radioactivité	Particule émise	Équation de désintégration	
		Expression générale	Exemple
α	noyau d'hélium $^{4}_{2}He$	$^{A}_{Z}X \rightarrow {}^{A-4}_{Z-2}Y + {}^{4}_{2}He$	$^{238}_{92}U \rightarrow {}^{234}_{90}Th + {}^{4}_{2}He$
β^-	électron $^{0}_{-1}e$	$^{A}_{Z}X \rightarrow {}_{Z+1}^{A}Y + {}^{0}_{-1}e$	$^{60}_{27}Co \rightarrow {}^{60}_{28}Ni + {}^{0}_{-1}e$
β^+	positon $^{0}_{1}e$	$^{A}_{Z}X \rightarrow {}_{Z-1}^{A}Y + {}^{0}_{1}e$	$^{80}_{35}Br \rightarrow {}^{80}_{34}Se + {}^{0}_{1}e$
γ	photon gamma $^{0}_{0}\gamma$	$^{A}_{Z}Y^* \rightarrow {}^{A}_{Z}Y + {}^{0}_{0}\gamma$	$^{80}_{34}Se^* \rightarrow {}^{80}_{34}Se + {}^{0}_{0}\gamma$

À NOTER

L'électron est symbolisé par $^{0}_{-1}e$ car ce n'est pas un nucléon ($A = 0$) ; il porte une charge élémentaire négative –e. Le positon (ou anti-électron) est symbolisé par $^{0}_{1}e$; il porte une charge élémentaire positive +e.

La **radioactivité γ** accompagne généralement les radioactivités α, β⁻ou β⁺. Si le noyau fils résultant d'une désintégration radioactive est dans un état énergétique excité noté $^{A}_{Z}Y^*$, il revient à son état normal et libère de l'énergie sous forme d'un photon γ, rayonnement électromagnétique de très haute fréquence.

Méthode

Écrire et utiliser une équation de désintégration radioactive

a. Le phosphore 30 est radioactif β^+. Identifier le noyau fils résultant de cette désintégration.

b. Le noyau fils résultant de la désintégration radioactive du polonium 214 est le plomb 210. Ce noyau fils est lui-même instable et il se désintègre en bismuth 210. Identifier le type de chaque radioactivité mise en jeu.

Données :

Élément	silicium	phosphore	soufre	plomb	bismuth	polonium
Symbole	Si	P	S	Pb	Bi	Po
Z	14	15	16	82	83	84

CONSEILS

Écrivez les équations de désintégration et appliquez les lois de conservation pour identifier soit le noyau fils, soit la particule émise.

SOLUTION

a. Le noyau de phosphore 30 ($Z = 15$ et $A = 30$) a pour symbole $^{30}_{15}\text{P}$. C'est un radio-isotope β^+, donc sa désintégration s'accompagne de l'émission d'un positon $^{0}_{1}\text{e}$. En notant $^{A}_{Z}\text{Y}$ le noyau fils, l'équation de désintégration s'écrit :

$$^{30}_{15}\text{P} \rightarrow {}^{A}_{Z}\text{Y} + {}^{0}_{1}\text{e}$$

Les lois de conservation du nombre de nucléons et du nombre de charges donnent :

$30 = A + 0$ et $15 = Z + 1$, soit $A = 30$ et $Z = 14$.

En utilisant les données, on note que l'élément de numéro atomique $Z = 14$ est le silicium. Le noyau fils est donc du silicium 30 : $^{30}_{14}\text{Si}$.

b. • Le polonium 214 ($^{214}_{84}\text{Po}$) se désintègre en plomb 210 ($^{210}_{82}\text{Pb}$) en émettant une particule $^{A}_{Z}\text{Q}$: $^{214}_{84}\text{Po} \rightarrow {}^{210}_{82}\text{Pb} + {}^{A}_{Z}\text{Q}$

D'après les lois de conservation :

$214 = 210 + A$ et $84 = 82 + Z$, soit $A = 4$ et $Z = 2$. La particule émise est donc un noyau d'hélium 4 : $^{4}_{2}\text{He}$.

Le polonium 214 est donc un radio-isotope α.

• Le plomb 210 ($^{210}_{82}\text{Pb}$) se désintègre en bismuth 210 ($^{210}_{83}\text{Bi}$) en émettant une particule $^{A'}_{Z'}\text{Q}'$: $^{210}_{82}\text{Pb} \rightarrow {}^{210}_{83}\text{Bi} + {}^{A'}_{Z'}\text{Q}'$

Les lois de conservation donnent $A' = 0$ et $Z' = -1$. La particule émise est donc un électron : $^{0}_{-1}\text{e}$.

Le plomb 210 est donc un radio-isotope β^-.

15 Décroissance radioactive

En bref *Une population de noyaux radioactifs évolue au cours du temps en suivant une loi de décroissance exponentielle, dont un paramètre important est la demi-vie radioactive.*

I Loi de décroissance radioactive

- La désintégration d'un noyau radioactif est aléatoire et il n'est donc pas possible de prévoir le moment où elle aura lieu. Cependant, cet événement a une certaine **probabilité de se produire pendant un intervalle de temps** infinitésimal d*t*. Cette probabilité est constante au cours du temps et indépendante des autres noyaux (de la même façon que la probabilité de « sortir un 1 » avec un dé est toujours 1/6 quels que soient les autres dés et les lancers précédents).

- Un échantillon contient *N* noyaux radioactifs identiques à la date *t*. La variation d*N* du nombre de noyaux entre les dates *t* et *t* + d*t* est négative car des noyaux se sont désintégrés spontanément pendant la durée d*t*. La désintégration radioactive étant un processus aléatoire, le **nombre de désintégrations par unité de temps** $\frac{-dN}{dt}$ est proportionnel au nombre *N* de noyaux radioactifs : $\frac{-dN}{dt} = \lambda \times N$ avec λ la constante radioactive, ou constante de désintégration, exprimée en s^{-1}.

- La **constante de désintégration** λ est caractéristique de l'isotope radioactif. *Exemple* : $\lambda = 3{,}9 \times 10^{-12}\ s^{-1}$ pour le carbone 14.

- L'équation différentielle du premier ordre : $\frac{dN}{dt} = -\lambda N$ ou $\frac{dN}{dt} + \lambda N = 0$ admet pour solution une exponentielle décroissante :

$$N(t) = N_0 e^{-\lambda t}$$

N_0 : nombre de noyaux radioactifs à la date $t = 0$.

Cette relation est la **loi de décroissance radioactive**.

II Temps caractéristiques de la décroissance radioactive

- La **constante de temps** $\tau = \frac{1}{\lambda}$ est le temps nécessaire pour que 63 % des noyaux radioactifs contenus dans un échantillon se désintègrent.

- La **demi-vie radioactive** $t_{1/2}$ est la durée nécessaire pour que la moitié, soit 50 %, des noyaux radioactifs contenus dans un échantillon se désintègrent.

$$t_{1/2} = \frac{\ln 2}{\lambda} \text{ ou } t_{1/2} = \ln 2 \times \tau = 0{,}69\tau$$

λ en s^{-1} ; $t_{1/2}$ et τ en s.

Les demi-vies ont des valeurs très variées.
Exemple : la demi-vie de l'iode 131 est 8,1 jours, celle du carbone 14 est 5 570 ans.

Méthode

Exploiter la loi de décroissance radioactive

On considère un échantillon de N_0 noyaux radioactifs de constante radioactive λ.

a. Montrer que 63 % des noyaux radioactifs se sont désintégrés à la date $\tau = \frac{1}{\lambda}$ (appelée constante de temps).

b. Établir la relation entre la demi-vie $t_{1/2}$ et λ. Exprimer τ en fonction de $t_{1/2}$.

c. Déterminer le nombre N de noyaux aux dates $t_{1/2}$, $2t_{1/2}$ et $nt_{1/2}$ et en déduire l'allure de la représentation graphique de $N(t)$.

CONSEILS

a. Utilisez la loi de décroissance radioactive.
b. Définissez la demi-vie radioactive et utilisez la loi de décroissance.
c. Utilisez *n* fois la définition de la demi-vie.

SOLUTION

a. La loi de décroissance $N(t) = N_0 e^{-\lambda t}$ conduit à :

$\frac{N(\tau)}{N_0} = e^{-\lambda\tau} = e^{-\frac{\lambda}{\lambda}} = e^{-1} \approx 0,37$. Cela signifie qu'au bout d'une durée τ, il ne reste que 37 % des noyaux radioactifs, c'est-à-dire que 63 % des noyaux se sont désintégrés.

b. Par définition, la demi-vie $t_{1/2}$ est telle que $N(t_{1/2}) = \frac{N_0}{2}$. La loi de décroissance permet d'écrire $N(t_{1/2}) = N_0 e^{-\lambda t_{1/2}} = \frac{N_0}{2}$ donc $e^{-\lambda t_{1/2}} = \frac{1}{2}$ ou $e^{+\lambda t_{1/2}} = 2$

et par conséquent : $\lambda t_{1/2} = \ln 2$ donc $t_{1/2} = \frac{\ln 2}{\lambda}$ et $\tau = \frac{t_{1/2}}{\ln 2} = 1,44 t_{1/2}$.

c. À chaque demi-vie, le nombre N de noyaux est divisé par 2.

t	0	$t_{1/2}$	$2t_{1/2}$	$nt_{1/2}$
N	N_0	$\frac{N_0}{2}$	$\frac{N_0}{4}$	$\frac{N_0}{2^n}$

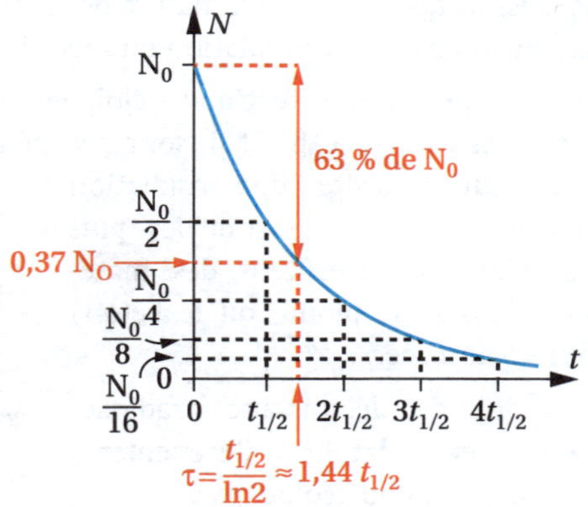

À NOTER

On vérifie sur le graphique la définition de la constante de temps τ établie à la question **a**.

16 Applications de la radioactivité et radioprotection

En bref *Plus l'activité d'un échantillon radioactif est élevée, plus le rayonnement émis présente des dangers dont il faut se protéger. Ce rayonnement radioactif est aussi à l'origine d'applications médicales, archéologiques, géologiques et industrielles.*

I Activité radioactive

■ L'activité $A(t)$ est le nombre de désintégrations par unité de temps : $A(t) = \frac{-\mathrm{d}N}{\mathrm{d}t}$.
Elle s'exprime en **becquerels (Bq)** : 1 Bq est une désintégration par seconde. Elle se mesure à l'aide d'un compteur Geiger.

■ L'activité est **proportionnelle au nombre de noyaux radioactifs** N : $A(t) = \lambda N(t)$ avec $N(t) = N_0 e^{-\lambda t}$ donc : $A(t) = A_0 e^{-\lambda t}$ avec $A_0 = \lambda N_0$ l'activité à la date $t = 0$.

■ La **demi-vie** → FICHE 15 se définit aussi comme la durée nécessaire pour que l'activité d'un échantillon radioactif soit divisée par 2.

À NOTER
La courbe de la méthode « Exploiter la loi de décroissance radioactive » → FICHE 15 est utilisable en remplaçant le nombre $N(t)$ de noyaux radioactifs par l'activité $A(t)$ et le nombre initial N_0 de noyaux par l'activité initiale A_0.

II Dangers et applications de la radioactivité

■ Les particules α, β^-, β^+ et γ sont capables d'ioniser les atomes lors de leur passage dans la matière : on parle de **rayonnements ionisants**.

■ Les effets d'une irradiation sont nocifs pour des cellules saines ou bénéfiques quand l'irradiation touche des cellules cancéreuses : c'est le principe de la **radiothérapie**. Les effets sur la santé augmentent avec la dose reçue et peuvent s'avérer mortels. Ils dépendent de la nature des particules et de l'organe exposé. Les irradiations internes par inhalation ou ingestion sont redoutables.

■ **Règles de radioprotection** : s'éloigner de la source, réduire le temps d'exposition. Les rayons α, β^- et β^+ sont peu pénétrants, il est aisé de s'en protéger : il faut surtout éviter une irradiation interne. Les rayons γ sont les plus pénétrants et nécessitent des matériaux denses (le plomb ou le béton) pour les absorber.

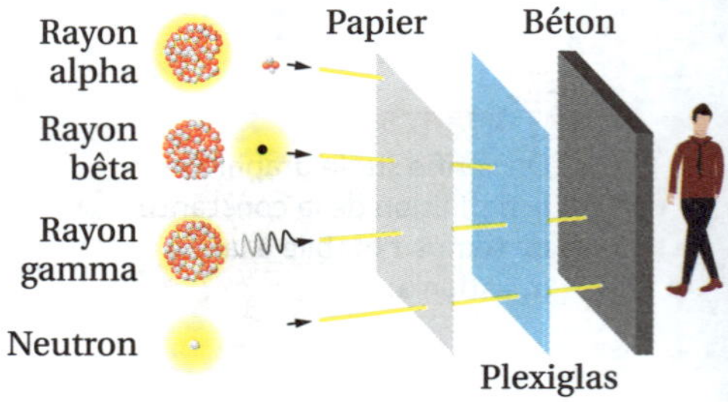

■ La loi de décroissance radioactive permet la **datation** d'événements archéologiques ou géologiques.

Exemple : datation au carbone 14.

Méthode

Dater un événement en utilisant la radioactivité

L'iode 131 est un isotope radioactif β^- utilisé pour effectuer des diagnostics médicaux par scintigraphie. Sa demi-vie vaut 194 h.

On prépare une solution d'iode 131 dont l'activité est 40,0 MBq.

a. Déterminer au bout de combien de temps l'activité n'est plus que de 5,00 MBq.

b. Le 30 août vers midi, l'activité de cette même solution n'est plus que 4,00 MBq. Déterminer la date de fabrication de la solution.

CONSEILS

Calculez le rapport $\frac{A_0}{A(t)}$. Deux cas sont alors à distinguer :

- si le rapport vaut 2^n avec n entier, alors la durée recherchée est $t = nt_{1/2}$ car à chaque demi-vie qui s'écoule l'activité est divisée par 2 ;
- si le rapport ne vaut pas 2^n avec n entier, alors il faut utiliser la loi de décroissance radioactive $A(t) = A_0 e^{-\lambda t}$.

SOLUTION

a. Initialement, l'activité de la solution est $A_0 = 40,0$ MBq.

À la date t, elle vaut : $A(t) = 5,00$ MBq, c'est-à-dire que l'activité a été divisée par $8 = 2^3$ pendant le temps t. Sachant qu'à chaque demi-vie qui s'écoule l'activité est divisée par 2, la durée recherchée est alors :

$t = 3t_{1/2} = 3 \times 194 \text{ h} = 582 \text{ h} = 24$ jours et 6 h.

b. Cette fois $A(t) = 4,0$ MBq, c'est-à-dire que l'activité a été divisée par 10 pendant la durée t. Ce rapport de 10 n'est pas de la forme 2^n avec n entier, il n'est donc pas possible de procéder comme à la question précédente et il faut alors utiliser la loi de décroissance radioactive : $A(t) = A_0 e^{-\lambda t}$.

On peut extraire la durée t : $e^{-\lambda t} = \frac{A(t)}{A_0}$ donc $e^{\lambda t} = \frac{A_0}{A(t)}$ puis $\ln(e^{\lambda t}) = \ln\frac{A_0}{A(t)}$

soit $\lambda t = \ln\frac{A_0}{A(t)}$ et finalement : $t = \frac{1}{\lambda}\ln\frac{A_0}{A(t)}$.

La constante radioactive vaut : $\lambda = \frac{\ln 2}{t_{1/2}} = \frac{0,693}{194} = 3,57 \times 10^{-3}\,\text{h}^{-1}$.

On obtient alors : $t = \frac{1}{3,57 \times 10^{-3}}\ln\frac{40,0}{4,00} = 645$ h soit environ 27 jours.

La solution a été fabriquée le 3 août de la même année.

À NOTER

La méthode développée ici est générale et aurait aussi pu être utilisée pour la réponse à la question **a** mais il est inutile de faire des calculs compliqués lorsqu'on peut s'en passer.

MÉMO VISUEL

Noyaux stables et instables

Représentation d'un noyau atomique

Nombre de nucléons → $^{A}_{Z}X$ ← Symbole de l'élément

Nombre de protons → $^{A}_{Z}X$

Isotopes

Atomes de même Z mais n'ayant pas le même nombre $N = A - Z$ de neutrons.

Diagramme (N, Z)

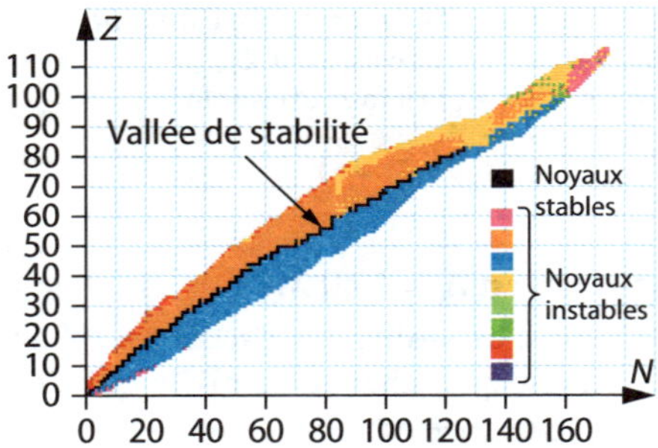

LES TRANSFORMATIONS

Les 4 radioactivités

Radioactivité α	Radioactivité β⁻	Radioactivité β⁺
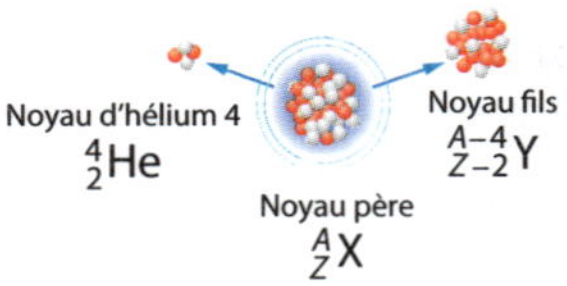 $^{A}_{Z}X \rightarrow \, ^{A-4}_{Z-2}Y + \, ^{4}_{2}He$	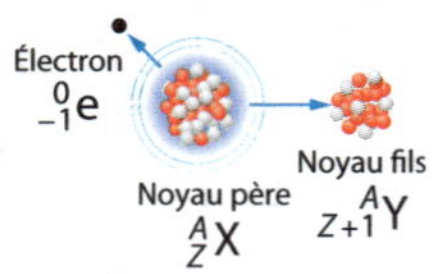 $^{A}_{Z}X \rightarrow \, ^{A}_{Z+1}Y + \, ^{0}_{-1}e$	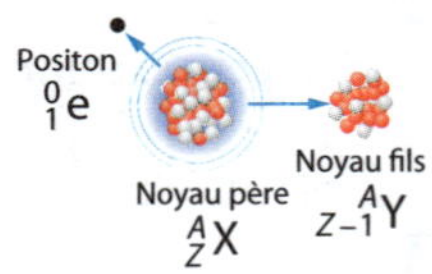 $^{A}_{Z}X \rightarrow \, ^{A}_{Z-1}Y + \, ^{0}_{1}e$

La **radioactivité γ** accompagne généralement les radioactivités α, β⁻ ou β⁺.

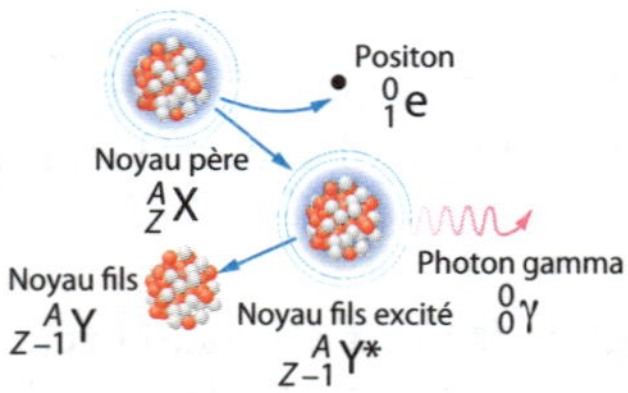

Exemple :
radioactivité β⁺ :
$^{A}_{Z}X \rightarrow \, ^{A}_{Z-1}Y^* + \, ^{0}_{1}e$
puis radioactivité γ :
$^{A}_{Z-1}Y^* \rightarrow \, ^{A}_{Z-1}Y + \, ^{0}_{0}\gamma$

NUCLÉAIRES

Décroissance radioactive

Activité A en becquerels (Bq) et nombre N de noyaux radioactifs

- $A(t) = \lambda N(t)$
avec λ constante de désintégration en s^{-1}
- **Loi de décroissance :**
$N(t) = N_0 e^{-\lambda t}$
ou $A(t) = A_0 e^{-\lambda t}$

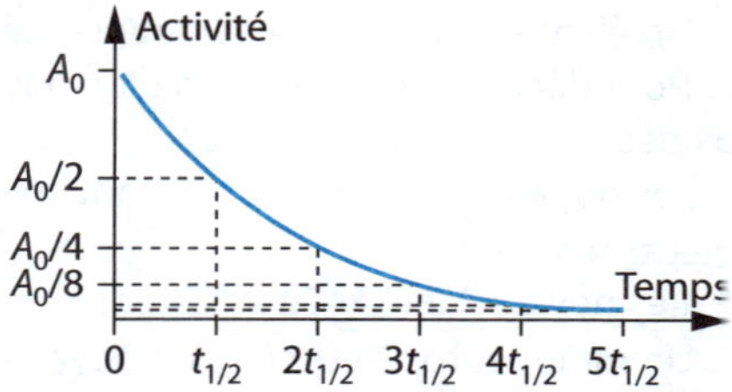

Demi-vie $t_{1/2}$ en secondes (s)

- Inversement proportionnelle à λ :

$$t_{1/2} = \frac{\ln 2}{\lambda}$$

- À chaque demi-vie écoulée, N et A **décroissent de 50 % :**

$$N(nt_{1/2}) = \frac{N_0}{2^n} \text{ et } A(nt_{1/2}) = \frac{A_0}{2^n}$$

Dangers et applications de la radioactivité

Radioprotection

- L'exposition **interne** est beaucoup plus nocive que l'exposition **externe**.
- **Règles de radioprotection :**
– s'éloigner des sources radioactives ou se placer derrière des écrans protecteurs ;
– réduire le temps d'exposition.
- Les **photons γ** sont très pénétrants, contrairement aux particules α et β.

Exemples d'applications

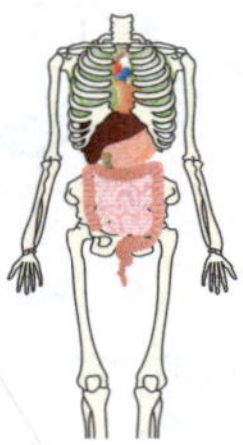

Médecine : radiodiagnostic

Archéologie : datation au carbone 14

SE TESTER QUIZ

Vérifiez que vous avez bien compris les points clés des **fiches 13 à 16**.

1 Noyaux atomiques et isotopes

→ FICHE 13

Parmi les affirmations suivantes, lesquelles sont vraies ?

☐ **a.** Un élément chimique est caractérisé par son numéro atomique A.

☐ **b.** Pour décrire la composition d'un noyau, il suffit de connaître deux des trois nombres A, Z et N.

☐ **c.** Les noyaux ${}^{64}_{28}\mathrm{Ni}$, ${}^{65}_{29}\mathrm{Cu}$ et ${}^{66}_{30}\mathrm{Zn}$ ont tous les trois le même nombre de neutrons.

☐ **d.** Les noyaux ${}^{64}_{28}\mathrm{Ni}$; ${}^{65}_{29}\mathrm{Cu}$; ${}^{66}_{30}\mathrm{Zn}$ sont isotopes.

☐ **e.** Un radio-isotope possède un noyau instable.

2 Radioactivité

→ FICHE 14

Parmi les affirmations suivantes, lesquelles sont vraies ?

☐ **a.** La particule β^+ est un positon.

☐ **b.** La particule α est un atome d'hélium 4.

☐ **c.** L'équation ${}^{40}_{19}\mathrm{K} \rightarrow {}^{40}_{20}\mathrm{Ca} + {}^{0}_{-1}\mathrm{e}$ symbolise la désintégration β^- du calcium 40.

☐ **d.** Au cours d'une désintégration radioactive, il y a toujours conservation du nombre de protons.

☐ **e.** Au cours d'une désintégration radioactive, il y a toujours conservation du nombre de nucléons.

3 Décroissance radioactive

→ FICHE 15

1. Une population de noyaux radioactifs décroît au cours du temps selon une loi :

☐ **a.** linéaire ☐ **b.** affine ☐ **c.** logarithmique ☐ **d.** exponentielle

2. La constante radioactive λ s'exprime en :

☐ **a.** s ☐ **b.** s^{-1} ☐ **c.** m ☐ **d.** m^{-1}

3. La demi-vie radioactive $t_{1/2}$ vaut :

☐ **a.** $\frac{\lambda}{2}$ ☐ **b.** $\frac{\ln\lambda}{2}$ ☐ **c.** $\frac{\ln 2}{\lambda}$ ☐ **d.** $\frac{\lambda}{\ln 2}$

4 Activité radioactive

→ FICHE 16

1. L'activité d'un échantillon radioactif s'exprime en :

☐ **a.** watts ☐ **b.** becquerels ☐ **c.** volts ☐ **d.** joules

2. L'activité A d'un échantillon contenant N noyaux radioactifs de constante radioactive λ vaut :

☐ **a.** λN ☐ **b.** $\frac{\lambda}{N}$ ☐ **c.** $\frac{N}{\lambda}$ ☐ **d.** Ne^{λ}

S'ENTRAÎNER

5 Isotopes du chrome

→ FICHE 13

Compléter le tableau ci-dessous pour décrire la composition des noyaux des quatre isotopes naturels stables du chrome Cr (numéro atomique 24).

Isotope	50	52	53	54
Symbole du noyau				
Nombre de protons				
Nombre de neutrons				
Nombre d'électrons				

6 Radium

→ FICHE 14

En décembre 1898, Pierre et Marie Curie découvraient un nouvel élément, qu'ils appelaient radium. Le radium 226 est radioactif α.

a. Donner le symbole et la composition du noyau de radium 226.

b. Quelle est la nature de la particule α ?

c. Écrire l'équation de désintégration du radium. Identifier le noyau fils.

Données :

Élément	radon	francium	radium	actinium	thorium
Symbole	Rn	Fr	Ra	Ac	Th
Z	86	87	88	89	90

7 Équations de désintégration

→ FICHE 14

a. Compléter chaque équation de désintégration radioactive et identifier le type de radioactivité.

$$^{15}_{\dots}\mathrm{O} \rightarrow {}^{15}_{7}\dots + {}^{\dots}_{\dots}\dots$$

$$^{20}_{9}\dots \rightarrow {}^{20}_{\dots}\mathrm{Ne} + \dots$$

$$^{\dots}_{\dots}\mathrm{Th} \rightarrow {}^{219}_{88}\mathrm{Ra} + {}^{4}_{2}\mathrm{He}$$

CONSEILS

a. Utilisez les lois de conservation et les données fournies.

b. Le radium 219 résultant de la désintégration du thorium est dans un état excité. Modéliser le processus de désexcitation par une équation.

Données :

Élément	azote	oxygène	fluor	néon
Symbole	N	O	F	Ne
Z	7	8	9	10

8 Diagramme (*N*, *Z*) et désintégrations radioactives

→ FICHES 13 et 14

a. Sur les diagrammes (*N*, *Z*) suivants sont schématisées des désintégrations radioactives d'un noyau père X en un noyau fils Y.

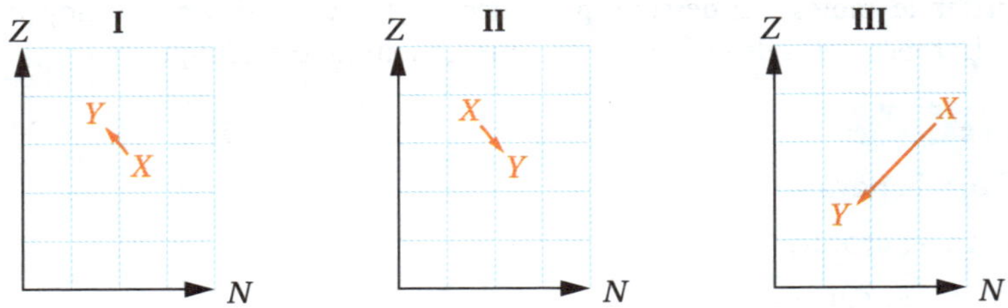

Identifier le type de radioactivité correspondant à chaque schéma. Justifier à l'aide d'une équation de désintégration.

CONSEILS

a. Comparez la composition du noyau fils à celle du noyau père.

b. Identifier le type de radioactivité vérifiant l'affirmation (1) : « Au cours de la désintégration, un proton se transforme en neutron. »

c. Identifier le type de radioactivité vérifiant l'affirmation (2) : « Au cours de la désintégration, un neutron se transforme en proton. »

d. Un neutron (n) se note-t-il ${}^{0}_{0}\text{n}$; ${}^{0}_{1}\text{n}$; ${}^{1}_{0}\text{n}$; ${}^{1}_{1}\text{n}$ ou bien ${}^{1}_{-1}\text{n}$?

Un proton (p) se note-t-il ${}^{0}_{0}p$; ${}^{0}_{1}p$; ${}^{1}_{0}p$; ${}^{1}_{1}p$ ou bien ${}^{1}_{-1}p$? Justifier.

e. Écrire les équations de réaction nucléaire modélisant respectivement les affirmations (1) et (2). Vérifier que les équations sont en conformité avec les réponses fournies aux questions **b** et **c**.

9 Césium 137

→ FICHES 14 et 16

Un échantillon de césium 137 (radio-isotope β^- de demi-vie $t_{1/2} = 30$ ans) est placé devant un compteur Geiger. Une feuille d'aluminium d'épaisseur *d* est intercalée entre la source radioactive et le compteur.

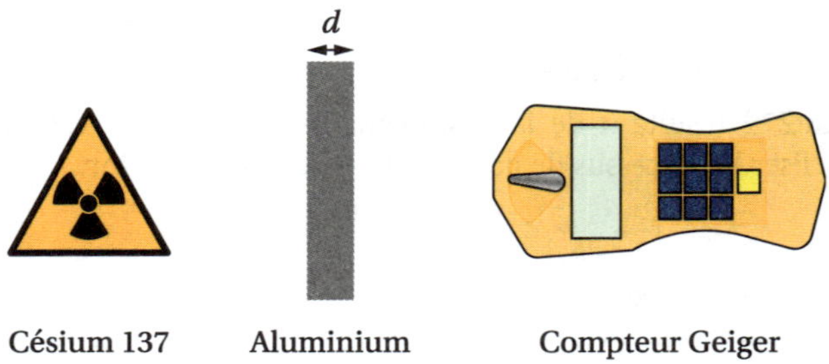

La mesure de la valeur moyenne du nombre C d'impulsions captées par le compteur en 15 s pour différentes épaisseurs d permet de tracer la courbe suivante :

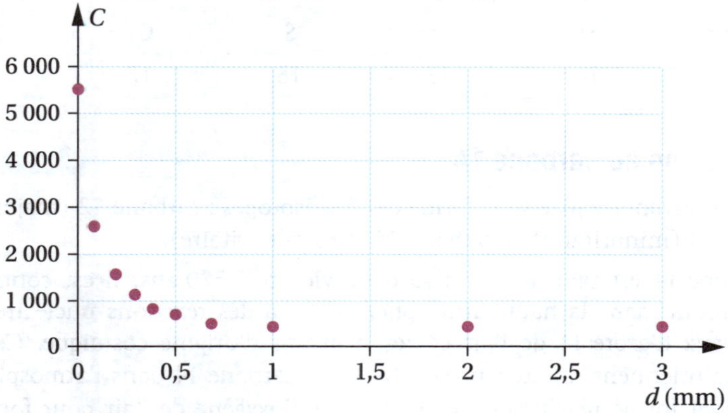

a. Écrire l'équation de désintégration du césium 137.

b. Indiquer si l'activité de la source évolue pendant la durée de l'expérience

c. Interpréter la courbe et expliquer pourquoi le comptage ne s'annule pas même pour plusieurs millimètres d'aluminium.

CONSEILS

c. Pensez aux différents types de radioactivité qui peuvent coexister.

Données :

Élément	iode	xénon	césium	baryum	lanthane
Symbole	I	Xe	Cs	Ba	La
Z	53	54	55	56	77

10 Soufre 30

→ FICHES 13 à 16

Le soufre 30 est radioactif β^+. Sa demi-vie est 180 s. On dispose d'un échantillon contenant $n_0 = 2,0$ µmol de soufre 30 à la date $t = 0$.

a. Donner le symbole et la composition du noyau de soufre 30.

b. Quelle est la nature de la particule β^+ ?

c. Écrire l'équation de désintégration. Identifier le noyau fils.

d. Indiquer la nature du rayonnement qui peut accompagner la radioactivité β^+.

e. Calculer la constante de désintégration du soufre 30.

f. Calculer l'activité initiale de l'échantillon.

g. Déterminer au bout de combien de temps l'échantillon ne contient plus que 0,10 µmol de soufre 30.

h. Comparer l'activité à cette date avec l'activité initiale.

Données : constante d'Avogadro : $N_A = 6{,}02 \times 10^{23}$ mol^{-1}.

Élément	silicium	phosphore	soufre	chlore	argon
Symbole	Si	P	S	Cl	Ar
Z	14	15	16	17	18

11 Datation au carbone 14

→ FICHES 14 à 16

L'élément carbone existe sous forme de trois isotopes : carbone 12 (majoritaire), carbone 13 (minoritaire) et carbone 14 (très minoritaire).

Le carbone 14 est radioactif β^- ; sa demi-vie est 5 570 ans. Il est continuellement produit dans la haute atmosphère grâce à des réactions nucléaires entre des noyaux d'azote 14 de l'air et des neutrons d'origine cosmique. Ces réactions maintiennent une teneur constante en carbone 14 dans l'atmosphère. Le carbone 14 formé réagit rapidement avec le dioxygène de l'air pour former du dioxyde de carbone CO_2.

Tous les organismes vivants échangent du dioxyde de carbone avec l'atmosphère, notamment par la respiration et l'alimentation. Ils fixent le carbone 14 dans leurs tissus jusqu'à leur mort, à une teneur égale à celle de l'atmosphère. L'activité pour un gramme d'élément carbone dans un organisme vivant est de 13,6 désintégrations par minute. Après la mort de l'organisme, l'absorption et le rejet de dioxyde de carbone s'arrêtent.

a. Écrire l'équation de désintégration radioactive du carbone 14.

b. L'interaction entre un noyau d'azote 14 et un neutron aboutit à la formation d'un noyau de carbone 14 selon une réaction nucléaire d'équation :

$$^{1}_{0}n + {}^{14}_{7}N \rightarrow {}^{14}_{6}C + {}^{A}_{Z}X$$

Identifier la particule $^{A}_{Z}X$.

c. En 1983 a été découverte l'épave d'un drakkar dans la vase du port de Roskilde (à l'ouest de Copenhague). Pour valider l'hypothèse d'une origine Viking de ce navire, une datation au carbone 14 est alors réalisée sur un échantillon de bois prélevé sur sa coque.

L'activité mesurée pour cet échantillon est 12,0 ± 0,1 désintégrations par minute et par gramme de carbone.

Exprimer puis calculer la durée t séparant la date de fabrication du bateau et la date de la découverte de son épave.

> **CONSEILS**
> **c.** Prenez en compte l'incertitude sur la valeur de l'activité.

d. La période Viking s'étend du VIIIe au XIe siècle. La valeur de t calculée précédemment est-elle conforme à l'hypothèse d'une origine Viking du navire ?

Données :

Élément	béryllium	bore	carbone	azote	oxygène
Symbole	Be	B	C	N	O
Z	4	5	6	7	8

12 Radium et radon

→ FICHES 13 à 16

Cet exercice comporte dix affirmations indépendantes relatives à quelques isotopes du radium et du radon. À chaque affirmation, répondre par vrai ou faux, en argumentant à l'aide de définitions, de calculs, d'équations…

a. *Affirmation* : Le noyau de radium 228 est noté $^{228}_{88}Ra$.

b. *Affirmation* : Le noyau noté $^{228}_{88}Ra$ est composé de 88 neutrons et 140 protons.

c. *Affirmation* : La particule α est composée de 2 protons, 2 neutrons et 2 électrons.

d. *Affirmation* : Les particules α et β^- portent des charges électriques de signes opposés et de même valeur absolue.

e. Le radium $^{226}_{88}Ra$ se désintègre spontanément en émettant une particule α. Le noyau fils qui en résulte est le radon $^{222}_{86}Rn$.

Affirmation : Le radium $^{226}_{88}Ra$ et le radon $^{222}_{86}Rn$ sont isotopes.

f. Le radium 228 est radioactif β^-.

Affirmation : Le noyau fils résultant de la désintégration du radium 228 est un isotope du francium.

g. La demi-vie du radon $^{222}_{86}Rn$ est 3,8 jours.

Affirmation : Au bout de 11,4 jours, le pourcentage de noyaux de radon $^{222}_{86}Rn$ restant, par rapport à la population initiale, est de 12,5 %.

h. Par une succession de plusieurs désintégrations α et β^- le noyau d'uranium $^{238}_{92}U$ donne naissance au noyau de radium $^{226}_{88}Ra$.

Affirmation : Au cours de cette succession de désintégrations, trois particules α et deux particules β^- sont émises.

CONSEILS

h. Écrivez l'équation de transformation de l'uranium 238 en radium 226 avec des inconnues représentant les nombres de particules émises, puis utilisez les lois de conservation pour déterminer la valeur de ces inconnues.

i. Un échantillon de radium 226 a une activité de $6{,}0 \times 10^5$ Bq.

Affirmation : $3{,}6 \times 10^7$ noyaux de radium $^{226}_{88}Ra$ se désintègrent en une minute.

j. Le radon est un gaz dans les conditions ordinaires de température et de pression. La teneur en radon $^{222}_{86}Rn$ dans les gaz d'un sol a été déterminée en mesurant une activité de $3{,}75 \times 10^3$ Bq par m^3 de gaz prélevé. La constante de désintégration du radon $^{222}_{86}Rn$ est $2{,}10 \times 10^{-6}$ s^{-1}.

Affirmation : La quantité de matière en radon $^{222}_{86}Rn$ dans 1 m^3 de gaz du sol considéré est d'environ 3×10^{-15} mol.

Données : constante d'Avogadro : $N_A = 6{,}02 \times 10^{23}$ mol^{-1}.

Élément	radon	francium	radium	actinium	thorium
Symbole	Rn	Fr	Ra	Ac	Th
Z	86	87	88	89	90

OBJECTIF BAC

13 Tomographie par émission de positons

60 min

Ce sujet s'intéresse aux critères de choix du fluor 18 pour une tomographie par émissions de positons. C'est notamment l'occasion d'utiliser les notions de demi-vie et d'activité, ainsi que la loi de décroissance radioactive.

LE SUJET

La tomographie par émission de positons (TEP) est l'une des techniques d'imagerie médicale les plus performantes disponibles actuellement.

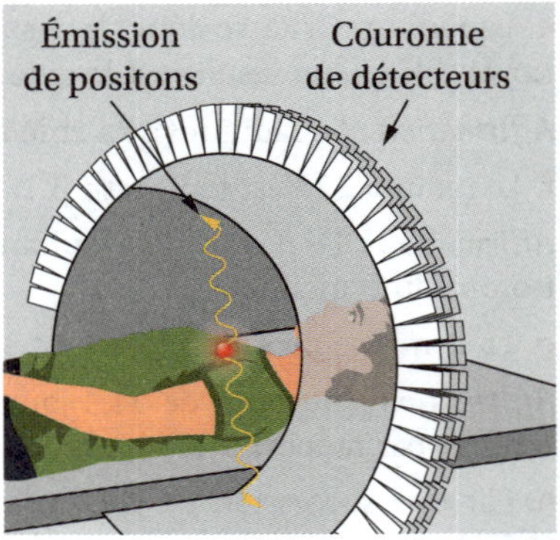

Un produit radiopharmaceutique, contenant des molécules marquées par un atome émetteur β^+, est injecté au patient. Le positon émis par ce radio-isotope s'annihile avec un électron des tissus du patient en produisant deux photons gamma émis dans des directions opposées.

Des capteurs situés tout autour du patient permettent alors d'obtenir une image médicale en trois dimensions fournissant des informations supplémentaires par rapport à d'autres imageries (échographie, scanner ou IRM).

Le fluor 18 ($^{18}_{9}F$) est l'un des isotopes radioactifs β^+ utilisés pour le diagnostic par TEP. Sa demi-vie vaut 109,8 min.

Document **Déroulé d'un examen d'imagerie TEP**

Suivons l'itinéraire d'un patient qui a rendez-vous à 9 h dans un service de médecine nucléaire pour un examen d'imagerie TEP.

8 h 45 – Il arrive à jeun dans le service.

9 h – Le manipulateur pose une perfusion de 250 mL de sérum physiologique dans une veine du bras et injecte, *via* la perfusion, 1,0 mL d'une solution du produit radiopharmaceutique : le fluorodésoxyglucose (^{18}F), plus commodément appelé ^{18}FDG. L'activité, par unité de masse corporelle, à injecter au patient est de 7,0 $MBq \cdot kg^{-1}$. La solution de ^{18}FDG a donc été préparée en conséquence.

Le patient reste en position couchée pendant environ une heure pour que le produit se répartisse dans tout l'organisme.

10 h 15 – La perfusion est retirée. Le patient va uriner afin d'éviter toute erreur d'interprétation au niveau du bassin car la vessie, comme le cœur, les muscles et le cerveau fixent naturellement le glucose (donc le ^{18}FDG).

10 h 30 – Le patient s'allonge sur la table de la caméra TEP. La durée d'acquisition des images est d'environ 45 min.

11 h 15 – L'examen est terminé. Les images sont transmises au médecin. Le patient doit ensuite boire abondamment pour accélérer l'élimination du produit radiopharmaceutique. Il peut reprendre ses activités normalement. Cependant jusqu'au soir, il évitera le contact avec les enfants en bas âge.

a. Écrire l'équation de désintégration radioactive du fluor 18.
Identifier le noyau fils.

b. Les radio-isotopes d'intérêt médical sont toujours choisis parmi ceux qui ont une demi-vie courte. Pourtant, le fluor 18 est plus approprié que le soufre 30 (radio-isotope β^+ de demi-vie 3 min). Proposer une explication argumentée.

c. Le noyau fils identifié à la question **a** est un isotope stable. Expliquer pourquoi c'est un critère de choix déterminant du fluor 18 pour l'imagerie TEP.

d. Déterminer la quantité de matière de ^{18}FDG à injecter à un patient de 70 kg.

e. La préparation de la solution de ^{18}FDG est effectuée environ deux heures avant l'injection au patient. En déduire une valeur approchée de la concentration en quantité de matière de la solution de ^{18}FDG au moment de sa préparation.

f. On considère que l'activité du produit radiopharmaceutique devient négligeable lorsqu'elle est inférieure au centième de l'activité au moment de l'injection. Déterminer la durée à laquelle cela correspond dans le cas d'un produit marqué au fluor 18.

g. Indiquer, en argumentant, si l'irradiation du patient est constante pendant la durée calculée précédemment.

h. Expliquer pourquoi le patient doit éviter jusqu'au soir le contact avec les enfants en bas âge.

Données : constante d'Avogadro : $N_A = 6{,}02 \times 10^{23}$ mol^{-1}

Élément	azote	oxygène	fluor	néon	sodium
Symbole	N	O	F	Ne	Na
Z	7	8	9	10	11

▶▶▶ LA FEUILLE DE ROUTE

a. Écrire une équation de désintégration radioactive → FICHES 13 et 14
Mobilisez vos connaissances relatives au symbole d'un noyau et à la particule β^+. Utilisez les lois de conservation et les données fournies en fin de sujet.

b. Extraire et analyser des informations → FICHE 15
Utilisez la définition de la demi-vie.

c. Analyser/raisonner → FICHES 13 et 14
Interrogez-vous sur la conséquence pour le patient si le noyau fils était instable.

d. Calculer une quantité de matière à partir d'une activité radioactive → FICHE 16

Extrayez l'information utile du document pour calculer la valeur de l'activité à injecter au patient.

Utilisez la relation entre activité et nombre de noyaux radioactifs, en déterminant au préalable la constante de désintégration à partir de la valeur de la demi-vie.

Déterminez la quantité de matière en utilisant la constante d'Avogadro.

e. Utiliser la notion de demi-vie et calculer une concentration → FICHE 15

Comparez la durée entre la préparation de la solution et son injection au patient avec la demi-vie du fluor 18 pour en déduire une valeur approchée de la quantité de matière de ^{18}FDG contenue dans la solution au moment de sa préparation.

Extrayez une information utile du document pour déterminer la concentration recherchée.

f. et g. Utiliser la loi de décroissance radioactive

Reportez-vous au cours de la → FICHE 15.

Appuyez-vous sur la méthode de la → FICHE 16.

h. Connaître les règles de radioprotection

Reportez-vous au cours de la → FICHE 16.

CORRIGÉS

SE TESTER QUIZ

1 Noyaux atomiques et isotopes

Réponses b, c et e.

L'affirmation **a** est fausse car un élément chimique est caractérisé par son numéro atomique *Z*. Par exemple, l'hydrogène H : $Z = 1$; ou le carbone C : $Z = 6$.

L'affirmation **b** est vraie car *A*, *Z* et *N* sont liés par la relation $A = Z + N$.

L'affirmation **c** est vraie car les noyaux $^{64}_{28}$Ni, $^{65}_{29}$Cu et $^{66}_{30}$Zn ont tous 36 neutrons.

L'affirmation **d** est fausse : les noyaux $^{64}_{28}$Ni, $^{65}_{29}$Cu et $^{66}_{30}$Zn ne sont pas des isotopes puisqu'ils n'ont pas le même nombre *Z* de protons.

L'affirmation **e** est vraie : un radio-isotope, c'est-à-dire un isotope radioactif possède un noyau instable

2 Radioactivité

Réponses a et e.

L'affirmation **a** est vraie : une particule β^+ est un positon de symbole $^{0}_{1}$e.

L'affirmation **b** est fausse car une particule α n'est pas un atome d'hélium 4 mais un noyau d'hélium 4 de symbole $^{4}_{2}$He.

L'affirmation **c** est fausse car l'équation ${}^{40}_{19}K \rightarrow {}^{40}_{20}Ca + {}^{0}_{-1}e$ symbolise la désintégration β^- du potassium 40 (${}^{40}_{19}K$) et non celle du calcium 40.
L'affirmation **d** est fausse car au cours d'une désintégration, la charge électrique se conserve toujours mais pas nécessairement le nombre de protons. Ainsi dans l'exemple précédent de la désintégration du potassium 40, la charge électrique se conserve (19 = 20 − 1) mais le nombre de protons passe de 19 à 20.
L'affirmation **e** est vraie : il y a toujours conservation du nombre de nucléons.

3 Décroissance radioactive

1. Réponse d. Une population de noyaux radioactifs suit une loi exponentielle décroissante du type :
$N(t) = N_0 e^{-\lambda t}$.

2. Réponse b. La constante radioactive λ est l'inverse d'un temps, elle s'exprime en s^{-1} (ou éventuellement en min^{-1}, h^{-1}, $jour^{-1}$, an^{-1}).

3. Réponse c. La demi-vie radioactive $t_{1/2}$ est un temps inversement proportionnel à la constante radioactive :

$$t_{1/2} = \frac{\ln 2}{\lambda}.$$

4 Activité radioactive

1. Réponse b. L'activité d'un échantillon radioactif s'exprime en becquerels (Bq).

2. Réponse a. L'activité est proportionnelle au nombre de noyaux : $A = \lambda N$.

S'ENTRAÎNER

5 Isotopes du chrome

Pour compléter le tableau, il faut utiliser la valeur de $Z = 24$ et celle de A (correspondant au nom de l'isotope). Par exemple, le noyau de chrome 50 a pour symbole ${}^{50}_{24}Cr$; il est constitué de 24 protons et 50 − 24 = 26 neutrons.

À NOTER
Il n'y a pas d'électrons dans le noyau, mais autour du noyau.

Isotope	50	52	53	54
Symbole du noyau	${}^{50}_{24}Cr$	${}^{52}_{24}Cr$	${}^{53}_{24}Cr$	${}^{54}_{24}Cr$
Nombre de protons	24	24	24	24
Nombre de neutrons	26	28	29	30
Nombre d'électrons	0	0	0	0

6 Radium

a. Le noyau de radium 226 de symbole ${}^{226}_{88}Ra$ est constitué de $Z = 88$ protons et $N = 226 - 88 = 138$ neutrons.
b. La particule α est un noyau d'hélium de symbole ${}^{4}_{2}He$.
c. L'équation de désintégration du radium 226 s'écrit ${}^{226}_{88}Ra \rightarrow {}^{4}_{2}He + {}^{222}_{86}Rn$.

Le noyau fils est le radon 222 de symbole ${}^{222}_{86}Rn$.

7 Équations de désintégration

a. Les lois de conservation de A et Z permettent de compléter les équations. Pour identifier le type de radioactivité, il faut reconnaître la particule émise.

Équation	${}^{15}_{8}O \rightarrow {}^{15}_{7}N + {}^{0}_{1}e$	${}^{20}_{9}F \rightarrow {}^{20}_{10}Ne + {}^{0}_{-1}e$	${}^{223}_{90}Th \rightarrow {}^{219}_{88}Ra + {}^{4}_{2}He$
Particule émise	positon	électron	noyau d'hélium 4
Radioactivité	β^+	β^-	α

b. En se désexcitant, le noyau de radium 219 émet un photon très énergétique, on parle de radioactivité gamma :

$${}^{219}_{88}Ra^* \rightarrow {}^{219}_{88}Ra + {}^{0}_{0}\gamma$$

8 Diagramme (N, Z) et désintégrations radioactives

a.

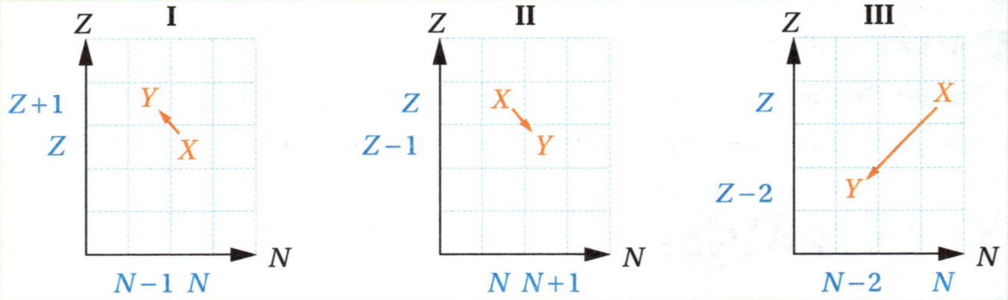

I : Le noyau fils Y est composé d'un proton de plus et d'un neutron de moins que le noyau père X donc le nombre A de nucléons est identique dans les deux noyaux. Il s'agit d'une radioactivité β^- : ${}^{A}_{Z}X \rightarrow {}^{A}_{Z+1}Y + {}^{0}_{-1}e$.

II : Le noyau fils Y est composé d'un neutron de plus et d'un proton de moins que le noyau père X donc le nombre A de nucléons est identique dans les deux noyaux. Il s'agit d'une radioactivité β^+ : ${}^{A}_{Z}X \rightarrow {}^{A}_{Z-1}Y + {}^{0}_{1}e$.

III : Le noyau fils Y est composé de deux protons et deux neutrons de moins que le noyau père X donc Y contient quatre nucléons de moins. Il s'agit d'une radioactivité α : ${}^{A}_{Z}X \rightarrow {}^{A-4}_{Z-2}Y + {}^{4}_{2}He$.

b. Au cours d'une désintégration β^+, un proton disparaît et un neutron est créé. Cela correspond à l'affirmation (1) : « Au cours de la désintégration, un proton se transforme en neutron. »

c. Au cours d'une désintégration β^-, un neutron disparaît et un proton est créé. Cela correspond à l'affirmation (2) : « Au cours de la désintégration, un neutron se transforme en proton. »

d. Un neutron est un nucléon ($A = 1$) qui ne porte pas de charge ($Z = 0$) donc il se note ${}^{1}_{0}n$. Un proton est un nucléon ($A = 1$) qui porte une charge positive ($Z = 1$) donc il se note ${}^{1}_{1}p$.

e. L'affirmation (1) : « ... un proton se transforme en neutron » peut se modéliser par l'équation : ${}^{1}_{1}\mathrm{p} \rightarrow {}^{1}_{0}\mathrm{n} + {}^{0}_{1}\mathrm{e}$. La conservation de A et Z impose la création d'un positon ${}^{0}_{1}\mathrm{e}$. Il s'agit bien d'une émission β^+.
L'affirmation (2) : « ... un neutron se transforme en proton » peut se modéliser par l'équation : ${}^{1}_{0}\mathrm{n} \rightarrow {}^{1}_{1}\mathrm{p} + {}^{0}_{-1}\mathrm{e}$. La conservation de A et Z impose la création d'un électron ${}^{0}_{-1}\mathrm{e}$. Il s'agit bien d'une émission β^-.

9 Césium 137

a. ${}^{137}_{55}\mathrm{Cs} \rightarrow {}^{137}_{56}\mathrm{Ba} + {}^{0}_{-1}\mathrm{e}$. Le noyau fils est le baryum 137.
b. La durée de l'expérience est totalement négligeable devant la valeur de la demi-vie (30 ans) donc on peut considérer que l'activité de la source est constante
c. On constate que l'aluminium absorbe d'autant plus les électrons (particules β^-) que son épaisseur est importante. Mais au-delà d'un millimètre d'épaisseur, le comptage reste constant et non nul. En effet l'aluminium absorbe les électrons mais pas les photons γ qui accompagnent les particules β^-.

À NOTER
c. Pour se protéger des radiations γ, il faut un matériau plus dense que l'aluminium : un écran de plusieurs centimètres de plomb ou un matériau contenant du plomb (béton, verre...) est généralement nécessaire.

10 Soufre 30

a. Le noyau de soufre 30, noté ${}^{30}_{16}\mathrm{S}$, est composé de 16 protons et 14 neutrons.
b. La particule β^+ est un positon ${}^{0}_{1}\mathrm{e}$.
c. L'équation de désintégration est :

$${}^{30}_{16}\mathrm{S} \rightarrow {}^{30}_{15}\mathrm{P} + {}^{0}_{1}\mathrm{e}$$

Le noyau fils résultant de la désintégration du soufre 30 est le phosphore 30.
d. La radioactivité β^+ est accompagnée d'une radioactivité γ (émission d'un rayonnement électromagnétique très énergétique) résultant de la désexcitation du noyau fils.
e. La constante de désintégration est :
$\lambda = \dfrac{\ln 2}{t_{1/2}} = \dfrac{0{,}693}{180} = 3{,}85 \times 10^{-3}\ \mathrm{s}^{-1}$.
f. Le nombre initial de noyau est :
$N_0 = n_0 \times N_A = 2{,}0 \times 10^{-6} \times 6{,}02 \times 10^{23} = 1{,}2 \times 10^{18}$ (2 chiffres significatifs).
donc l'activité initiale est :
$A_0 = \lambda \times N_0 = 3{,}85 \times 10^{-3} \times 1{,}2 \times 10^{18} = 4{,}6 \times 10^{15}$ Bq (2 chiffres significatifs).
g. La durée t est : $t = \dfrac{1}{\lambda}\ln\dfrac{N_0}{N(t)} = \dfrac{1}{\lambda}\ln\dfrac{n_0}{n(t)} = \dfrac{1}{3{,}85 \times 10^{-3}}\ln\dfrac{2{,}0}{0{,}10} = 780$ s soit 13 min.

CONSEILS
g. Reportez-vous à la méthode de la → FICHE 16.

h. Le nombre de noyaux est divisé par 20 donc l'activité, qui est proportionnelle à ce nombre de noyaux, est aussi divisée par 20.

11 Datation au carbone 14

a. Le carbone 14 est radioactif β^- donc il se désintègre en émettant un électron. En respectant la conservation du nombre de nucléons et de la charge, l'équation de désintégration s'écrit : ${}^{14}_{6}C \rightarrow {}^{14}_{7}N + {}^{0}_{-1}e$. Le noyau fils est de l'azote 14.

b. Les lois de conservation appliquées à l'équation ${}^{1}_{0}n + {}^{14}_{7}N \rightarrow {}^{14}_{6}C + {}^{A}_{Z}X$ imposent : $A = 1$ et $Z = 1$. La particule ${}^{A}_{Z}X$ est donc un proton ${}^{1}_{1}p$ ou ${}^{1}_{1}H$.

c. L'activité initiale (à l'instant de l'abattage de l'arbre qui a servi à la fabrication du navire) est $A_0 = 13{,}6$ désintégrations par minute.

Après l'abattage, c'est-à-dire la mort de l'arbre, l'activité décroît puisqu'il n'y a plus d'échange de carbone avec l'atmosphère.

Au moment de la découverte de l'épave en 1983, l'activité est :

$A(t) = 12{,}0 \pm 0{,}1$ désintégrations par minute et par gramme, c'est-à-dire que $A(t)$ est comprise en 11,9 et 12,1 désintégrations par minute et par gramme.

La loi de décroissance radioactive permet d'exprimer la durée t → FICHE 15 :

$$t = \frac{1}{\lambda}\ln\frac{A_0}{A(t)} \text{ avec } \lambda = \frac{\ln 2}{t_{1/2}} = \frac{0{,}693}{5\,570} = 1{,}24 \times 10^{-4}\ \text{an}^{-1}.$$

On obtient alors : $\frac{1}{1{,}24 \times 10^{-4}}\ln\frac{13{,}6}{12{,}1} < t < \frac{1}{1{,}24 \times 10^{-4}}\ln\frac{13{,}6}{11{,}9}$

soit 940 ans $< t <$ 1 080 ans.

d. Découvert en 1983, ce bateau a donc été construit entre les années 903 et 1043. Cette période est compatible avec l'époque des Vikings (du VIIIe au XIe siècle).

12 Radium et radon

a. Vrai. Le noyau de radium 228 est composé de 228 nucléons ($A = 228$) et son numéro atomique est $Z = 88$ donc il se note ${}^{228}_{88}Ra$.

b. Faux. Le noyau de radium ${}^{228}_{88}Ra$ est composé de $Z = 88$ protons et d'un nombre $N = A - Z = 228 - 88 = 140$ neutrons, et pas l'inverse.

c. Faux. La particule α est un noyau d'hélium ${}^{4}_{2}He$ composé uniquement de 2 protons et 2 neutrons. Il n'y a pas d'électrons dans un noyau atomique.

d. Faux. La particule α est un noyau d'hélium ${}^{4}_{2}He$ donc elle porte deux charges élémentaires positives (due aux deux protons) tandis que la particule β^- est un électron portant une charge élémentaire négative.

e. Faux. Des isotopes sont des atomes d'un même élément chimique (même valeur de Z) n'ayant pas le même nombre de neutrons. Or, ce n'est pas le cas de ${}^{226}_{88}Ra$ et ${}^{226}_{86}Rn$.

f. Faux. L'équation de désintégration β^- du radium 228 est :

$${}^{228}_{88}Ra \rightarrow {}^{228}_{89}Ac + {}^{0}_{-1}e$$

donc le noyau fils est l'actinium 228.

g. Vrai. En une demi-vie, le nombre de noyaux radioactifs est divisé par deux.

Or, $t = 11{,}4$ jours $= 3 \times 3{,}8$ jours $= 3t_{1/2}$ donc $N(t) = \frac{N_0}{2^3}$ soit $\frac{N(t)}{N_0} = \frac{1}{8} = 12{,}5\ \%$.

h. Vrai. Le bilan des désintégrations successives menant de l'uranium 238 au radium 226 en émettant x particules α et y particules β^- se modélise par :

$${}^{238}_{92}U \rightarrow {}^{226}_{88}Ra + x\,{}^{4}_{2}He + y\,{}^{0}_{-1}e$$

La conservation du nombre de nucléons s'écrit : $238 = 226 + 4x$ soit $x = 3$.
La conservation de la charge s'écrit : $92 = 88 + 2x - y$ soit $y = 2$.
Le bilan s'écrit finalement :

$$^{238}_{92}\text{U} \rightarrow {}^{226}_{88}\text{Ra} + 3\,^{4}_{2}\text{He} + 2\,^{0}_{-1}\text{e}$$

i. Vrai. Un becquerel est une désintégration par seconde, c'est-à-dire 60 désintégrations par minute.
Une activité de $6{,}0 \times 10^5$ Bq correspond donc à $6{,}0 \times 10^5 \times 60 = 3{,}6 \times 10^7$ désintégrations par minute.

j. Vrai. Le nombre de noyaux radioactifs dans 1 m³ est :
$N(t) = \dfrac{A(t)}{\lambda} = \dfrac{3{,}75 \times 10^3}{2{,}10 \times 10^{-6}} = 1{,}79 \times 10^9$. La quantité de matière correspondante est : $n(t) = \dfrac{N(t)}{N_A} = \dfrac{1{,}79 \times 10^9}{6{,}02 \times 10^{23}} = 2{,}97 \times 10^{-15}$ mol soit environ 3×10^{-15} mol.

OBJECTIF BAC

13 Tomographie par émission de positons

a. Le fluor 18 se désintègre en émettant un positon : $^{18}_{9}\text{F} \rightarrow {}^{18}_{8}\text{O} + {}^{0}_{1}\text{e}$. Le noyau fils est l'oxygène 18.

b. Un radio-isotope utilisé à des fins médicales est administré dans l'organisme du patient. Il est donc impératif, pour des raisons évidentes de santé, que sa demi-vie soit suffisamment courte pour que le patient ne soit pas exposé aux radiations pendant une trop longue période. Cependant, comme l'explique le document, plusieurs heures sont nécessaires à la mise en œuvre de la tomographie, sans compter le temps de préparation préalable du produit. Avec sa demi-vie d'environ 2 heures, le fluor est donc parfaitement adapté à ces impératifs horaires ; ce ne serait pas le cas avec le soufre 30 dont la demi-vie n'est que de 3 min.

c. Si le noyau fils (oxygène 18) était lui-même radioactif, il constituerait une deuxième source d'irradiation dans le corps du patient et cela aurait pour conséquence d'accroître la dose reçue et donc les risques pour la santé. Par ailleurs, l'interprétation de l'image obtenue par cette technique serait impactée.

d. L'activité, par unité de masse corporelle, à injecter au patient est de $7{,}0\ \text{MBq} \cdot \text{kg}^{-1}$ (mégabecquerels par kilogramme). Pour un patient de 70 kg, l'activité à injecter est donc $A = 70 \times 7{,}0 = 490\ \text{MBq} = 4{,}9 \times 10^8$ Bq.
L'activité A et le nombre N de molécules de ^{18}FDG injectées sont liées par la relation de proportionnalité : $A = \lambda N$.
La demi-vie du fluor 18 vaut $t_{1/2} = 109{,}8$ min $= 6\,588$ s donc la constante de désintégration est : $\lambda = \dfrac{\ln 2}{t_{1/2}} = \dfrac{0{,}6931}{6\,588} = 1{,}052 \times 10^{-4}\,\text{s}^{-1}$. Le nombre N de molécules de ^{18}FDG injectées est alors : $N(t) = \dfrac{A(t)}{\lambda} = \dfrac{4{,}9 \times 10^8}{1{,}0521 \times 10^{-4}} = 4{,}7 \times 10^{12}$.
La quantité de matière correspondante est : $n = \dfrac{N}{N_A} = \dfrac{4{,}7 \times 10^{12}}{6{,}02 \times 10^{23}} = 7{,}8 \times 10^{-12}$ mol.

e. La solution a été préparée environ deux heures avant l'injection. Or la demi-vie du fluor 18 est d'environ 2 h (109,8 min = 1,83 h) donc la quantité de matière initiale de ^{18}FDG au moment de sa préparation était à peu près le double de celle injectée au patient, soit environ $n_0 = 2 \times 7{,}8 \times 10^{-12}$ mol $= 15{,}6 \times 10^{-12}$ mol. Le volume de solution injectée étant de 1,0 mL = $1{,}0 \times 10^{-3}$ L, la concentration initiale en ^{18}FDG était donc environ $C_0 = \dfrac{n_0}{V} = \dfrac{15{,}6 \times 10^{-12}}{1{,}0 \times 10^{-3}} = 1{,}6 \times 10^{-8}\ \text{mol}\cdot\text{L}^{-1}$.

f. On recherche la durée t telle que $\dfrac{A_0}{A(t)} = 100$. La loi de décroissance radioactive conduit à $t = \dfrac{1}{\lambda}\ln\dfrac{A_0}{A(t)}$ avec : $\lambda = \dfrac{\ln 2}{t_{1/2}} = \dfrac{\ln 2}{109{,}8} = 6{,}313 \times 10^{-3}\ \text{min}^{-1}$.

On obtient : $t = \dfrac{1}{6{,}313 \times 10^{-3}}\ln 100 = 729{,}5$ min soit environ 12 heures.

CONSEILS

f. Reportez-vous à la méthode de la → FICHE 16.

g. Selon la loi de décroissance radioactive, l'activité du produit radiopharmaceutique diminue puisque le fluor 18 se désintègre. L'irradiation du patient est donc maximale juste après l'injection puis elle décroît jusqu'à devenir négligeable au bout de 12 heures.

h. Pendant une douzaine d'heures, le patient reste radioactif et émet donc des photons gamma (qui ne sont pas arrêtés par le corps). Ces photons gamma pourraient induire des effets néfastes pour la santé chez les enfants en bas âge s'ils y étaient exposés. Les jeunes enfants sont en effet plus sensibles aux rayonnements ionisants que les adultes. C'est donc une mesure de précaution pour que le patient que se tienne éloigné des enfants jusqu'au soir.

5 Sens d'évolution d'un système oxydant-réducteur

Lentement, la carrosserie de cette voiture est en train de **rouiller**. Cette transformation de la matière est une oxydo-réduction. Serait-il possible de « renverser » ce processus ?

17 Quotient de réaction et critère d'évolution spontanée

En bref *Les transformations chimiques ne sont pas toujours totales et peuvent donc se faire dans les deux sens. L'évolution d'un système est liée à la notion d'équilibre.*

I Équilibre dynamique et quotient de réaction

■ Le **taux d'avancement final** τ d'une transformation est défini par : $\tau = \frac{x_f}{x_m}$

avec τ sans unité et souvent exprimé en % ; x_f l'avancement final et x_m l'avancement maximal.

- si $\tau = 1$: transformation **totale** ;
- si $\tau < 1$: transformation **non totale** (limitée).

■ Une transformation n'est pas totale si elle peut se faire dans les deux sens : direct (lecture de gauche à droite dans l'équation de réaction) et indirect (de droite à gauche). L'état final est atteint lorsque la formation des produits se fait à la même vitesse que leur consommation. On parle d'**équilibre dynamique** et cela se traduit par la double flèche de réaction : $\rightleftarrows$.

■ Soit un système chimique subissant une transformation modélisée par :

$$a\,A_{(aq)} + b\,B_{(aq)} \rightleftarrows c\,C_{(aq)} + d\,D_{(aq)}.$$

Le **quotient de réaction** est défini par : $Q_r = \frac{[C]^c \times [D]^d}{[A]^a \times [B]^b}$

avec Q_r nombre sans unité ; [X] concentration en quantité de matière de l'espèce X (nombre sans unité, égal à la concentration de X en $mol \cdot L^{-1}$). Si X est un solide ou le solvant H_2O, il n'apparaît pas dans le calcul du quotient de réaction Q_r.

II Constante d'équilibre et critère d'évolution spontanée d'un système

■ Soit une transformation chimique et son équation de réaction à laquelle on associe une **constante d'équilibre**, grandeur sans unité, notée K.

À NOTER
Pour l'équation considérée, la constante d'équilibre K ne dépend que de la température.

■ Quand un système est à l'équilibre (les quantités de matière des espèces n'évoluent plus), le quotient de réaction est égal à la constante d'équilibre :

- **à l'équilibre** : $Q_r = K$;
- **en dehors de l'équilibre** : $Q_r \neq K$.

■ Si un système chimique est hors d'équilibre dans le cas d'une transformation non totale avec tous les réactifs et tous les produits présents à l'état initial, le **critère d'évolution spontanée** permet de prévoir, selon la valeur du quotient de réaction initial, dans quel sens se fera effectivement la transformation :

- si $Q_{ri} < K$: évolution en **sens direct** ;
- si $Q_{ri} > K$: évolution en **sens indirect**.

Méthode

1 Déterminer si une transformation est totale ou non

Soit une transformation dont on connaît l'avancement final $x_f = 2{,}0 \times 10^{-2}$ mol et l'avancement maximal $x_m = 3{,}00 \times 10^{-2}$ mol. Le réactif limitant sera-t-il totalement consommé à l'état final ?

CONSEILS
Calculez le taux d'avancement final.

SOLUTION

On a : $\tau = \frac{x_f}{x_m} = \frac{2{,}0 \times 10^{-2}}{3{,}00 \times 10^{-2}} = 0{,}67 = 67\,\% < 100\,\%$.

La transformation n'est pas totale : le réactif limitant sera présent à l'état final.

2 Prévoir le sens d'évolution d'un système chimique

Soit l'équilibre : $Ag^+_{(aq)} + 2\,NH_{3(aq)} \rightleftarrows Ag(NH_3)^+_{2\,(aq)}$ avec $K = 8{,}13 \times 10^3$.
On considère le système chimique constitué à l'état initial des espèces ci-dessous, en solution aqueuse de volume $V = 250$ mL.

Espèces	$Ag^+_{(aq)}$	$NH_{3\,(aq)}$	$Ag(NH_3)^+_{2\,(aq)}$
Quantité de matière	$5{,}00 \times 10^{-3}$ mol	$2{,}00 \times 10^{-3}$ mol	$4{,}00 \times 10^{-2}$ mol

Prédire le sens dans lequel évoluera spontanément ce système.

CONSEILS
Calculez les concentrations des différentes espèces, puis déterminez le quotient de réaction initial et enfin appliquez le critère d'évolution spontanée.

SOLUTION

• La concentration en quantité de matière est $C = \frac{n}{V}$.

Pour l'ion argent : $\left[Ag^+\right]_i = \frac{5{,}00 \times 10^{-3}}{250 \times 10^{-3}} = 2{,}00 \times 10^{-2}\ \text{mol}\cdot\text{L}^{-1}$.

$[NH_3]_i = 8{,}00 \times 10^{-3}\text{mol}\cdot\text{L}^{-1}$ et $\left[Ag(NH_3)_2^+\right]_i = 1{,}60 \times 10^{-1}\ \text{mol}\cdot\text{L}^{-1}$.

Le quotient de réaction initial s'écrit : $Q_{ri} = \frac{\left[Ag(NH_3)_2^+\right]_i}{\left[Ag^+\right]_i \times [NH_3]_i^2}$.

Numériquement, on a : $Q_{ri} = \frac{1{,}60 \times 10^{-1}}{2{,}00 \times 10^{-2} \times (8{,}00 \times 10^{-3})^2} = 1{,}25 \times 10^5$.

• Les réactifs et le produit étant tous initialement présents, on peut envisager une évolution dans les deux sens pour cette transformation non totale. La comparaison de K et de Q_{ri} permet de prédire le sens effectif.
$Q_{ri} = 1{,}25 \times 10^5 > K = 8{,}13 \times 10^3$. L'évolution spontanée a donc lieu dans le sens indirect.

18 Transformation spontanée modélisée par une oxydo-réduction

En bref *Lors d'une oxydo-réduction, le réducteur d'un couple échange des électrons avec l'oxydant d'un autre couple. Il y a formation des espèces conjuguées. Cette transformation spontanée peut se faire de deux façons.*

I Oxydo-réduction : transfert d'électrons par contact

1 Réaction entre les ions cuivre et les atomes de zinc

- Lorsque l'on met en contact des ions cuivre $Cu^{2+}_{(aq)}$ et des atomes de zinc $Zn_{(s)}$, on observe une progressive décoloration de la solution ainsi qu'un dépôt rougeâtre sur la plaque de zinc.

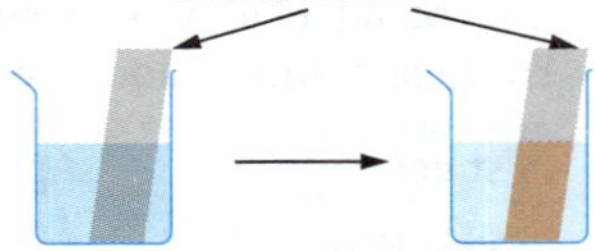

- Les ions cuivre donnent une coloration bleue à la solution. Une solution d'ions zinc est incolore. Donc les ions cuivre sont consommés. Le dépôt sur la plaque de zinc correspond à la couleur des atomes de cuivre.
- Enfin, il est possible de prouver que des ions zinc sont maintenant présents dans la solution : ils ont été formés par oxydation des atomes de zinc. D'où les équations :

$$Zn \rightleftarrows Zn^{2+} + 2\,e^-$$
$$Cu^{2+} + 2\,e^- \rightleftarrows Cu$$
$$Zn_{(s)} + Cu^{2+}_{(aq)} \rightarrow Zn^{2+}_{(aq)} + Cu_{(s)}$$

Cette transformation totale est **spontanée**.

2 Réaction entre les ions zinc et les atomes de cuivre

La double flèche des demi-équations ci-dessus laisse présager que la transformation peut se faire dans les deux sens. Dans ce cas, il n'en est rien puisque la transformation est totale ! Si on met en contact des ions zinc $Zn^{2+}_{(aq)}$ et des atomes de cuivre $Cu_{(s)}$, aucune évolution ne sera observée : cette transformation n'est **pas spontanée**.

> **À NOTER**
> Cela ne veut pas dire qu'elle ne pourra jamais avoir lieu… → FICHE 21

II Oxydo-réduction : transfert indirect d'électrons

- Dans une solution aqueuse, les porteurs de charge sont les ions. Dans un métal, les porteurs de charge sont les électrons.
- Il est donc possible qu'un réducteur et un oxydant échangent des électrons sans être directement en contact. Il suffit en effet de les relier par un conducteur métallique (câble, électrode…). Ce transfert **indirect** d'électrons donne naissance à un courant électrique dans le conducteur métallique. → FICHE 19

Méthode

Prévoir le sens d'évolution spontanée d'un système électrochimique

Le système électrochimique considéré est une solution aqueuse contenant :
- des ions fer III ($[Fe^{3+}]_i = 4,0 \times 10^{-2}$ mol·L^{-1}) ;
- des ions fer II ($[Fe^{2+}]_i = 2,0 \times 10^{-3}$ mol·L^{-1}) ;
- des ions cuivre ($[Cu^{2+}]_i = 5,0 \times 10^{-2}$ mol·L^{-1}) ;
- du cuivre solide ($m(Cu)_i = 2,5$ g).

Les couples oxydant/réducteur sont : Fe^{3+}/Fe^{2+} et Cu^{2+}/Cu.

a. Donner l'équation de réaction en supposant que l'atome de cuivre est un réactif.

b. Déterminer alors la valeur du quotient de réaction initial du système.

c. La constante d'équilibre de cette réaction est, à 25 °C, $K = 2,1 \times 10^{14}$. Dans quel sens le système va-t-il évoluer ?

CONSEILS

a. Écrivez puis combinez les deux demi-équations en faisant l'hypothèse que le réducteur Cu est un réactif.
b. Attention à l'état physique des différentes espèces.
c. Appliquez le critère d'évolution spontanée.

SOLUTION

a. Cu est un réducteur donc il réagit avec l'oxydant de l'autre couple : Fe^{3+}.

$$Cu \rightleftarrows Cu^{2+} + 2\,e^-$$
$$Fe^{3+} + e^- \rightleftarrows Fe^{2+} \qquad (\times 2)$$
$$Cu_{(s)} + 2\,Fe^{3+}_{(aq)} \rightleftarrows Cu^{2+}_{(aq)} + 2\,Fe^{2+}_{(aq)}$$

b. Le solide Cu n'apparaît pas dans le quotient de réaction. → FICHE 17

$$\text{On a : } Q_{ri} = \frac{[Cu^{2+}]_i \times [Fe^{2+}]_i^2}{[Fe^{3+}]_i^2} = \frac{5,0 \times 10^{-2} \times (2,0 \times 10^{-3})^2}{(4,0 \times 10^{-2})^2} = 1,3 \times 10^{-4}.$$

c. On a : $Q_{ri} = 1,3 \times 10^{-4} < K = 2,1 \times 10^{14}$.
L'évolution a donc lieu dans le sens direct : l'équation de réaction a donc été écrite dans le « bon » sens.

À NOTER

c. Si à la question **a** on écrit l'équation de réaction dans l'autre sens, on trouvera des valeurs inverses pour K et pour Q_{ri}. On obtiendra alors une évolution en sens indirect, ce qui revient au même dans la réponse donnée ici

19 Fonctionnement d'une pile

En bref *Une pile est le siège d'un transfert indirect d'électrons entre le réducteur d'un couple et l'oxydant d'un autre couple. Cela permet une conversion d'énergie chimique en énergie électrique : nous en faisons chaque jour l'usage !*

I Principe de fonctionnement

- Une pile est constituée de deux demi-piles, chacune contenant une électrode (fil ou plaque métallique) qui plonge dans un électrolyte (solution contenant des ions métalliques). Une demi-pile est le siège d'une réaction d'oxydation ou de réduction. Les deux demi-piles sont reliées par un **pont salin** ou une **membrane** qui ferme le circuit, assurant ainsi le passage du courant électrique et maintient l'électroneutralité des solutions.
- L'électrode qui est le siège d'une **oxydation** est l'**anode**.
L'électrode qui est le siège d'une **réduction** est la **cathode**.
- Lorsqu'une pile fonctionne, les électrons sont produits à l'anode et consommés à la cathode. Ainsi, l'anode constitue le pôle (–) et la cathode le pôle (+) d'une pile. Dans le circuit électrique extérieur à la pile, les électrons vont de l'anode vers la cathode. Le courant électrique circule en sens inverse des électrons, c'est-à-dire du pôle (+) (cathode) vers le pôle (–) (anode).
- L'**écriture symbolique** d'une pile est : (–) $Réd_1/Ox_1//Ox_2/Réd_2$ (+).

II Schéma d'une pile en fonctionnement

Exemple : pile Daniell : (–) $Zn_{(s)}/Zn^{2+}_{(aq)}//Cu^{2+}_{(aq)}/Cu_{(s)}$ (+).

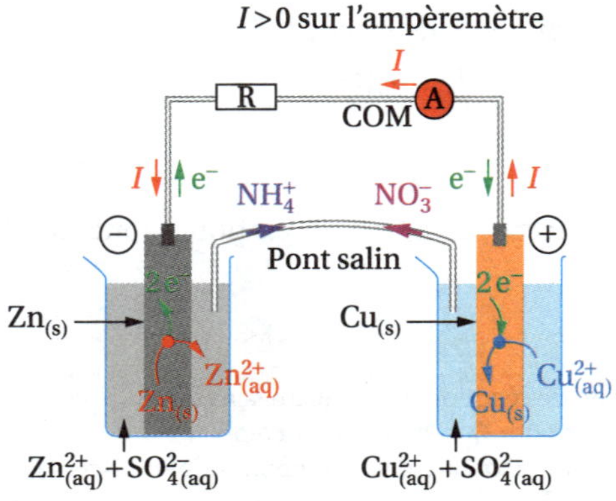

À NOTER
On utilise un pont salin car mélanger les deux demi-piles dans un bécher provoquerait un transfert direct d'électrons du réducteur à l'oxydant. Le pont salin impose un circuit extérieur aux électrons générant un courant électrique utilisable.

À la cathode (+), il y a réduction des ions cuivre : $Cu^{2+} + 2\,e^- \rightleftarrows Cu$.
À l'anode (–), il y a oxydation des atomes de zinc : $Zn \rightleftarrows Zn^{2+} + 2\,e^-$.
Finalement, on a donc la réaction : $Zn_{(s)} + Cu^{2+}_{(aq)} \rightarrow Zn^{2+}_{(aq)} + Cu_{(s)}$.

Méthode

Déterminer l'équation de réaction d'une pile en fonctionnement

Établir l'équation de la réaction se produisant lorsque la pile plomb-cuivre ci-dessous fonctionne.

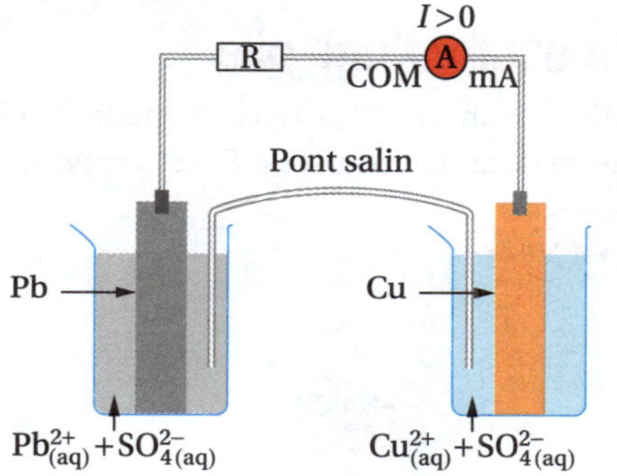

CONSEILS
Identifiez le sens du courant électrique et donc le sens de circulation des électrons. Ainsi, vous connaîtrez la polarité de la pile et donc le lieu où sont libérés les électrons et celui où ils sont captés. C'est ce qui permettra d'identifier les réactifs et les produits.

SOLUTION

D'après le schéma, $I > 0$: le courant électrique rentre donc par la borne mA de l'ampèremètre et sort par la borne COM. Ainsi, le courant électrique circule de l'électrode de cuivre à l'électrode de plomb dans le circuit extérieur.

L'électrode de cuivre est la cathode alors que celle de plomb est l'anode.

Les électrons circulant dans le sens contraire de celui du courant électrique, ils vont donc de l'électrode de plomb à celle de cuivre.

Les électrons quittent l'électrode de plomb, donc il y a oxydation d'un réducteur (perte d'électrons) à cette demi-pile selon la demi-équation :

$$Pb \rightleftarrows Pb^{2+} + 2\,e^-.$$

Les atomes de plomb sont donc consommés : ils sont des réactifs.

Les électrons arrivent à l'électrode de cuivre, donc il y a réduction d'un oxydant (gain d'électrons) à cette demi-pile selon la demi-équation :

$$Cu^{2+} + 2\,e^- \rightleftarrows Cu.$$

Les ions cuivre sont donc consommés : ils sont des réactifs.

L'équation de la réaction d'oxydoréduction associée à la pile en fonctionnement est ainsi :

$$\begin{array}{r} Pb \rightleftarrows Pb^{2+} + 2\,e^- \\ Cu^{2+} + 2\,e^- \rightleftarrows Cu \\ \hline Pb_{(s)} + Cu^{2+}_{(aq)} \rightarrow Pb^{2+}_{(aq)} + Cu_{(s)} \end{array}$$

20 Usure et capacité d'une pile

En bref *Une pile n'est malheureusement pas éternelle... Elle s'use et on peut prévoir, quantitativement, sa capacité à débiter du courant.*

I Force électromotrice et usure d'une pile

■ La force électromotrice d'une pile (« fem ») est la tension mesurée à ses bornes lorsque la pile ne débite pas de courant. Elle se note « E » et s'exprime en volts (V).

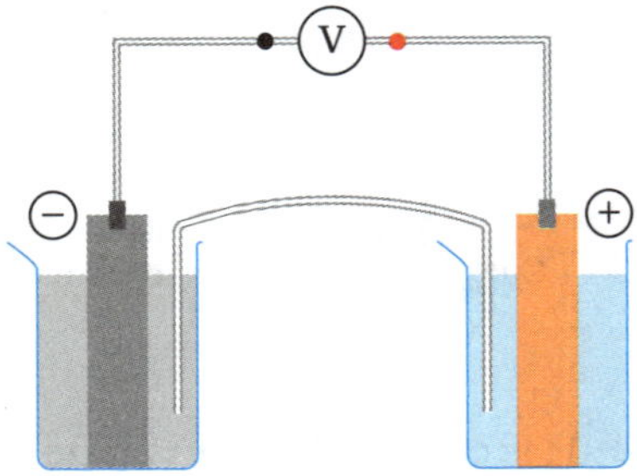

■ Lorsque la pile débite du courant, il y a consommation des réactifs, ce qui provoque la diminution de la force électromotrice.

■ Une pile est dite « usée » lorsque sa force électromotrice devient nulle, c'est-à-dire que la tension à ses bornes est égale à zéro.

À NOTER
Au quotidien, une pile n'est déjà plus utilisée alors que sa fem n'est pas encore nulle. Au sens chimique, elle n'est pourtant pas encore « usée »...

II Capacité électrique d'une pile

■ De symbole Q, la capacité électrique d'une pile est la quantité maximale d'électricité (charge) qu'une pile est capable de délivrer. Elle se calcule par la valeur absolue de la charge totale des électrons échangés :

$$Q = n(e^-) \times N_A \times |-e| = n(e^-) \times F$$

avec Q en coulombs (C) ; $n(e^-)$ quantité de matière en électrons échangée (mol) ; N_A nombre d'Avogadro : Na = $6{,}02 \times 10^{23}$ mol^{-1} ; $-e = -1{,}602 \times 10^{-19}$ C, charge d'un électron ; F le Faraday, charge d'une mole de charges élémentaires : $F = 96\,500$ C·mol^{-1}.

■ On détermine également la capacité électrique d'une pile par le produit de l'intensité débitée I (supposée constante) et de la durée totale de fonctionnement Δt.

$$Q = I \times \Delta t$$ Q en C ; I en A ; Δt en s.

Méthode

Déterminer la durée de fonctionnement d'une pile

On considère une pile diiode-zinc d'équation de fonctionnement :

$$I_{2\,(aq)} + Zn_{(s)} \rightarrow 2\,I^-_{(aq)} + Zn^{2+}_{(aq)}.$$

Supposons que cette pile débite un courant constant d'intensité $I = 50$ mA.

La première demi-pile contient une grosse lame de zinc.

Outre une électrode inerte, la seconde demi-pile contient 100 mL d'une solution aqueuse de diiode à $1{,}0 \times 10^{-1}$ mol·L^{-1}.

Pendant combien de temps cette pile peut-elle débiter jusqu'à l'usure ?

On fera l'hypothèse que cette transformation est totale.

CONSEILS

Identifiez le réactif limitant et calculez l'avancement maximal x_m.
Ensuite, utilisez les deux expressions de la capacité électrique de la pile pour calculer sa durée d'utilisation.

SOLUTION

La lame de zinc étant grosse, l'atome de zinc est un réactif en très large excès.

Le réactif limitant est donc le diiode. Sa quantité de matière initiale est :

$n(I_2)_i = C \times V = 1{,}0 \times 10^{-1} \times 100 \times 10^{-3} = 1{,}0 \times 10^{-2}$ mol.

À l'état final de cette transformation totale, le réactif limitant est totalement consommé donc :

$n(I_2)_f = n(I_2)_i - x_m = 0$ soit $x_m = 1{,}0 \times 10^{-2}$ mol.

Cette oxydo-réduction a lieu avec deux électrons échangés à chaque fois entre le réducteur et l'oxydant car les demi-équations sont :

$$Zn \rightleftarrows Zn^{2+} + 2\,e^-$$
$$I_2 + 2\,e^- \rightleftarrows 2\,I^-$$
$$I_{2\,(aq)} + Zn_{(s)} \rightarrow 2\,I^-_{(aq)} + Zn^{2+}_{(aq)}$$

Donc la quantité de matière en électrons échangés est le double de l'avancement maximal :

$n(e^-) = 2\,x_m = 2{,}0 \times 10^{-2}$ mol.

On a : $Q = n(e^-) \times F = I \times \Delta t$

d'où $\Delta t = \dfrac{n(e^-) \times F}{I} = \dfrac{2{,}0 \times 10^{-2} \times 96\,500}{50 \times 10^{-3}} = 3{,}9 \times 10^4 \text{ s} = 11 \text{ h}.$

À NOTER

Dans ce type d'exercice, attention aux confusions possibles entre les notations de la force électromotrice E, de la charge élémentaire e et de l'électron e$^-$…

21 Une évolution forcée : l'électrolyse

En bref *Si on met en contact les quatre espèces de deux couples oxydant/réducteur, le critère d'évolution spontanée prévoit le sens de la transformation. Mais est-il possible d'assister à l'autre évolution, contraire au sens spontané ?*

I Principe de l'électrolyse

■ Une **électrolyse** est une transformation d'oxydo-réduction **forcée** par un générateur au cours de laquelle le système évolue dans le sens inverse de celui qui serait spontanément observé. Au cours d'une évolution forcée, le quotient de réaction Q_r évolue en s'éloignant de la valeur de la constante d'équilibre K.

■ L'électrode où a lieu la réduction est la **cathode**, reliée au pôle (–) du générateur.
L'électrode où a lieu l'oxydation est l'**anode**, reliée au pôle (+) du générateur.

> **À NOTER**
> Si les définitions restent les mêmes que pour une pile (anode : oxydation et cathode : réduction), les polarités (+/-) ne sont plus les mêmes !

■ La quantité d'électricité Q lors d'une électrolyse est, comme pour la pile :

$Q = n(e^-) \times F = I \times \Delta t$ Q en C ; $n(e^-)$ en mol ; F en $C \cdot mol^{-1}$; I en A et Δt en s.

■ Si la tension aux bornes du générateur est suffisante, il va imposer un sens du courant et donc un sens de parcours aux électrons. Si cela s'oppose aux sens prévus par le critère d'évolution spontanée du système électrochimique, on obtient une transformation forcée.

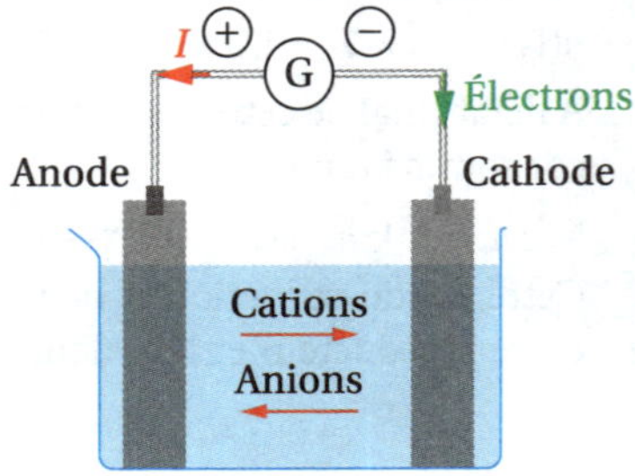

II Pile et électrolyse : deux comportements pour un système

Pile : transformation spontanée d'un système électrochimique	Électrolyse : transformation forcée d'un système électrochimique
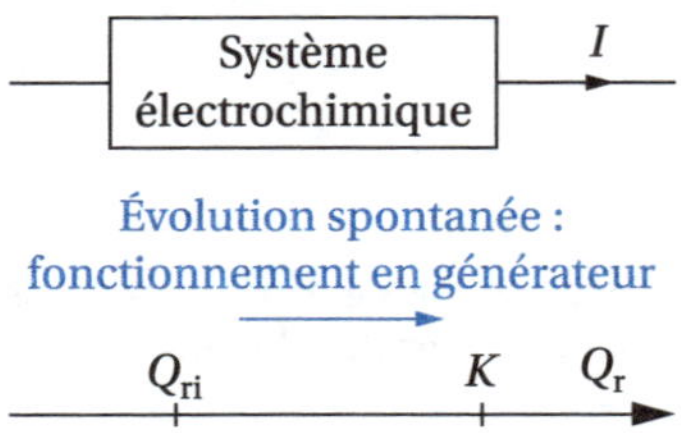	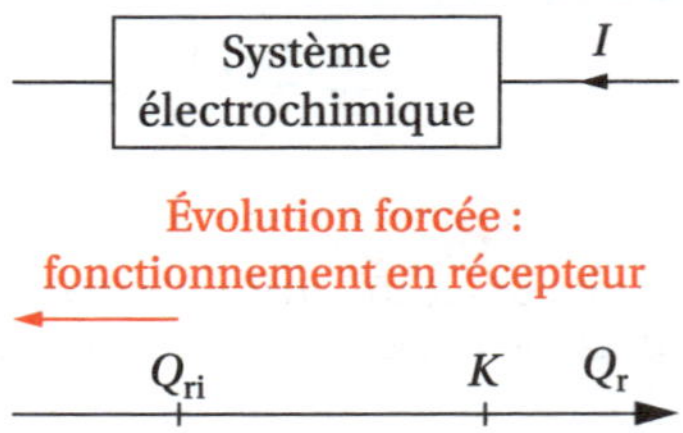

Méthode

Déterminer une quantité de matière formée lors d'une électrolyse

Grâce à un générateur qui impose un courant d'intensité constante $I = 12$ mA, on réalise pendant 15 minutes l'électrolyse d'une solution aqueuse de bromure de cuivre ($Cu^{2+}_{(aq)} + 2\ Br^{-}_{(aq)}$), de volume $V = 500$ mL et de concentration en quantité de matière $C = 0{,}25\ mol \cdot L^{-1}$.

Données : couples d'oxydo-réduction : Br_2/Br^- et Cu^{2+}/Cu ; $M(Br) = 79{,}9\ g \cdot mol^{-1}$.

a. Écrire l'équation de réaction pour cette électrolyse.

b. Quelle quantité d'électricité traverse le circuit au cours de cette électrolyse ?

c. Quelle est la masse de dibrome formée lors de cette électrolyse ?

CONSEILS

a. Utilisez les couples proposés et tenez compte des espèces initialement présentes.
b. Appliquez la définition de Q mais attention aux unités…
c. Utilisez les demi-équations d'oxydo-réduction pour lier le nombre d'électrons échangés au nombre de molécules de dibrome formées. Cela mène à la quantité de matière formée en dibrome. Passez enfin à la masse.

SOLUTION

a. Les réactifs initialement présents sont les ions bromure Br^- et cuivre Cu^{2+}. On écrit les demi-équations associées :

$$2\ Br^- \rightleftarrows Br_2 + 2\ e^-$$
$$Cu^{2+} + 2\ e^- \rightleftarrows Cu$$
$$\overline{2\ Br^-_{(aq)} + Cu^{2+}_{(aq)} \rightleftarrows Br_{2\,(aq)} + Cu_{(s)}}$$

b. $Q = I \times \Delta t = 12 \times 10^{-3} \times 15 \times 60 = 11\ C$

c. D'après la demi-équation liée au dibrome, on a : $2\ Br^- \rightleftarrows Br_2 + 2\ e^-$.
Cela signifie que la formation d'une molécule de dibrome correspond à la libération de deux électrons. La quantité d'électrons libérée est donc le double de la quantité de matière en dibrome formée : $n(e^-) = 2\ n(Br_2)_{formée}$

$Q = n(e^-) \times F = 2\ n(Br_2)_{formée} \times F$

$$n(Br_2)_{formée} = \frac{Q}{2\ F} = \frac{11}{2 \times 96\,500} = 5{,}6 \times 10^{-5}\ mol$$

$$m(Br_2)_{formée} = n(Br_2)_{formée} \times M(Br_2) = n(Br_2)_{formée} \times 2 \times M(Br)$$
$$= 5{,}6 \times 10^{-5} \times 2 \times 79{,}9 = 8{,}9\ mg.$$

À NOTER

Le volume donné pour la solution n'a ici aucune utilité.

MÉMO VISUEL

Quotient de réaction et critère d'évolution spontanée

On considère une transformation chimique d'équation de réaction :

$$a\,A_{(aq)} + b\,B_{(aq)} \leftrightarrows c\,C_{(aq)} + d\,D_{(aq)}.$$

- **Quotient de réaction Q_r**

$$Q_r = \frac{[C]^c \times [D]^d}{[A]^a \times [B]^b}$$

- **Taux d'avancement final τ**

$$\tau = \frac{x_f}{x_m}$$

Si $\tau = 1$: transformation totale
Si $\tau < 1$: transformation non totale

- **Constante d'équilibre K**

K ne dépend que de T
Si $Q_r = K$: système à l'équilibre
Si $Q_r \neq K$: système hors de l'équilibre, évolution

- **Critère d'évolution spontanée**

Si $Q_{ri} < K$: évolution en sens direct (de gauche à droite)
Si $Q_{ri} > K$: évolution en sens indirect (de droite à gauche)

SYSTÈME OXYDANT-

Caractéristiques communes à la pile et à l'électrolyse

- **Anode :** lieu de l'oxydation
- **Cathode :** lieu de la réduction
- **Capacité** ou quantité d'électricité :

$$Q = n(e^-) \times F = I \times \Delta t$$

(Q en C ; $n(e^-)$ en mol ; F en $C \cdot mol^{-1}$; I en A ; Δt en s)

$n(e^-)$: quantité de matière en électrons échangée
F : le Faraday, F = 96 500 $C \cdot mol^{-1}$
Δt : durée de fonctionnement
I : intensité du courant

RÉDUCTEUR

Évolution spontanée d'un système oxydant-réducteur

Q_r évolue pour tendre vers K.

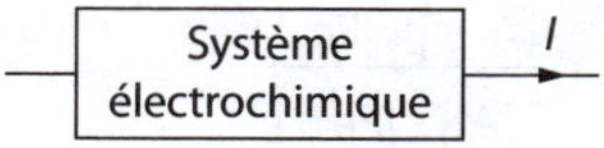

Évolution spontanée : fonctionnement en générateur

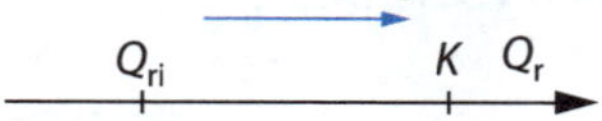

Exemple : pile Daniell d'écriture symbolique
(–) $Zn_{(s)}/Zn^{2+}_{(aq)}//Cu^{2+}_{(aq)}/Cu_{(s)}$ (+)

$I > 0$ sur l'ampèremètre

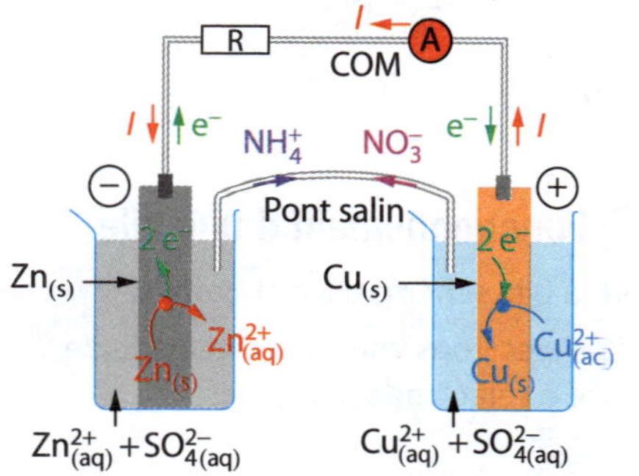

Évolution forcée d'un système oxydant-réducteur

Q_r évolue pour s'éloigner de K.

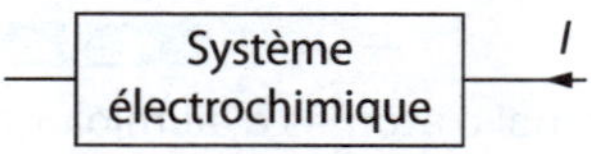

Évolution forcée : fonctionnement en récepteur

Exemple : électrolyse

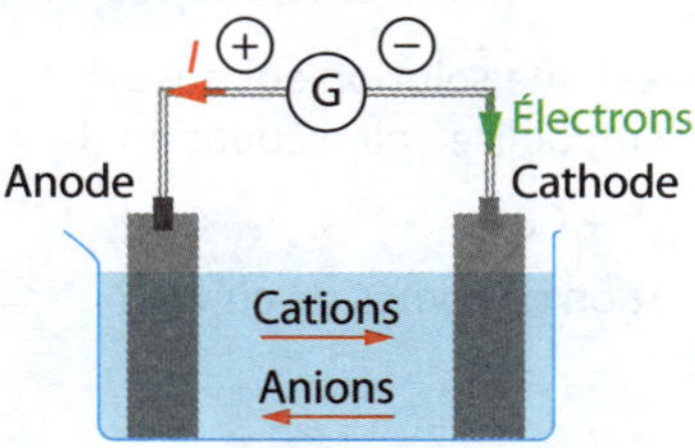

SE TESTER QUIZ

Vérifiez que vous avez bien compris les points clés des **fiches 17 à 21**.

1 Quotient de réaction pour un système électrochimique

→ FICHES 17 et 18

$Al_{(s)} + 3\ Fe^{3+}_{(aq)} \rightarrow Al^{3+}_{(aq)} + 3\ Fe^{2+}_{(aq)}$. Le quotient de cette réaction s'écrit :

☐ **a.** $Q_r = \dfrac{[Al^{3+}]+[Fe^{2+}]^3}{[Fe^{3+}]^3}$

☐ **b.** $Q_r = \dfrac{[Al^{3+}]\times[Fe^{2+}]^3}{[Al]\times[Fe^{3+}]^3}$

☐ **c.** $Q_r = \dfrac{[Al^{3+}]\times[Fe^{2+}]^3}{[Fe^{3+}]^3}$

☐ **d.** $Q_r = \dfrac{[Fe^{3+}]^3}{[Al^{3+}]\times[Fe^{2+}]^3}$

2 Fonctionnement d'une pile

→ FICHE 19

Soit la pile schématisée ci-contre.

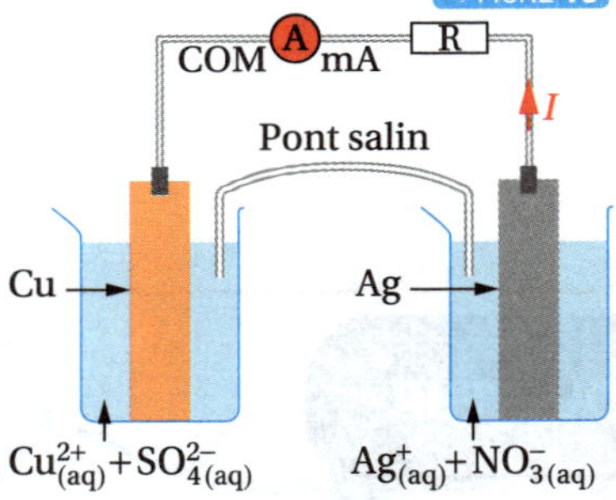

1. Les électrons vont de l'électrode de cuivre à l'électrode d'argent.

☐ **a.** vrai
☐ **b.** faux

2. L'électrode de cuivre est :

☐ **a.** la cathode
☐ **b.** l'anode

3. Lorsque la pile débite, la masse de l'électrode d'argent :

☐ **a.** augmente ☐ **b.** diminue ☐ **c.** reste constante

3 Usure et capacité d'une pile

→ FICHE 20

Une pile débite un courant de 25 mA. $5{,}0 \times 10^{-3}$ mol d'atomes d'aluminium sont consommées selon l'équation : $Al_{(s)} + 3\ Fe^{3+}_{(aq)} \rightarrow Al^{3+}_{(aq)} + 3\ Fe^{2+}_{(aq)}$.
Quelle sera la durée de fonctionnement de cette pile ?

☐ **a.** $\Delta t = 1{,}9 \times 10^4$ s
☐ **b.** $\Delta t = 5{,}8 \times 10^4$ s
☐ **c.** $\Delta t = 16$ h
☐ **d.** $\Delta t = 57\ 900$ s

4 Une évolution forcée : l'électrolyse

→ FICHE 21

Grâce à un générateur, on réalise l'électrolyse d'une solution aqueuse de bromure de cuivre, transformation chimique modélisée par l'équation de réaction :

$$2\ Br^{-}_{(aq)} + Cu^{2+}_{(aq)} \rightarrow Br_{2(aq)} + Cu_{(s)}.$$

Sur quelle électrode observera-t-on la formation d'atomes de cuivre ?

☐ **a.** celle reliée au pôle (+)
☐ **b.** celle reliée au pôle (–) du générateur

S'ENTRAÎNER

5 Écrire une équation d'oxydo-réduction (vu en 1re)

→ FICHE 18

Couples à disposition : $Cr_2O_7^{2-}/Cr^{3+}$; Fe^{2+}/Fe ; Fe^{3+}/Fe^{2+} ; O_2/H_2O_2 ; H_2O_2/H_2O.

a. Écrire les cinq demi-équations associées à ces couples.

b. Écrire l'équation de la réaction d'oxydo-réduction entre l'ion dichromate $Cr_2O_7^{2-}$ et le fer Fe.

c. Écrire l'équation de dismutation du peroxyde d'hydrogène H_2O_2, sachant qu'une dismutation est une oxydo-réduction au cours de laquelle une espèce réagit sur elle-même en jouant les deux rôles : oxydant et réducteur.

6 Réfléchir avec le critère d'évolution spontanée

→ FICHES 17 et 18

On considère l'oxydo-réduction d'équation :

$Fe^{3+}_{(aq)} + Ce^{3+}_{(aq)} \rightleftarrows Fe^{2+}_{(aq)} + Ce^{4+}_{(aq)}$ (constante d'équilibre $K = 4{,}46 \times 10^{-16}$).

Dans le milieu réactionnel, on introduit initialement des ions fer III et des ions cérium III tels que : $[Fe^{3+}]_i = 5{,}0 \times 10^{-3}\ mol \cdot L^{-1}$ et $[Ce^{3+}]_i = 2{,}5 \times 10^{-3}\ mol \cdot L^{-1}$. Que va-t-il se passer ?

CONSEIL

Appliquer le critère d'évolution spontanée est nécessaire mais il faudra ensuite réfléchir à la signification des valeurs numériques de Q_r et K.

7 Équilibre et taux d'avancement

→ FICHES 17 et 18

On considère un système électrochimique constitué en mélangeant :
- du plomb $Pb_{(s)}$;
- de l'étain $Sn_{(s)}$;
- un volume $V_1 = 100$ mL d'une solution de chlorure d'étain ($Sn^{2+}_{(aq)} + 2\ Cl^-_{(aq)}$) de concentration en quantité de matière $C_1 = 1{,}00 \times 10^{-3}\ mol \cdot L^{-1}$;
- un volume $V_2 = 40$ mL d'une solution de nitrate de plomb ($Pb^{2+}_{(aq)} + 2\ NO^-_{3\ (aq)}$) de concentration en quantité de matière $C_2 = 4{,}00 \times 10^{-3}\ mol \cdot L^{-1}$.

On fera l'hypothèse qu'on peut négliger le volume des solides dans le milieu réactionnel, de volume total : $V_T = V_1 + V_2$.

Couples à considérer : Pb^{2+}/Pb et Sn^{2+}/Sn.

a. Écrire l'équation de la transformation qui peut avoir lieu en considérant le métal étain comme un réactif.

b. La constante d'équilibre associée à cette équation est $K = 2{,}18$. Comment va évoluer ce système électrochimique ?

c. Déterminer la valeur de l'avancement à l'équilibre.

d. Si on fait l'hypothèse que l'étain est le réactif en excès, que vaut le taux d'avancement final ?

8 La pile Daniell

→ FICHES 19 et 20

On considère la pile ci-dessous :

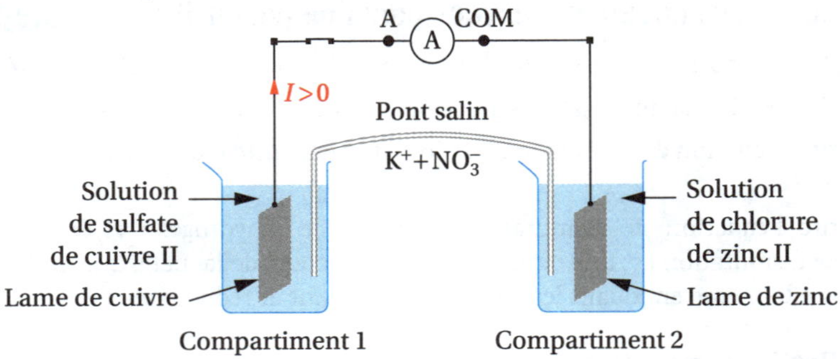

a. Quel type de réaction a lieu à l'électrode de zinc ? Nommer cette électrode. Quelle est sa polarité ?

b. Quelle espèce est réduite ? Est-ce en accord avec le sens de déplacement des électrons dans le circuit extérieur ?

c. Quelle électrode voit sa masse augmenter lors du fonctionnement de la pile ?

d. Où vont les ions potassium K^+ du pont salin ? Pourquoi ?

e. Quel est le sens de déplacement des électrons dans le pont salin ? Justifier.

f. Que se passe-t-il si on ouvre l'interrupteur ?

g. On laisse l'interrupteur fermé. Que vaudra la concentration en ions cuivre II dans la demi-pile 1 quand la pile sera usée ?

CONSEIL
Dans un exercice de ce type, tout découle des polarités de la pile. Regardez attentivement le schéma et sa légende.

9 Évolution d'une pile

→ FICHES 18 et 19

Soit une première demi-pile constituée d'un fil de cuivre qui plonge dans une solution aqueuse de sulfate de cuivre ($Cu^{2+}_{(aq)} + SO^{2-}_{4(aq)}$), de concentration en quantité de matière $[Cu^{2+}]_i = 5{,}0 \times 10^{-2}$ mol·L^{-1}.

Soit une seconde demi-pile constituée d'un fil d'argent qui plonge dans une solution aqueuse de nitrate d'argent ($Ag^{+}_{(aq)} + NO^{-}_{3(aq)}$), de concentration en quantité de matière $[Ag^+]_i = 1{,}0 \times 10^{-2}$ mol·L^{-1}.

Grâce à un pont salin au nitrate d'ammonium, on relie ces deux demi-piles.

a. L'équation de la transformation susceptible de se produire peut s'écrire :

$$Cu^{2+}_{(aq)} + 2\ Ag_{(s)} \rightleftarrows Cu_{(s)} + 2\ Ag^{+}_{(aq)} \qquad K = 2{,}6 \times 10^{-16}.$$

Dans quel sens le système va-t-il évoluer ?

b. Quelles sont les réactions à chaque électrode ?

c. Quel est le sens de déplacement des porteurs de charge dans la pile ?

d. Quelle est la polarité des électrodes ?

e. Faire un schéma de cette pile en fonctionnement qui débite du courant à travers une résistance.

10 Capacité d'une pile

→ FICHE 20

Une première demi-pile constituée d'un fil de nickel de masse $m_1 = 0{,}30$ g plonge dans une solution aqueuse de nitrate de nickel ($Ni^{2+}_{(aq)} + 2\ NO^{-}_{3(aq)}$), de volume $V_1 = 100{,}0$ mL et de concentration en quantité de matière $C_1 = 1{,}00 \times 10^{-2}$ mol · L^{-1}.

Une seconde demi-pile constituée d'un fil de fer de masse $m_2 = 0{,}50$ g plonge dans une solution aqueuse de sulfate de fer ($Fe^{2+}_{(aq)} + SO^{2-}_{4(aq)}$), de volume $V_2 = 100{,}0$ mL et de concentration en quantité de matière $C_2 = 2{,}00 \times 10^{-2}$ mol · L^{-1}.

Grâce à un pont salin, on relie ces deux demi-piles.

Ce système électrochimique évolue dans le sens direct de l'équation de réaction :

$$Fe^{2+}_{(aq)} + Ni_{(s)} \rightleftarrows Fe_{(s)} + Ni^{2+}_{(aq)}.$$

a. Déterminer l'avancement maximal de cette réaction et le réactif limitant.

b. En déduire la capacité Q de cette pile (ou « quantité d'électricité maximale que peut débiter cette pile »).

11 Électrolyse d'une solution aqueuse de nitrate d'argent

→ FICHE 21

On réalise, par l'intermédiaire d'un générateur imposant un courant d'intensité constante $I = 50$ mA, l'électrolyse d'une solution aqueuse de nitrate d'argent ($Ag^{+}_{(aq)} + NO^{-}_{3(aq)}$). On peut observer un dépôt d'argent solide sur une électrode.

a. Nommer cette électrode.

b. Quelle masse d'argent solide peut-on obtenir si cette électrolyse se déroule pendant 10 minutes ?

OBJECTIF BAC

12 Des transformations autour du zinc

60 min

Ce sujet à caractère expérimental nécessite de bien maîtriser l'ensemble du chapitre. Il s'agit d'étudier l'évolution spontanée d'un système électrochimique puis de réaliser une électrolyse dite « à anode soluble ».

LE SUJET

Certaines transformations chimiques peuvent mettre en jeu la réaction modélisée par l'équation : $Fe^{2+}_{(aq)} + Zn_{(s)} \rightleftarrows Zn^{2+}_{(aq)} + Fe_{(s)}$ équation (1)
dont la constante d'équilibre associée est : $K = 1{,}40 \times 10^{11}$.

Pour étudier expérimentalement des transformations mettant en jeu les espèces chimiques $Fe^{2+}_{(aq)}$, $Zn_{(s)}$, $Zn^{2+}_{(aq)}$, $Fe_{(s)}$ on dispose :

- d'une solution aqueuse de sulfate de fer S_1 contenant des ions $Fe^{2+}_{(aq)}$ de concentration en quantité de matière $C_1 = 1{,}00 \times 10^{-1}\ mol \cdot L^{-1}$;
- d'une solution aqueuse de sulfate de zinc S_2 contenant des ions $Zn^{2+}_{(aq)}$ de concentration en quantité de matière $C_2 = 1{,}00 \times 10^{-1}\ mol \cdot L^{-1}$.

Les couples à considérer sont : $Fe^{2+}_{(aq)}/Fe_{(s)}$; $Zn^{2+}_{(aq)}/Zn_{(s)}$; $H^{+}_{(aq)}/H_{2\,(g)}$.

Partie 1 Transformation spontanée

À l'instant $t = 0$, on mélange dans un grand bécher 100 mL de la solution S_1, 200 mL de la solution S_2, 5,58 g de fer et 6,54 g de zinc, puis on agite.

La transformation chimique de ce système peut être modélisée par l'équation (1).

a. Écrire les demi-équations électroniques qui conduisent à cette équation.

b. Déterminer les quantités de matière d'ions fer II et d'ions zinc II introduites initialement.

c. Le système chimique ainsi créé évolue de façon spontanée. Une analyse permet d'obtenir des histogrammes donnant les quantités de matière en ions fer II et en ions zinc II pour différents états du système. Les trois histogrammes représentés sur les figures 1 à 3 correspondent chacun à un état du système lors de son évolution.

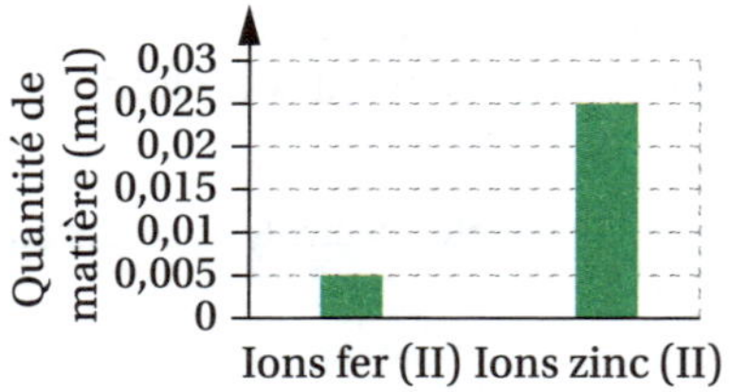

Figure 1 : état E1

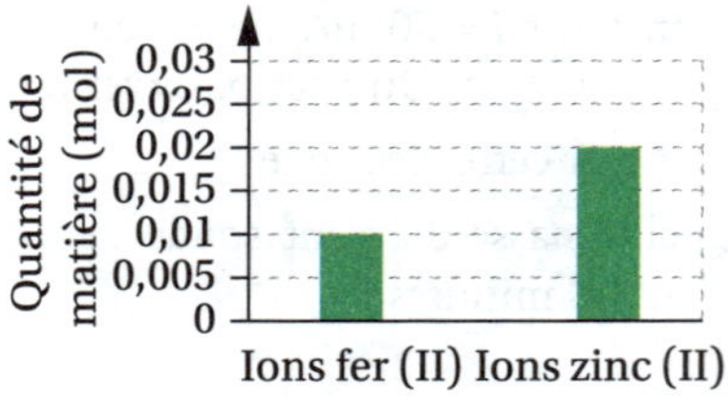

Figure 2 : état E2

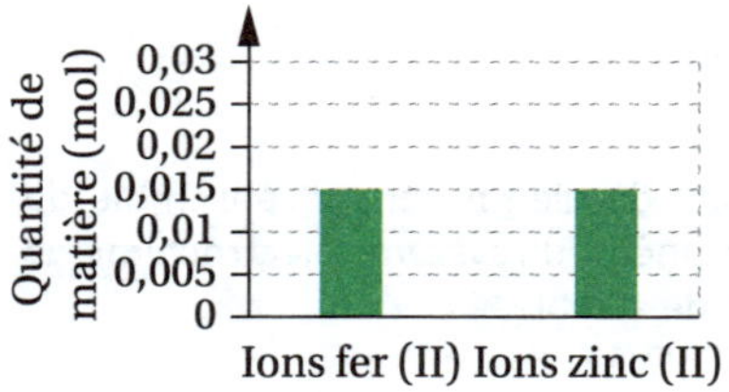

Figure 3 : état E3

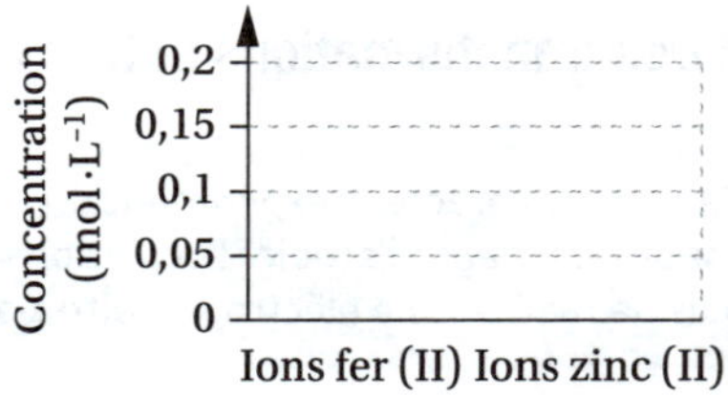

Figure 4 : état d'équilibre (à compléter)

Calculer le quotient de réaction associé à l'équation (1) à l'état initial. Quel histogramme correspond à cet état ? Justifier.

d. Énoncer le critère d'évolution spontanée d'un système chimique et prévoir dans quel sens évolue spontanément le système.

e. Calculer la valeur des quotients de réaction Q_{r1} et Q_{r3} correspondant aux états E_1 et E_3 (figures 1 et 3).

f. Les deux états E_1 et E_3 peuvent-ils correspondre à des états intermédiaires du système entre l'état initial et l'état final ? Justifier.

g. L'avancement de la transformation à l'état final est : $x_f = 1{,}00 \times 10^{-2}$ mol.

Déterminer les quantités de matière à l'état final en ions fer II et en ions zinc II et compléter l'histogramme donnant leurs concentrations à l'état final (figure 4).

Partie 2 Électrolyse

On réalise le montage représenté ci-dessous. Le générateur de tension continue permet de faire circuler un courant électrique d'intensité I.

L'interrupteur étant fermé, on observe sur l'électrode de fer la formation d'un dépôt métallique et un dégagement de dihydrogène.

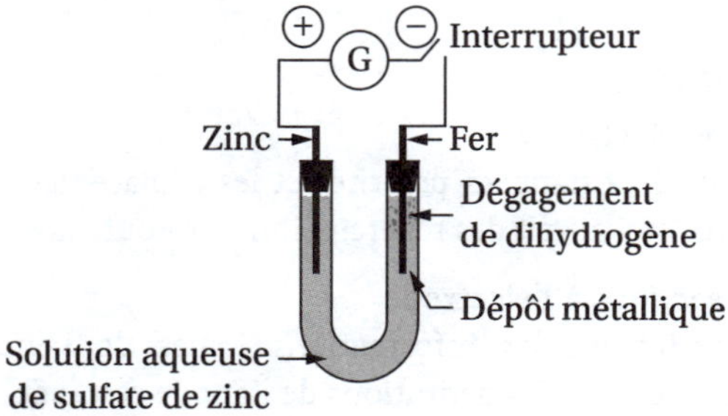

h. Représenter sur le schéma le sens de circulation des porteurs de charges. Préciser leurs noms, dans la solution et dans les fils de connexion.

i. Grâce aux couples donnés et aux observations, écrire les demi-équations se produisant à l'électrode de fer. Cette électrode est-elle l'anode ou la cathode ? Justifier.

j. Quel est l'intérêt pratique de ce dépôt métallique sur l'électrode de fer ?

k. Comment évolue la masse de l'électrode de zinc ? Justifier la réponse en écrivant la demi-équation qui se produit à l'électrode de zinc.

l. On suppose maintenant que seul le couple $(Zn^{2+}_{(aq)}/Zn_{(s)})$ intervient au cours de cette électrolyse. Le générateur délivre une intensité du courant $I = 0{,}50$ A pendant $\Delta t = 10$ min.

Montrer que l'équation correspondant au bilan de l'électrolyse peut s'écrire :

$$Zn_{anode\ (s)} + Zn^{2+}_{(aq)} \rightleftarrows Zn^{2+}_{(aq)} + Zn_{cathode\ (s)}.$$

> **À NOTER**
> Cette électrolyse est dite « à anode soluble ».

m. Calculer la quantité d'électricité Q échangée pendant 10 min.

n. En déduire la variation de masse de l'électrode de zinc au cours de l'électrolyse.

▶▶▶ LA FEUILLE DE ROUTE

Partie 1 Transformation spontanée

a. Écrire des demi-équations d'oxydo-réduction → FICHE 18

Utilisez l'équation (1) pour identifier les deux réactifs et donc les deux couples d'oxydo-réduction.

c. Calculer la valeur du quotient de réaction → FICHE 17 et 18

Ne mélangez pas quantité de matière et concentration en quantité de matière !

f. Raisonner à propos du quotient de réaction et de la constante d'équilibre → FICHES 17 et 18

Utilisez la valeur initiale du quotient de réaction et sa valeur à l'équilibre, c'est-à-dire à l'état final.

g. Faire un bilan de matière

Utilisez un tableau d'avancement, en prenant soin de ne pas confondre concentration et quantité de matière. Pensez à utiliser le tableau périodique pour trouver les masses molaires.

Partie 2 Électrolyse

h. Schématiser une électrolyse → FICHE 21

Soyez rigoureux en identifiant les polarités et les déplacements des porteurs de charge car une erreur ici aurait des répercussions sur toute la suite de l'exercice...

i. Identifier des réactions à l'électrode → FICHE 21

En utilisant correctement les informations issues de l'énoncé, écrivez les demi-équations puis utilisez les définitions de l'anode et/ou de la cathode.

j. Réfléchir à l'intérêt d'une électrolyse → FICHE 21

En songeant à l'évolution spontanée subie par le fer, vous pourrez deviner l'intérêt de ce dépôt de zinc sur le fer.

l. Raisonner à propos d'une équation d'oxydo-réduction → FICHE 21

En étant particulièrement attentif aux indices « anode » et « cathode » de l'équation, vous éviterez les fréquentes confusions entre le zinc consommé et le zinc formé.

m. Calculer une quantité d'électricité échangée lors d'une électrolyse → FICHE 21

Appliquez la formule pour calculer la valeur de Q. Attention aux unités.

n. Calculer la masse de réactif consommé lors d'une électrolyse → FICHE 21

Utilisez soigneusement les demi-équations pour associer la quantité de matière en électrons échangées à la quantité de matière en atomes de zinc consommée.

CORRIGÉS

SE TESTER QUIZ

1 Quotient de réaction pour un système électrochimique

Réponse c. Le quotient de réaction Q_r est le produit des concentrations des produits, affectées de leur nombre stœchiométrique en puissance, sur le produit des concentrations des réactifs, affectées de leur nombre stœchiométrique en puissance. Tout comme le solvant H_2O, les solides n'apparaissent pas dans l'expression du quotient de réaction.

2 Fonctionnement d'une pile

1. Réponse a. Dans le circuit extérieur, les électrons se déplacent dans le sens inverse du courant : ici, ils vont de l'électrode de cuivre à l'électrode d'argent.

2. Réponse b. Dans une pile, le courant part de la cathode (+) pour aller vers l'anode (–). Ici le courant arrive à l'électrode de cuivre, qui est donc l'anode.

3. Réponse a. L'électrode d'argent est la cathode, lieu de la réduction. Une réduction est subie par un oxydant, Ag^+ dans le cas de cette demi-pile. La demi-équation associée à cette demi-pile est : $Ag^+ + e^- \rightleftarrows Ag$. Les atomes d'argent sont donc formés : la masse de l'électrode d'argent augmente.

3 Usure et capacité d'une pile

Réponses b et c. La demi-équation pour l'aluminium est : $Al \rightleftarrows Al^{3+} + 3\ e^-$.
Donc la quantité de matière en électrons échangée est le triple de celle consommée en aluminium : $n(e^-) = 3\ n(Al)_{\text{consommée}} = 1{,}5 \times 10^{-2}$ mol.

$$\Delta t = \frac{n(e^-) \times F}{I} = \frac{1{,}5 \times 10^{-2} \times 96\,500}{25 \times 10^{-3}} = 5{,}8 \times 10^4 \text{ s} = 16 \text{ h}.$$

La proposition **d** est incorrecte car elle ne respecte pas le nombre de chiffres significatifs nécessaire (ici, 2).

4 Une évolution forcée : l'électrolyse

Réponse b. Cu^{2+} est un réactif et Cu un produit.
La demi-équation pour le cuivre est : $Cu^{2+} + 2\ e^- \rightleftarrows Cu$. Cela correspond à la réduction des ions cuivre : cette électrode est la cathode.
Dans le cas d'une électrolyse, elle est donc reliée au pôle (–) du générateur.

S'ENTRAÎNER

5 Écrire une équation d'oxydo-réduction

a. • Pour $Cr_2O_7^{2-}/Cr^{3+}$:
On commence par équilibrer l'élément principal (ici le chrome Cr) :

$$Cr_2O_7^{2-} \rightleftarrows 2\ Cr^{3+}.$$

On équilibre ensuite l'élément oxygène avec l'eau H_2O :

$$Cr_2O_7^{2-} \rightleftarrows 2\ Cr^{3+} + 7\ H_2O.$$

On équilibre ensuite l'élément hydrogène avec l'ion hydrogène H^+ :

$$Cr_2O_7^{2-} + 14\ H^+ \rightleftarrows 2\ Cr^{3+} + 7\ H_2O.$$

On équilibre enfin les charges électriques avec des électrons :

$$Cr_2O_7^{2-} + 14\ H^+ + 6\ e^- \rightleftarrows 2\ Cr^{3+} + 7\ H_2O.$$

• De même pour les autres couples :

$$Fe^{2+} + 2\ e^- \rightleftarrows Fe$$
$$Fe^{3+} + e^- \rightleftarrows Fe^{2+}$$
$$O_2 + 2\ H^+ + 2\ e^- \rightleftarrows H_2O_2$$
$$H_2O_2 + 2\ H^+ + 2\ e^- \rightleftarrows 2\ H_2O$$

À NOTER

a. Les électrons sont toujours placés du côté de l'oxydant, espèce qui capte les électrons.

b. L'ion dichromate est un oxydant et le fer un réducteur. Il faut donc combiner leurs deux demi-équations, en veillant à ce qu'aucun électron n'apparaisse dans l'équation de réaction. Pour cela, on multiplie chacune de ces demi-équations par le nombre d'électrons échangés dans l'autre puis on simplifie si cela est possible.

$$Cr_2O_7^{2-} + 14\ H^+ + 6\ e^- \rightleftarrows 2\ Cr^{3+} + 7\ H_2O \qquad (\times 2)$$
$$Fe \rightleftarrows Fe^{2+} + 2\ e^- \qquad (\times 6)$$

$$2\ Cr_2O_{7(aq)}^{2-} + 6\ Fe_{(s)} + 28\ H^+_{(aq)} \rightarrow 4\ Cr^{3+}_{(aq)} + 6\ Fe^{2+}_{(aq)} + 14\ H_2O_{(\ell)}$$

Tous les nombres stœchiométriques étant pairs, on peut tous les diviser par 2.

$$Cr_2O_{7(aq)}^{2-} + 3\ Fe_{(s)} + 14\ H^+_{(aq)} \rightarrow 2\ Cr^{3+}_{(aq)} + 3\ Fe^{2+}_{(aq)} + 7\ H_2O_{(\ell)}.$$

c. Le peroxyde d'hydrogène H_2O_2 joue les deux rôles : oxydant et réducteur. Il faut donc écrire les deux demi-équations avec H_2O_2 à gauche de la double flèche.

$$H_2O_2 + 2\ H^+ + 2\ e^- \rightleftarrows 2\ H_2O$$
$$H_2O_2 \rightleftarrows O_2 + 2\ H^+ + 2\ e^-$$

$$2\ H_2O_{2(aq)} \rightarrow 2\ H_2O_{(\ell)} + O_{2(g)}$$

6 Réfléchir avec le critère d'évolution spontanée

On exprime le quotient de réaction initial :

$$Q_{ri} = \frac{[Ce^{4+}]_i \times [Fe^{2+}]_i}{[Ce^{3+}]_i \times [Fe^{3+}]_i} = \frac{0 \times 0}{5{,}0 \times 10^{-3} \times 2{,}5 \times 10^{-3}} = 0.$$

On applique ensuite le critère d'évolution spontanée :

$Q_{ri} = 0 < K = 4{,}46 \times 10^{-16}$. L'évolution a donc lieu dans le sens direct.

Inutile donc de réécrire l'équation en inversant les réactifs et les produits.

De toute façon, la transformation ne pouvait pas avoir lieu dans le sens indirect car les ions Fe^{2+} et Ce^{4+}, qui seraient dans ce cas les réactifs, ne sont pas présents à l'état initial…

Cependant, on pourrait conclure un peu hâtivement en disant que la transformation va avoir lieu, permettant de former des ions Ce^{4+} et Fe^{2+}.

Si on regarde plus attentivement la valeur de la constante d'équilibre, on voit qu'elle est certes supérieure à $Q_{ri} = 0$ mais qu'elle reste très faible ($K = 4{,}46 \times 10^{-16}$).

Donc Q_{ri} va augmenter pour atteindre la valeur $Q_{rf} = K$ mais cela n'entraînera presque aucune variation du quotient de réaction et donc presque pas de formation des produits Ce^{4+} et Fe^{2+}...
$Q_{ri} = 0 \approx Q_{rf} = K$.
La question posée était : que va-t-il se passer ? On pourrait donc conclure en disant qu'il ne va pas se passer grand-chose !

7 Équilibre et taux d'avancement

a. On écrit la demi-équation avec l'étain du côté des réactifs : $Sn \rightleftarrows Sn^{2+} + 2\ e^-$. L'étain est donc oxydé.
Pour l'autre couple, il faut une réduction, subie par l'ion Pb^{2+} : $Pb^{2+} + 2\ e^- \rightleftarrows Pb$.
L'équation est donc : $Sn_{(s)} + Pb^{2+}_{(aq)} \rightleftarrows Pb_{(s)} + Sn^{2+}_{(aq)}$.
b. On calcule la valeur du quotient de réaction initial puis on applique le critère d'évolution spontanée.
Pour cela, il faut connaître les concentrations initiales des ions dans le mélange :

$$[Sn^{2+}]_i = \frac{n(Sn^{2+})_i}{V_T} = \frac{C_1V_1}{V_T} = \frac{1{,}00 \times 10^{-3} \times 100 \times 10^{-3}}{100 \times 10^{-3} + 40 \times 10^{-3}} = 7{,}14 \times 10^{-4}\ mol \cdot L^{-1}.$$

$$[Pb^{2+}]_i = \frac{n(Pb^{2+})_i}{V_T} = \frac{C_2V_2}{V_T} = \frac{4{,}00 \times 10^{-3} \times 40 \times 10^{-3}}{100 \times 10^{-3} + 40 \times 10^{-3}} = 1{,}14 \times 10^{-3}\ mol \cdot L^{-1}.$$

$$Q_{ri} = \frac{[Sn^{2+}]_i}{[Pb^{2+}]_i} = \frac{7{,}14 \times 10^{-4}}{1{,}14 \times 10^{-3}} = 0{,}625.\ Q_{ri} = 0{,}625 < K = 2{,}18.$$

Le système va donc évoluer en sens direct.
c. À l'équilibre, on a : $Q_{rf} = K = 2{,}18$. Le quotient de réaction à l'équilibre s'exprime :

$$Q_{rf} = \frac{[Sn^{2+}]_f}{[Pb^{2+}]_f} = \frac{\frac{n(Sn^{2+})_f}{V_T}}{\frac{n(Pb^{2+})_f}{V_T}} = \frac{\frac{C_1V_1 + x_f}{V_T}}{\frac{C_2V_2 - x_f}{V_T}} = \frac{C_1V_1 + x_f}{C_2V_2 - x_f} = K$$

$C_1V_1 + x_f = K \times (C_2V_2 - x_f)$ d'où : $x_f\,(K+1) = KC_2V_2 - C_1V_1$
et donc $x_f = \frac{KC_2V_2 - C_1V_1}{K+1}$.

$$x_f = \frac{2{,}18 \times 4{,}00 \times 10^{-3} \times 40 \times 10^{-3} - 1{,}00 \times 10^{-3} \times 100 \times 10^{-3}}{2{,}18 + 1}$$

$x_f = 7{,}82 \times 10^{-5}$ mol.

À NOTER
c. L'état final d'une transformation spontanée est l'état d'équilibre. On peut donc utiliser sans souci n'importe lequel de ces deux indices : « f » et « éq ».

d. La réaction a lieu dans le sens direct. L'étain Sn est en excès. Le réactif limitant est donc forcément l'ion plomb Pb^{2+}.
Ceci permet de connaître la valeur de l'avancement maximal, atteint si la transformation est totale. En cas de transformation totale, on a :
$n(Pb^{2+})_f = 0 = n(Pb^{2+})_i - x_m$
donc $x_m = n(Pb^{2+})_i = C_2V_2 = 4{,}00 \times 10^{-3} \times 40 \times 10^{-3} = 1{,}6 \times 10^{-4}$ mol.

Le taux d'avancement final est : $\tau = \frac{x_f}{x_m} = \frac{7,82 \times 10^{-5}}{1,6 \times 10^{-4}} = 0,49 = 49\ \%$.

Cette valeur de taux d'avancement, inférieure à 1 ou 100 %, confirme que cette transformation n'est pas totale et aboutit donc à un état d'équilibre.

8 La pile Daniell

a. Selon le schéma, le courant va de l'électrode de cuivre à celle de zinc. L'électrode de zinc est donc le pôle (–) de cette pile. Il s'agit donc de l'anode, lieu de l'oxydation.

b. La réduction se fait donc dans l'autre électrode, celle du cuivre. La réduction est subie par un oxydant : c'est donc l'ion Cu^{2+} qui est réduit. Ceci est en accord avec le fait que les électrons se déplacent en sens inverse du courant, donc de l'électrode de zinc à celle de cuivre. L'ion Cu^{2+} capte deux électrons selon la demi-équation :

$$Cu^{2+} + 2\ e^- \rightleftarrows Cu.$$

c. Toujours selon cette demi-équation, on a formation de cuivre Cu (s) à la cathode (électrode du compartiment 1) qui voit donc sa masse augmenter.

d. Dans le pont salin, le déplacement des ions permet la circulation du courant et assure l'électroneutralité des deux électrolytes. Dans la demi-pile 1, la demi-équation $Cu^{2+} + 2\ e^- \rightleftarrows Cu$ illustre la consommation des cations Cu^{2+}. Ceci est compensé par l'arrivée des cations K^+ dans l'électrolyte 1.

e. Il n'y a pas d'électrons en solution où les porteurs de charge sont des ions. Il n'y a donc pas d'électrons libres dans le pont salin.

f. Si on ouvre l'interrupteur, la pile ne débite plus ($I = 0$). Comme il n'y a donc plus de déplacement d'ensemble des électrons, cela signifie que l'oxydation et la réduction ne se font plus : aucune réaction électrochimique n'est observée.

g. Quand la pile sera usée, il n'y aura plus d'échange d'électrons. La transformation sera donc terminée. Cette transformation étant totale, cela signifie que le réactif limitant aura été totalement consommé.

L'équation de la pile Daniell est : $Zn_{(s)} + Cu^{2+}_{(aq)} \rightarrow Zn^{2+}_{(aq)} + Cu_{(s)}$.

Entre Zn et Cu^{2+}, quel est le réactif limitant ? L'atome de zinc, présent sous la forme de l'électrode de zinc est largement majoritaire par rapport aux ions Cu^{2+}, en solution dans l'électrolyte 1. On peut donc écrire : $[Cu^{2+}]_f = 0\ mol \cdot L^{-1}$.

À NOTER

g. Pour répondre de façon plus précise, il faudrait connaître la masse de l'électrode de zinc ainsi que la concentration et le volume de l'électrolyte 1.

9 Évolution d'une pile

a. On calcule le quotient de réaction et on applique le critère d'évolution spontanée :

$$Q_{ri} = \frac{[Ag^+]_i^2}{[Cu^{2+}]_i} = \frac{(1,0 \times 10^{-2})^2}{5,0 \times 10^{-2}} = 2,0 \times 10^{-3}.\ Q_{ri} = 2,0 \times 10^{-3} > K = 2,6 \times 10^{-16}.$$

L'évolution a donc lieu dans le sens indirect. Il est donc plus logique d'écrire :

$$Cu_{(s)} + 2\ Ag^+_{(aq)} \rightleftarrows Cu^{2+}_{(aq)} + 2\ Ag_{(s)}.$$

b. À l'électrode de cuivre, on a : $Cu \rightleftarrows Cu^{2+} + 2\ e^-$: oxydation du cuivre.

À l'électrode d'argent, on a : $Ag^+ + e^- \rightleftarrows Ag$: réduction de l'ion argent.

c. À l'extérieur de la pile, les électrons sont libérés à l'électrode de cuivre et sont captés à l'électrode d'argent. À l'intérieur de la pile, les porteurs de charge sont les ions. Dans le pont salin, les cations vont vers l'électrode d'argent pour compenser la consommation des ions Ag^+, alors que les anions vont vers l'électrode de cuivre pour compenser la formation des ions Cu^{2+}.

d. Dans le circuit extérieur, le courant se déplace en sens contraire des électrons : il va donc de l'électrode d'argent à l'électrode de cuivre. L'électrode de cuivre est l'anode (–) et l'électrode d'argent est la cathode (+).

e.

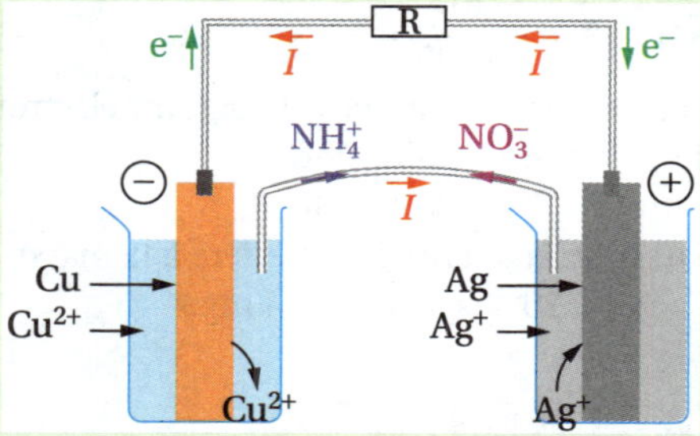

10 Capacité d'une pile

a. On calcule la quantité de matière initiale des réactifs :

$$n(\text{Ni})_i = \frac{m_1}{M(\text{Ni})} = \frac{0{,}30}{58{,}7} = 5{,}1 \times 10^{-3} \text{ mol.}$$

$$n\left(\text{Fe}^{2+}\right)_i = C_2V_2 = 2{,}00 \times 10^{-2} \times 100{,}0 \times 10^{-3} = 2{,}00 \times 10^{-3} \text{ mol.}$$

On dresse le tableau d'avancement :

État	Ni +	Fe^{2+} ⇄	Ni^{2+} +	Fe
Initial	$n(\text{Ni})_i$	$n\left(\text{Fe}^{2+}\right)_i$	$n\left(\text{Ni}^{2+}\right)_i$	$n(\text{Fe})_i$
Maximal	$n(\text{Ni})_i - x_m$	$n\left(\text{Fe}^{2+}\right)_i - x_m$	$n\left(\text{Ni}^{2+}\right)_i + x_m$	$n(\text{Fe})_i + x_m$

Si $n(\text{Ni})_f = 0$, alors $x_{m1} = n(\text{Ni})_i = 5{,}1 \times 10^{-3}$ mol.
Si $n(\text{Fe}^{2+})_f = 0$, alors $x_{m2} = n(\text{Fe}^{2+})_i = 2{,}00 \times 10^{-3}$ mol.
Pour déterminer l'avancement maximal, on fait l'hypothèse que la réaction est totale : $x_f = x_m$.
On sélectionne la plus petite valeur pour l'avancement maximal : $x_{m1} > x_{m2}$.
Donc l'ion Fe^{2+} est le réactif limitant et $x_m = 2{,}00 \times 10^{-3}$ mol.

b. Cette oxydo-réduction a lieu avec deux électrons échangés à chaque fois entre le réducteur et l'oxydant car les demi-équations sont :

$$\text{Ni} \rightleftarrows \text{Ni}^{2+} + 2\,e^-$$
$$\text{Fe}^{2+} + 2\,e^- \rightleftarrows \text{Fe}$$
$$\overline{\text{Fe}^{2+}_{(aq)} + \text{Ni}_{(s)} \rightarrow \text{Fe}_{(s)} + \text{Ni}^{2+}_{(aq)}}$$

Donc la quantité de matière en électrons échangée est le double de l'avancement maximal : $n(e^-) = 2\,x_m = 4{,}00 \times 10^{-3}$ mol.
On a : $Q = n\left(e^-\right) \times F = 4{,}00 \times 10^{-3} \times 96\,500 = 386$ C.
Cette pile a donc une capacité de 386 C.

11 Électrolyse d'une solution aqueuse de nitrate d'argent

a. La formation d'argent solide à partir des ions argent correspond au couple et à la demi-équation : $Ag^+_{(aq)}/Ag_{(s)}$; $Ag^+_{(aq)} + e^- \rightleftarrows Ag_{(s)}$.
Ce sens correspond à la réduction de l'oxydant Ag^+. Cette électrode est donc la cathode.

b. On calcule la quantité d'électricité qui circule au cours de cette électrolyse.

$$Q = I \times \Delta t = 50 \times 10^{-3} \times 10 \times 60 = 30 \text{ C}$$

On en déduit la quantité de matière en électrons échangée :

$$Q = n(e^-)F \text{ donc } n(e^-) = \frac{Q}{F} = \frac{30}{96\,500} = 3{,}1 \times 10^{-4} \text{ mol.}$$

La demi-équation nous permet de dire que, lorsqu'un électron est capté par l'ion argent, il y a formation d'un atome d'argent.
Donc : $n(Ag)_{\text{formée}} = n(e^-) = 3{,}1 \times 10^{-4}$ mol.
Il faut maintenant passer de la quantité de matière à la masse d'argent formée :
$m(Ag)_{\text{formée}} = n \times M = 3{,}1 \times 10^{-4} \times 107{,}9 = 34$ mg.

OBJECTIF BAC

12 Des transformations autour du zinc

Partie 1 Transformation spontanée

a. Il y a réduction des ions fer II :

$$Fe^{2+} + 2\ e^- \rightleftarrows Fe$$

ainsi qu'oxydation du zinc :

$$Zn \rightleftarrows Zn^{2+} + 2\ e^-.$$

b. $n(Fe^{2+})_i = C_1V_1 = 1{,}00 \times 10^{-1} \times 100 \times 10^{-3} = 1{,}00 \times 10^{-2}$ mol.
$n(Zn^{2+})_i = C_2V_2 = 1{,}00 \times 10^{-1} \times 200 \times 10^{-3} = 2{,}00 \times 10^{-2}$ mol.

c. $$Q_{ri} = \frac{[Zn^{2+}]_i}{[Fe^{2+}]_i} = \frac{\frac{n(Zn^{2+})_i}{V_{tot}}}{\frac{n(Fe^{2+})_i}{V_{tot}}} = \frac{n(Zn^{2+})_i}{n(Fe^{2+})_i} = \frac{2{,}00 \times 10^{-2}}{1{,}00 \times 10^{-2}} = 2{,}00.$$

> **À NOTER**
> **c.** On a : $V_{tot} = V_1 + V_2$.

L'histogramme correspondant à l'état initial est celui de la figure 2 (état E2). On retrouve les quantités de matière calculées au **b**.

d. Si $Q_r < K$, alors le système chimique évolue spontanément dans le sens direct de l'équation.
Si $Q_r = K$, le système est dans l'état d'équilibre, pas d'évolution de sa composition.
Si $Q_r > K$, le système évolue spontanément dans le sens indirect de l'équation.
Ici $Q_{ri} = 2{,}00 < K = 1{,}40 \times 10^{11}$. L'évolution se fait donc en sens direct, celle de la formation de Zn^{2+} et de Fe.

e. D'après la réponse à la question **c.**, on a : $Q_r = \frac{[Zn^{2+}]}{[Fe^{2+}]} = \frac{n(Zn^{2+})}{n(Fe^{2+})}$.

Dans le cas 1, on a : $Q_{r1} = \frac{0{,}025}{0{,}005} = 5$. Dans le cas 2, on a : $Q_{r2} = \frac{0{,}015}{0{,}015} = 1{,}0$.

f. Selon le critère d'évolution spontanée, le quotient de réaction évolue au cours de la transformation de façon à tendre vers K. Ici, Q_r va augmenter (évolution en sens direct), partant de $Q_{ri} = 2{,}00$ pour aller vers $K = 1{,}40 \times 10^{11}$. Seul Q_{r1} est compatible avec ces données. L'état E1 est donc le seul état qui constitue un état intermédiaire entre l'état initial et l'état final.

g. On détermine les quantités de matière à l'état initial pour les deux solides.

$$n(\text{Zn})_i = \frac{n(\text{Zn})_i}{M(\text{Zn})} = \frac{6{,}54}{65{,}4} = 1{,}0 \times 10^{-1} \text{ mol} ;$$

$$n(\text{Fe})_i = \frac{n(\text{Fe})_i}{M(\text{Fe})} = \frac{5{,}58}{55{,}8} = 1{,}0 \times 10^{-1} \text{ mol}.$$

Cela permet de dresser un tableau d'avancement :

État	Avancement	$Fe^{2+}_{(aq)}$ +	$Zn_{(s)}$ $\rightleftarrows$	$Zn^{2+}_{(aq)}$ +	$Fe_{(s)}$
Initial	$x = 0$	$n(Fe^{2+})_i$	$n(Zn)_i$	$n(Zn^{2+})_i$	$n(Fe)_i$
Final	$x = x_f$	$n(Fe^{2+})_i - x_f$	$n(Zn)_i - x_f$	$n(Zn^{2+})_i + x_f$	$n(Fe)_i + x_f$

Sachant que $x_f = 1{,}00 \times 10^{-2}$ mol, on peut compléter numériquement la ligne correspondant à l'état final :

$n(Fe^{2+})_f = n(Fe^{2+})_i - x_f = 1{,}00 \times 10^{-2} - 1{,}00 \times 10^{-2} = 0$ mol

$n(Zn)_f = n(Zn)_i - x_f = 1{,}0 \times 10^{-1} - 1{,}00 \times 10^{-2} = 9 \times 10^{-2}$ mol

$n(Zn^{2+})_f = n(Zn^{2+})_i + x_f = 2{,}00 \times 10^{-2} + 1{,}00 \times 10^{-2} = 3{,}00 \times 10^{-2}$ mol

$n(Fe)_f = n(Fe)_i + x_f = 1{,}0 \times 10^{-1} + 1{,}00 \times 10^{-2} = 1{,}1 \times 10^{-1}$ mol.

Pour obtenir la concentration en quantité de matière des deux ions à l'état final, il faut diviser la quantité de matière par le volume de la solution.

$$[Fe^{2+}]_f = \frac{n(Fe^{2+})_f}{V_{tot}} = \frac{0}{100 \times 10^{-3} + 200 \times 10^{-3}} = 0 \text{ mol} \cdot \text{L}^{-1}$$

$$[Zn^{2+}]_f = \frac{n(Zn^{2+})_f}{V_{tot}} = \frac{3{,}00 \times 10^{-2}}{100 \times 10^{-3} + 200 \times 10^{-3}} = 1{,}00 \times 10^{-1} \text{ mol} \cdot \text{L}^{-1}.$$

On peut ainsi compléter l'histogramme de la figure 4 :

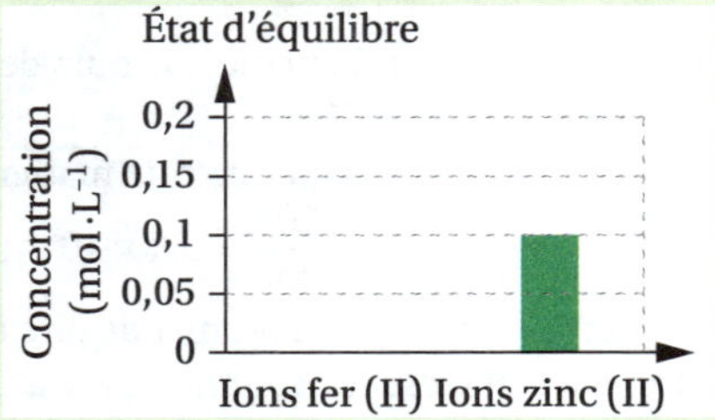

À NOTER

g. Dans cette question, l'ordonnée de l'histogramme est une concentration. Ce n'était pas le cas dans la question **b**. Attention aux confusions possibles !

Partie 2 Électrolyse

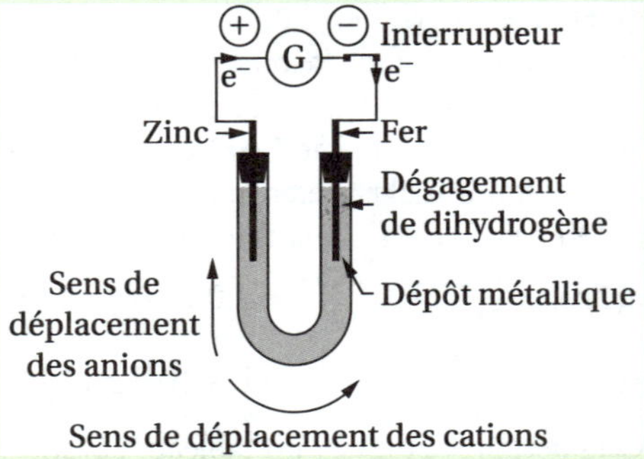

h. Dans les fils de connexion, les porteurs de charges sont les électrons. Ils sont libérés par la borne – du générateur et sont captés par la borne + du générateur.

En solution aqueuse, les porteurs de charges sont les ions. Les cations sont attirés par la borne – du générateur et les anions sont attirés par la borne +.

i. Le dégagement de dihydrogène est lié à la réduction des ions H^+ : $2\ H^+ + 2\ e^- \rightleftarrows H_2$.

La formation du dépôt métallique est liée à la réduction des ions Zn^{2+} :

$$Zn^{2+} + 2\ e^- \rightleftarrows Zn.$$

Cette électrode étant le siège de réactions de réduction, il s'agit donc de la cathode.

j. Le dépôt de zinc sur le fer de l'électrode protège le fer de la corrosion. Au contact de l'air, le zinc se recouvrira d'une couche d'oxyde de zinc protectrice. Ce procédé est appelé « électrozingage ».

k. La masse de l'électrode de zinc diminue. En effet, il y a consommation du métal zinc en raison d'une réaction d'oxydation anodique, le zinc étant le seul réducteur présent au niveau de l'anode : $Zn \rightleftarrows Zn^{2+} + 2\ e^-$.

l. On a donc une oxydation à l'anode : $Zn_{anode\ (s)} \rightleftarrows Zn^{2+}_{(aq)} + 2\ e^-$

et une réduction à la cathode : $Zn^{2+}_{(aq)} + 2\ e^- \rightleftarrows Zn_{cathode\ (s)}$

$$Zn_{anode\ (s)} + Zn^{2+}_{(aq)} \rightleftarrows Zn^{2+}_{(aq)} + Zn_{cathode\ (s)}$$

Cette électrolyse est dite « à anode soluble » car cela revient à faire « disparaître » le zinc de l'anode, tout en le reformant sur la cathode.

À NOTER

l. Sans les indices « anode » et « cathode », cette équation de réaction devient inexploitable. Il faut ici éviter toute confusion.

m. On calcule la quantité d'électricité qui circule au cours de cette électrolyse :
$Q = I \times \Delta t = 500 \times 10^{-3} \times 10 \times 60 = 3{,}0 \times 10^2$ C.

n. De la quantité d'électricité, on déduit la quantité de matière en électrons échangés : $Q = n(e^-) \times F$ donc $n(e^-) = \dfrac{Q}{F} = \dfrac{3{,}0 \times 10^2}{96\,500} = 3{,}1 \times 10^{-3}$ mol.

La demi-équation d'oxydation à l'anode nous permet de dire que lorsque deux électrons sont libérés, un atome de zinc est consommé et il y a la formation d'un ion zinc. Donc : $n(Zn)_{consommé} = \dfrac{n(e^-)}{2} = 1{,}6 \times 10^{-3}$ mol.

Il faut maintenant passer de la quantité de matière à la masse de zinc consommée :
$m(Zn)_{consommée} = n \times M = 1{,}6 \times 10^{-3} \times 65{,}4 = 0{,}10$ g.

En conclusion, on peut donc dire qu'au cours de cette électrolyse, la masse de l'électrode de zinc diminue de 0,10 g, ce qui provoque la formation de 0,10 g d'un dépôt de zinc sur la cathode en fer.

6 Sens d'évolution d'un système acide-base

Une part importante du dioxyde de carbone libéré dans l'atmosphère se dissout dans l'océan, entraînant une diminution du pH. Cette **acidification** entraîne des déplacements d'équilibre acido-basique nocifs pour les organismes marins, notamment les récifs coralliens. Elle conduit ainsi à une dégradation de tout un écosystème.

22 Constante d'acidité d'un couple acide-base

En bref *Tous les acides ou les bases ne conduisent pas au même état d'équilibre en solution aqueuse. Il est donc nécessaire de définir une grandeur qui permette de caractériser chaque couple acide/base : c'est la constante d'acidité.*

I Constante d'acidité d'un couple acide/base

■ La constante d'acidité K_A d'un couple acide/base est la constante d'équilibre → FICHE 17 associée à la réaction de dissociation de l'acide de ce couple dans l'eau :

$$\text{acide}_{(aq)} + H_2O_{(\ell)} \rightleftarrows \text{base}_{(aq)} + H_3O^+_{(aq)}$$

soit :

$$K_A = \frac{[\text{base}]_{éq} \times [H_3O^+]_{éq}}{[\text{acide}]_{éq}}$$

■ Pour un couple acide/base donné, K_A dépend uniquement de la température.

■ On définit également $pK_A = -\log K_A$ ce qui équivaut à $K_A = 10^{-pK_A}$.

Exemple : pour le couple acide méthanoïque/ion méthanoate HCO_2H/HCO_2^- :

$$K_A = \frac{[HCO_2^-]_{éq} \times [H_3O^+]_{éq}}{[HCO_2H]_{éq}} = 1{,}8 \times 10^{-4}$$

et $pK_A = 3{,}75$ à 25 °C.

À NOTER
Dans l'état d'équilibre $Q_{rf} = K$. La constante d'équilibre est définie au chapitre 5.

II Produit ionique de l'eau

■ La réaction d'autoprotolyse de l'eau met en jeu les deux couples acide/base de l'eau H_3O^+/H_2O et H_2O/HO^- :

$$H_2O_{(\ell)} + H_2O_{(\ell)} \rightleftarrows H_3O^+_{(aq)} + HO^-_{(aq)}.$$

■ La constante d'équilibre associée à la réaction d'autoprotolyse de l'eau est appelée produit ionique de l'eau et notée K_e :

$K_e = [H_3O^+] \times [HO^-] = 1{,}0 \times 10^{-14}$ à 25 °C. K_e est sans dimension.

On utilise souvent $pK_e = -\log(K_e)$; à 25 °C $pK_e = 14$.

■ Dans toute solution aqueuse, le produit ionique de l'eau K_e est toujours égal à une constante, à une température donnée. Il est indépendant des substances dissoutes. À 25 °C dans une solution :

- neutre : $[H_3O^+] = [HO^-] = 10^{-7}$ mol·L^{-1} et $K_e = 10^{-14}$ d'où $pH = \frac{1}{2} pK_e = 7$;
- acide : $[H_3O^+] > 10^{-7}$ mol·L^{-1} et $[HO^-] < 10^{-7}$ mol·L^{-1} et pH < 7 ;
- basique : $[H_3O^+] < 10^{-7}$ mol·L^{-1} et $[HO^-] > 10^{-7}$ mol·L^{-1} et pH > 7.

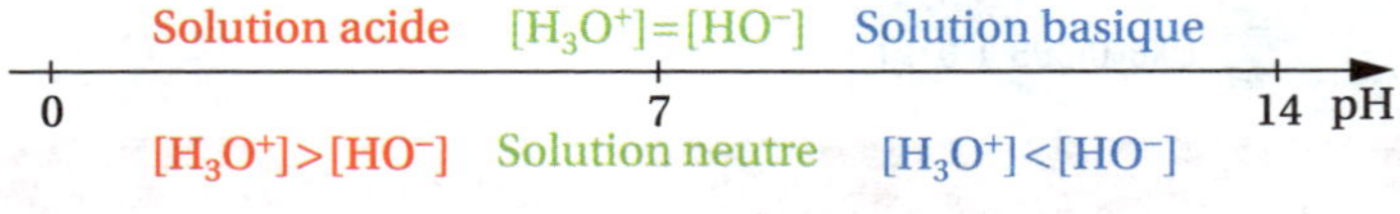

Méthode

Calculer la constante d'acidité K_A d'un couple acide-base

On dispose de 100 mL d'une solution aqueuse d'acide éthanoïque CH_3CO_2H de concentration $C = 5{,}0 \times 10^{-2}$ mol·L^{-1}. On mesure le pH et on obtient pH = 3,0.

a. Donner l'expression de la constante d'acidité K_A du couple acide éthanoïque/ion éthanoate.

b. Déterminer la valeur de la constante d'acidité du couple acide éthanoïque/ion éthanoate et en déduire la valeur de son pK_A.

CONSEILS

a. Écrivez l'équation de dissociation de l'acide éthanoïque dans l'eau et exprimez sa constante d'équilibre $Q_{rf} = K_A$.

b. Aidez-vous d'un tableau d'avancement et utilisez la valeur du pH pour déterminer l'avancement final ; déduisez-en la concentration de chaque espèce dans l'état d'équilibre.

SOLUTION

a. CH_3CO_2H est un acide donc il va réagir avec l'eau H_2O en tant que base, soit les couples : $CH_3CO_2H/CH_3CO_2^-$ et H_3O^+/H_2O.

$$CH_3CO_2H_{(aq)} + H_2O_{(\ell)} \rightleftarrows CH_3CO^-_{2(aq)} + H_3O^+_{(aq)}$$

b. $K_A = \dfrac{[CH_3CO_2^-]_{éq} \times [H_3O^+]_{éq}}{[CH_3CO_2H]_{éq}}$

	$CH_3CO_2H_{(aq)}$ +	$H_2O_{(\ell)}$ ⇄	$CH_3CO^-_{2(aq)}$ +	$H_3O^+_{(aq)}$
État initial	n_o	excès	0	0
État final	$n_0 - x_f$	excès	x_f	x_f

• Quantité initiale d'acide dans 100 mL :
$n_0 = C \times V = 5{,}0 \times 10^{-2} \times 0{,}100 = 5{,}0 \times 10^{-3}$ mol.

• Dans l'état final pH = 3,0 d'où $[H_3O^+] = 1{,}0 \times 10^{-3}$ mol·L^{-1}
soit $n(H_3O^+) = [H_3O^+] \times V = 1{,}0 \times 10^{-3} \times 0{,}100 = 1{,}0 \times 10^{-4}$ mol.

• D'après le tableau d'avancement dans l'état final :
$n(H_3O^+) = n(CH_3CO_2^-) = x_f = 1{,}0 \times 10^{-4}$ mol soit :
$[H_3O^+] = [CH_3CO_2^-] = 1{,}0 \times 10^{-3}$ mol·L^{-1}.
$n(CH_3CO_2H) = n_0 - x_f = 5{,}0 \times 10^{-3} - 1{,}0 \times 10^{-4}$ mol $= 4{,}9 \times 10^{-3}$ mol soit la concentration : $[CH_3CO_2H] = \dfrac{n_{CH_3CO_2H}}{V} = \dfrac{4{,}9 \times 10^{-3}}{0{,}1} = 4{,}9 \times 10^{-2}$ mol·L^{-1}.

On peut alors déterminer la valeur de K_A :

$$K_A = \frac{1{,}0 \times 10^{-3} \times 1{,}0 \times 10^{-3}}{4{,}9 \times 10^{-2}} = 2{,}0 \times 10^{-5} \text{ soit p}K_A = -\log(2{,}0 \times 10^{-5}) = 4{,}7.$$

23 Force d'un acide ou d'une base dans l'eau

En bref *La comparaison de la constante d'acidité des couples acide-base permet un classement des acides et des bases des plus forts aux plus faibles.*

I Les acides et bases forts et faibles

■ Un acide HA ou une base A^- qui réagit avec l'eau par une **réaction totale** est qualifié d'**acide fort** ou de **base forte**.

$$HA_{(aq)} + H_2O_{(\ell)} \rightarrow H_3O^+_{(aq)} + A^-_{(aq)} \qquad A^-_{(aq)} + H_2O_{(\ell)} \rightarrow HA_{(aq)} + HO^-_{(aq)}.$$

Exemples : • Acides forts : gaz chlorure d'hydrogène HCl ; acide nitrique HNO_3.

• Bases fortes : hydroxyde de sodium NaOH ; ion éthanolate $C_2H_5O^-$.

■ Un acide HA ou une base A^- est **faible** si sa réaction avec l'eau conduit à un **état d'équilibre** avec $\tau < 1$.

$$HA_{(aq)} + H_2O_{(\ell)} \rightleftarrows H_3O^+_{(aq)} + A^-_{(aq)} \qquad A^-_{(aq)} + H_2O_{(\ell)} \rightleftarrows HA_{(aq)} + HO^-_{(aq)}.$$

Exemples : • Les acides carboxyliques RCO_2H sont des acides faibles dans l'eau.

• Les ions carboxylate RCO_2^- et les amines RNH_2 sont des bases faibles dans l'eau.

II Classement des acides et des bases

■ Un **acide** HA est d'autant plus fort que le taux d'avancement final τ de sa réaction avec l'eau est élevé ou que la constante d'acidité K_A de son couple est **grande** (ou que le pK_A est faible).

■ Une **base** A^- est d'autant plus forte que le taux d'avancement final τ de sa réaction avec l'eau est élevé ou que la constante d'acidité K_a de son couple est **faible** (ou que le pK_A est grand).

> **À NOTER**
> Plus un acide HA d'un couple est fort plus sa base conjuguée A^- est faible.

■ Les couples de l'eau : H_3O^+/H_2O et H_2O/HO^-

$$H_3O^+ + H_2O \rightleftarrows H_2O + H_3O^+ \quad K_A = \frac{[H_3O^+]_{éq}}{[H_3O^+]_{éq}} = 1 \text{ et } pK_A = 0\ ;$$

$$H_2O + H_2O \rightleftarrows HO^- + H_3O^+ \quad K_A = K_e = [H_3O^+] \times [HO^-] = 10^{-14} \text{ et } pK_e = 14.$$

H_3O^+ est l'acide le plus fort en solution aqueuse et HO^- est la base la plus forte en solution aqueuse.

■ Pour tout couple acide faible/base faible : $1 < K_A < 10^{-14}$ ou $0 < pK_A < 14$.

■ À concentration identique : la solution de **l'acide** le plus fort possède le **pH le plus faible** et la solution de **base** la plus forte possède le **pH le plus élevé**.

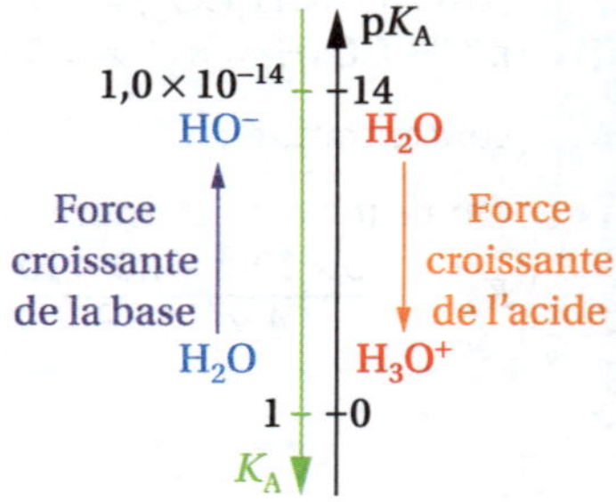

Méthode

Comparer la force de trois acides

On considère trois solutions aqueuses des acides HA_1, HA_2 et HA_3, toutes trois à la concentration de $1{,}0 \times 10^{-3}$ mol·L^{-1}. La mesure, dans un ordre quelconque, du pH de chaque solution donne les valeurs : 3,0 ; 3,6 et 6,1.

a. HA_2 est un acide fort. Attribuer un pH à la solution de HA_2. Argumenter.

b. Classer ces acides par force croissante et associer un pH à chaque solution.

Données à 25 °C : $K_{A_1}(HA_1/A_1^-) = 6{,}3 \times 10^{-5}$, $pK_{A_3}(HA_3/A_3^-) = 9{,}2$.

CONSEILS

a. Définissez un acide fort. Déterminez le pH d'une solution de concentration C.

b. Comparez les constantes d'acidité ou les pK_A. Plus un acide est fort, à même concentration, plus son pH sera petit.

SOLUTION

a. Un acide est fort si sa réaction avec l'eau est totale. Si on dissout *n* mol d'acide fort dans un volume *V*, on retrouve *n* mol d'ions oxonium en solution.

	$HA_{(aq)}$	+ $H_2O_{(\ell)}$	→ $H_3O^+_{(aq)}$	+ $A^-_{(aq)}$
État initial	n	excès	0	0
État final	0	excès	n	n

$$C_{(\text{apportée})} = \frac{n}{V} \text{ et } [H_3O^+] = \frac{n}{V} = C \text{ ; } pH = -\log\left(\frac{[H_3O^+]}{c^0}\right) = -\log\left(\frac{C}{c^0}\right)$$

$pH = -\log\left(\dfrac{1{,}0 \times 10^{-3}}{1{,}0}\right) = 3{,}0$. HA_2 est un acide fort, libérant des H_3O^+ dans l'eau par une réaction totale. Cette solution a un pH de 3,0.

b. Les deux autres acides ayant un pH > 3 sont des acides faibles. Pour comparer la force de deux acides, on compare les K_A ou pK_A : $K_{A_1} = 6{,}3 \times 10^{-5}$ soit $pK_{A_1} = -\log(6{,}3 \times 10^{-5}) = 4{,}2$ et $pK_{A_3} = 9{,}2$ soit $K_{A_3} = 10^{-9{,}2} = 6{,}3 \times 10^{-10}$. On constate que $K_{A_1} > K_{A_3}$ ou $pK_{A_1} < pK_{A_3}$ donc l'acide HA_1 est un acide plus fort que l'acide HA_3.

$HA_{(aq)} + H_2O_{(\ell)} \rightleftarrows H_3O^+_{(aq)} + A^-_{(aq)}$ Plus K_A est grand, plus la réaction est déplacée dans le sens direct donc dans le sens de la formation des ions H_3O^-.

$$HA_{(aq)} + H_2O_{(\ell)} \underset{\text{sens direct}}{\rightleftarrows} H_3O^+_{(aq)} + A^-_{(aq)} \quad K_A = \frac{[A^-]_{éq} \times [H_3O^+]_{éq}}{[HA]_{éq}} \text{ et } K_{A1} > K_{A3}.$$

La réaction de HA_1 avec l'eau sera donc plus déplacée dans le sens direct ce qui produira plus d'ions H_3O^+ et donnera un pH plus petit.

D'où $pH_1 = 3{,}6$ et $pH_3 = 6{,}1$. L'acide fort HA_2 aura le pH le plus petit soit la concentration $[H_3O^+]$ la plus grande.

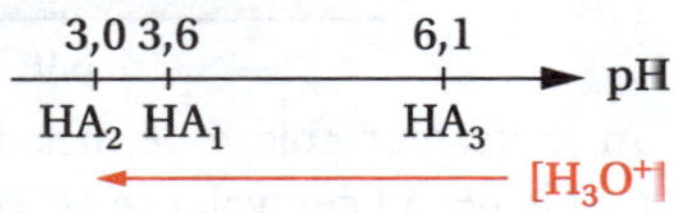

24 Diagrammes de prédominance et de distribution

En bref *Dans une solution aqueuse les proportions d'un acide et de sa base conjuguée varient en fonction du pH. On peut prévoir quelle espèce prédomine en connaissant la valeur de la constante d'acidité du couple.*

I Diagrammes de prédominance et de distribution

■ **Diagramme de prédominance :** pour le couple HA/A^-, on a

$$K_A = \frac{[A^-]_{eq} \times [H_3O^+]_{eq}}{[HA]_{eq}} \text{ ou } pH = pK_A + \log\frac{[A^-]_{eq}}{[HA]_{eq}}.$$

• L'espèce A^- prédomine si :

$[A^-] > [HA]$ donc si $\frac{[A^-]}{[HA]} > 1$ soit

$pH > pK_A$ car $\log\left(\frac{[A^-]}{[HA]}\right) > 0$.

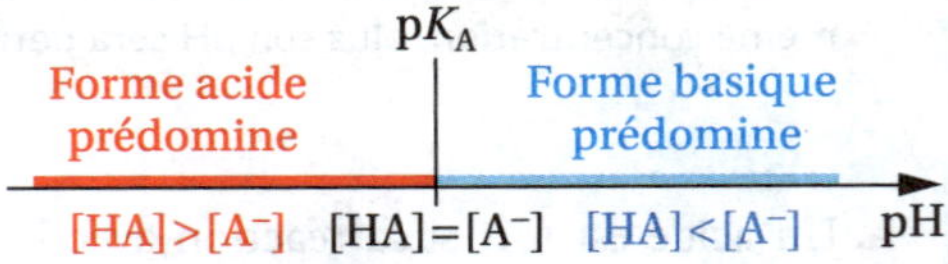

• L'espèce HA prédomine si :

$[HA] > [A^-]$ donc si $\frac{[A^-]}{[HA]} < 1$ soit $pH < pK_A$ car $\log\left(\frac{[A^-]}{[HA]}\right) < 0$.

• Si $[HA] = [A^-]$ alors $pH = pK_A$ car $\log\left(\frac{[A^-]}{[HA]}\right) = 0$.

■ **Diagramme de distribution :** le pourcentage d'acide HA en solution est $\frac{[HA]}{[HA]+[A^-]}$ et celui de la base A^- est $\frac{[A^-]}{[HA]+[A^-]}$. Ils sont représentés en fonction du pH. Pour 50 % d'acide et de base conjuguée, on peut lire la valeur du pK_A du couple.

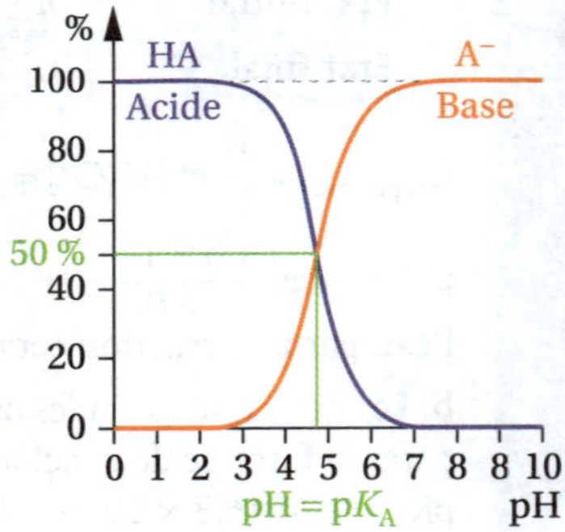

II Zone de virage d'un indicateur coloré

■ Un **indicateur coloré** est un couple $HInd/Ind^-$ dont la forme acide HInd et la forme basique Ind^- ont des couleurs différentes.

■ On appelle **zone de virage** l'intervalle de pH pour lequel la couleur de l'indicateur coloré est la superposition des deux teintes.

Exemple : bleu de bromothymol ($pK_A = 7{,}1$) :

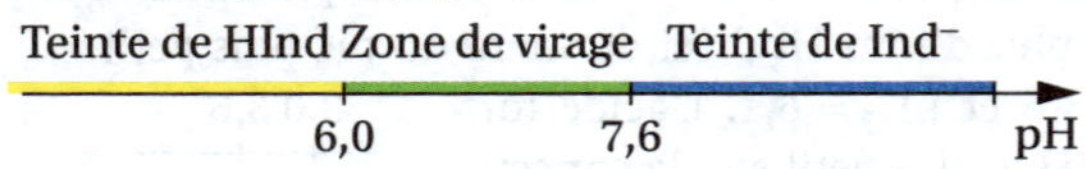

■ Un indicateur coloré permet de repérer l'équivalence d'un titrage acido-basique si le pH à l'équivalence est contenu dans la zone de virage.

Méthode

1 Établir et exploiter un diagramme de prédominance

Le couple de l'aspirine (acide acétylsalicylique/ion acétylsalicylate) a un $pK_A = 3{,}5$. On note plus simplement le couple HA/A^-.

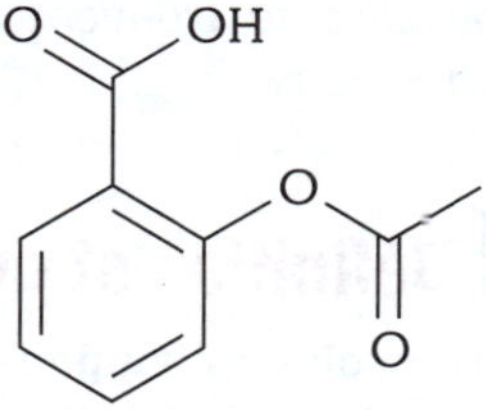

a. Tracer le diagramme de prédominance du couple de l'aspirine.

b. Sachant que le pH de l'estomac est voisin de 1, sous quelle forme y trouve-t-on l'aspirine ?

SOLUTION

a. D'après la relation $pH = pK_A + \log \frac{[A^-]_{éq}}{[HA]_{éq}}$, si $[HA] = [A^-]$ alors $pH = pK_A$.

En revanche, si $[HA] > [A^-]$ alors $pH < pK_A$ et HA prédomine. Inversement si $[HA] < [A^-]$ alors $pH > pK_A$ et c'est la base conjuguée qui prédomine.

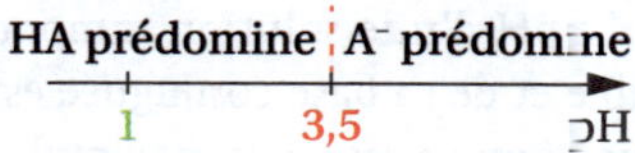

b. À pH = 1, on est dans le domaine de prédominance de la forme acide HA. Dans l'estomac on trouve donc l'aspirine sous sa forme acide HA.

2 Déterminer la zone de virage d'un indicateur coloré

Le vert de bromocrésol est un indicateur coloré acido-basique. C'est un couple acide-base dont la forme acide est jaune tandis que la forme basique est bleue. On considère que le vert de bromocrésol prend sa teinte acide lorsque $[HInd]/[Ind^-] > 10$ et qu'il prend sa teinte basique lorsque $[Ind^-]/[HInd] > 10$.
Déterminer la zone de virage du vert de bromocrésol.

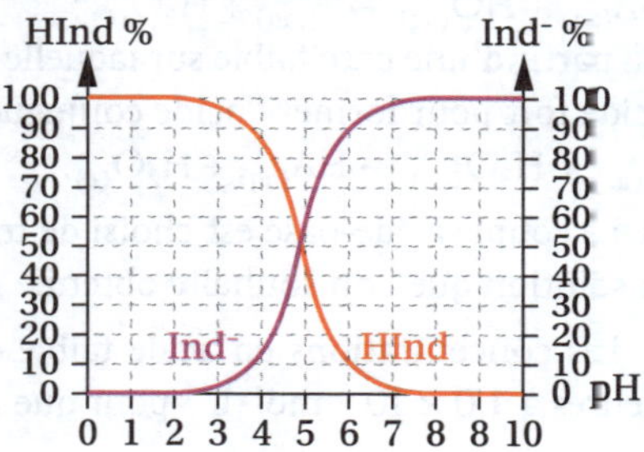

CONSEILS

Déterminez le pK_A et les valeurs de pH quand $\frac{[Ind^-]_{éq}}{[HInd]_{éq}} > 10$ et quand $\frac{[Ind^-]_{éq}}{[HInd]_{éq}} < 10$.

SOLUTION

Pour 50 % d'acide et de base on lit $pH = pK_A = 4{,}8$.

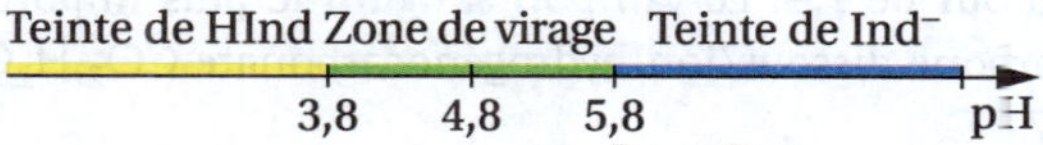

Si $\frac{[Ind^-]_{éq}}{[HInd]_{éq}} = 10$ alors $pH = pK_A + \log 10 = pK_A + 1$ et si $\frac{[Ind^-]_{éq}}{[HInd]_{éq}} = \frac{1}{10}$ alors $pH = pK_A - 1$. La zone de virage est donc comprise entre 3,8 et 5,8.

25 Solution tampon

En bref *Les solutions tampons ont la propriété de fixer le pH du milieu où elles se trouvent à une valeur déterminée et de s'opposer à ses variations.*

I Définition et préparation d'une solution tampon

- Une **solution tampon** est une solution dont le pH varie peu lorsqu'on y ajoute une petite quantité d'acide fort, de base forte ou lorsqu'on la dilue de façon modérée.
- Une solution tampon contient un acide faible HA et sa base conjuguée A^- en concentrations voisines : son pH est donc voisin du pK_A de ce couple.
- Le pH d'une solution tampon contenant un mélange **équimolaire** d'un acide faible et de sa base conjuguée est égal au pK_A du couple correspondant. Son pouvoir tampon est alors maximal.
- Il existe trois méthodes de préparation :
  - en réalisant un mélange équimolaire d'un acide faible et de sa base conjuguée ;
  - à partir d'un acide faible sur lequel on fait réagir une base forte pour former la base conjuguée A^- : $HA_{(aq)} + HO^-_{(aq)} \rightarrow A^-_{(aq)} + H_2O_{(\ell)}$;
  - à partir d'une base faible sur laquelle on fait réagir un acide fort pour former l'acide conjugué HA : $A^-_{(aq)} + H_3O^+_{(aq)} \rightarrow HA_{(aq)} + H_2O_{(\ell)}$.

> **À NOTER**
> La réaction entre un acide faible et une base forte ou une base faible et un acide fort est une réaction totale.

- Le couple acide-base est choisi de telle sorte que son pK_A soit proche du pH de la solution que l'on souhaite obtenir.
- Les concentrations en acide faible et base faible doivent être au moins supérieures à $1{,}0 \times 10^{-3}\ mol \cdot L^{-1}$ pour que la solution tampon soit efficace.

II Exemples

- Les **solutions étalons** utilisées pour étalonner les pH-mètres sont des solutions tampons.
- Dans le corps humain, le pH du sang est maintenu dans une plage très étroite autour de 7,4. Le **tampon sanguin** le plus important est le couple : dioxyde de carbone dissout/ion hydrogénocarbonate $CO_2{,}H_2O_{(aq)}/HCO^-_{3(aq)}$ de $pK_A = 6{,}3$ à 37 °C.

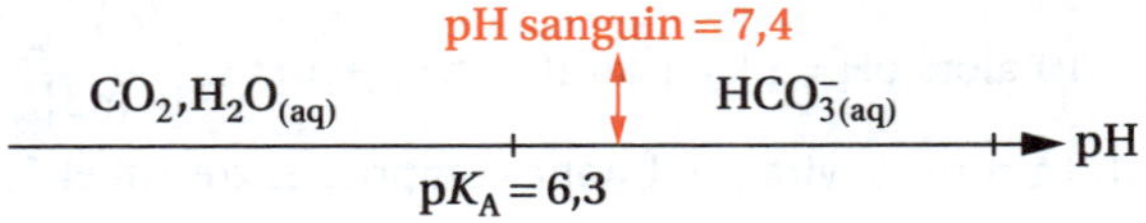

Méthode

Préparation d'une solution tampon

On prépare une solution tampon en mettant dans un bécher 50,0 mL d'une solution d'ammoniaque NH_3 à 1,0 mol·L^{-1} et 50,0 mL d'une solution de chlorure d'ammonium ($NH_{4(aq)}^+ + Cl_{(aq)}^-$) à 1,0 mol·L^{-1} (p$K_A$ (NH_4^+/NH_3) = 9,26).

a. Calculer le pH de cette solution.

b. On ajoute au 100 mL de la solution tampon précédente, 100 mL de solution d'hydroxyde de sodium ($Na_{(aq)}^+ + HO_{(aq)}^-$) à $1{,}0 \times 10^{-1}$ mol·L^{-1} et on mesure un pH = 9,43. Expliquer pourquoi le pH augmente. Que montre cette expérience ?

c. On prépare cette même solution tampon en additionnant un volume V' d'une solution d'acide chlorhydrique à 1,0 mol·L^{-1} dans 50,0 mL d'une solution d'ammoniaque NH_3 à 1,0 mol·L^{-1}. Quel volume doit-on ajouter ? Justifier.

CONSEILS

a. Utilisez la relation $pH = pK_A + \log\frac{[A^-]_{éq}}{[HA]_{éq}}$.

b. La réaction entre un acide faible et une base forte est une réaction totale.

c. La réaction entre une base faible et un acide fort est une réaction totale.

SOLUTION

a. $pH = pK_A + \log\frac{[NH_3]_{éq}}{[NH_4^+]_{éq}}$; on mélange les mêmes volumes de même concentration donc $[NH_3] = [NH_4^+] = \frac{C \times V}{2V} = \frac{C}{2}$. On a réalisé un mélange équimolaire en acide et base conjuguée donc pH = pK_A = 9,26.

b. L'ion hydroxyde $HO_{(aq)}^-$ est une base forte donc elle réagit avec l'acide NH_4^+ par une réaction totale : $NH_{4(aq)}^+ + HO_{(aq)}^- \rightarrow NH_{3(aq)} + H_2O_{(\ell)}$.
La concentration en ion ammonium NH_4^+ diminue et celle de NH_3 augmente et, de ce fait, le rapport $\frac{[NH_3]_{éq}}{[NH_4^+]_{éq}}$ augmente ainsi que le pH. On constate que la variation de pH est faible (de 9,26 à 9,43) ce qui confirme qu'une solution tampon a son pH qui varie peu avec un ajout de base forte.

c. La réaction étant totale, pour préparer un mélange équimolaire en NH_3 et NH_4^+ il faut faire réagir la moitié de la quantité initiale de NH_3.

$n(H_3O^+)_i = \frac{n(NH_3)_i}{2} = \frac{C \times V}{2} = C \times V'$.

Donc $V' = \frac{V}{2} = 25$ mL.

Pour 50 mL de solution d'ammoniaque il faut ajouter 25 mL d'acide chlorhydrique de même concentration.

NH_3	$+ H_3O^+$	$\rightarrow NH_4^+$	$+ H_2O$
n	$\frac{n}{2}$	0	excès
$\frac{n}{2}$	0	$\frac{n}{2}$	excès

MÉMO VISUEL

SYSTÈME

Constante d'acidité

Définition de K_A

$acide_{(aq)} + H_2O_{(\ell)} \leftrightarrows base_{(aq)} + H_3O^+_{(aq)}$

$K_A = \frac{[base]_{éq} \times [H_3O^+]_{éq}}{[acide]_{éq}}$ $\quad pK_A = -\log K_A$ ou $K_A = 10^{-pK_A}$

Produit ionique de l'eau

$H_2O_{(\ell)} + H_2O_{(\ell)} \leftrightarrows H_3O^+_{(aq)} + HO^-_{(aq)}$

$K_e = [H_3O^+] \times [HO^-]$; à 25 °C $K_e = 1{,}0 \times 10^{-14}$

$pK_e = -\log K_e$; à 25 °C $pK_e = 14$

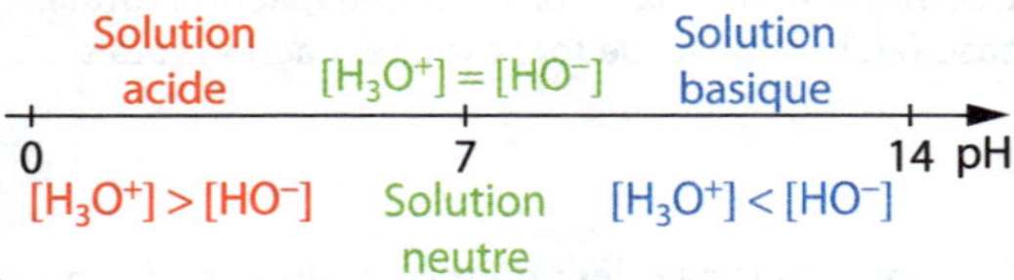

Force d'un acide ou d'une base dans l'eau

Acide fort et base forte (réaction totale)

- $HA_{(aq)} + H_2O_{(\ell)} \rightarrow H_3O^+_{(aq)} + A^-_{(aq)}$
- $A^-_{(aq)} + H_2O_{(\ell)} \rightarrow HA_{(aq)} + HO^-_{(aq)}$

Classement des acides et des bases

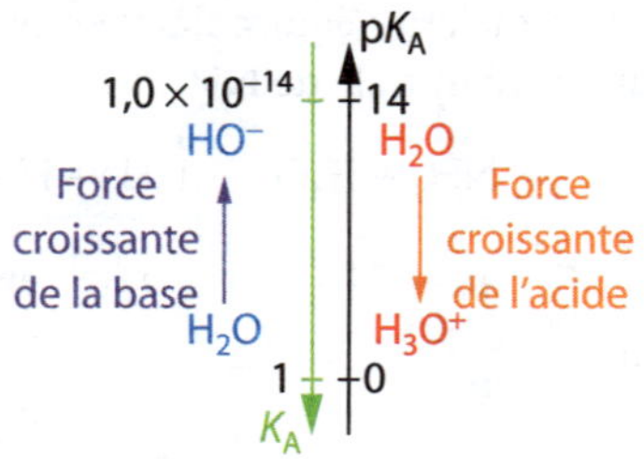

Acide faible et base faible (réaction non totale)

- $HA_{(aq)} + H_2O_{(\ell)} \leftrightarrows H_3O^+_{(aq)} + A^-_{(aq)}$
- $A^-_{(aq)} + H_2O_{(\ell)} \leftrightarrows HA_{(aq)} + HO^-_{(aq)}$

ACIDE-BASE

Diagrammes de prédominance et de distribution

Diagramme de prédominance

$$pH = pK_A + \log\frac{[A^-]_{eq}}{[HA]_{eq}}$$

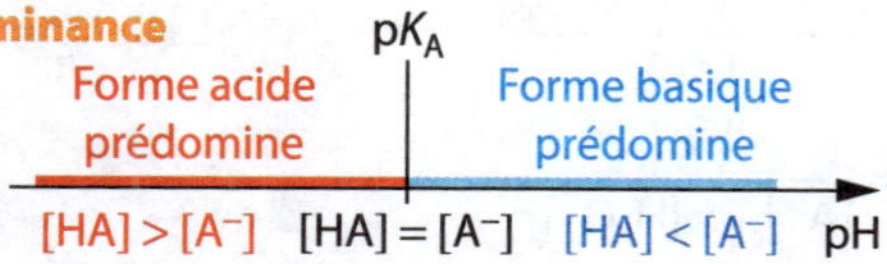

Diagramme de distribution

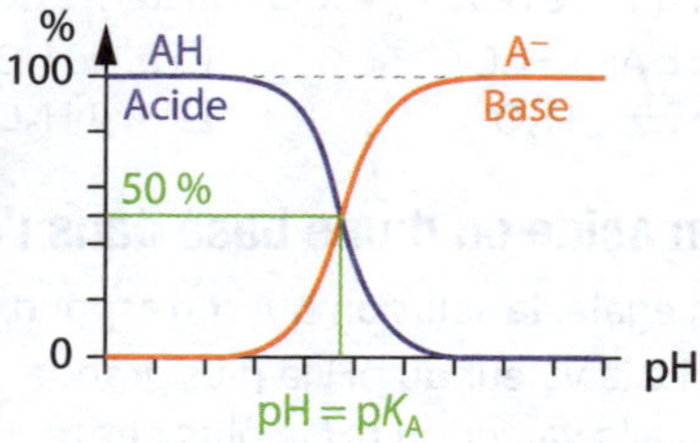

Zone de virage d'un indicateur coloré

- **Indicateur coloré** : HInd/Ind⁻ couple acide-base

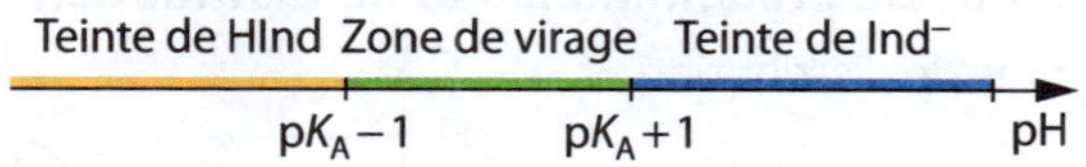

- **Zone de virage** : intervalle de pH correspondant à la superposition des deux couleurs.

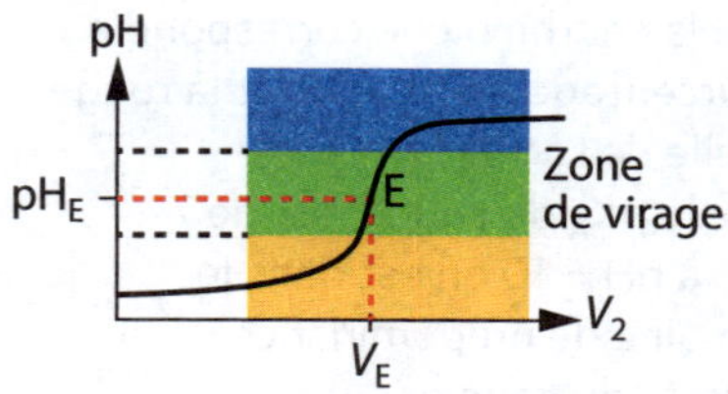

Solution tampon

- Son pH ne varie pas même avec un ajout d'acide, de base ou une dilution modérée.
- Préparation : mélange équimolaire d'un acide faible et de sa base conjuguée : $[HA] = [A^-]$ et $pH = pK_A$.

SE TESTER QUIZ

Vérifiez que vous avez bien compris les points clés des **fiches 22 à 25**.

1 Constante d'acidité d'un couple acide-base

→ FICHE 22

1. La constante d'acidité d'un couple acide-base HA/A^- est :

☐ **a.** $K_A = \dfrac{[HA]_{éq} \times [H_3O^+]_{éq}}{[A^-]_{éq}}$

☐ **b.** $K_A = \dfrac{[A^-]_{éq} \times [H_3O^+]_{éq}}{[HA]_{éq}}$

☐ **c.** $K_A = \dfrac{[HA]_{éq}}{[A^-]_{éq} \times [H_3O^+]_{éq}}$

2. Un couple acide-base a un $pK_A = 2{,}7$, sa constante d'acidité est égale à :

☐ **a.** $5{,}0 \times 10^2$ ☐ **b.** $6{,}7 \times 10^{-2}$ ☐ **c.** $1{,}0 \times 10^{-2}$ ☐ **d.** $2{,}0 \times 10^{-3}$

3. Le produit ionique de l'eau K_e est la constante de l'équilibre de la réaction :

☐ **a.** $HA + H_2O \rightleftarrows A^- + H_3O^+$

☐ **b.** $2\ H_2O \rightarrow H_3O^+ + HO^-$

☐ **c.** $H_3O^+ + HO^- \rightleftarrows 2\ H_2O$

☐ **d.** $2\ H_2O \rightleftarrows H_3O^+ + HO^-$

2 Force d'un acide ou d'une base dans l'eau

→ FICHE 23

À concentration égale, la solution qui correspond à la base la plus forte :

☐ **a.** est celle qui a la valeur du pH la plus grande

☐ **b.** est celle qui a la valeur du pH la plus petite

☐ **c.** est celle qui a la valeur du pK_A la plus grande

☐ **d.** est celle qui a la valeur du pK_A la plus petite

3 Diagrammes de prédominance et de distribution

→ FICHE 24

Sur le diagramme de distribution ci-contre :

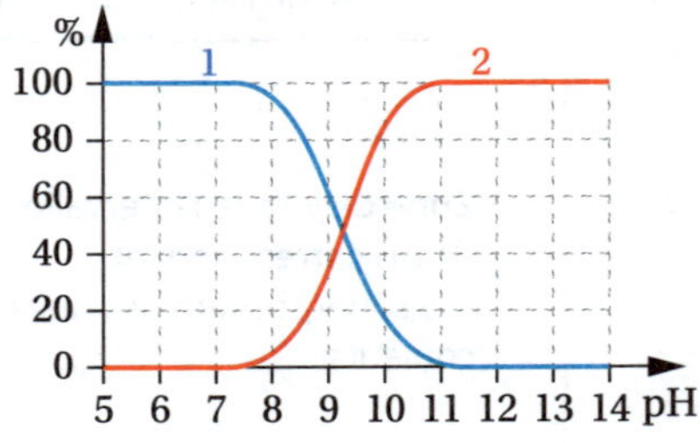

☐ **a.** la courbe bleue correspond au pourcentage de base A^- et la rouge à celle de l'acide HA

☐ **b.** le pK_A du couple est de 7

☐ **c.** à pH = 10 on est dans le domaine de prédominance de la base A^- du couple.

4 Solution tampon

→ FICHE 25

Une solution tampon :

☐ **a.** contient un mélange d'acides faibles

☐ **b.** contient un mélange d'un acide et de sa base conjuguée de concentrations voisines

☐ **c.** peut se préparer en faisant réagir une base forte sur un acide faible

☐ **d.** a un pH qui ne varie pas si on ajoute une petite quantité d'un acide fort

S'ENTRAÎNER

5 Déterminer une constante d'acidité

→ FICHE 22

On veut déterminer la valeur de la constante d'acidité de l'acide nitreux HNO_2.

a. Écrire l'équation de la réaction de l'acide nitreux avec l'eau.

b. Dans une solution d'acide nitreux, on détermine les concentrations suivantes : $[HNO_2] = 1{,}9 \times 10^{-4}$ mol·L^{-1} et $[H_3O^+] = 3{,}1 \times 10^{-4}$ mol·L^{-1}. Déterminer la valeur de la constante d'acidité K_A du couple HNO_2/NO_2^-.

c. En déduire son pK_A.

6 Classer des couples acide/base

→ FICHES 22 et 23

a. Compléter le tableau ci-dessous :

Acide	Base conjuguée	K_A	pK_A
	$C_2H_5CO_2^-$	$1{,}26 \times 10^{-5}$	
	$C_6H_5NH_2$		4,6
NH_4^+			9,2
HCO_2H		$1{,}6 \times 10^{-4}$	

b. Sur une échelle de pK_A, classer les différents couples. Quel est l'acide le plus fort ? Quelle est la base la plus forte ?

7 L'éthanamine

→ FICHES 22 et 23

L'éthanamine $C_2H_5NH_{2(aq)}$ est une base faible dans l'eau. À 25 °C, le pH d'un volume $V = 250$ mL d'une solution aqueuse d'éthanamine de concentration $C = 1{,}0 \times 10^{-2}$ mol·L^{-1} vaut 11,3.

a. Écrire l'équation de la réaction de l'éthanamine avec l'eau.

b. Déterminer la concentration en ions hydroxyde $[HO^-]$ dans l'état final.

CONSEILS

b. Pensez à utiliser le produit ionique de l'eau pour déterminer la concentration en ion hydroxyde HO^-.

c. Déterminer la valeur du taux d'avancement τ de la réaction. Que confirme ce résultat ?

d. Pour une base forte de même concentration C, quelle serait la valeur τ ? Quelle serait le pH de la solution ?

Donnée : à 25 °C, $Ke = 1{,}0 \times 10^{-14}$.

8 Établir le diagramme de prédominance d'un acide α aminé

→ FICHE 24

L'alanine ou l'acide 2-aminopropanoïque est un acide α aminé.

On donne ci-contre sa formule topologique.

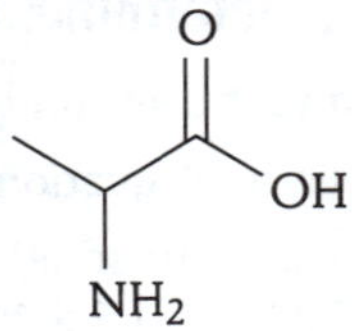

a. Identifier les deux groupes caractéristiques de cette molécule. Préciser les propriétés acidobasiques de chaque groupe.

b. En solution aqueuse, un transfert intramoléculaire d'un ion H^+ a lieu et il se forme une espèce appelée amphion. Expliquer ce transfert de l'ion H^+, en déduire la formule de l'amphion formé.

c. L'amphion est une espèce amphotère. Écrire les deux équations de réaction de cette amphion avec l'eau en déduire les deux couples acide/base auxquels il appartient.

CONSEILS

c. Rappelez-vous la définition d'une espèce amphotère → FICHE 2.

d. L'alanine est caractérisé par deux valeurs de pK_A associées aux deux couples précédents : 2,3 et 9,7. Tracer le diagramme de prédominance de l'alanine.

9 Diagramme de distribution de HClO/ClO⁻

→ FICHE 24

On donne ci-contre le diagramme de distribution du couple $HClO/ClO^-$ (acide hypochloreux/ion hypochlorite).

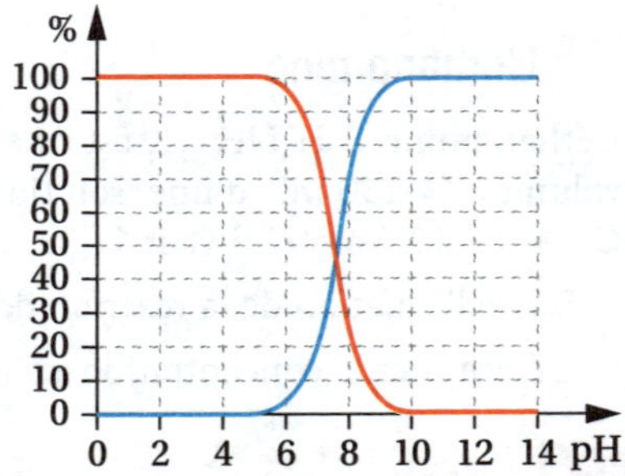

a. Attribuer une courbe à chaque espèce.

b. Déterminer le pK_A du couple.

c. Dans quelles proportions faut-il mélanger l'acide et la base pour obtenir une solution de pH = 6,5 ?

10 La meilleure solution tampon !

→ FICHE 25

On prépare une solution contenant de l'acide éthanoïque CH_3CO_2H et des ions éthanoate $CH_3CO_2^-$ à la même concentration C. pK_A ($CH_3CO_2H/CH_3CO_2^-$) = 4,8.

a. Quel est le pH de la solution ?

b. À un volume V de cette solution, on ajoute n mol d'acide chlorhydrique ($H_3O^+ + Cl^-$). On observe une variation de pH.

Écrire l'équation de la réaction totale qui se produit lors de l'ajout de l'acide chlorhydrique.

c. En s'aidant d'un tableau d'avancement et en négligeant la variation de volume, montrer que l'on peut déterminer le nouveau pH par :

$$pH_{final} = pH_{initial} + \log \frac{c - \frac{n}{V}}{c + \frac{n}{V}}.$$

d. Calculer le pH final pour $n = 1{,}0 \times 10^{-4}$ mol et $V = 50$ mL pour une solution S_1 de concentration $C_1 = 3{,}0 \times 10^{-3}$ mol·L^{-1} et pour une solution S_2 de concentration $C_2 = 1{,}0 \times 10^{-2}$ mol·L^{-1}. Quelle est la meilleure solution tampon ?

OBJECTIF BAC

11 L'acide citrique

60 min

Ce problème permet d'étudier les propriétés acido-basiques de l'acide citrique, de trouver la forme présente dans un détartrant et de déterminer la pureté d'un produit commercial.

LE SUJET

L'acide citrique est un triacide présent en abondance dans le citron. Il est utilisé dans les boissons, les cosmétiques, en pharmacie, etc. Dans le commerce, on peut le trouver sous forme de poudre blanche anhydre ou monohydratée.

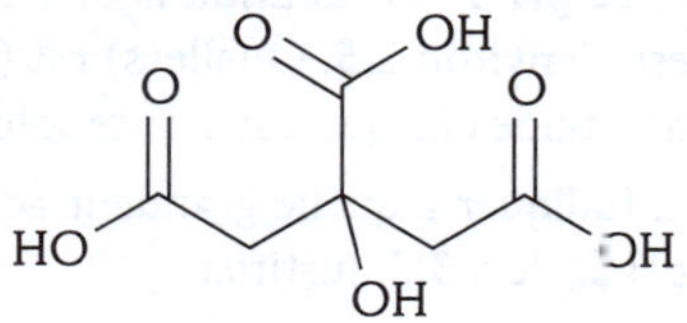

Document 1 **Diagramme de distribution**

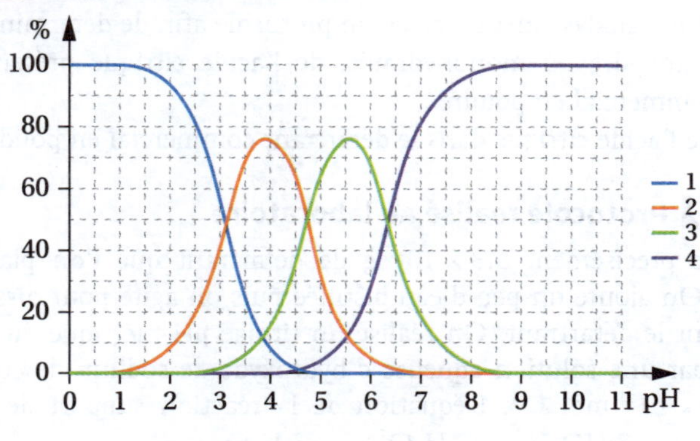

Document 2 Représentations des différentes espèces acido-basiques des couples de l'acide citrique

a

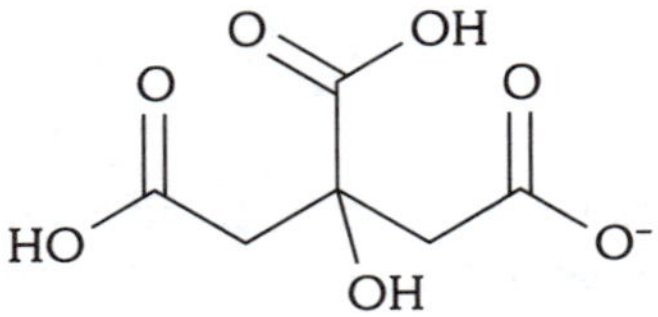

b

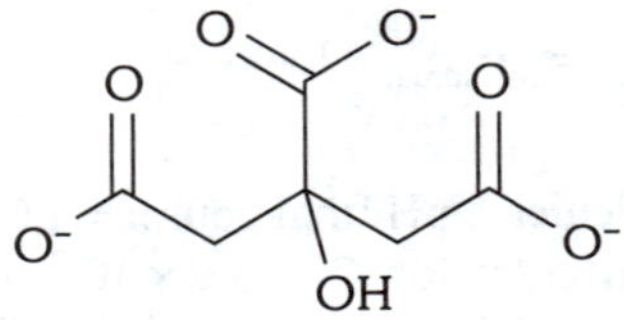

c

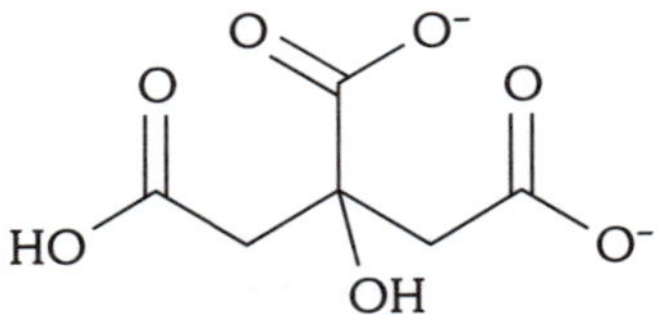

d

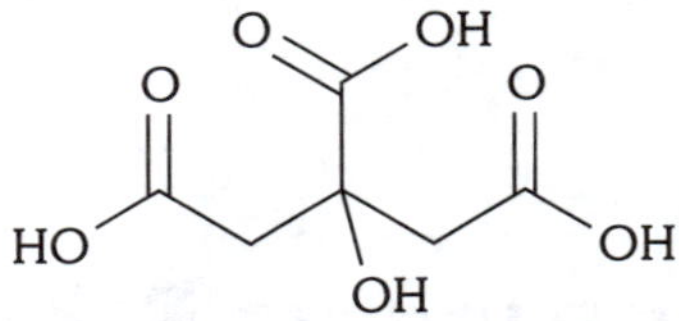

Partie 1 Étude des propriétés acido-basiques de l'acide citrique

a. Rappeler ce qu'est un acide selon Brönsted, puis expliquer pourquoi l'acide citrique est qualifié de « triacide ».

b. Parmi les quatre espèces acido-basiques (a, b, c, d), indiquer celle qui prédomine en milieu très acide et celle qui prédomine en milieu très basique. Justifier.

c. Associer chaque espèce acido-basique a, b, c et d à une courbe 1, 2, 3 ou 4 du diagramme de distribution.

d. Le pH d'une solution aqueuse d'acide citrique de concentration 15 $mmol \cdot L^{-1}$ est d'environ 2,5. Quelle(s) est (sont) la (les) forme(s) (a, b, c et d) présente(s) de l'acide citrique dans cette solution ? Estimer leurs proportions relatives.

e. Indiquer à quelle grandeur acido-basique particulière correspond la valeur de pH égale à 3,2. Justifier.

f. Tracer le diagramme de prédominance de l'acide citrique.

Partie 2 Analyse d'un détartrant à l'acide citrique

Un laboratoire d'analyse met en place un protocole afin de déterminer :
- la forme, anhydre ou monohydratée, de l'acide citrique présente dans un détartrant commercial en poudre ;
- la pureté de l'acide citrique dans le détartrant commercial en poudre.

Document 3 Protocole réalisé au laboratoire

On pèse précisément $5{,}3 \times 10^{-2}$ g de détartrant que l'on place dans un bécher. On ajoute un peu d'eau distillée puis on agite pour dissoudre complètement le détartrant. On réalise un titrage pH-métrique du contenu du bécher par une solution aqueuse d'hydroxyde de sodium de concentration $C = 5{,}0 \times 10^{-2}\ mol \cdot L^{-1}$. L'équation de la réaction support de titrage est : $C_6H_8O_{7(aq)} + 3\ HO^-_{(aq)} \rightarrow C_6H_5O^{3-}_{7(aq)} + 3\ H_2O_{(\ell)}$.

Voici la courbe obtenue à l'issue du titrage pH-métrique :

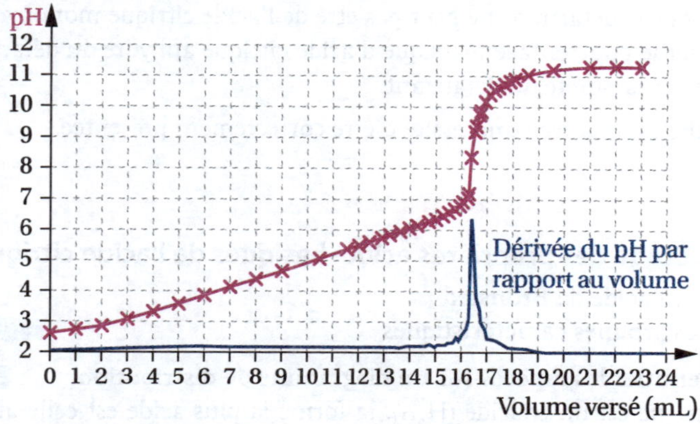

Données :

Indicateur	Couleur		Domaine de virage
	Forme acide	Forme basique	
Thymolphtaléine	Incolore	Bleue	9,3 à 10,5
Rouge de crésol	Jaune	Rouge	7,2 à 8,8
Bleu de bromothymol	Jaune	Bleue	6,0 à 7,6
Vert de bromocrésol	Jaune	Bleue	3,8 à 5,4

	Formule brute	Masse molaire	Pictogramme
Acide citrique anhydre	$C_6H_8O_7$	192 g · mol^{-1}	
Acide citrique monohydraté	$C_6H_8O_7$, H_2O	210 g · mol^{-1}	

g. En expliquant la démarche, déterminer la valeur V_E du volume de solution d'hydroxyde de sodium versée à l'équivalence.

h. On propose comme indicateur coloré le rouge de méthyle HInd (rouge)/Ind$^-$ (jaune) de pK_A = 5. On considère, en première approximation, que l'on a superposition des teintes quand aucune des deux formes n'est prépondérante devant l'autre : c'est-à-dire si aucune n'a sa concentration supérieure à dix fois celle de l'autre. Déterminer la zone de virage du rouge de méthyle.

i. Qu'attend-on de l'indicateur pour qu'il visualise l'équivalence ?
Donner deux arguments qui justifient que le rouge de méthyle ne peut pas convenir pour réaliser ce titrage.

j. Quel indicateur coloré parmi ceux proposés pourrait-on alors utiliser ? Préciser comment serait repéré le volume de solution d'hydroxyde de sodium versé à l'équivalence. Argumenter la réponse.

k. En exploitant les résultats expérimentaux de l'analyse :
- montrer que le détartrant ne peut pas être de l'acide citrique monohydraté ;
- déterminer le pourcentage massique d'acide citrique anhydre du détartrant ;
- conclure sur la pureté du détartrant.

La démarche est évaluée et nécessite d'être correctement présentée.

LA FEUILLE DE ROUTE

Partie 1 Étude des propriétés acido-basiques de l'acide citrique

a. Définir un acide de Brönsted
Repérer des groupes caractéristiques → FICHES 1 et 2

b. et c. Identifier les espèces sur un diagramme de distribution → FICHE 24
L'acide citrique est un triacide (H_3A), la forme la plus acide est celle qui pourra céder 3 ions H^+ et la forme la plus basique pourra capter 3 ions H^+ (A^{3-}).

Pour identifier chaque courbe, partez du triacide H_3A qui cède un ion H^+ et donne une nouvelle espèce ; son pourcentage augmente pendant que celle de H_3A diminue. Poursuivez le même raisonnement pour la deuxième et troisième acidité.

d. et e. Exploiter un diagramme de distribution
Faites une lecture graphique pour les valeurs de pH demandées.

f. Tracer un diagramme de prédominance → FICHE 24
Vous devez connaître les pK_A des différents couples de l'acide citrique pour tracer ce diagramme. Utilisez le diagramme de distribution pour les déterminer.

Partie 2 Analyse d'un détartrant à l'acide citrique

g. Exploiter une courbe de titrage → FICHE 7
Il y a deux méthodes pour déterminer le volume équivalent recherché, mais ici la courbe dérivée est donnée : l'utiliser sera plus rapide que d'appliquer la méthode des tangentes.

h. Déterminer la zone de virage d'un indicateur → FICHES 23 et 24
Extrayez l'information concernant les concentrations en HInd et Ind^- délimitant la zone de virage et utilisez la relation liant le pH au pK_A, [HInd] et [Ind^-].

i. et j. Connaître le critère de choix d'un indicateur coloré → FICHE 24
Exploitez la courbe de pH : indiquez la zone de virage. Que constatez-vous ? L'indicateur doit permettre de repérer le plus précisément possible l'équivalence.

k. Raisonner, mettre en place une démarche de résolution
Exploitez le titrage. Faites des hypothèses : si l'acide est monohydraté, quelle serait la masse d'acide citrique ? ou si on a de l'acide citrique anhydre, quelle masse obtiendrait-on ? Comparez à la masse d'acide citrique titrée.

CORRIGÉS

SE TESTER QUIZ

1 Constante d'acidité d'un couple acide-base

1. Réponse b. K_A correspond à la constante d'équilibre de la réaction de l'acide HA avec l'eau : $HA + H_2O \rightleftarrows A^- + H_3O^+$.

2. Réponse d. $pK_A = -\log K_A$ soit $K_A = 10^{-pK_A} = 10^{-2,7} = 2,0 \times 10^{-3}$.

3. Réponse d. $K_e = [H_3O^+] \times [HO^-] = 10^{-14}$ est la constante d'équilibre de la réaction d'autoprotolyse de l'eau qui est une réaction limitée : $2\ H_2O \rightleftarrows H_3O^+ + HO^-$; la double flèche est donc indispensable.

2 Force d'un acide ou d'une base dans l'eau

Réponses a et c. Pour un couple acide base HA/A^- de constante d'acidité $K_A = \frac{[A^-]_{éq} \times [H_3O^+]_{éq}}{[HA]_{éq}}$, plus l'acide est fort plus K_A est grand car plus cet acide HA produit des ions H_3O^+ dans l'eau et donc plus le pH est petit. Or plus l'acide HA est fort plus sa base conjuguée A^- est faible. À concentration égale, la solution qui correspond à la base la plus forte a donc le K_A le plus faible ou le pK_A le plus grand soit le pH le plus grand.

3 Diagrammes de prédominance et de distribution

Réponse c. La proposition **a** est incorrecte car plus le pH est faible et plus la proportion d'acide HA augmente. La courbe bleue correspond donc au pourcentage de l'acide HA et la courbe rouge à celle de la base.

La proposition **b** est incorrecte car $pH = pK_A$ si $[HA] = [A^-]$ c'est-à-dire lorsque l'on a 50 % d'acide et base conjuguée soit $pK_A = 9,2$.

La proposition **c** est correcte car à pH = 10, $pH > pK_A$ donc on est dans le domaine de prédominance de la base A^- du couple.

> **À NOTER**
> $pH = pK_A + \log([base]/[acide])$.

4 Solution tampon

Réponses b, c et d.

La proposition **a** est incorrecte car une solution tampon doit contenir l'acide HA et sa base conjuguée A^-.

La proposition **b** est correcte : les concentrations en acide et en base conjuguée doivent être voisines.

La proposition **c** est correcte : $HA + HO^- \rightarrow A^- + H_2O$. On peut donc ajouter la quantité de base nécessaire pour que la moitié de l'acide HA initial réagisse et donne donc sa base conjuguée A^-.

S'ENTRAÎNER

5 Déterminer une constante d'acidité

a. $HNO_{2(aq)} + H_2O_{(\ell)} \rightleftarrows NO^-_{2(aq)} + H_3O^+_{(aq)}$

b. $K_A = \dfrac{[NO_2^-]_{éq} \times [H_3O^+]_{éq}}{[HNO_2]_{éq}} = \dfrac{3{,}1 \times 10^{-4} \times 3{,}1 \times 10^{-4}}{1{,}9 \times 10^{-4}} = 5{,}1 \times 10^{-4}$; d'après l'équation il se forme autant d'ions oxonium que d'ions NO_2^- donc $[H_3O^+] = [NO_2^-]$.

c. $pK_A = -\log(K_A) = -\log(5{,}1 \times 10^{-4}) = 3{,}3$.

6 Classer des couples acide/base

a. Une base capte un ion H^+ et donne son acide conjugué alors qu'un acide cède un ion H^+ pour donner sa base conjuguée.
$K_A = 10^{-pK_A}$ et $pK_A = -\log K_A$ d'où les résultats suivants :

Acide	Base conjuguée	K_A	pK_A
$C_2H_5CO_2H$	$C_2H_5CO_2^-$	$1{,}26 \times 10^{-5}$	4,9
$C_6H_5NH_3^+$	$C_6H_5NH_2$	$2{,}5 \times 10^{-5}$	4,6
NH_4^+	NH_3	$6{,}3 \times 10^{-10}$	9,2
HCO_2H	HCO_2^-	$1{,}6 \times 10^{-4}$	3,8

b.

Acide	HCO_2H	$C_6H_5NH_3^+$	$C_2H_5CO_2H$	NH_4^+
pK_A →	3,8	4,6	4,9	9,2
Base	HCO_2^-	$C_6H_5NH_2$	$C_2H_5CO_2^-$	NH_3

Plus un acide est fort plus son K_A est grand et son pK_A petit : ici HCOOH est l'acide le plus fort. Plus une base est forte plus son K_A est faible et son pK_A grand. La base la plus forte est l'ammoniac NH_3.

7 L'éthanamine

a. L'éthanamine capte un H^+ et donne son acide conjugué $C_2H_5NH_3^+$. L'eau a ici un rôle d'acide donc le deuxième couple mis en jeu est H_2O/HO^-. D'où :
$C_2H_5NH_{2(aq)} + H_2O_{(\ell)} \rightleftarrows C_2H_5NH_3^+(aq) + HO^-_{(aq)}$.

b. $[H_3O^+] = c^0 \times 10^{-pH} = 1{,}0 \times 10^{-11{,}3} = 5{,}0 \times 10^{-12}\ mol \cdot L^{-1}$.
Or dans toute solution aqueuse le produit ionique de l'eau K_e est constant :
$K_e = [H_3O^+] \times [HO^-] = 10^{-14}$ à 25 °C

$$[HO^-] = \frac{K_e}{[H_3O^+]} = \frac{10^{-14}}{5{,}0 \times 10^{-11}} = 2{,}0 \times 10^{-3}\ mol \cdot L^{-1}.$$

c. $\tau = \dfrac{x_f}{x_{max}}$

	$C_2H_5NH_{2(aq)}$ +	$H_2O_{(\ell)}$ ⇄	$C_2H_5NH^+_{3(aq)}$ +	$HO^-_{(aq)}$
État initial	$n = CV$	excès	0	0
État final	$n - x_f$	excès	x_f	x_f

Si la réaction est totale alors : $x_{max} = n$ et $C_2H_5NH_2$ est limitant. $x_f = [HO^-] \times V$ d'où

$$\tau = \frac{x_f}{x_{max}} = \frac{[HO^-] \times V}{n} = \frac{[HO^-] \times V}{C \times V} = \frac{[HO^-]}{C} = \frac{2{,}0 \times 10^{-3}}{1{,}0 \times 10^{-2}} = 0{,}20 \text{ soit } 20\ \%.$$

La réaction est bien limitée car seulement 20 sur 100 molécules d'éthanamine ont réagi : c'est une base faible.

d. Pour une base forte $\tau = 1$ car la réaction est totale. $[HO^-] = C$ car n mol de base produisent n mol d'ions hydroxyde HO^-.

$$[H_3O^+] = \frac{K_e}{[HO^-]} = \frac{10^{-14}}{C} = \frac{10^{-14}}{1{,}0 \times 10^{-2}} = 1{,}0 \times 10^{-12}\ \text{mol} \cdot \text{L}^{-1}$$

$$\text{d'où pH} = -\frac{\log(1{,}0 \times 10^{-12})}{1{,}0} = 12.$$

8 Établir le diagramme de prédominance d'un acide α aminé

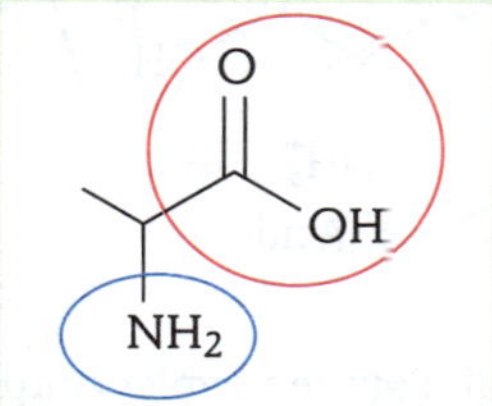

a. –CO_2H est le groupe carboxyle : famille des acides carboxyliques et –NH_2 est le groupe amine : famille des amines. Les acides carboxyliques sont des acides faibles, ils sont capables de céder un ion H^+ par une réaction limitée avec l'eau. Les amines sont des bases faibles, capables de capter un ion H^+.

b. Sur une même molécule, il y a un transfert d'un ion H^+ du groupe –CO_2H qui va céder un H^+ et donner –CO_2^- sa base conjuguée vers le groupe amine –NH_2 qui va le capter pour donner son acide conjugué soit –NH_3^+. Soit la formule ci-contre.

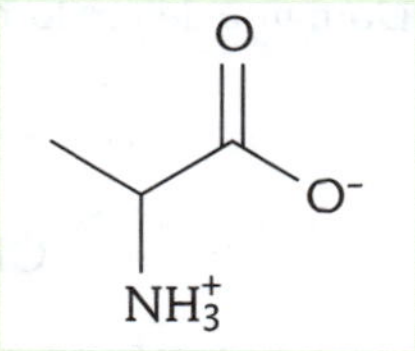

c. L'amphion est une espèce amphotère, il peut donc se comporter comme un acide ou comme base.

RAPPEL

Une espèce amphotère fait partie de deux couples acide-base dans l'un il a un rôle de base et dans l'autre un rôle d'acide.

Si l'amphion joue un rôle de base on cherche son acide conjugué. L'amphion va capter un H^+ grâce au groupe –CO_2^-. L'eau joue alors le rôle d'acide. L'équation de la réaction est :

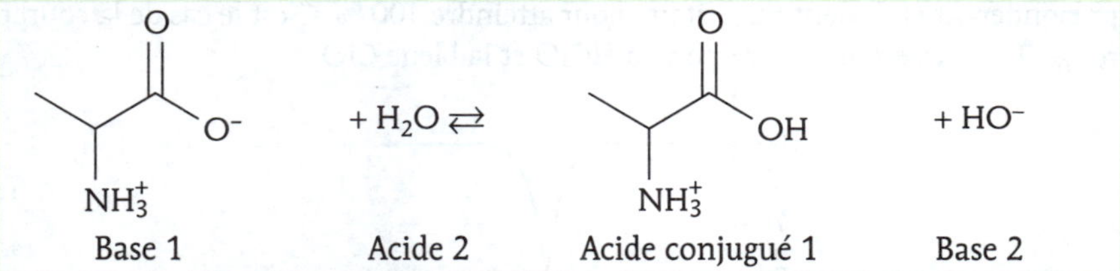

Si l'amphion joue un rôle d'acide on cherche sa base conjuguée. L'amphion va céder un H^+ grâce au groupe $-NH_3^+$. L'eau joue le rôle de base. L'équation de la réaction est :

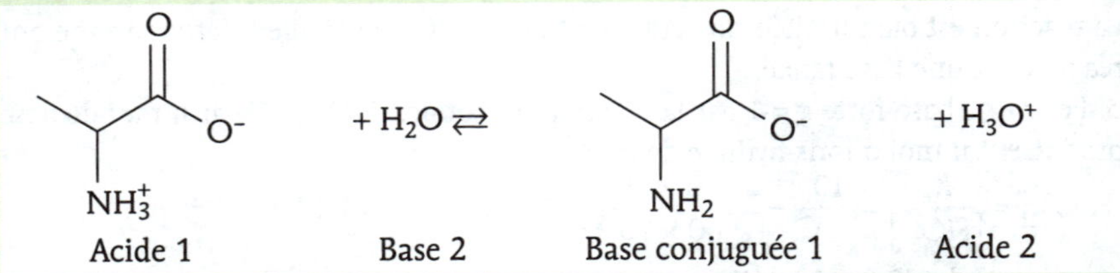

On obtient donc les couples :

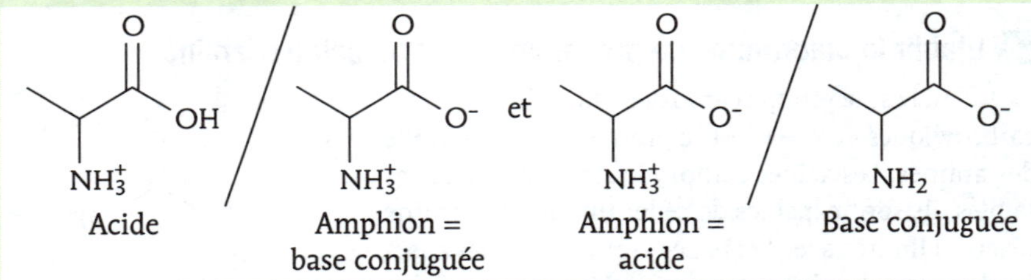

d. Pour le premier couple : $pK_A = 2{,}3$, et pour le second : $pK_A = 9{,}7$.
Domaine de prédominance de l'alanine :

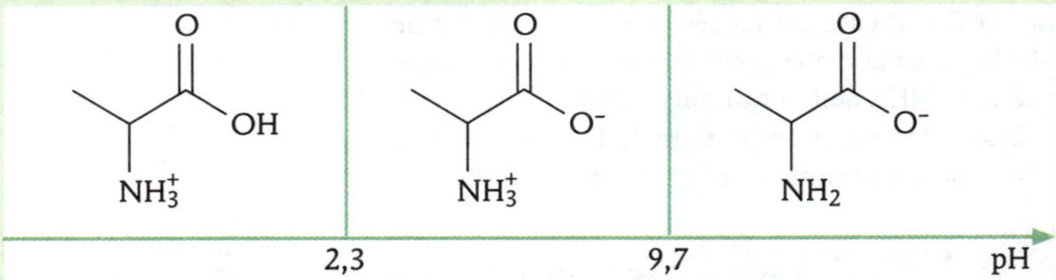

9 Diagramme de distribution de HClO/ClO⁻

a. En ordonnées on a les proportions des formes acide et basique exprimées en pourcentage et en abscisses le pH. La forme acide HClO prédomine pour des pH inférieurs au pK_A du couple. Plus le milieu est acide plus l'acide du couple HClO est prépondérant et devient majoritaire pour atteindre 100 %. C'est le cas de la courbe rouge. La courbe rouge correspond à HClO et la bleue ClO^-.

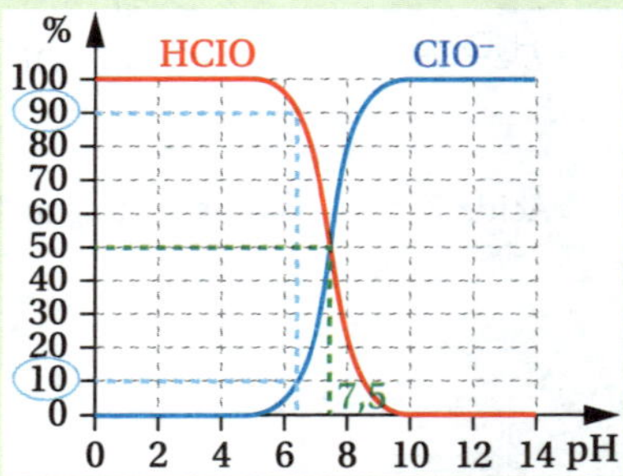

b. D'après la relation $pH = pK_A + \log\left(\frac{[ClO^-]_{éq}}{[HClO]_{éq}}\right)$, si les concentrations en HClO et ClO^- sont égales alors $pH = pK_A$ du couple ; c'est-à-dire lorsque l'on a 50 % de chaque espèce. Sur le diagramme on repère l'intersection des courbes dont l'abscisse correspond à pH = 7,5 soit $pK_A = 7,5$.

c. Sur le diagramme, on lit les proportions de HClO et ClO^- à pH = 6,5. On trouve 10 % de la base ClO^- et 90 % de l'acide HClO.

10 La meilleure solution tampon !

a. Les concentrations en acide et base conjuguée sont égales d'où :

$$pH = pK_A + \log\left(\frac{[CH_3CO_2^-]_{éq}}{[CH_3CO_2H\ ]_{éq}}\right) = pK_A + \log 1 = pK_A = 4,8.$$

b. H_3O^+ est un acide fort il va réagir avec la base $CH_3CO_2^-$. La réaction met en jeu les couples H_3O^+/H_2O et $CH_3CO_2H/CH_3CO_2^-$:

$$H_3O^+_{(aq)} + CH_3CO^-_{2(aq)} \rightarrow CH_3CO_2H_{(aq)} + H_2O_{(\ell)}.$$

c.

	$H_3O^+_{(aq)}$ +	$CH_3CO^-_{2(aq)}$ →	$CH_3CO_2H_{(aq)}$ +	$H_2O_{(\ell)}$
État initial	n	CV	CV	excès
État Final	$n - x_f$	$CV - x_f$	$CV + x_f$	excès
	0	$CV - n$	$CV + n$	excès

On considère que la quantité d'ions H_3O^+ est faible devant les quantités CH_3CO_2H et de $CH_3CO_2^-$ présentes dans la solution. Le réactif limitant est H_3O^+, la réaction étant totale ils seront totalement consommés et $x_{max} = x_f = n$.

Dans l'état final :

$$[CH_3CO_2^-] = \frac{CV - n}{V} = C - \frac{n}{V} \text{ et } [CH_3CO_2H] = \frac{CV + n}{V} = C + \frac{n}{V}.$$

Sachant que $pH = pK_A + \log\left(\frac{[CH_3CO_2^-]_{éq}}{[CH_3CO_2H]_{éq}}\right)$ et dans l'état initial on a $pH_{initial} = pK_A$

$$pH_{final} = pK_A + \log\frac{c - \frac{n}{V}}{c + \frac{n}{V}} = pH_{initial} + \log\frac{c - \frac{n}{V}}{c + \frac{n}{V}}.$$

d. Pour S_1 : $pH_{final_1} = 4,8 + \log\dfrac{3,0 \times 10^{-3} - \dfrac{1,0 \times 10^{-4}}{50 \times 10^{-3}}}{3,0 \times 10^{-3} + \dfrac{1,0 \times 10^{-4}}{50 \times 10^{-3}}} = 4,8 - 0,70 = 4,1$

Pour S_2 : $pH_{final_2} = 4,8 + \log\dfrac{1,0 \times 10^{-2} - \dfrac{1,0 \times 10^{-4}}{50 \times 10^{-3}}}{1,0 \times 10^{-2} + \dfrac{1,0 \times 10^{-4}}{50 \times 10^{-3}}} = 4,8 - 0,18 = 4,6.$

La meilleure solution tampon est S_2 car la variation de $pH_{initial} - pH_{final_2} = 0,2$ alors qu'elle est de 0,7 pour S_1. Le pouvoir tampon est plus important pour une solution, plus concentrée.

OBJECTIF BAC

11 L'acide citrique

Partie 1 Étude des propriétés acido-basiques de l'acide citrique

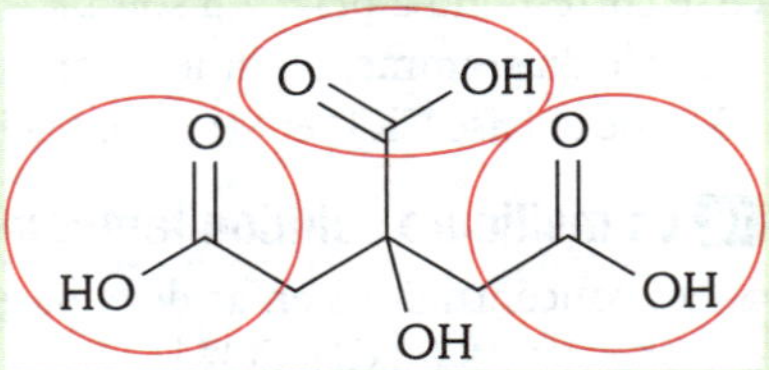

a. Selon Brönsted, un acide est une espèce chimique capable de céder un ou plusieurs ions H^+. L'acide citrique possède 3 groupes carboxyle $-CO_2H$, il peut céder 3 ions H^+, c'est pourquoi on peut le qualifier de « triacide ».

b. L'acide citrique est un triacide, que l'on note ici H_3A

H_3A possède 3 groupes $-CO_2H$, il peut donc céder 3 ions H^+.

H_3A peut céder un premier ion H^+ et donner H_2A^- : $H_3A \rightarrow H_2A^- + H^+$;

De même, H_2A^- peut céder un ion H^+ et donner HA^{2-} (couple H_2A^-/HA^{2-}) ; qui a son tour cède un ion H^+ et se transforme en A^{3-} (couple HA^{2-}/A^{3-}).

En milieu très acide, c'est la forme la plus acide, celle qui n'a cédé aucun ion H^+ des groupes carboxyle qui prédomine : H_3A (représentation d).

En milieu très basique, c'est la forme dont tous les groupes carboxyle ont cédé leur ion H^+ qui prédomine, la base : A^{3-} (représentation b).

c. En suivant le raisonnement de la question précédente, la courbe (1) correspond à H_3A (forme d) qui donne sa base conjuguée H_2A^- quand le pH augmente donc la courbe (2) correspond à H_2A^- (forme a). Or H_2A^- est une espèce amphotère, si le pH augmente encore l'acide H_2A^- donne sa base conjuguée HA^{2-} donc la courbe (3) correspond à HA^{2-} (forme c). Enfin, en milieu très basique, c'est A^{3-} qui prédomine donc la courbe (4) correspond à A^{3-} (forme b).

d. Par lecture graphique sur le diagramme de distribution, pour un pH de 2,5, les espèces présentes sont H_3A (forme d – courbe 1) à 80 % et H_2A^- (forme a – courbe 2) à 20 %.

e. Pour un pH = 3,2, les courbes (1) et (2) se croisent : H_3A et H_2A^- sont présentes à 50 % donc leurs concentrations sont identiques.

D'après la relation $pH = pK_A + \log\left(\frac{[H_2A^-]_{éq}}{[H_3A]_{éq}}\right)$, et avec $\left(\frac{[H_2A^-]_{éq}}{[H_3A]_{éq}}\right) = 1$ alors

$pH = pK_A + \log(1) = pK_A$: on peut en déduire $pK_A = 3{,}2$ pour le couple H_3A/H_2A^-.

f. Il faut déterminer les pK_A des couples H_2A^-/HA^{2-} et HA^{2-}/A^{3-}.
Pour 50 % de l'acide et de sa base conjuguée par lecture graphique on obtient :
$pK_A(H_2A^-/HA^{2-}) = 4{,}7$ et $pK_A(HA^{2-}/A^{3-}) = 6{,}5$.

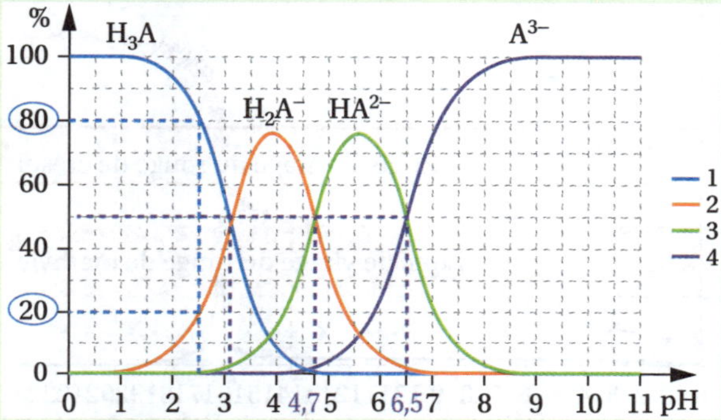

g. Soit le diagramme de prédominance :

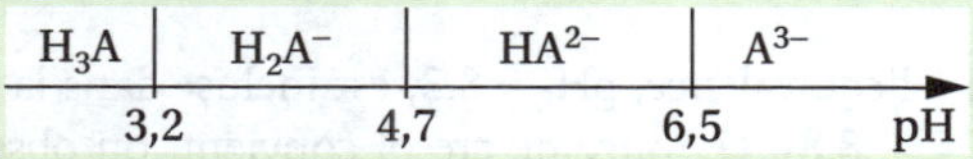

Partie 2 Analyse d'un détartrant à l'acide citrique

g. À partir de la courbe $pH = f(V_{versé})$ du titrage pH-métrique, on peut déterminer le volume versé à l'équivalence par la méthode de la dérivée ou la méthode des tangentes. Ici il est plus rapide d'utiliser la courbe dérivée. À l'équivalence, il se produit un saut de pH et V_E correspond à l'extremum de la courbe de la dérivée. Ici le maximum a pour abscisse $V = V_E = 16{,}4$ mL.

À NOTER
La méthode des tangentes est décrite dans la → FICHE 7.

h. La zone de virage est définie par « aucune des deux formes HInd et Ind^- n'est prépondérante devant l'autre » c'est-à-dire « si aucune n'a sa concentration supérieure à dix fois celle de l'autre ».

Si $\dfrac{[Ind^-]_{éq}}{[HInd]_{éq}} = 10$ alors $pH = pK_A + \log\dfrac{[Ind^-]_{éq}}{[HInd]_{éq}} = pK_A + \log 10 = pK_A + 1$ et si

$\dfrac{[Ind^-]_{éq}}{[HInd]_{éq}} = \dfrac{1}{10}$ alors $pH = pK_A + \log\dfrac{[Ind^-]_{éq}}{[HInd]_{éq}} = pK_A + \log\dfrac{1}{10} = pK_A - 1$.

$pK_A = 5$, la zone de virage est donc comprise entre 4 et 6.

À NOTER
La zone de virage est comprise autour de $pK_A \pm 1$ en bonne approximation.

i. Le virage de l'indicateur doit se situer à l'équivalence c'est-à-dire lors du saut de pH. La variation de pH étant importante le virage va se faire à la goutte près.
Ici le virage du rouge de méthyle à lieu avant l'équivalence (sur la courbe de pH on lit $pH_E = 8{,}3$).

De plus le virage du rouge au jaune de l'indicateur (pour un pH de 4,2 à 6,2) s'étale de 6,5 mL à 14 mL. Le virage n'a pas lieu à la goutte près et ne peut être précis.

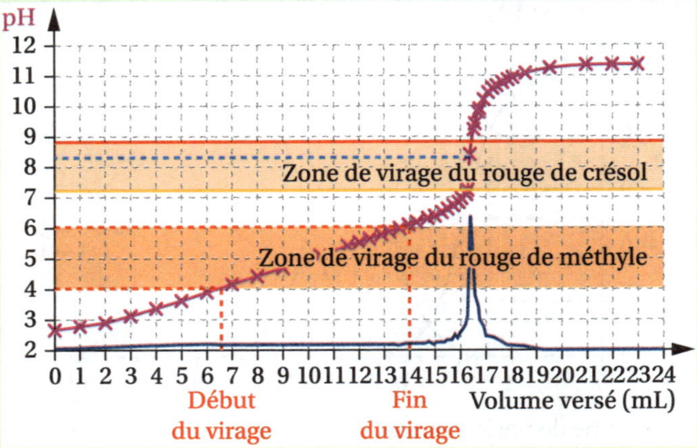

j. La valeur du pH à l'équivalence, $pH_E \approx 8{,}3$, est incluse dans la zone de virage du rouge de crésol (7,2 – 8,8). Le rouge de crésol convient, on observera un passage rapide de la teinte acide (jaune) à la teinte basique (rouge) lors de l'équivalence. Le virage se fera à la goutte près.

k. Il faut montrer que le détartrant est constitué d'acide citrique anhydre et non monohydratée.

Déterminons la masse d'acide titré, d'après l'équation de la réaction de titrage.

À l'équivalence, $n_{\text{ac citrique}} = \dfrac{n_{HO^-}}{3}$ soit $\dfrac{m}{M} = \dfrac{C \times V_E}{3}$ d'où $m = \dfrac{C \times V_E \times M}{3}$

S'il s'agit de l'acide monohydraté,

$m = \dfrac{5{,}0 \times 10^{-2} \times 16{,}4 \times 10^{-3} \times 210}{3} = 5{,}8 \times 10^{-2}$ g (avec 2 chiffres significatifs).

S'il s'agit de l'acide anhydre :

$m = \dfrac{5{,}0 \times 10^{-2} \times 16{,}4 \times 10^{-3} \times 192}{3} = 5{,}3 \times 10^{-2}$ g (avec 2 chiffres significatifs).

La masse pesée est $m = 5{,}3 \times 10^{-2}$ g donc l'hypothèse de l'acide monohydraté est fausse car elle conduit à une masse supérieure à celle pesée.

Le pourcentage massique d'acide citrique anhydre est : $\dfrac{5{,}3 \times 10^{-2}}{5{,}3 \times 10^{-2}} \times 100 = 100$ %.

Avec deux chiffres significatifs, on trouve 100 %. Le détartrant ne contient que de l'acide citrique.

7 Stratégies en synthèse organique

La chimie d'aujourd'hui, appelée **chimie verte**, prend en compte les aspects économiques, sociaux et environnementaux actuels en travaillant à la réduction et à la valorisation des déchets, en recherchant sans cesse l'économie d'atomes, d'énergie et de temps et en concevant des synthèses chimiques de moins en moins dangereuses.

26 Distinguer les molécules organiques

En bref *On peut distinguer les molécules organiques par leur composition mais aussi par les liaisons qu'elles contiennent et l'agencement de leurs atomes.*

I Les différents squelettes carbonés

■ Si un des atomes de carbone est lié à au moins trois atomes de carbone, la molécule est **ramifiée**. Si les atomes de carbone forment une boucle, elle est **cyclique**.

Famille	Structure	Exemple
alcane	linéaire	$CH_3-CH_2-CH_2-CH_2-CH_2-CH_3$
	ramifiée	$CH_3-CH_2-CH(CH_3)-CH_2-CH_2-CH_3$
cyclane	cyclique	CH_2 relié à deux CH_2 eux-mêmes liés entre eux : H_2C-CH_2 (cycle à trois atomes de carbone)

■ Un squelette carboné est **saturé** si tous ses atomes de carbone sont reliés par des liaisons simples (alcane). Il est **insaturé** s'il contient au moins une liaison multiple.

Famille	Structure	Exemple
alcène	insaturée avec double(s) liaison(s)	$CH_3-CH=CH-CH_2-CH_2-CH_3$
alcyne	insaturée avec triple(s) liaison(s)	$CH_3-CH_2-C\equiv C-CH_2-CH_3$

II Structure spatiale des molécules

Des molécules organiques qui possèdent la même formule brute mais qui ont des formules semi-développées différentes, sont des **isomères de constitution**.

Isomérie	Caractéristiques
de chaîne	Les squelettes carbonés sont différents.
de position	Les groupes fonctionnels, les liaisons multiples ou les ramifications sont placés à des endroits différents du squelette carboné.
de fonction	Les groupes fonctionnels sont différents.

Méthode

Représenter des formules topologiques d'isomères de constitution

La formule brute du pentan-1-ol et le 3-méthylbutan-1-ol est $C_5H_{12}O$.

a. Donner les formules semi-développées du pentan-1-ol et du 3-méthylbutan-1-ol.

b. Donner la formule topologique du pentan-1-ol et du 3-méthylbutan-1-ol.

c. Indiquer de quel type d'isomères il s'agit.

CONSEILS

Dans une formule topologique, la chaîne carbonée est représentée par une ligne brisée où chaque segment représente une liaison. Les doubles liaisons sont représentées par un double segment et les triples liaisons par un triple segment. Les liaisons avec l'hydrogène ne sont pas représentées. Sauf indication contraire, un atome de carbone se trouve à chaque sommet de la ligne brisée. Tous les éléments chimiques sont représentés sauf les atomes de carbone ainsi que les atomes d'hydrogène liés à du carbone.

SOLUTION

a. Le pentan-1-ol a un squelette carboné saturé de 5 atomes de carbone (préfixe pentan) et un groupe -OH sur le 1er atome de la chaîne carbonée (suffixe -ol et nombre 1). Sa formule semi-développée est :

$$ {}^5CH_3 - {}^4CH_2 - {}^3CH_2 - {}^2CH_2 - {}^1CH_2 - OH. $$

Le 3-méthylbutan-1-ol a un squelette carboné saturé de 4 atomes de carbone (préfixe butan), un groupe -OH sur le 1er atome de la chaîne carbonée (suffixe -ol et nombre 1) et un groupe méthyl sur le 3e atome de la chaîne carbonée (préfixe méthyl et position 3). Sa formule semi-développée est :

$$ HO - {}^1CH_2 - {}^2CH_2 - {}^3CH(CH_3) - {}^4CH_3 $$

b. Le pentan-1-ol contient 4 liaisons C–C et en bout de chaîne une liaison C–OH. Sa formule topologique est donnée ci-contre.

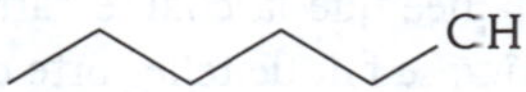

La chaîne principale du 3-méthylbutan-1-ol contient 3 liaisons C–C et une liaison C–OH. Sur le 3e atome de carbone, il y a le groupe méthyl. Sa formule topologique est donnée ci-contre.

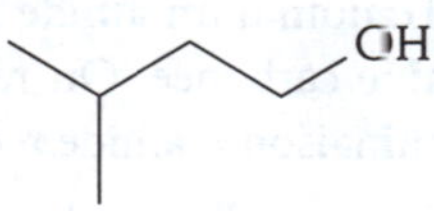

c. Les deux molécules ont les mêmes groupes fonctionnels (-OH) reliés aux atomes de carbone de même position, mais des squelettes carbonés différents (4 atomes pour l'une et 5 pour l'autre) : il s'agit d'isomères de chaîne.

27 Familles fonctionnelles de molécules organiques

En bref *Une molécule organique est une chaîne carbonée sur laquelle peuvent se greffer un ou plusieurs groupes caractéristiques contenant de l'oxygène, de l'azote ou encore des halogènes.*

I Molécules organiques oxygénées

■ Les **esters** contiennent un groupe carbonyle (C=O). Le carbone fonctionnel est lié à un groupe alkyle R et à un atome d'oxygène O lui-même lié par une liaison simple à un groupe alkyle R′.

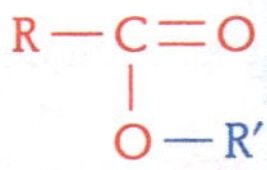

■ Le nom de l'ester dérive de ceux des alcanes de même chaîne carbonée que les groupes R-CO_2- et –R′. On remplace le « e » final par « oate » pour le premier alcane et le « ane » final « yle » pour le second.

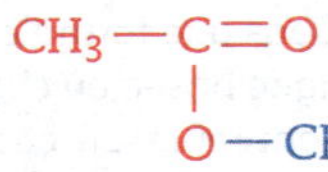

Éthanoate de méthyle

II Molécules organiques azotées ou halogénées

■ Plusieurs familles contiennent des atomes d'azote ou des halogènes.

Amine	Amide	Halogénoalcane
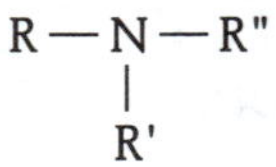	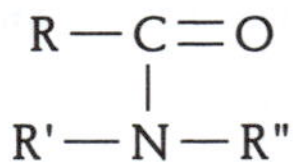	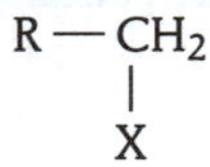 X : halogène

À NOTER
On distingue trois types d'amines et d'amides, en fonction de la composition de leurs groupes R, R′ et R′′′ : primaires (2 H), secondaires (1 H) et tertiaires (aucun H).

■ Le nom d'une **amine primaire** dérive de celui de l'alcane de même chaîne carbonée que la chaîne carbonée principale de l'amine. La numérotation de la chaîne se fait de telle sorte que l'indice de position du groupe soit égal à un. On remplace le « e » final du nom de l'alcane par la terminaison « amine ».

■ Le nom d'un **amide primaire** dérive de celui de l'acide carboxylique de même chaîne carbonée. On remplace la terminaison finale « oïque » de l'acide par la terminaison « amide » et on supprime le mot « acide ».

■ Le nom d'un **halogénoalcane** est : soit constitué d'un préfixe issu du nom de l'halogène de la molécule (fluoro, chloro, bromo ou iodo) avant le nom de l'alcane constituant le squelette carboné ; soit un terme de la forme « halogénure de » (fluorure de, chlorure de, bromure de ou iodure de) suivi du nom de l'alcane constituant le squelette carboné ; soit un nom d'usage.

Méthode

Nommer des esters ou des amides

Donner le nom des molécules aux formules semi-développées suivantes.

a. 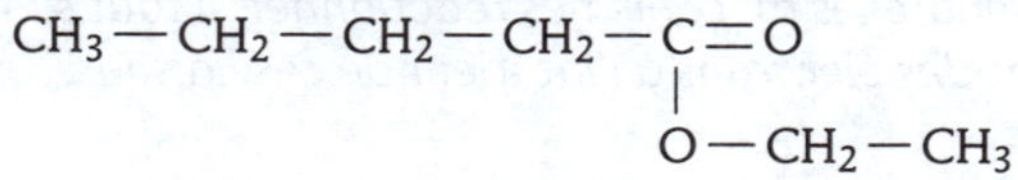

b. 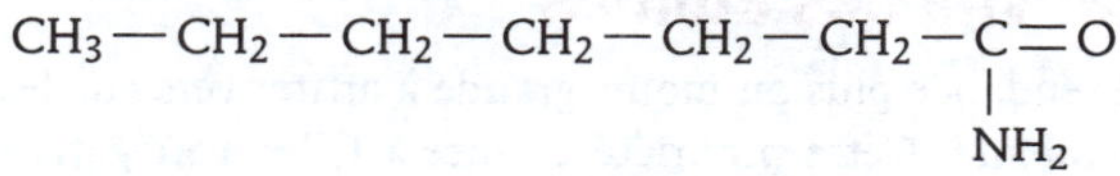

CONSEILS

Commencez par identifier la famille à laquelle la molécule appartient.

a. Pour nommer un ester :

- repérez les deux parties de la molécule : la partie reliée à l'atome de carbone portant le groupe carbonyle et la partie reliée à l'atome d'oxygène ;
- déterminez le nom de l'alcane que formerait chaque partie si elle était indépendante ;
- composez le nom de l'ester en cumulant les noms des deux alcanes indépendants tout en remplaçant le « e » final du nom de l'alcane de la première partie par le suffixe « oate » et la terminaison « ane » du nom de l'alcane de la seconde partie par le suffixe « yle ».

b. Pour nommer un amide :

- déterminez le nom de l'acide carboxylique que l'on aurait en remplaçant $-NH_2$ par $-OH$;
- supprimez le mot « acide » et remplacez la terminaison « oïque » par « amide ».

SOLUTION

a. On remarque une fonction carbonyle portée par un atome de carbone également lié à un atome d'oxygène : il s'agit d'un ester.

La première partie de la molécule formerait un alcane avec un squelette de 5 atomes : du pentane. La seconde partie de la molécule formerait un alcane avec un squelette de 2 atomes : de l'éthane.

Le nom de cette molécule est donc pentanoate d'éthyle.

b. On remarque une fonction carbonyle portée par un atome de carbone également lié à un atome d'azote : il s'agit d'un amide.

L'acide carboxylique que nous aurions si on remplaçait $-NH_2$ par $-OH$ contiendrait un squelette carboné de 7 atomes, il s'agirait de l'acide heptanoïque.
Le nom de cette molécule est donc heptanamide.

28 La structure électronique des molécules

En bref *Les réactions en chimie organique se font par rupture puis formation de liaisons chimiques. Celles-ci étant constituées de paires d'électrons, pour comprendre les mécanismes réactionnels il faut s'intéresser au comportement des électrons à l'intérieur de ces liaisons.*

I L'électronégativité des atomes

- Les atomes ont une tendance plus ou moins grande à attirer vers eux les électrons d'une liaison covalente. Cette propriété est liée à **l'électronégativité** des atomes mis en jeu dans la liaison (voir programme de Première).

À NOTER

Deux atomes d'une molécule sont reliés entre eux par des électrons mis en commun par chaque atome. Les deux électrons ainsi partagés constituent un doublet électronique liant, appelé liaison covalente.

- Dans une **liaison**, l'atome le plus électronégatif porte un excès de charge négative noté $-q$ tandis que l'autre atome porte un défaut de charge négative noté $+q$.

Exemples :

Éthylamine

$$CH_3-\overset{+q}{C}H_2-\overset{-q}{N}H_2$$

Acide éthanoïque

$$CH_3-\overset{+q}{\underset{\underset{\displaystyle O}{||}}{C}}-\overset{-q}{O}H$$

- Dans une **molécule**, un site pauvre en électrons est susceptible d'accepter des électrons tandis qu'un site riche en électrons est susceptible d'en donner.

II Les différents types de réactifs

Il existe plusieurs sortes de réactifs. En terminale, on se limitera aux réactifs nucléophiles et électrophiles.

- Les **réactifs nucléophiles** (notés $Nu^{\ominus}$) sont des molécules ou des ions négatifs possédant, au moins, un doublet libre. Ce doublet libre permettra d'établir une liaison avec un réactif pauvre en électrons. La partie de la molécule ou de l'ion riche en électrons est un centre nucléophile (donneur d'électrons).

Exemple : ion hydroxyde $H\overline{\underline{O}}|^{\ominus}$; molécule d'eau $H_2\overline{\underline{O}}$.

- Les **réactifs électrophiles** (notés $E^{\oplus}$) sont des molécules ou des ions positifs susceptibles de réagir en établissant une liaison avec un réactif amenant un doublet libre. La partie pauvre de la molécule ou de l'ion en électrons est un centre électrophile (accepteur d'électrons).

Exemple : ion hydrogène $H^{\oplus}$; chlorure d'aluminium $AlCl_3$.

Méthode

Reconnaître des centres électrophiles et nucléophiles d'une molécule

On dispose des formules semi-développées de deux molécules :

éthanol : CH_3-CH_2-O-H et méthanoate de methyl :

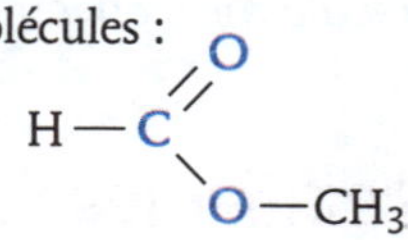

Données : électronégativité de quelques atomes :

Atome	H	C	O
Électronégativité	2,2	2,5	3,5

1. a. Indiquer sur la formule de l'éthanol les excès ou défauts de charge negative portés par les atomes d'oxygène et d'hydrogène en bleu sur la formule semi-développée.

b. Indiquer sur la formule du méthanoate de méthyl les excès ou défauts de charge négative portés par les atomes carbone et d'oxygène en bleu sur la formule semi-développée.

2. L'atome d'oxygène en bleu de la molécule d'éthanol est-il un site nucléophile ou un site électrophile ? Même question pour l'atome de carbone en bleu de la molécule de méthanoate de méthyl.

CONSEILS

1. a. et **b.** Comparez les valeurs de l'électronégativité des atomes impliqués dans la liaison considérée. L'atome le plus électronégatif portera un excès de charge négative noté $-q$ tandis que l'autre atome portera un défaut de charge négative noté $+q$.

2. a. et **b.** Un site électrophile est un atome pauvre en électrons. Un site nucléophile est un atome riche en électrons.

SOLUTION

1. a. D'après les données, l'électronégativité de l'oxygène est supérieure à celle de l'hydrogène : il s'agit du plus électronégatif des deux.

$$CH_3 - CH_2 - \overset{-q}{\mathbf{O}} - \overset{+q}{\mathbf{H}}$$

b. D'après les données, l'électronégativité de l'oxygène est supérieure à celle du carbone : il s'agit du plus électronégatif des deux.

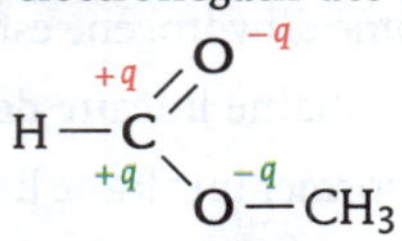

2. L'atome d'oxygène de la molécule d'éthanol porte un excès de charge négative : c'est un site nucléophile. L'atome de carbone de la molécule de méthanoate de méthyl porte un défaut de charge négative : c'est un site électrophile.

29 Modification des molécules organiques

En bref *Certaines réactions modifient le squelette carboné d'une molécule (allongé, raccourci ou ramifié) ou le groupe caractéristique de la molécule mise en jeu.*

I Modifier les liaisons d'une molécule

■ **Réactions de substitution**

Substitution nucléophile S_N	Substitution électrophile S_E
$Nu^{\ominus} + \overset{+q}{S}-\overset{-q}{R} \longrightarrow S-Nu + R^{\ominus}$ Réactif / Substrat / Groupe partant	$E^{\oplus} + \overset{-q}{S}-\overset{+q}{R} \longrightarrow S-E + R^{\oplus}$

■ **Réactions d'addition**

Addition nucléophile A_N	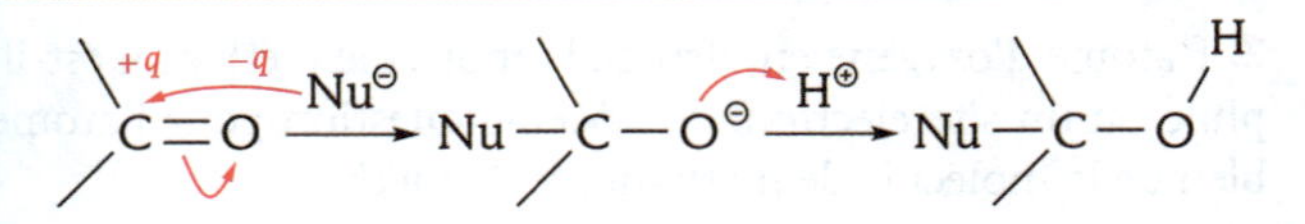
Addition électrophile A_E	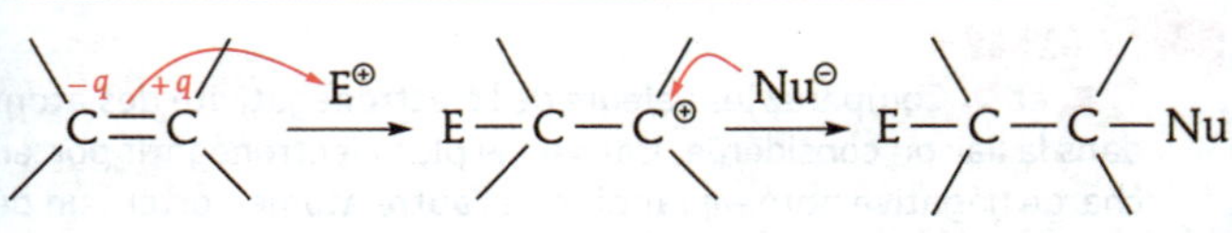

■ **Réactions d'élimination**

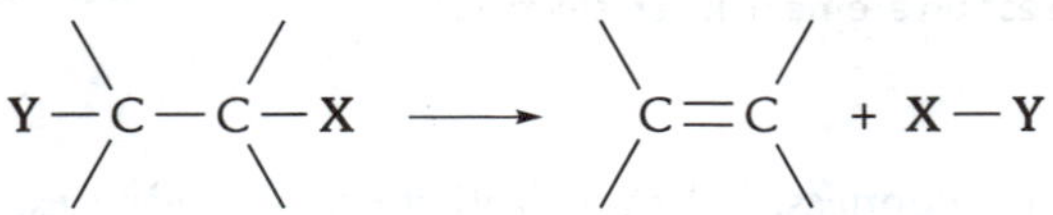

II Modifier la longueur d'une molécule

■ Le **craquage thermique** permet de casser les molécules à longues chaînes.

■ Lors d'une **alkylation**, un atome d'hydrogène est remplacé par un groupe alkyle.

■ Lors d'une **ramification**, une chaîne linéaire devient ramifiée.

■ La **cyclisation** consiste à transformer un alcane linéaire en alcane à chaîne fermée.

■ La **polymérisation** ou **réaction de polyaddition** est une addition de molécules toutes identiques (les monomères) comportant une double liaison C=C, qui vont se lier. Elle conduit à une macromolécule appelée polymère :

$n\mathrm{CHR{=}CHR'} \longrightarrow \mathrm{-\!\!\left(CHR-CHR'\right)\!\!-}_n$ avec n le degré de polymérisation.
monomère — polymère

Méthode

Identifier le mécanisme d'une réaction

On souhaite comprendre le mécanisme mis en jeu lors de la synthèse d un amide à partir d'un chlorure d'acide. On dispose des formules semi-dévelop-pées des réactifs et des produits.

- Réactifs :

chlorure d'éthanoyle :

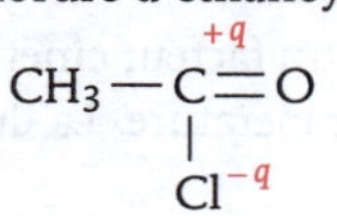

propanamine :

$$CH_3-CH_2-\overset{+q}{CH_2}-\overset{-q}{NH_2}$$

- Produits :

éthanamide :

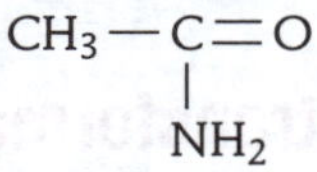

chloropropane :

$$CH_3-CH_2-CH_2-Cl$$

a. À l'aide des formules semi-développées faisant apparaître les excès et les défauts de charge négative des réactifs, indiquer les déplacements des élec-trons au cours de la réaction.

b. Quel est le type de la réaction étudiée ?

CONSEILS

a. Les flèches courbes indiquent le déplacement des électrons du site donneur vers le site accepteur → FICHE 12. Ces flèches doivent être en accord avec les formules des produits obtenus.

b. La formule du produit, ici l'éthanamide, permet de trouver le type de réaction ayant eu lieu.

SOLUTION

a. Les déplacements d'électrons sont les suivants :

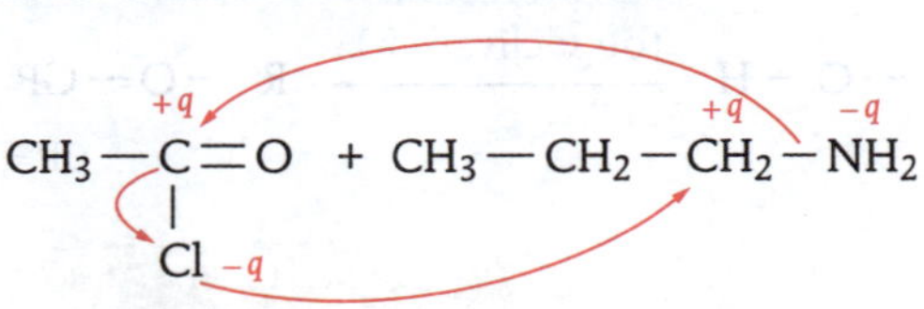

b. On constate que pour obtenir l'éthanamide, l'atome de chlore Cl a été remplacé par le groupe amine $-NH_2$ dans le chlorure d'éthanoyle : il s'agit donc d'une réaction de substitution nucléophile (le groupe amine porte un excès de charge négative, il est donc nucléophile).

30 Optimisation d'une étape de synthèse

En bref *La synthèse est la préparation d'une espèce chimique à partir d'autres espèces chimiques. Ces réactions sont lentes et limitées. Les chimistes cherchent à les accélérer ou à améliorer leur rendement.*

I Diminuer la durée de la transformation

■ **Augmenter la température.** La température est un facteur cinétique. La vitesse de la réaction est une fonction croissante de la température. La durée sera d'autant plus petite que la température sera grande.

■ **Utiliser un catalyseur.** Il s'agit d'une espèce chimique qui augmente la vitesse de la réaction sans intervenir dans son bilan → FICHE 10.

II Augmenter le rendement de la transformation

■ Mettre un des réactifs (le moins cher) en **grand excès** devant l'autre.

■ **Éliminer un des produits** au cours de la transformation.

■ **Protéger/déprotéger.** Dans une synthèse organique, les réactifs peuvent contenir plusieurs groupes caractéristiques tous susceptibles de réagir. Pour que seule la fonction voulue réagisse, avant de démarrer la synthèse on modifie (protège) les autres fonctions de la molécule. Une fois la synthèse terminée, il faut effectuer une déprotection pour retrouver les fonctions initiales protégées.

Exemple :

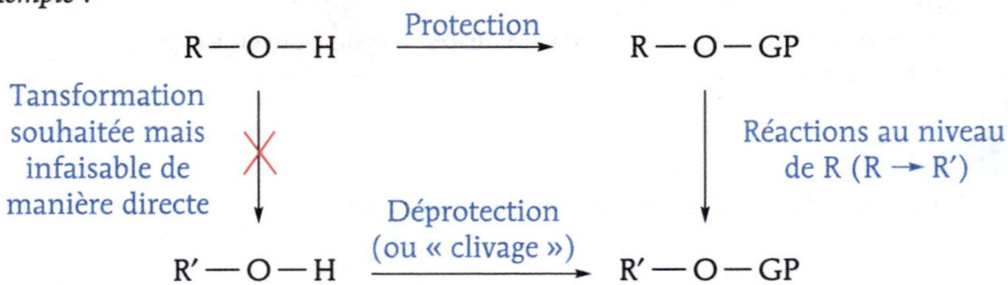

GP = groupe protecteur

À NOTER

- Le groupe protecteur doit : réagir spécifiquement avec la fonction à protéger ; être stable lors des réactions suivantes ; pouvoir être enlevé facilement et de manière sélective, une fois la réaction effectuée.
- Le chimiste doit veiller à choisir une stratégie de protection-déprotection écologique et économique, par exemple en déprotégeant plusieurs groupes en une seule étape.

Méthode

Identifier les étapes de protection et déprotection d'une fonction

On considère les étapes de la synthèse du 1-(3-aminophényl)éthanone :

Étape 1 :

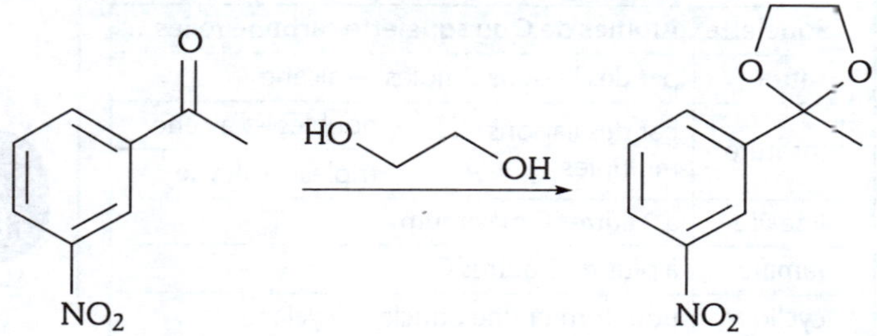

Étape 2 :

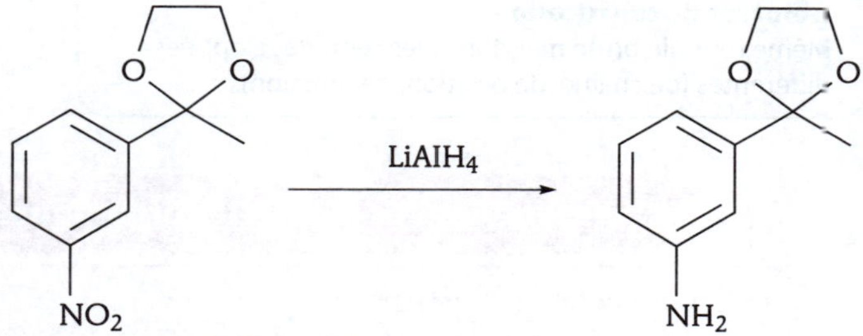

Étape 3 :

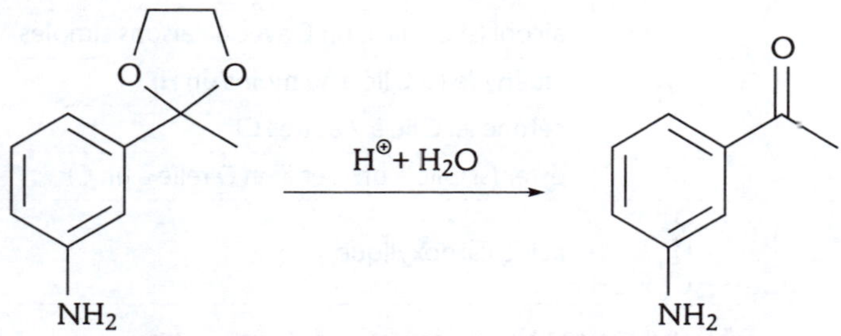

a. Quelle fonction est protégée ?

b. Quelle étape correspond à la protection d'une fonction ? Quelle étape correspond à la déprotection de la fonction initialement protégée ?

SOLUTION

a. On remarque que la fonction carbonyle est présente à la première étape et à la dernière : c'est donc la fonction qui a été protégée.

b. La première étape modifie la fonction carbonyle : c'est l'étape de protection. La dernière étape fait réapparaître la fonction carbonyle : c'est l'étape de déprotection.

MÉMO VISUEL

STRATÉGIES EN SYNTHÈSE

Distinguer les molécules organiques

Les différents squelettes carbonés

Squelette	Atomes de C du squelette carboné reliés…	
saturé	par des liaisons simples → alcane	
insaturé	par des liaisons multiples	doubles → alcène
		triples → alcyne
linéaire	à 2 autres C maximum	
ramifié	à plus de 2 autres C	
cyclique	pour former une boucle → cyclane	

Isomères de constitution

Même formule brute mais formules semi-développées différentes (de chaîne, de position, de fonction).

Les familles des molécules organiques

Molécules organiques oxygénées

Groupe	Famille chimique
— OH	alcool (si OH lié à un C avec 4 liaisons simples)
— C(=O) —	aldéhyde (si C lié à au moins un H)
	cétone (si C lié à 2 autres C)
	ester (si C lié à un C et à un O relié à un C)
— C(=O) — OH	acide carboxylique

Molécules organiques azotées ou halogénées

Famille chimique	Formule générale
amine	R — N(— R′) — R″
amide	R — C(=O) — N(— R′) — R″
halogéno-alcane	R — CH_2 — X avec X un halogène

ORGANIQUE

Les différents réactifs

- **Réactif nucléophile** : riche en électrons, il va établir une liaison avec un réactif pauvre en électrons.
- **Réactif électrophile** : pauvre en électrons, il va établir une liaison avec un réactif riche en électrons.

Les réactions entre molécules organiques

Substitution

Substitution nucléophile S_N	Substitution électrophile S_E
$Nu^{\ominus} + \overset{+q}{S}-\overset{-q}{R} \longrightarrow S-Nu + R^{\ominus}$ Réactif, Substrat, Groupe partant	$E^{\oplus} + \overset{-q}{S}-\overset{+q}{R} \longrightarrow S-E + R^{\oplus}$

Addition

Addition nucléophile A_N	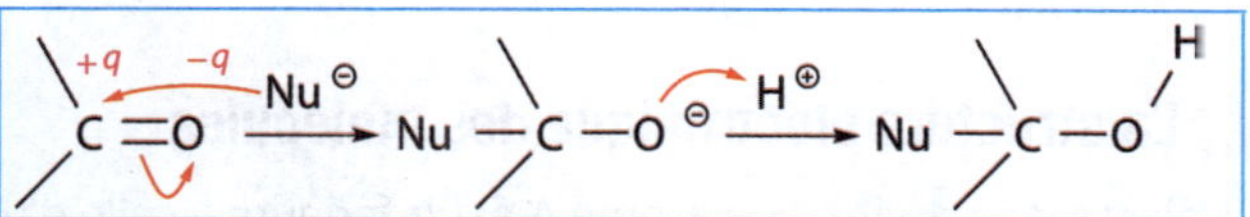
Addition électrophile A_E	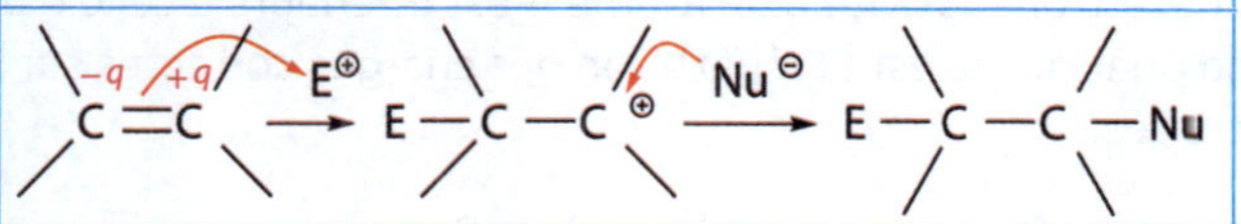

Élimination

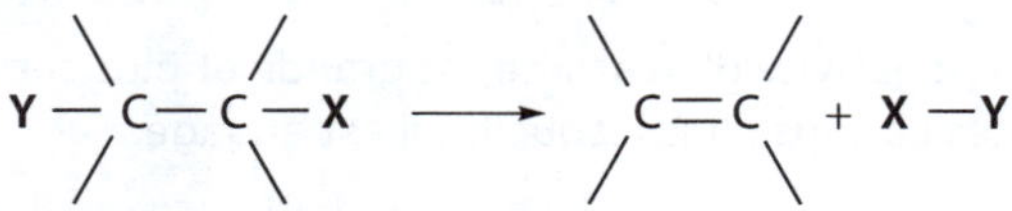

Polymérisation

$n\,\mathrm{CHR{=}CHR'} \longrightarrow -\!\!(\mathrm{CHR-CHR'})\!\!-_n$ avec n le degré de polymérisation

monomère → polymère

Optimiser une étape de synthèse

- En diminuant la **durée** de transformation : augmenter la température ; utiliser un catalyseur.
- En augmentant le **rendement** : mettre un des réactifs en grand excès ; éliminer un des produits ; protéger /déprotéger.

SE TESTER QUIZ

Vérifiez que vous avez bien compris les points clés des **fiches 26 à 30**.

1 Distinguer les molécules organiques

→ FICHE 26

Une molécule au squelette carboné saturé et ramifié :

☐ **a.** a tous ses atomes de carbone alignés
☐ **b.** a des liaisons multiples
☐ **c.** peut contenir des atomes autres que carbone et hydrogène

2 Familles fonctionnelles de molécules organiques

→ FICHE 27

Une molécule de la famille des amides a une formule semi-développée de la forme :

☐ **a.** 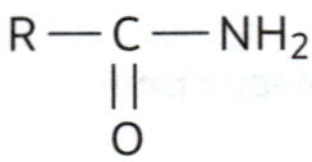

☐ **b.** $R-NH_2$

☐ **c.** 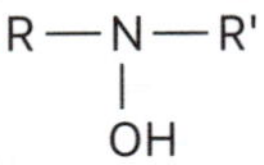

3 La structure électronique des molécules

→ FICHE 28

1. L'électronégativité d'un atome A est inférieure à celle d'un atome B. Indiquer quelle est la répartition des charges correctes sur les atomes A et B liés.

☐ **a.** $\overset{+q}{A}-\overset{+q}{B}$ ☐ **b.** $\overset{-q}{A}-\overset{+q}{B}$ ☐ **c.** $\overset{+q}{A}-\overset{-q}{B}$

2. Plus l'électronégativité d'un atome est grande et plus cet atome attire les électrons des liaisons dans lesquelles il est engagé.

☐ **a.** Vrai ☐ **b.** Faux

4 Modification des molécules organiques

→ FICHE 29

Au cours d'une réaction, le chlorométhane CH_3Cl est transformé en méthanol CH_3OH. Il s'agit d'une réaction :

☐ **a.** d'addition ☐ **b.** de substitution ☐ **c.** d'élimination

5 Optimisation d'une étape de synthèse

→ FICHE 30

Pour optimiser une étape de synthèse, on peut :

☐ **a.** modifier provisoirement un des réactifs
☐ **b.** diminuer la température
☐ **c.** agiter le mélange réactionnel

S'ENTRAÎNER

Données pour tous les exercices :

• les halogènes :

Nom	fluor	brome	chlore	iode
Symbole	F	Br	Cl	I

• électronégativité de quelques atomes :

Atome	H	C	I	Cl	N	O
Électronégativité	2,2	2,5	2,7	2,8	3,0	3,5

6 Identifier les isoméries entre molécules

→ FICHE 26

Pour chaque couple de molécules :

1. indiquer le type d'isomérie existant entre ces molécules ;
2. donner la formule brute des molécules.

a. 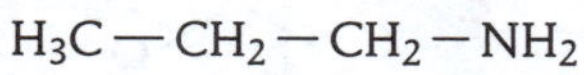 et 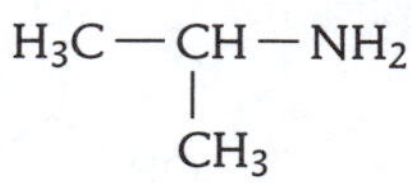

b. 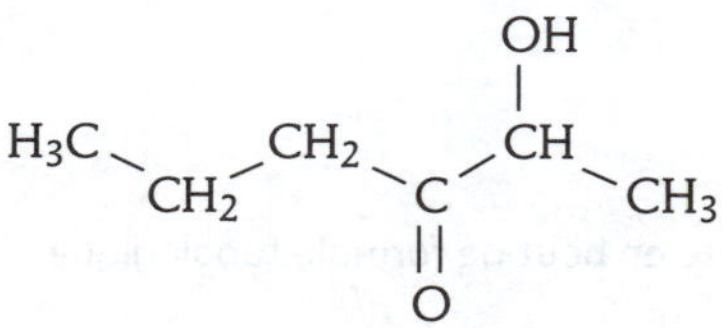 et 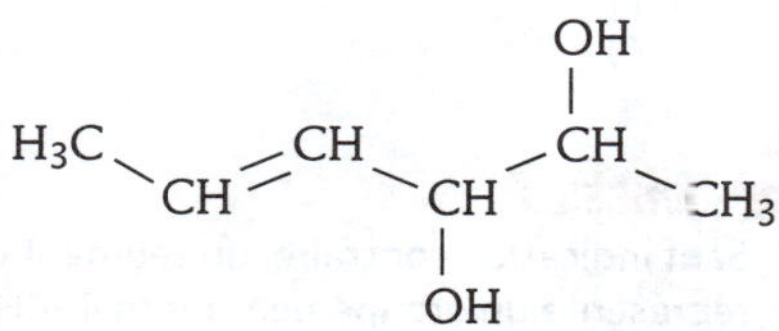

7 Identifier la famille d'une molécule

→ FICHE 27

Préciser les familles chimiques des molécules suivantes et donner leurs noms.

a. CH_3-CO-C_2H_5 b. CH_3-CH_2-CHO
c. CH_3-CH_2-COOH d. CH_3-COO-C_2H_5
e. C_3H_7-NH_2 f. CH_3-CO-NH_2

À NOTER
Les aldéhydes (RCHO), les cétones (RCOR') et les acides carboxyliques (RCOOH) sont des dérivés oxygénés déjà étudiés en classe de 1re.

8 Représenter des molécules

→ FICHES 26 et 27

Donner les formules semi-développées et topologiques des molécules suivantes.

a. 2-méthylbutan-1-al ;
b. Butan-2-amine ;
c. 2-éthylbutanoate de 1-méthylpropyle.

9 Passer du nom à la formule d'une molécule et inversement

→ FICHES 26 et 27

1. Trouver les formules topologiques des molécules suivantes puis entourer et nommer leur groupe caractéristique.

a. 2-méthylbutanamide ;

b. méthanoate de propyle ;

c. 4-méthylhexan-3-amine

2. Trouver le nom des molécules suivantes et préciser à quelle famille d'espèce chimique elles appartiennent.

a. 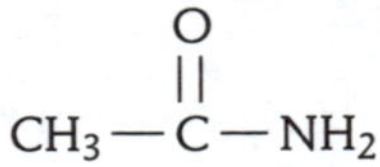

b. $Br-CH_2-CH_2-CH_3$

c. 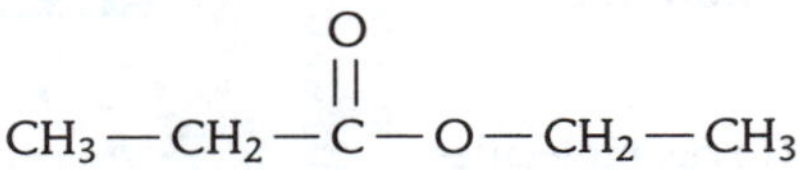

3. Donner les formules semi-développées des molécules suivantes.

a. 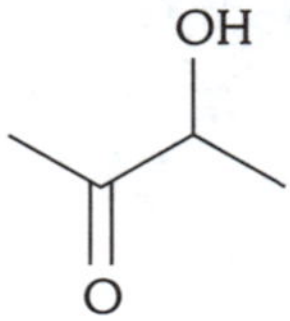

b. 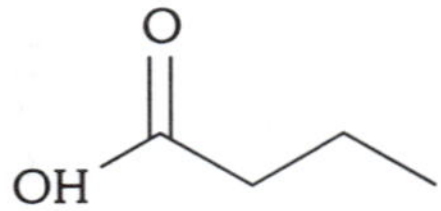

c. 

CONSEILS

Sauf indication contraire, un segment de droite en bout de formule topologique représente un groupement méthyl $-CH_3$.

10 Identifier les centres électrophiles et nucléophiles d'une molécule

→ FICHE 28

1. Pour les atomes écrits en bleu dans les formules semi-développées ci-dessous, déterminer lesquels portent des excès de charge négative ($-q$) et lesquels portent des défauts de charge négative ($+q$).

a. Ammoniac 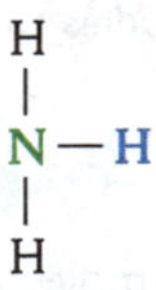

b. Chloroéthane 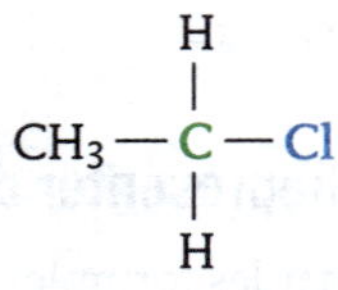

2. En déduire si les atomes écrits en vert sont des centres nucléophiles ou électrophiles.

11 Identifier une réaction à partir de l'équation-bilan

→ FICHE 29

Donner pour chaque équation-bilan, le type de réaction.

a. $CH_3–CH{=}CH_2 + Br_2 \rightarrow CH_3–CHBr–CH_2Br$

b. $CH_3–CH_2–CH_2–OH \xrightarrow{H_2SO_4} CH_3–CH{=}CH_2 + H_2O$

c. $CH_3–CH_2–Cl + HO^- \rightarrow CH_3–CH_2–OH + Cl^-$

CONSEILS

Pour déterminer si une réaction est nucléophile ou électrophile, il faut savoir si le réactif porte un excès ou un défaut de charge négative.

12 Réaction entre l'iodure d'hydrogène et la propanone

→ FICHE 29

La réaction entre l'iodure d'hydrogène de formule H–I et la propanone fournit le produit de formule suivante :

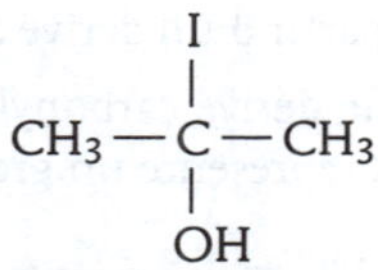

a. Donner la formule semi-développée de la propanone puis indiquer les excès et les défauts de charge négative portés par les atomes de la liaison C=O.

b. Indiquer les excès et les défauts de charge négative portés par les atomes de la liaison H–I.

c. Indiquer les déplacements d'électrons au cours de la réaction.

d. Quel est le type de cette réaction ?

13 Trouver le produit d'une réaction

→ FICHE 29

La réaction entre l'ion hydroxyde HO^- et l'éthanoate de méthyle induit les déplacements d'électrons suivants :

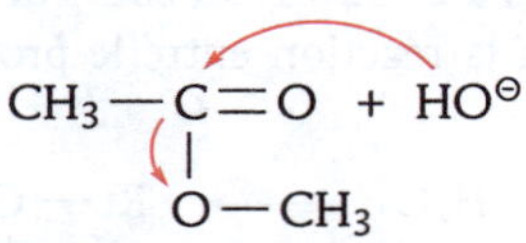

a. Déduire de ces transferts les excès et les défauts de charge négative portés par les atomes de la liaison C–O de l'éthanoate de méthyle.

b. Donner les formules développées des deux produits obtenus.

c. Quel est le type de cette réaction ?

14 Étude de la réactivité des dérivés carbonylés → FICHE 29

Les dérivés carbonylés possèdent tous la double liaison carbone-oxygène. Nous allons étudier leur comportement au cours de diverses réactions chimiques.

1. L'hydrogénation d'un dérivé carbonylé consiste à le faire réagir avec du dihydrogène H_2, en présence de nickel de Raney qui joue le rôle de catalyseur, à une température de 120 °C et sous une pression de 120 bars. La réaction peut s'écrire sous la forme suivante :

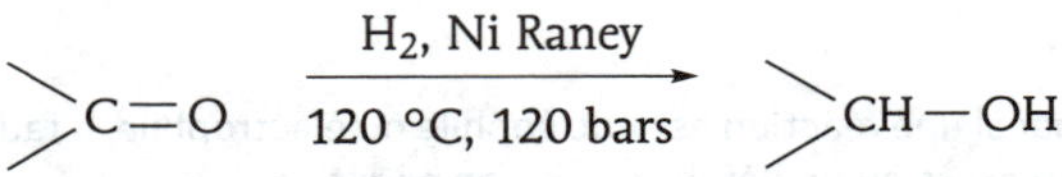

CONSEILS
Le rôle du catalyseur a été vu. → FICHE 10

a. Quel est le rôle d'un catalyseur ?

b. Quel est le type de cette réaction ?

c. Donner la formule semi-développée et le nom du produit obtenu par hydrogénation de la propanone.

2. La préparation d'un alcool à partir d'un dérivé carbonylé se fait en deux étapes.

Au cours de la première étape, le dérivé carbonylé réagit avec un organomagnésien de formule R–Mg–Br (où R représente un groupe alkyle) :

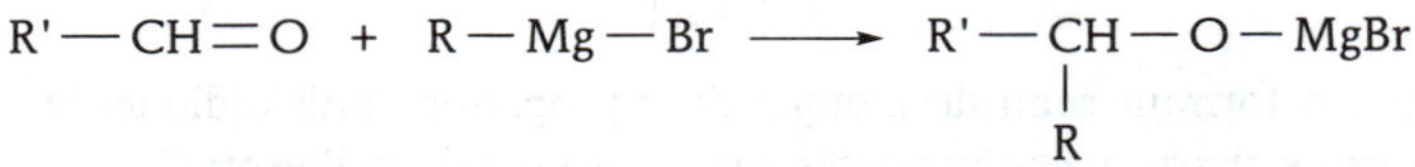

a. Quel est le type de cette réaction ?

b. Compte tenu du fait que l'électronégativité du carbone est égale à 2,5 et celle de l'oxygène est égale à 3,5, indiquer les défauts et les excès de charge négative portés par les atomes de la liaison C=O du dérivé carbonylé.

c. L'organomagnésien utilisé a pour formule : $CH_3 — CH_2 — Mg — Br$. Compte tenu du fait que l'atome de magnésium Mg est moins électronégatif que l'atome de carbone, indiquer les défauts et les excès de charge négative portés par les atomes de la liaison C–Mg de l'organomagnésien.

d. Indiquer les déplacements d'électrons au cours de la réaction.

La seconde étape consiste à la réaction entre le produit de la première étape et l'eau :

e. Quel est le type de cette réaction ?

15 Étude d'un polymère

→ FICHE 29

Le polypropylène est un polymère de symbole PP utilisé pour les emballages alimentaires, la construction automobile ou encore pour la fabrication de certains tissus.

La formule de ce polymère est $\left(CH_2 - \underset{\displaystyle CH_3}{\underset{|}{CH}} \right)_n$

a. À partir de la formule du polymère, déterminer la formule et le nom du monomère qui a permis de former ce polymère.

b. Écrire l'équation de polymérisation.

16 Protection de la fonction alcool

→ FICHE 30

La protection de la fonction alcool peut se faire en la faisant réagir avec un acide carboxylique ou un chlorure d'acide pour obtenir un ester.

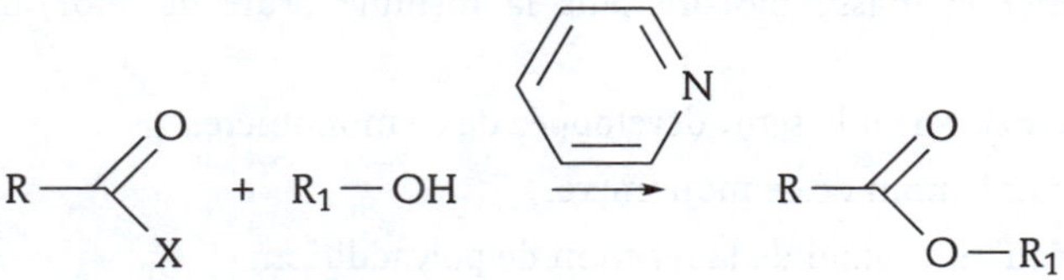

avec X = OH pour l'acide carboxylique et X = Cl pour le chlorure d'acide.

a. Dans l'équation précédente, entourer la fonction alcool et la fonction ester.

b. On fait réagir l'acide éthanoïque avec le propan-1-ol. Trouver la formule et le nom de l'ester obtenu.

CONSEILS

Utilisez la formule générale donnée dans l'énoncé pour déterminer qui de l'acide carboxylique ou de l'alcool forme les groupes R-C et R_1 qui constituent l'ester, en déduire la longueur des chaînes carbonées qui constituent l'ester puis le nom de la molécule.

c. Une des méthodes de déprotection d'un ester est l'hydrolyse en milieu acide de l'ester :

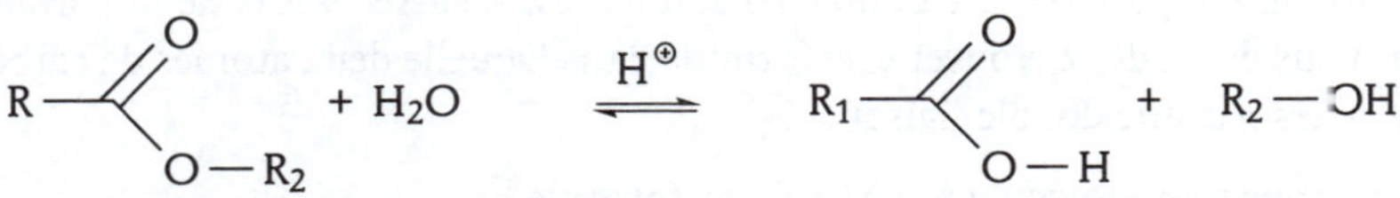

Trouver la formule semi-développée puis nommer l'alcool obtenu par hydrolyse du propanoate d'éthyle.

OBJECTIF BAC

17 Détermination de la formule d'un polymère

20 min

Ce sujet traite de la polymérisation d'une molécule et de la détermination de sa formule brute à partir de sa composition massique.

LE SUJET

Le PVC (polychlorure de vinyle) est un matériau très courant dans notre habitation (revêtements de sol, menuiseries ou encore canalisations). C'est un polymère contenant 73,2 % en masse de chlore, 24,8 % en masse de carbone et 2 % en masse d'hydrogène. Les macromolécules de ce polymère ont une masse molaire moyenne de 121 000 $g \cdot mol^{-1}$ pour un degré de polymérisation $n = 1\,250$.

a. Déterminer la masse molaire puis la formule brute du monomère de ce plastique.

b. En déduire la formule semi-développée de ce monomère.

c. Déterminer le nom de ce monomère.

d. Écrire l'équation-bilan de la réaction de polyaddition.

Données : masses molaires atomiques :
$M(C) = 12{,}0\ g \cdot mol^{-1}$; $M(H) = 1{,}0\ g \cdot mol^{-1}$; $M(Cl) = 35{,}4\ g \cdot mol^{-1}$

LA FEUILLE DE ROUTE

a. Exploiter des données pour déterminer une formule brute → FICHE 29

Un polymère et le monomère qui le constitue ont les mêmes proportions d'atomes de carbone et d'atomes d'hydrogène, ainsi leurs compositions massiques sont identiques.
Pour déterminer le nombre N d'atomes constituants x % de la masse molaire de la molécule, appliquez la formule suivante :

$$x\,\% \times M(\text{molécule}) = N \times M(\text{atome}).$$

b. Déterminer une formule semi-développée → FICHE 29

Un monomère possède une double liaison qui est « cassée » lors de la polyaddition. Vous devez donc trouver une formule dans laquelle deux atomes de carbone sont reliés par une double liaison.

c. Nommer une molécule à partir de sa formule semi-développée → FICHES 26 et 27

Quand une molécule organique contient plusieurs ramifications identiques sur des positions différentes, son nom est de la forme :

position 1, position 2, ...- préfixe multiplicatif + nom de la ramification + nom de la chaîne principale

Exemple : 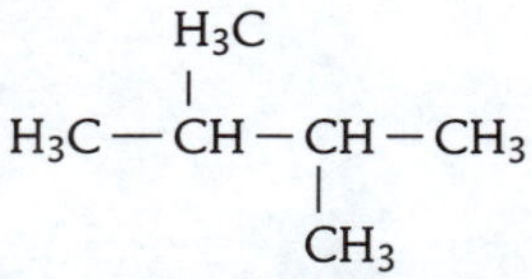 1,4-diméthylpentane

La nomenclature des dérivés halogénés est calquée sur celle des molécules organiques ramifiées.

d. Écrire une équation bilan de polyaddition → FICHE 29

Lors de la synthèse d'un polymère, *n* monomères sont additionnés.

CORRIGÉS

SE TESTER QUIZ

1 Distinguer les molécules organiques

1. Réponse c. Une molécule qui ne contient que des liaisons simples et des ramifications peut contenir d'autres atomes que le carbone.
La proposition **a** est incorrecte car une molécule qui a tous ses atomes de carbone alignés est linéaire et non ramifiée.
La proposition **b** est incorrecte car une molécule qui a des liaisons multiples est insaturée.

2 Familles fonctionnelles de molécules organiques

Réponse a. Une molécule de la famille des amides a une formule semi-développée de la forme :

$$\begin{array}{ccccc} R & - & C & - & NH_2 \\ & & \| & & \\ & & O & & \end{array}$$

3 La structure électronique des molécules

1. Réponse c. Dans une liaison, l'atome dont l'électronégativité est la plus faible (ici A) portera un défaut de charge négative noté $+q$, l'atome dont l'électronégativité est la plus forte (ici B) portera un excès de charge négative noté $-q$, nous aurons donc : $\overset{+q}{A} - \overset{-q}{B}$

2. Réponse a. Plus l'électronégativité d'un atome est grande et plus cet atome attire les électrons des liaisons dans lesquelles il est engagé.

4 Modification des molécules organiques

Réponse b. L'atome de chlore est remplacé par le groupe hydroxyde.

5 Optimisation d'une étape de synthèse

Réponse a. Pour optimiser une étape de synthèse, on peut modifier provisoirement un des réactifs afin de favoriser la réaction d'une fonction de la molécule par rapport aux autres, on peut également augmenter la température pour accélérer la réaction.

S'ENTRAÎNER

6 Identifier les isoméries entre molécules

1. a. Les molécules sont des isomères de chaîne : le squelette carboné est linéaire pour l'une et ramifié pour l'autre.
b. Les molécules sont des isomères de fonction : elles ne contiennent pas les mêmes groupes caractéristiques (carbonyle et alcool pour l'une, uniquement alcool pour l'autre), de plus la première est saturée alors que la seconde est insaturée.

2. a. Ces molécules ont pour formule brute C_3H_9N.
b. Ces molécules ont pour formule brute $C_6H_{12}O_2$.

7 Identifier la famille d'une molécule

a. $CH_3–CO–C_2H_5$. On reconnaît la fonction carbonyle, le carbone fonctionnel est relié à deux groupes alkyles : il s'agit d'une cétone. Le squelette carboné est constitué de quatre atomes de carbone, l'atome d'oxygène est sur le deuxième : le nom de la molécule est butan-2-one.
b. $CH_3–CH_2–CHO$. On reconnaît la fonction carbonyle, le carbone fonctionnel est relié à un groupe alkyle et un atome d'hydrogène : il s'agit d'un aldéhyde. Le squelette carboné est constitué de trois atomes de carbone, l'atome d'oxygène est sur le premier : le nom de la molécule est propan-1-al.
c. $CH_3–CH_2–COOH$. On reconnaît la fonction carboxyle : il s'agit d'un acide carboxylique. Le squelette carboné est constitué de trois atomes de carbone : le nom de la molécule est acide propanoïque.
d. $CH_3–COO–C_2H_5$. On reconnaît la fonction carboxyle, l'oxygène relié par une liaison simple au carbone fonctionnel est relié à un groupe alkyle : il s'agit d'un ester. La chaîne carbonée contenant le carbone de la fonction carboxyle est constituée de deux atomes de carbone, celle reliée à l'atome d'oxygène est constituée de deux atomes de carbone : le nom de la molécule est éthanoate d'éthyle.
e. $C_3H_7–NH_2$. On reconnaît la fonction amine : il s'agit d'une amine. La chaîne carbonée est constituée de trois atomes de carbone : le nom de la molécule est propan-1-amine.
f. $CH_3–CO–NH_2$. On reconnaît la fonction amide : il s'agit d'un amide. La chaîne carbonée est constituée de deux atomes de carbone : le nom de la molécule est éthanamide.

8 Représenter des molécules

À NOTER
Les nombres situés avant un préfixe ou une dénomination d'une fonction indiquent l'atome de carbone sur lequel se trouve la ramification ou la fonction considérée. Ces nombres sont choisis tels que la fonction organique soit placée sur le carbone au plus petit nombre possible.

	Formule semi-developpée	Formule topologique
a.	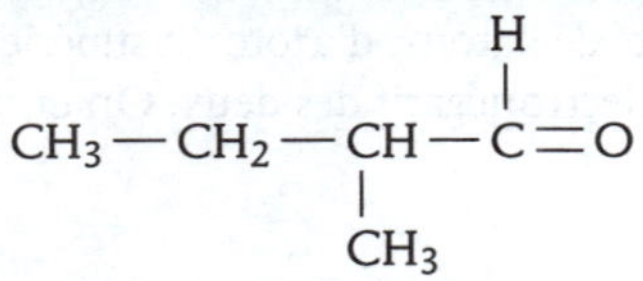	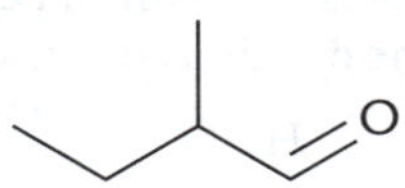
b.	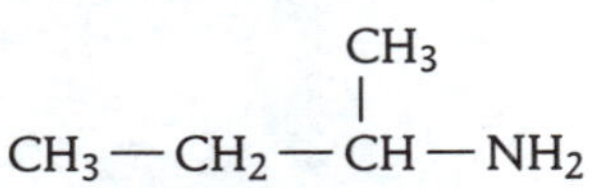	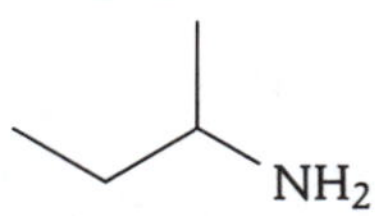

	Formule semi-developpée	Formule topologique
c.	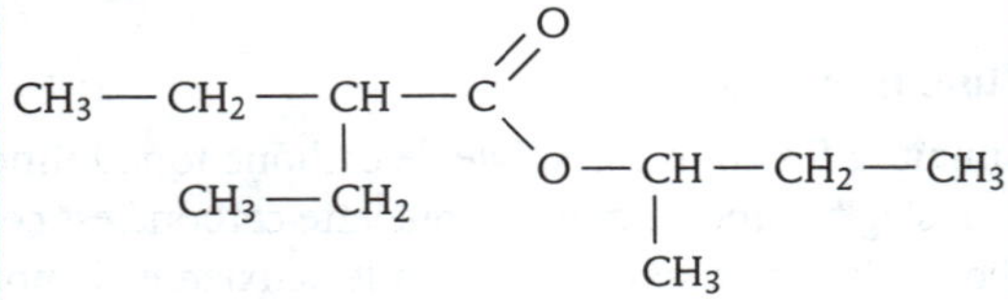	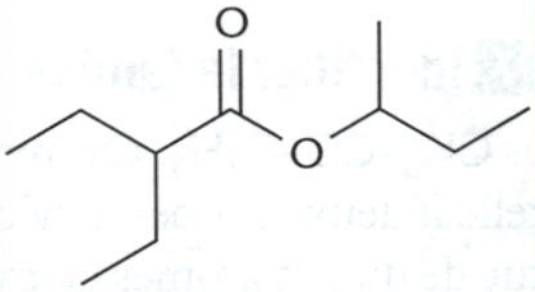

9 Passer du nom à la formule d'une molécule et inversement

1. a. 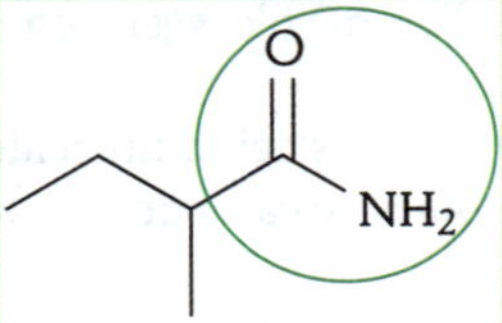

Fonction amide

b. 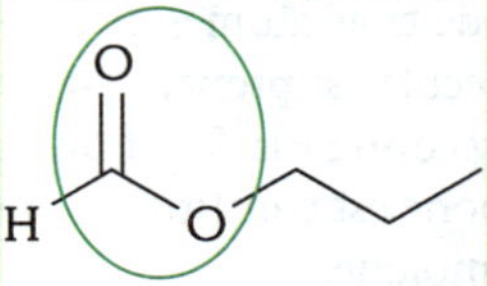

Fonction ester

d. 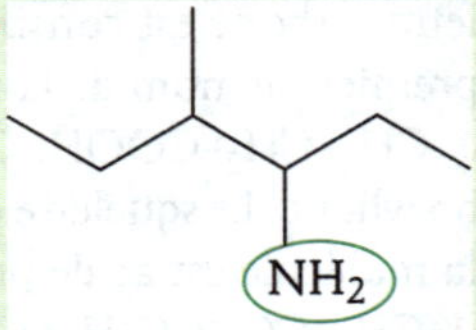

Fonction amine

2. a. Il s'agit de l'éthylamide de la famille des amides.
b. Il s'agit du bromure de propane ou bromopropane de la famille des halogénoalcanes.
c. Il s'agit du propanoate d'éthyle de la famille des esters.

À NOTER
Pour les esters, le préfixe placé avant « oate » est déterminé par la longueur de la chaîne carbonée comprenant l'atome de carbone relié aux deux atomes d'oxygène. Le nom de la chaîne carbonée relié à un seul atome d'oxygène vient ensuite (précédée par « de »).

3. a. 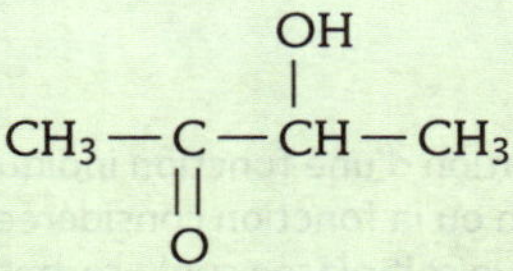

b. 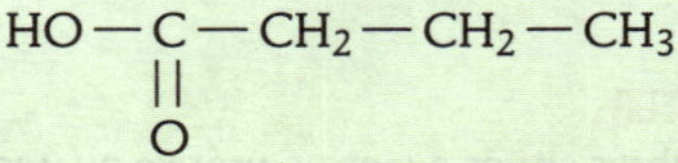

c. $CH_3-CH_2-CH=O$

10 Identifier les centres électrophiles et nucléophiles d'une molécule

1. a. D'après les données, l'électronégativité de l'atome d'azote est supérieure à celle de l'atome d'hydrogène : il s'agit du plus électronégatif des deux. On en déduit :

ammoniac 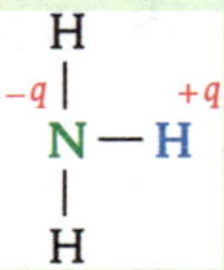

b. D'après les données, l'électronégativité de l'atome de chlore est supérieure à celle de l'atome de carbone : il s'agit du plus électronégatif des deux. On en déduit

chloroéthane 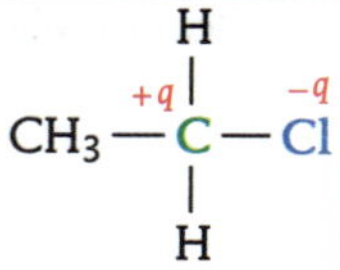

2. a. L'atome d'azote porte un excès de charge négative, c'est donc un site nucléophile.
b. L'atome de carbone porte un défaut de charge négative, c'est donc un site électrophile.

11 Identifier une réaction à partir de l'équation-bilan

a. Les deux atomes de brome du dibrome s'ajoutent chacun sur un des atomes de carbone doublement liés et portent des excès de charge négative : c'est une réaction d'addition nucléophile.
b. Il y a départ d'une molécule d'eau avec formation d'une double liaison C=C : c'est une réaction d'élimination.
c. L'atome de chlore est remplacé par le groupe hydroxyle et ils portent tous deux des excès de charge négative : c'est une réaction de substitution nucléophile.

> **À NOTER**
> Lors d'une addition, une double liaison devient une simple liaison.
> Lors d'une substitution, un atome (ou groupe d'atomes) est remplacé par un autre.
> Lors d'une élimination, une double liaison est formée.

12 Réaction entre l'iodure d'hydrogène et la propanone

a. La propanone a pour formule : 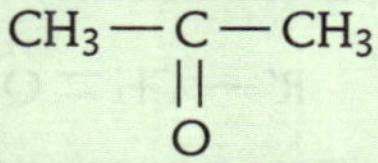

L'oxygène étant plus électronégatif que le carbone, il porte un excès de charge négative et le carbone un défaut de charge négative. On en déduit :

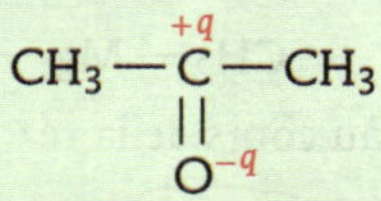

b. L'iode étant plus électronégatif que l'hydrogène, il porte un excès de charge négative et l'hydrogène un défaut de charge négative. On en déduit :

$$\overset{+q}{H}-\overset{-q}{I}$$

c. Les déplacements d'électrons au cours de la réaction sont les suivants :

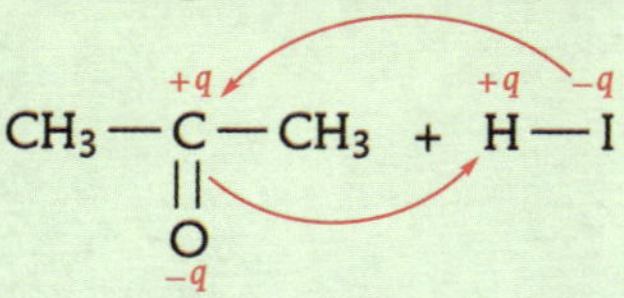

> **À NOTER**
> La flèche représentant l'attaque du réactif est orientée dans le sens du déplacement des électrons : des sites nucléophiles vers les sites électrophiles.

d. Il s'agit d'une réaction d'addition nucléophile car l'iode porte un excès de charge négative.

13 Trouver le produit d'une réaction

a. L'ion hydroxyde HO^- est un anion, il porte un excès de charge négative, c'est donc un site nucléophile. L'atome de carbone est donc électrophile. On en déduit alors :

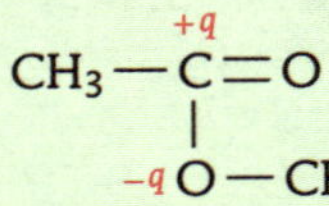

b. Les formules des deux produits obtenus sont les suivantes :

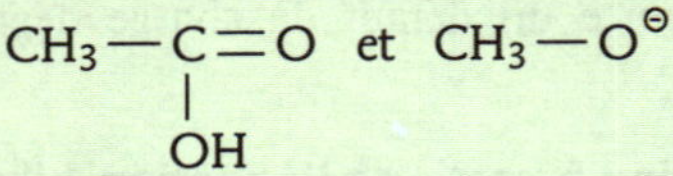

c. Il s'agit d'une réaction de substitution nucléophile car l'ion hydroxyde a pris la place du groupe $-O-CH_3$ et qu'il porte un excès d'électrons.

14 Étude de la réactivité des dérivés carbonylés

1. a. Un catalyseur permet d'augmenter la vitesse d'une réaction mais n'apparaît pas dans l'équation-bilan de celle-ci.

b. Il s'agit d'une réaction d'addition électrophile.

c. La formule et le nom du produit obtenu par hydrogénation de la propanone sont :

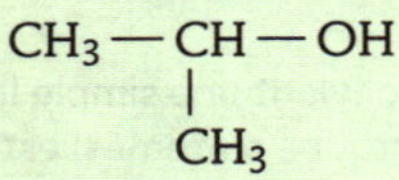
propan-2-ol

2. a. Il s'agit d'une réaction d'addition électrophile.

b. Les excès et les défauts de charge négative portés par les atomes de la liaison C=O du dérivé carbonylé sont les suivantes :

$$R'-\overset{+q}{CH}=\overset{-q}{O}$$

c. Les excès et les défauts de charge négative portés par les atomes de la liaison C–Mg de l'organomagnésien sont les suivantes :

$$CH_3-\overset{-q}{CH_2}-\overset{+q}{Mg}-Br$$

d. Les déplacements d'électrons au cours de la réaction sont les suivants :

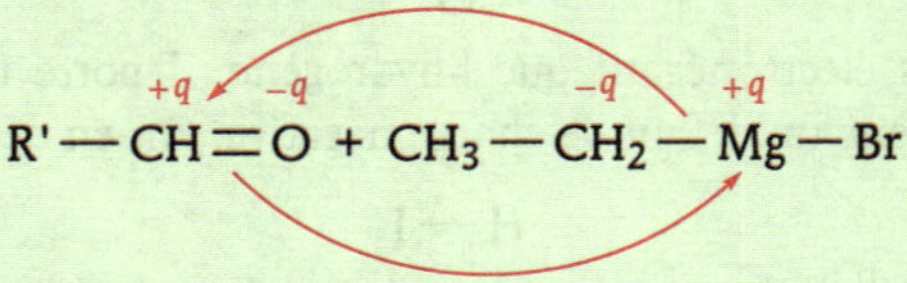

e. Il s'agit d'une réaction de substitution électrophile.

15 Étude d'un polymère

a. D'après la formule du polymère, le motif est $\left(CH_2 - \underset{\displaystyle CH_3}{\underset{|}{CH}} \right)$

> **À NOTER**
> On appelle le motif d'un polymère, la portion de la molécule qui se répète pour former le polymère.

La formule du monomère utilisé pour produire le polypropylène est donc :

$$CH_2 = \underset{\displaystyle CH_3}{\underset{|}{CH}}$$

Il s'agit du prop-1-ène.

b. L'équation de polymérisation est :

$$n\, CH_2 = \underset{\displaystyle CH_3}{\underset{|}{CH}} \longrightarrow \left(CH_2 - \underset{\displaystyle CH_3}{\underset{|}{CH}} \right)_n$$

16 Protection de la fonction alcool

a.

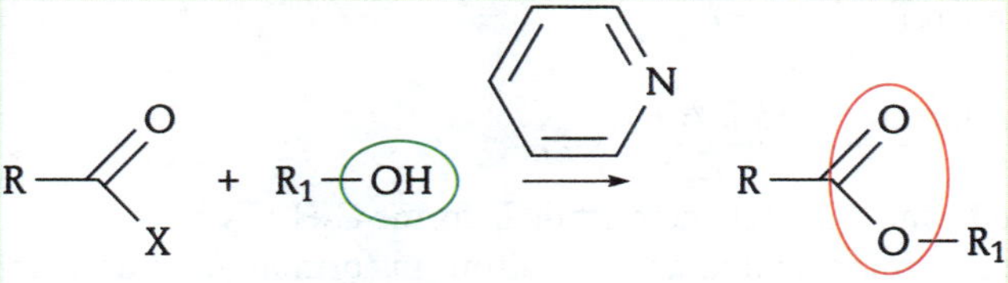

b. L'ester est obtenu à partir de l'acide éthanoïque et du propan-1-ol. Comme la formule générale d'un ester est :

$$\underset{\displaystyle O - R_1}{\underset{|}{R - C = O}}$$

$R - C = O$: Vient de l'acide carboxylique

R_1 : Vient de l'alcool

On en déduit que l'ester obtenu est l'éthanoate de propyle de formule :

$$CH_3 - \underset{\displaystyle O - CH_2 - CH_2 - CH_3}{\underset{|}{C = O}}$$

c. Le propanoate d'éthyle a pour formule :

$$CH_3 - CH_2 - \underset{\displaystyle O - CH_2 - CH_3}{\underset{|}{C = O}}$$

$CH_3 - CH_2 - C = O$: Vient de l'acide carboxylique

$CH_2 - CH_3$: Vient de l'alcool

L'alcool obtenu a pour formule : $CH_3–CH_2–OH$, il s'agit de l'éthanol.

OBJECTIF BAC

17 Détermination de la formule d'un polymère

a. L'équation de polymérisation nous permet d'écrire :

$$M(\text{polymère}) = n \times M(\text{monomère})$$

avec n le dégré de polymérisation.

On en déduit :

$$M(\text{monomère}) = \frac{M(\text{polymère})}{1\,250} = \frac{121\,000}{1\,250} = 97\ \text{g} \cdot \text{mol}^{-1}.$$

Grâce à l'énoncé, on peut déterminer le nombre d'atomes de carbone (A), d'hydrogène (B) et de chlore (C) présents dans le monomère de formule $C_AH_BCl_C$:

$24{,}8\ \% \times M(\text{monomère}) = A \times M(\text{C})$

$2\ \% \times M(\text{monomère}) = B \times M(\text{H})$

$73{,}2\ \% \times \text{M}(\text{monomère}) = C \times M(\text{Cl})$

On en déduit :

$$A = \frac{24{,}8\,\% \times M(\text{monomère})}{M(\text{C})} = \frac{24{,}8\,\% \times 97}{12{,}0} = 2$$

$$B = \frac{2\,\% \times M(\text{monomère})}{M(\text{H})} = \frac{2\,\% \times 97}{1{,}0} = 2$$

$$C = \frac{73{,}2\,\% \times M(\text{monomère})}{M(\text{Cl})} = \frac{73{,}2\,\% \times 97}{35{,}4} = 2$$

On en déduit que la formule du polymère est de la forme $C_2H_2Cl_2$.

b. Le monomère doit comporter une double liaison, sa formule semi-développée est donc :

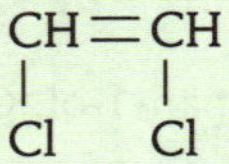

c. Le squelette carboné contient 2 atomes et une double liaison il s'agit d'un alcène (éthène). Chacun des atomes de carbone est relié à un atome de chlore, le nom de la molécule est donc 1,2-dichloroéthène.

d. L'équation de polyaddition est :

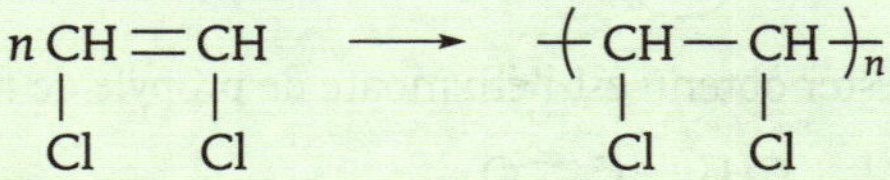

Mouvement et interactions

8 Description d'un mouvement

Pour réussir sa course, le cycliste doit choisir la bonne trajectoire, adapter sa vitesse et fournir l'accélération nécessaire au bon moment. L'**analyse d'un mouvement** nécessite de définir des grandeurs caractéristiques dans un référentiel donné : position, vitesse et accélération.

31 Les vecteurs position et vitesse

En bref *Les vecteurs position et vitesse sont caractéristiques du mouvement. La vitesse est la variation de la position : c'est sa dérivée par rapport au temps.*

I Le vecteur position

■ Le mouvement d'un point est étudié par rapport à un corps de référence appelé **référentiel** associé à un repère d'espace et un repère de temps (défini par une origine des dates t_0) et une unité de temps (la seconde dans le Système International).

Exemples : référentiel terrestre lié à la surface de la Terre, référentiel géocentrique lié au centre de la Terre, référentiel héliocentrique lié au Soleil.

■ Un point mobile M est repéré dans un repère d'espace noté $(O ; \vec{i}, \vec{j}, \vec{k})$, constitué d'un point origine O fixe dans le référentiel et d'un système d'axes orthonormés. Sa position est définie par son **vecteur position** dont les coordonnées $(x ; y ; z)$ sont des fonctions de la date t :

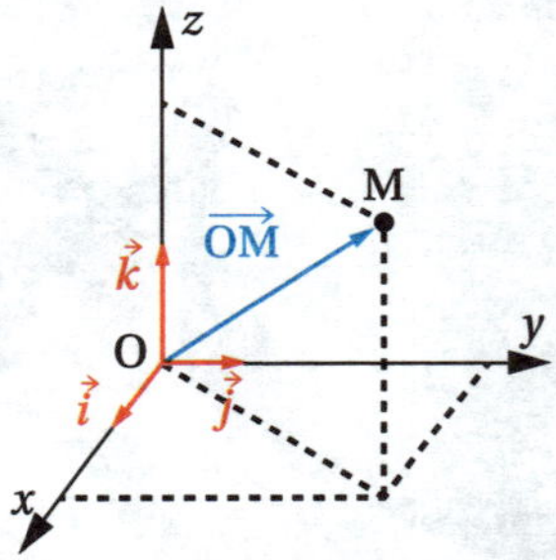

$$\overrightarrow{OM} = x(t)\vec{i} + y(t)\vec{j} + z(t)\vec{k}$$

■ Les fonctions du temps $x(t)$, $y(t)$ et $z(t)$ sont les **équations horaires** du mouvement.

II Le vecteur vitesse

■ Le vecteur vitesse d'un point mobile M est la **dérivée du vecteur position** par rapport au temps : $\overrightarrow{v_M} = \dfrac{d\overrightarrow{OM}}{dt}$.

■ Les **coordonnées** $(v_x ; v_y ; v_z)$ du vecteur vitesse sont les dérivées par rapport au temps des coordonnées $(x ; y ; z)$ de M :

$$\overrightarrow{v_M} = v_x\vec{i} + v_y\vec{j} + v_z\vec{k} = \frac{dx}{dt}\vec{i} + \frac{dy}{dt}\vec{j} + \frac{dz}{dt}\vec{k}$$

■ Le vecteur vitesse $\overrightarrow{v_M}$ a pour :
- **origine** : le point M ;
- **direction** : la tangente au mouvement ;
- **sens** : celui du mouvement ;
- **valeur** : $v = \sqrt{v_x^2 + v_y^2 + v_z^2}$.

La valeur de la vitesse s'exprime en $m \cdot s^{-1}$.

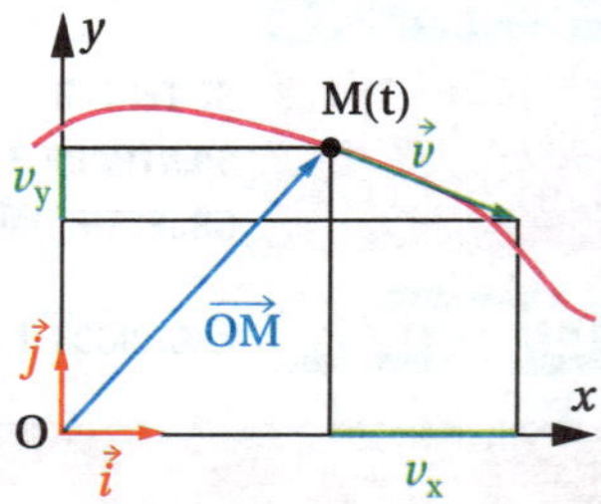

Méthode

Établir les coordonnées du vecteur vitesse à partir du vecteur position

La figure ci-contre montre les positions successives, toutes les 0,5 s, d'un point mobile M en mouvement dans le plan (O, x, y).

Les coordonnées du vecteur position $\overrightarrow{OM}$ varient en fonction du temps suivant les équations horaires :

- $x(t) = t^2 - 3 \times t + 2$
- $y(t) = 2 \times t + 1$

a. Indiquer la position M_0 de M à l'origine des dates $t = 0$ s.

b. Tracer le vecteur position $\overrightarrow{OM_0}$.

c. Déterminer les coordonnées du vecteur vitesse $\overrightarrow{v_M}$ à la date t.

d. Tracer $\overrightarrow{v_M}$ aux dates $t = 0$ s, $t = 1$ s et $t = 2$ s.

e. Quelles propriétés du vecteur vitesse retrouve-t-on sur ce tracé ?

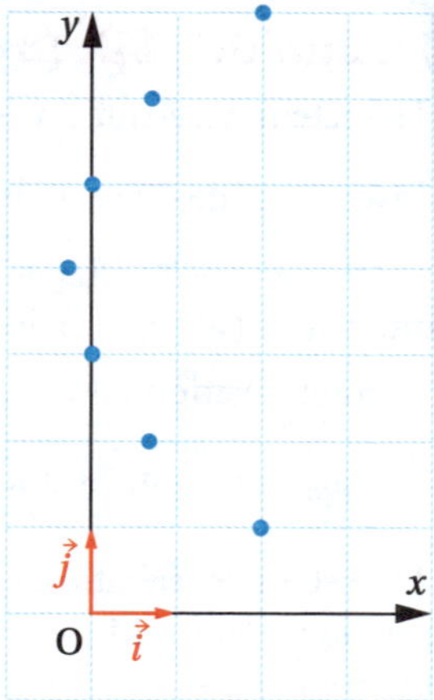

CONSEILS

a. Pour déterminer une position à une date t, remplacez t par sa valeur dans les équations horaires.
b. Le vecteur position est tracé à partir de l'origine O.
c. Décrivez les équations horaires $x(t)$ et $y(t)$ du vecteur position.
d. Le vecteur vitesse est tracé à partir du point considéré à la date choisie.

SOLUTION

a. À $t = 0$ s, $x(0) = 2$ et $y(0) = 1$.

b. $\overrightarrow{OM_0}$ est tracé sur la figure ci-contre.

c. $v_x = \dfrac{dx}{dt} = 2 \times t - 3$ et $v_y = \dfrac{dy}{dt} = 2$.

Donc : $\overrightarrow{v_M} = (2t - 3)\vec{i} + 2\vec{j}$.

d. Coordonnées du vecteur vitesse :

- à $t = 0$ s, $v_x = -3$ et $v_y = 2$;
- à $t = 1$ s, $v_x = -1$ et $v_y = 2$;
- à $t = 2$ s, $v_x = 1$ et $v_y = 2$.

e. Le vecteur vitesse est bien tangent à la trajectoire et dans le sens du mouvement.

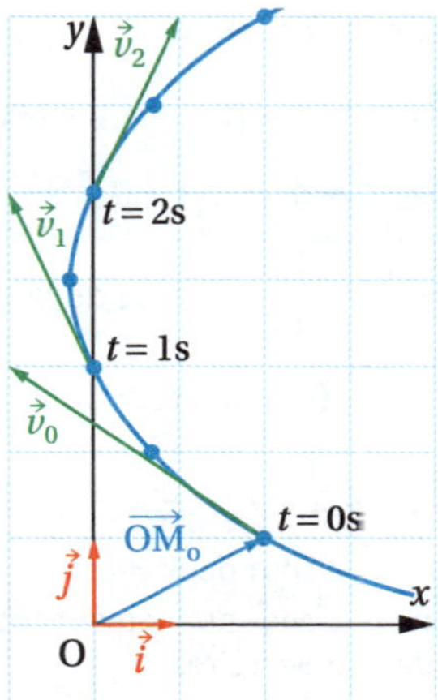

32 Le vecteur accélération

En bref *Pour rendre compte des modifications de vitesse, on définit le vecteur accélération à partir du vecteur vitesse dont il exprime les variations à chaque seconde.*

I Dans un repère cartésien

- Le vecteur accélération est la **dérivée du vecteur vitesse** par rapport au temps (dérivée seconde du vecteur position) : $\overrightarrow{a_M} = \frac{d\overrightarrow{v_M}}{dt} = \frac{d^2\overrightarrow{OM}}{dt^2}$.
- Les **coordonnées** $(a_x ; a_y ; a_z)$ de $\overrightarrow{a_M}$ sont les dérivées par rapport au temps t des coordonnées $(v_x ; v_y ; v_z)$ de $\overrightarrow{v_M}$ ou les dérivées secondes des coordonnées $(x ; y ; z)$ du vecteur position $\overrightarrow{OM}$:

$$\overrightarrow{a_M} = a_x\vec{i} + a_y\vec{j} + a_z\vec{k} = \frac{dv_x}{dt}\vec{i} + \frac{dv_y}{dt}\vec{j} + \frac{dv_z}{dt}\vec{k} = \frac{d^2x}{dt^2}\vec{i} + \frac{d^2y}{dt^2}\vec{j} + \frac{d^2z}{dt^2}\vec{k}$$

- Le vecteur accélération $\overrightarrow{a_M}$ a pour :
  - **origine** : le point M ;
  - **direction et sens** : celui du vecteur $\Delta\vec{v}$;
  - **valeur** : $a = \sqrt{a_x^2 + a_y^2 + a_z^2}$ (en $m \cdot s^{-2}$).

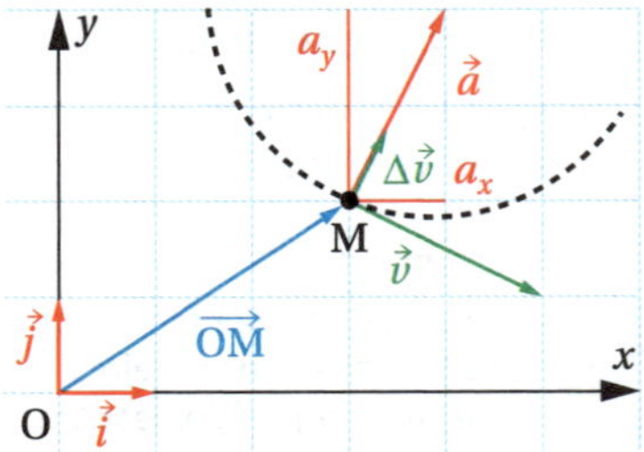

II Dans le repère de Frenet

Les **mouvements circulaires** sont souvent étudiés dans un repère lié au point mobile M, appelé repère de Frenet et noté $(M, \vec{t}, \vec{n})$. Dans ce repère :

$$\vec{v} = v\vec{t} \text{ (} v \text{ valeur de la vitesse)}$$
$$\vec{a} = \overrightarrow{a_t} + \overrightarrow{a_n} = a_t\vec{t} + a_n\vec{n} = \frac{dv}{dt}\vec{t} + \frac{v^2}{R}\vec{n}$$

$a_t = \frac{dv}{dt}$ ($\frac{dv}{dt}$: dérivée de la vitesse par rapport à t) ;

$a_n = \frac{v^2}{R}$ (R : rayon de la trajectoire).

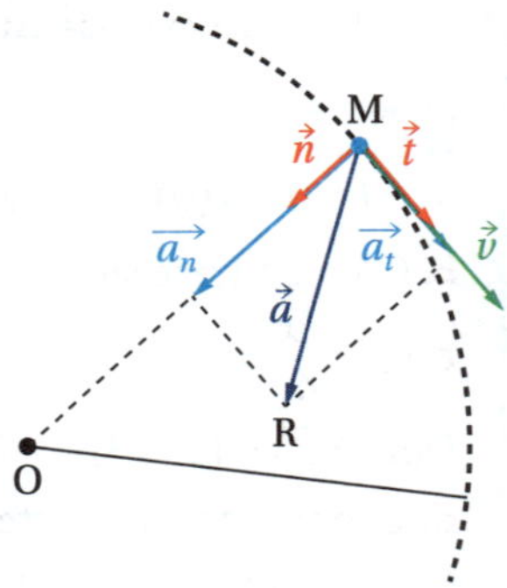

À NOTER

- $\vec{t}$ et $\vec{n}$ sont deux vecteurs unitaires liés au point M. $\vec{t}$ est tangent à la trajectoire, dans le sens du mouvement et $\vec{n}$ est perpendiculaire à $\vec{t}$ et orienté vers l'intérieur de la trajectoire.
- $\frac{v^2}{R} > 0$, donc $\vec{a}$ et $\vec{n}$ sont de même sens : l'accélération est toujours dirigée vers l'intérieur de la trajectoire.

Méthode

Déterminer le vecteur accélération à partir du vecteur vitesse

M est un point mobile dans le plan (O, x, y).

Son vecteur vitesse à une date t est :

$$\overrightarrow{v_M} = (2t - 3)\vec{i} + 2\vec{j}.$$

a. Déterminer les coordonnées de son vecteur accélération $\overrightarrow{a_M}$.

b. Tracer le vecteur accélération à $t = 1$ s.

c. À la date $t = 1$ s, tracer le vecteur variation de vitesse : $\Delta\vec{v} = \vec{v_2} - \vec{v_0}$.

d. En déduire le tracé du vecteur $\vec{a}$ à $t = 1$ s.

e. Comparer les résultats obtenus en **b.** et en **d.**

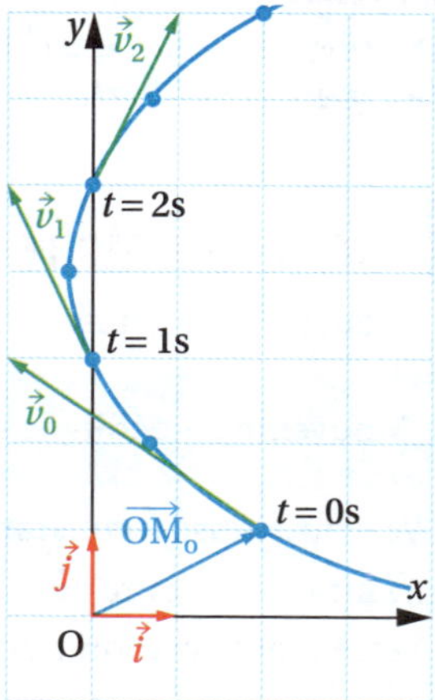

CONSEILS

a. Dérivez les coordonnées $v_x(t)$ et $v_y(t)$ du vecteur vitesse.
b. Le vecteur accélération est tracé à partir de M_1.
c. Pour tracer $\Delta\vec{v}$, il faut mettre bout à bout $\vec{v_2}$ et $-\vec{v_0}$ à partir de M_1.
d. Le vecteur accélération est tracé à partir du vecteur $\Delta\vec{v}$. Entre deux dates proches, t_0 et t_2, on peut écrire : $\overrightarrow{a_M} = \dfrac{d\overrightarrow{v_M}}{dt} \approx \left(\dfrac{\Delta\vec{v}}{\Delta t}\right)_{\text{entre } t_0 \text{ et } t_2}$.

SOLUTION

a. $v_x = 2 \times t - 3$ et $v_y = 2$.

Donc : $a_x = \dfrac{dv_x}{dt} = 2$ et $a_y = \dfrac{dv_y}{dt} = 0$.

Soit : $\overrightarrow{a_M} = 2\vec{i} + 0\vec{j} = 2\vec{i}$.

b. Le vecteur $\overrightarrow{a_1}$ est tracé en M_1 : voir figure.

c. Le vecteur variation de vitesse $\Delta\vec{v}$ est tracé à partir de M_1, on obtient $\Delta\vec{v} = 4\vec{i}$.

d. La variation se produit entre $t = 0$ s et $t = 2$ s pendant 2 s, on a donc :

$$\overrightarrow{a_1} = \frac{\left(\Delta\vec{v}\right)_{\text{entre } t_0 \text{ et } t_2}}{2} = \frac{4\vec{i}}{2} = 2\vec{i}.$$

e. Les deux résultats sont proches, mais la méthode graphique oblige à réaliser un tracé précis.

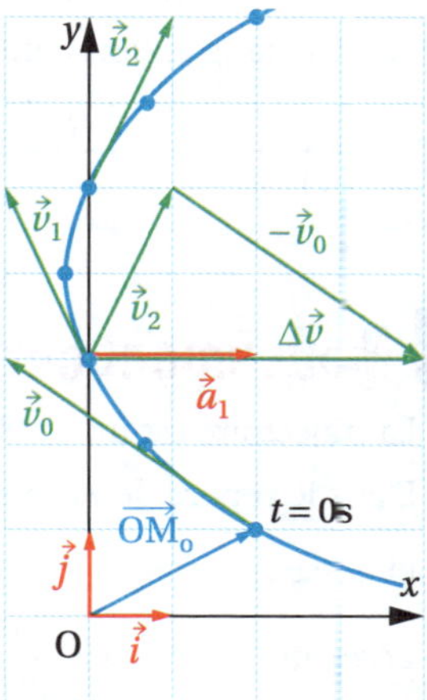

33 Quelques mouvements particuliers

En bref *Les mouvements rectilignes ou circulaires sont les plus faciles à décrire : les premiers dans un repère d'espace $(O ; \vec{i})$ et les seconds dans le repère de Frenet.*

I Mouvements rectilignes

Un mouvement rectiligne est un mouvement dont la trajectoire est une droite.

Mouvement rectiligne uniforme	Mouvement rectiligne uniformément varié
• Vecteur vitesse $\vec{v}$ **constant** et dirigé suivant la trajectoire : $\vec{v} = v_x\vec{i}$. • Vecteur accélération nul : $\vec{a} = \vec{0}$.	Vecteur accélération $\vec{a}$ **constant** et dirigé suivant la trajectoire : $\vec{a} = a_x\vec{i}$.
Équations horaires du mouvement : $v_x = C^{te}$ $x = v_xt + x_0$ (x_0 : abscisse à $t = 0$ s)	**Équations horaires** du mouvement : $a_x = C^{te}$ $v_x = a_xt + v_0$ (v_0 : vitesse à $t = 0$ s) $x = \frac{1}{2}a_xt^2 + v_0t + x_0$ (x_0 : à $t = 0$ s)
• Si M se déplace vers x croissant, $v_x > 0$: $\vec{v}$ dans le sens de $\vec{i}$. 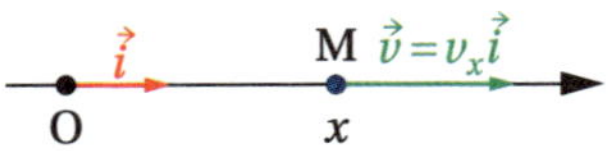 • Si M se déplace vers x décroissant, $v_x < 0$: $\vec{v}$ dans le sens contraire de $\vec{i}$. 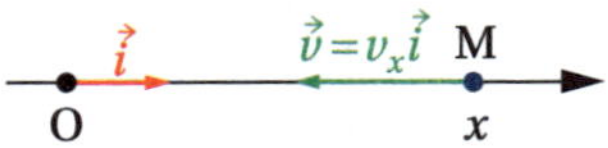	• Si $\vec{a}$ et $\vec{v}$ dans le même sens, mouvement **accéléré**. 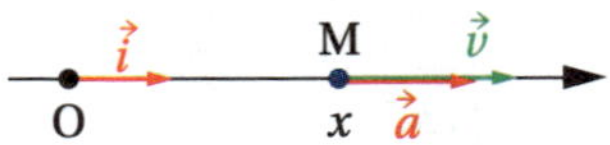 • Si $\vec{a}$ et $\vec{v}$ de sens opposés, mouvement **ralenti**. 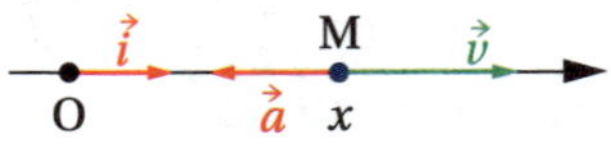

II Mouvement circulaire uniforme

- La trajectoire est un cercle de rayon R avec une **valeur de la vitesse constante**.
- Dans le **repère de Frenet** :

• la vitesse est : $\vec{v} = v\vec{t}$ avec $v = C^{te}$ donc $\frac{dv}{dt} = 0$;

• l'accélération est : $\vec{a} = \frac{dv}{dt}\vec{t} + \frac{v^2}{R}\vec{n} = \frac{v^2}{R}\vec{n}$.

L'accélération $\vec{a}$ est **centripète**, dirigée vers le centre de la trajectoire, O, et de valeur a constante : $a = \frac{v^2}{R}$.

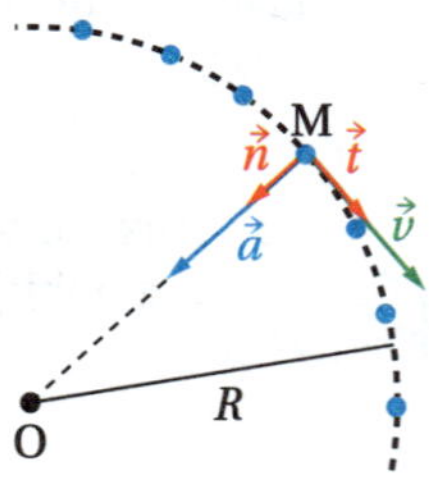

Méthode

Caractériser le vecteur accélération de quelques mouvements simples

Le schéma suivant montre les mouvements de trois points mobile A, B et C. Les positions ont été enregistrées à intervalles de temps égaux et quelques vecteurs vitesse sont tracés (avec la même échelle).

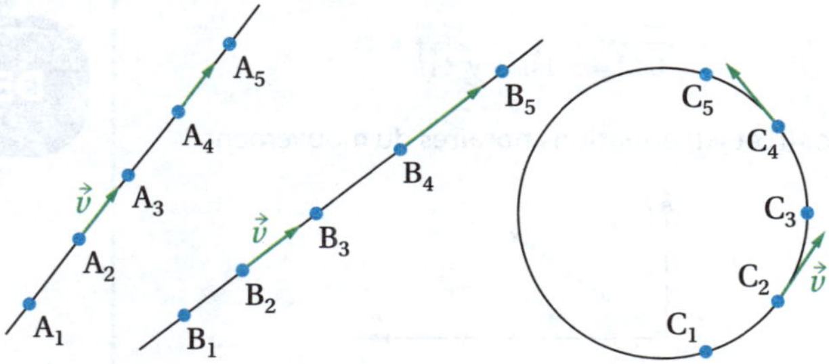

a. Caractériser chaque mouvement (trajectoire et variation de vitesse).

b. En déduire la représentation du vecteur accélération aux points n° 3 : direction et sens (sans souci d'échelle).

CONSEILS

a. Observez les variations du vecteur vitesse : valeur (longueur) et direction.

b. Le vecteur accélération est dirigé comme les variations du vecteur vitesse.

SOLUTION

a. Les mouvements de A et B sont rectilignes et celui de C est circulaire. Les valeurs des vitesses de A et C sont constantes et celle de B augmente.

b. • Le mouvement du point A est rectiligne et uniforme : son vecteur vitesse est constant, il ne varie pas, son vecteur accélération est donc nul.

• B a un mouvement rectiligne et accéléré : son vecteur vitesse augmente dans le sens du mouvement, son vecteur accélération est dirigé dans le sens du mouvement.

• C a un mouvement circulaire et uniforme : son vecteur vitesse varie en direction seulement, vers l'intérieur de la trajectoire, son vecteur accélération est centripète.

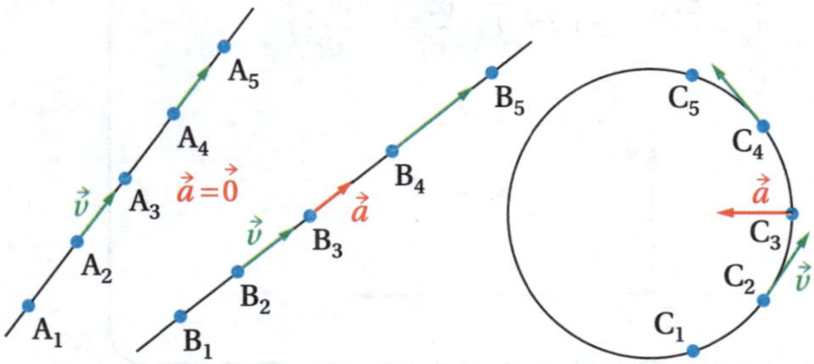

DESCRIPTION

Mouvement dans le plan (O, *x*, *y*)

Vecteur position

M point mobile dans un repère d'espace noté $(O\,;\vec{i},\vec{j})$:

$$\overrightarrow{OM} = x(t)\vec{i} + y(t)\vec{j}$$

avec *x*(*t*) et *y*(*t*) **équations horaires** du mouvement.

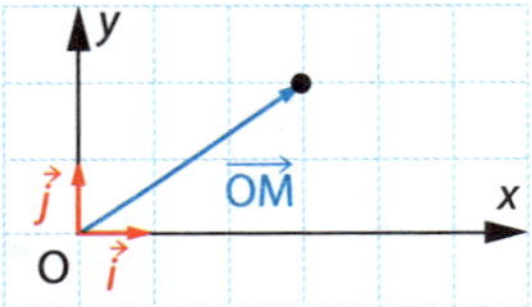

Vecteur vitesse

Dérivée du vecteur position par rapport au temps :

$$\overrightarrow{v_M} = \frac{d\overrightarrow{OM}}{dt} = v_x\vec{i} + v_y\vec{j} = \frac{dx}{dt}\vec{i} + \frac{dy}{dt}\vec{j}$$

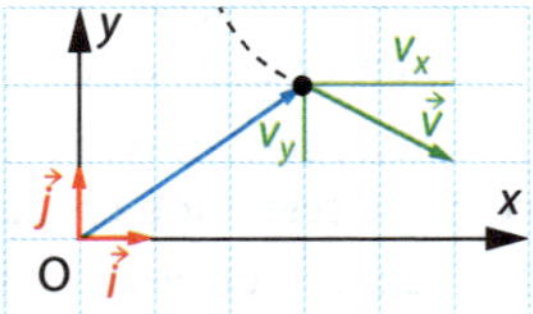

Vecteur accélération

Dérivée du vecteur vitesse par rapport au temps :

$$\overrightarrow{a_M} = \frac{d\overrightarrow{v_M}}{dt} = a_x\vec{i} + a_y\vec{j} = \frac{dv_x}{dt}\vec{i} + \frac{dv_y}{dt}\vec{j}$$

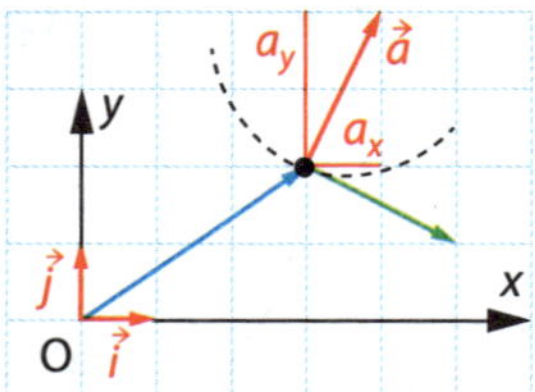

D'UN MOUVEMENT

Mouvements particuliers

Mouvement rectiligne uniforme

- Vecteur vitesse $\vec{v}$ **constant**.
- Vecteur accélération nul : $\vec{a} = \vec{0}$.
- $\boldsymbol{v_x > 0}$: M se déplace vers x croissant.

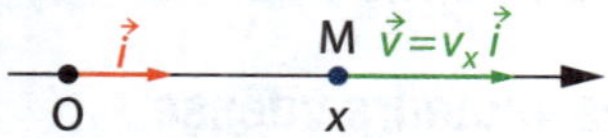

- $\boldsymbol{v_x < 0}$: M se déplace vers x décroissant.

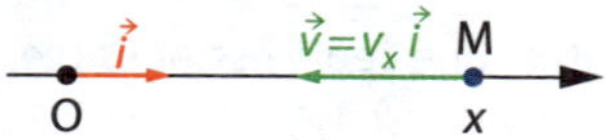

Mouvement rectiligne uniformément accéléré

- Vecteur accélération $\vec{a}$ **constant** et dirigé suivant la trajectoire.
- Mouvement **accéléré** : $\vec{a}$ et $\vec{v}$ dans le même sens.

- Mouvement **ralenti** : $\vec{a}$ et $\vec{v}$ de sens opposés.

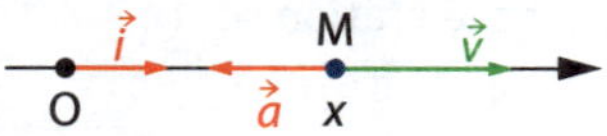

Mouvement circulaire uniforme

- Trajectoire circulaire et **valeur de la vitesse constante.**
- Accélération **centripète** et de valeur constante :

$$\vec{a} = \frac{v^2}{R}\vec{n}$$

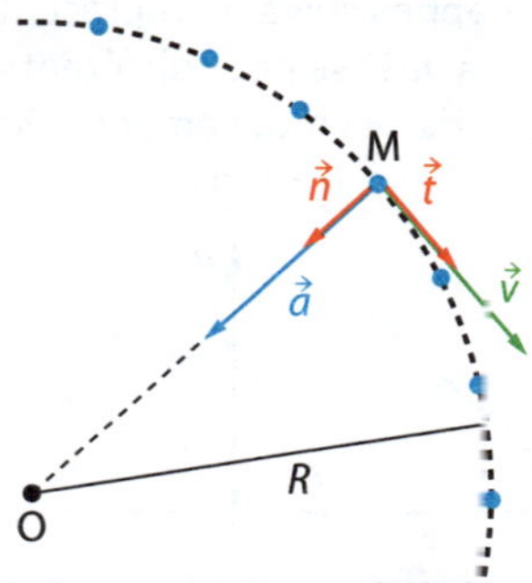

SE TESTER QUIZ

Vérifiez que vous avez bien compris les points clés des **fiches 31 à 33**.

1 Choix d'un référentiel

→ FICHE 31

Le référentiel terrestre est adapté à l'étude du mouvement :

☐ **a.** de la Lune autour de la Terre
☐ **b.** d'un ballon lancé sur un terrain de sport
☐ **c.** d'une sonde spatiale lancée vers Mars
☐ **d.** d'un skieur qui slalome dans une descente

2 Représentation des vecteurs vitesse et accélération

→ FICHES 31 et 32

Parmi les situations suivantes, une seule est possible, laquelle ?

☐ **a.**

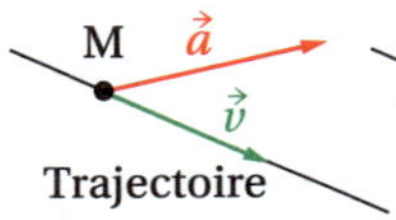

☐ **b.**

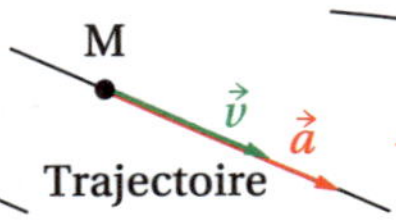

☐ **c.**

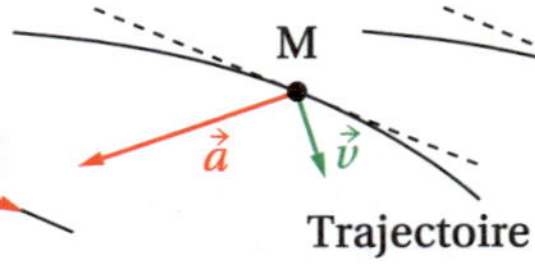

☐ **d.**

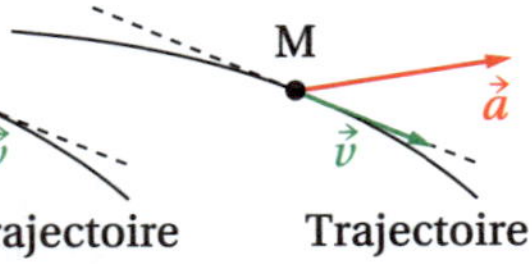

3 Coordonnées de l'accélération

→ FICHE 32

Dans le repère $(O, \vec{i}, \vec{j})$, un vecteur vitesse a pour coordonnées $v_x = 5$ et $v_y = 3t + 1$.

Les coordonnées du vecteur accélération sont :

☐ **a.** $a_x = 0$ et $a_y = 1$
☐ **b.** $a_x = 5$ et $a_y = 3$
☐ **c.** $a_x = 0$ et $a_y = 3$

4 Mouvements rectilignes

→ FICHE 33

Les graphes suivants représentent les variations temporelles de la position ou de la vitesse pour différents mouvements rectilignes suivant l'axe O*x*. Lequel de ces mouvements est rectiligne uniformément accéléré ?

☐ **a.**

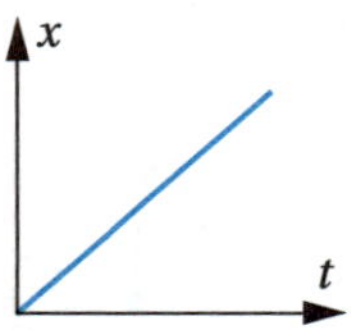

☐ **b.**

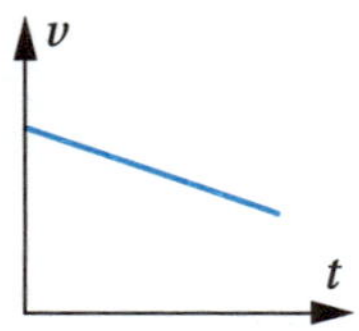

☐ **c.**

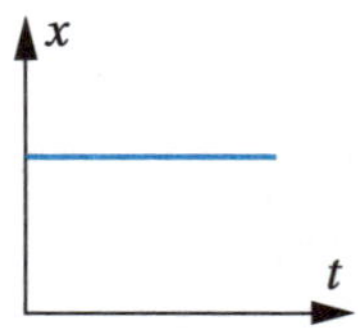

☐ **d.**

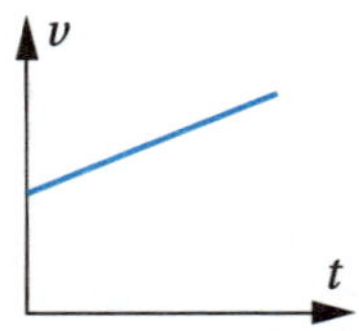

S'ENTRAÎNER

5 Mouvement d'une cycliste

→ FICHE 31

Une cycliste roule en ligne droite sur une route horizontale. La position de son centre de gravité G est repérée à intervalles de temps réguliers.

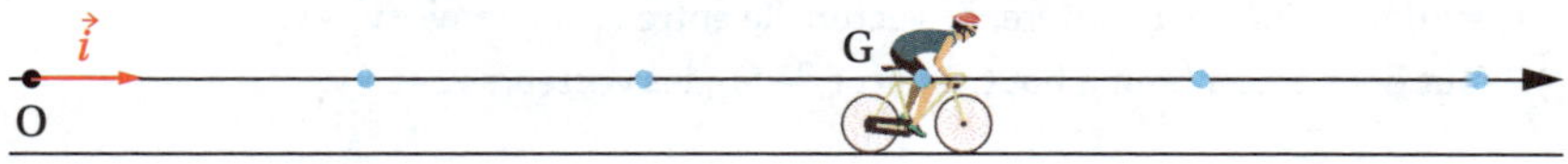

Date t (en s)	0	0,5	1,0	1,5	2,0
Position x (en m)	3,0	5,5	8,0	10,5	13
Vitesse v (en $m \cdot s^{-1}$)	5,0	5,0	5,0	5,0	5,0

a. Quelle est la nature du mouvement de la cycliste ?

b. Déterminer l'expression du vecteur position $\overrightarrow{OG}$ à la date $t = 1,0$ s.

c. Construire la représentation graphique des variations de la position x en fonction du temps t. Donner l'équation horaire du mouvement : $x = f(t)$.

d. En déduire l'expression du vecteur position $\overrightarrow{OG}$ à une date t quelconque.

e. Pourquoi peut-on écrire le vecteur vitesse sous la forme $\vec{v} = v\vec{i}$?
Comment apparaît la valeur de la vitesse sur le graphe de $x = f(t)$?

f. Reproduire la figure ci-dessus et tracer les vecteurs position et vitesse à la date $t = 1,0$ s.

6 Tracer un vecteur variation de vitesse (vu en 1re)

→ FICHE 32

Le mouvement d'un point M est caractérisé par sa trajectoire et son vecteur vitesse à intervalles de temps réguliers :

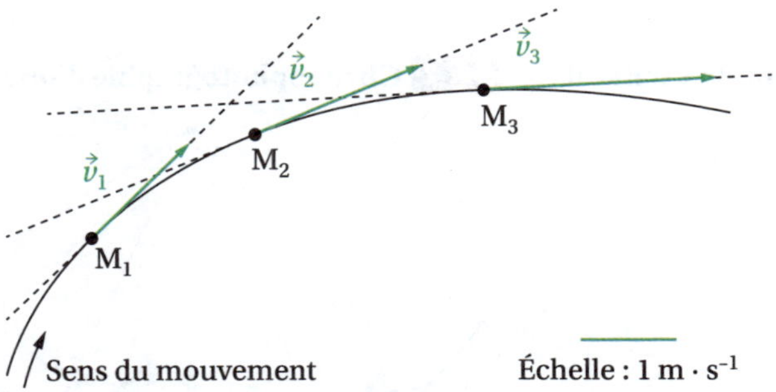

a. Que représentent les droites en pointillé sur la figure ?

b. Indiquer la nature du mouvement du point M.

c. Tracer au point M_2 le vecteur variation de vitesse $\Delta\vec{v}$ entre les points M_1 et M_3.

d. Que peut-on dire de l'orientation du vecteur variation de vitesse $\Delta\vec{v}$ par rapport à la courbe de la trajectoire ?

CONSEILS

c. Le vecteur variation de vitesse $\Delta\vec{v}$ entre les points M_1 et M_3 est représenté au point M_2.
Il est déterminé par la différence vectorielle entre $\vec{v}_1$ et $\vec{v}_3$: $\Delta\vec{v} = \vec{v}_3 - \vec{v}_1$.
Il faut donc tracer bout à bout, à partir de M_2, les vecteurs $\vec{v}_3$ et $-\vec{v}_1$.

7 Déterminer graphiquement un vecteur accélération

→ FICHE 33

Le mouvement du point M étudié dans l'exercice 6 a été enregistré aux dates t_1, t_2 et t_3 espacées de 1 seconde.

a. Déterminer la valeur (norme) de $\Delta\vec{v}$ en tenant compte de l'échelle donnée.

b. En déduire la valeur de l'accélération au point M_2.

c. Tracer le vecteur accélération $\vec{a}$ au point M_2 en choisissant comme échelle : 1 cm pour 1 $m \cdot s^{-2}$.

À NOTER

Le vecteur accélération est la dérivée du vecteur vitesse. Il exprime la variation du vecteur vitesse pendant chaque seconde : il est colinéaire et de même sens que le vecteur variation de vitesse : $\Delta\vec{v}$. Entre deux dates proches t_1 et t_2 :

$$\vec{a}_M = \frac{d\vec{v}_M}{dt} \approx \left(\frac{\Delta\vec{v}}{\Delta t}\right) \text{ entre } t_1 \text{ et } t_2.$$

8 Oscillations d'un pendule

→ FICHES 31 et 32

Le mouvement d'un pendule est enregistré et analysé à l'aide d'un logiciel d'exploitation qui trace les vecteurs vitesse et accélération en différents points du mouvement.

Doc 1 Pendule oscillant

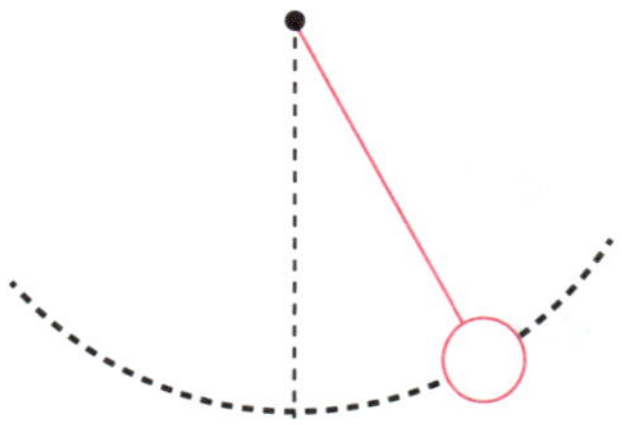

Doc 2 Chronophotographie d'une oscillation

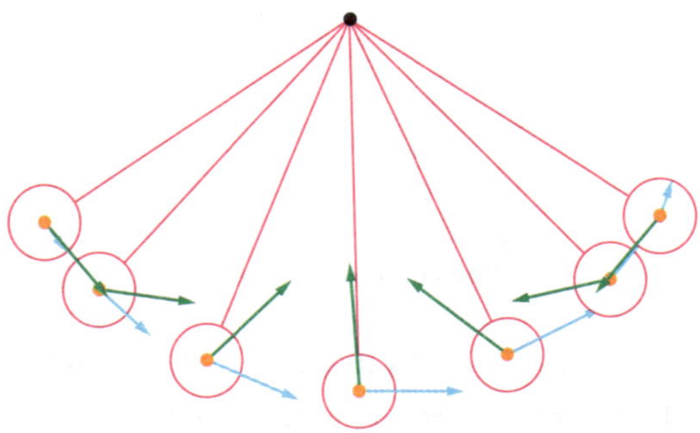

a. Décrire le mouvement du pendule à l'aide du document 2.

b. Reconnaître les vecteurs tracés sur le document 2 en justifiant la réponse.

CONSEILS

b. Pensez aux propriétés du vecteur vitesse et à celles du vecteur accélération qui caractérise les variations du vecteur vitesse.

9 Sensations fortes

→ FICHE 33

Le train d'une montagne russe, parmi les plus haute du monde, permet, lors de sa descente, de passer de 0 à 190 $\text{km} \cdot \text{h}^{-1}$ en 3,8 secondes !

Calculer l'accélération moyenne du train du manège pendant cette descente.

À NOTER

L'accélération moyenne est la mesure de la variation de vitesse pendant chaque seconde du mouvement.

10 Entraînement des astronautes

→ FICHE 33

Pour entraîner les astronautes à subir de fortes accélérations, on utilise une centrifugeuse humaine équipée d'une cabine qui tourne avec un mouvement circulaire.

Le bras de la centrifugeuse mesure 8 m.

Calculer l'accélération subie par l'astronaute installé dans la cabine lorsqu'elle tourne à la vitesse de 38 tours par minute.

CONSEILS

Utilisez l'expression de l'accélération dans le repère de Frenet dans le cas d'un mouvement circulaire et uniforme.

11 Course à pied

→ FICHE 33

Un coureur se déplace suivant une trajectoire rectiligne. Le graphique ci-dessous montre l'évolution de sa vitesse en fonction du temps.

a. Décrire qualitativement le mouvement du coureur.

b. Déterminer la valeur de la coordonnée a_x de son accélération pour chaque phase du mouvement.

c. Calculer la distance parcourue pendant la première phase du mouvement.

À NOTER

b. Le mouvement étant rectiligne, les vecteurs vitesse et accélération n'ont qu'une seule coordonnée suivant *x*. L'accélération est déterminée par la dérivée par rapport au temps de la vitesse.

c. La distance est déterminée par la variation de position dont la dérivée est la vitesse : il faut donc rechercher la primitive de la vitesse.

12 Représenter des vecteurs accélération

→ FICHE 33

Les figures suivantes montrent les positions successives de points mobiles et leurs vecteurs vitesse à intervalles de temps réguliers.

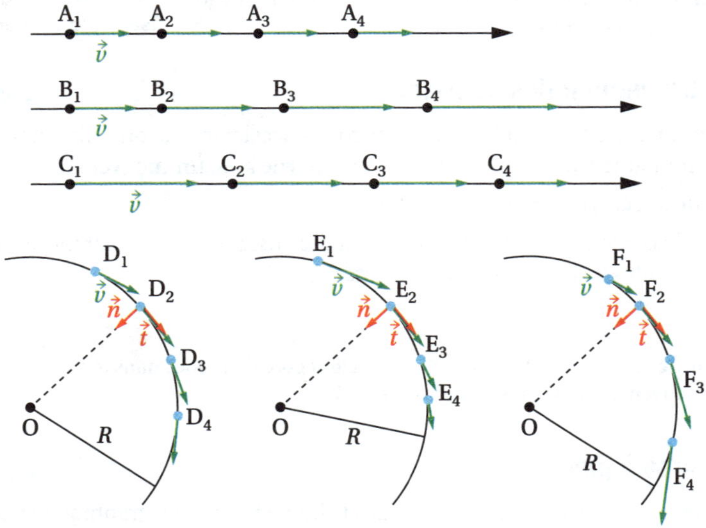

a. Indiquer les caractéristiques de chaque mouvement : trajectoire et variation de la valeur de la vitesse.

b. Déterminer graphiquement, pour chaque mouvement, le vecteur variation de vitesse $\Delta\vec{v}$ entre les points n° 1 et n° 3.

c. En déduire la représentation du vecteur accélération $\vec{a}$ aux points n° 2 : direction et sens (sans souci d'échelle).

CONSEILS

a. Observez les variations du vecteur vitesse : valeur (longueur du vecteur) et direction.

b. Le vecteur variation de vitesse $\Delta\vec{v}$ au point n° 2 est déterminé par la différence vectorielle entre $\vec{v}_1$ et $\vec{v}_3$: $\overrightarrow{\Delta v} = \vec{v}_3 - \vec{v}_1$. Il est tracé à partir du point n° 2.

c. Le vecteur accélération exprime la variation du vecteur vitesse pendant chaque seconde : il est donc colinéaire et de même sens que le vecteur $\Delta\vec{v}$.

OBJECTIF BAC

13 Descente à ski

20 min

Dans ce sujet, on étudie un mouvement rectiligne. Les vecteurs vitesse et accélération sont déterminés à partir des équations horaires du mouvement.

LE SUJET

Un skieur descend en ligne droite sur une piste inclinée. La position de son centre de gravité G est enregistrée dans le repère d'espace $(O\,;\,\vec{i},\,\vec{j})$ par ses coordonnées x et y dont les équations horaires sont :

$x(t) = 2 \times t^2 + 3 \times t + 1$

$y(t) = 1$

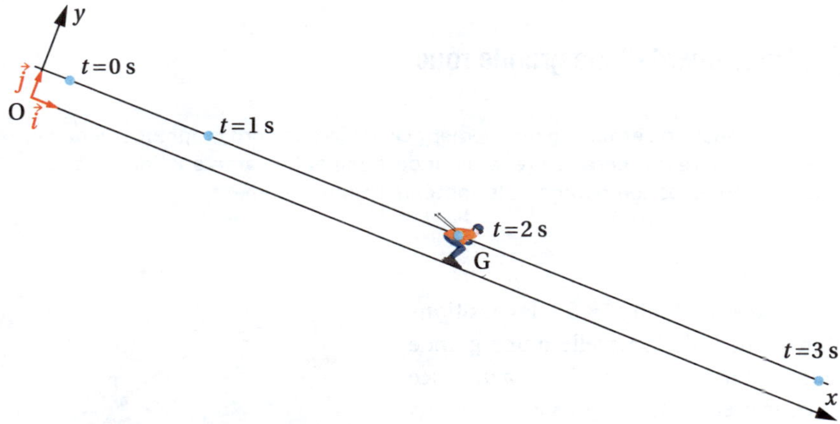

a. Donner l'expression du vecteur position à la date t.

b. Quelle est la distance parcourue entre les dates $t = 0$ s et $t = 3$ s ?

c. Déterminer les coordonnées du vecteur vitesse à une date t quelconque.

d. Quelle est la valeur de la vitesse à la date $t = 2$ s ?

e. Déterminer les coordonnées du vecteur accélération. En déduire la nature du mouvement du skieur.

f. Tracer les vecteurs position, vitesse et accélération à la date $t = 2$ s.

LA FEUILLE DE ROUTE

a. Exprimer le vecteur position avec ses coordonnées cartésiennes → FICHE 31

Utilisez les équations horaires des coordonnées x et y du vecteur position.

b. Exploiter les expressions des coordonnées pour déterminer une distance. → FICHE 31

La distance parcourue est déterminée entre les positions aux deux dates considérées.

c. Établir les coordonnées cartésiennes du vecteur vitesse → FICHE 31

Dérivez les coordonnées du vecteur position par rapport au temps.

d. Exploiter les expressions des coordonnées du vecteur vitesse → FICHE 31

Remplacez t par sa valeur dans les expressions des équations horaires.

e. Établir et exploiter les coordonnées cartésiennes du vecteur accélération → FICHES 32 et 33

Dérivez les coordonnées du vecteur vitesse par rapport au temps.

f. Tracer les vecteurs du mouvement → FICHES 31 et 32

Le vecteur position est tracé à partir de l'origine du repère O tandis que les vecteurs vitesse et accélération sont tracés à partir du centre de gravité G du skieur.

14 Mouvement d'une grande roue

30 min

Dans ce sujet, on étudie un mouvement circulaire, d'abord graphiquement. On utilise ensuite le repère de Frenet pour déterminer les caractéristiques de l'accélération et les comparer à celles obtenues graphiquement.

LE SUJET

On a enregistré toutes les 5 s, les positions d'un point P de la nacelle d'une grande roue dont le rayon vaut 25 m. La distance parcourue entre deux points P consécutifs est de 9,0 m.

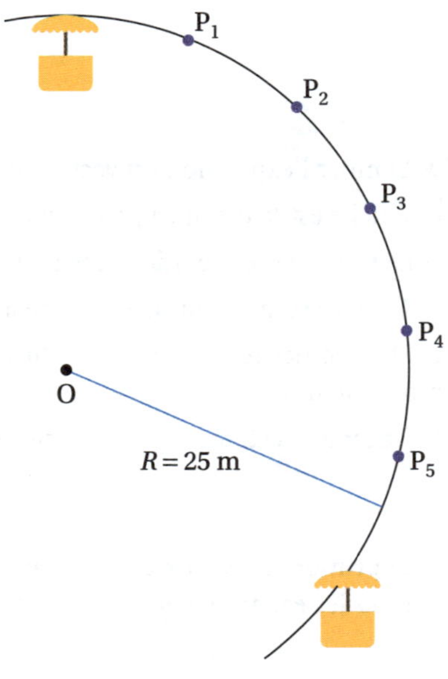

a. Dans quel référentiel a-t-on enregistré le mouvement ?

b. En analysant l'enregistrement, indiquer la nature du mouvement du point P.

c. Représenter le vecteur vitesse aux points P_2 et P_4.
Échelle : 1 cm pour 1 $m \cdot s^{-1}$.

d. Tracer le vecteur variation de vitesse $\Delta\vec{v}$ au point P_3 et en déduire le tracé du vecteur accélération au point P_3 : $\overrightarrow{a_3}$.
Échelle : 3 cm pour 0,1 $m \cdot s^{-2}$.

e. Rappeler la définition du repère de Frenet et donner l'expression générale du vecteur $\vec{a}$ dans ce repère.

f. En déduire les caractéristiques du vecteur accélération au point P_3 et les comparer à celles obtenues à la question **d.**

▶▶▶ LA FEUILLE DE ROUTE

a. Décrire un mouvement → FICHE 31
Quel est l'objet de référence, immobile, choisi pour décrire ce mouvement ?

b. Analyser un enregistrement ou une chronophotographie → FICHE 33
Pensez à décrire la trajectoire et les variations de la vitesse du point P.

c. Tracer un vecteur vitesse → FICHE 31
Tenez compte de la durée correspondant au déplacement indiqué

d. Tracer un vecteur variation du vecteur vitesse → FICHE 32
La variation est étudiée entre P_2 et P_4 mais représentée en P_3 : $\Delta\vec{v} = \overrightarrow{v_4} - \overrightarrow{v_2}$.

Le vecteur accélération est la dérivée du vecteur vitesse : $\vec{a} = \frac{d\vec{v}}{dt}$.

Il peut être construit au point P_3 en traçant la variation du vecteur vitesse entre les points P_2 et P_4 : $\overrightarrow{a_3} = \frac{d\vec{v}}{dt} \approx \frac{\Delta\vec{v}}{\Delta t}$ donc $\overrightarrow{a_3} \approx \frac{\overrightarrow{v_4} - \overrightarrow{v_2}}{t_4 - t_2}$.

e. Utiliser le repère de Frenet pour étudier un mouvement circulaire → FICHE 32
Il faut connaître les coordonnées de l'accélération dans le repère de Frenet.

f. Caractériser le vecteur accélération pour un mouvement circulaire uniforme → FICHE 33
Si le mouvement est uniforme, la vitesse est constante et l'expression de l'accélération se simplifie.

CORRIGÉS

SE TESTER QUIZ

1 Choix d'un référentiel

Réponses b et d. Le référentiel terrestre est adapté à l'étude des mouvements d'objets proches de la Terre dans un repère souvent lié au sol.
La proposition **a.** est incorrecte car le mouvement de la Lune est décrit dans le référentiel géocentrique.
La proposition **c.** est incorrecte car il faut alors tenir compte des mouvements de la Terre et de Mars autour du Soleil en choisissant le référentiel héliocentrique.

2 Représentation des vecteurs vitesse et accélération

Réponse b. La proposition **a.** est incorrecte car les vecteurs $\vec{a}$ et $\vec{v}$ sont colinéaires dans le cas d'un mouvement rectiligne.
La proposition **c.** est incorrecte car le vecteur vitesse doit être tangent à la trajectoire.
La proposition **d.** est incorrecte car le vecteur accélération est toujours dirigé vers l'intérieur de la trajectoire.

3 Coordonnées de l'accélération

Réponse c. Le vecteur accélération est la dérivée du vecteur vitesse par rapport au temps t, donc ses coordonnées $(a_x ; a_y)$ sont les dérivées par rapport au temps t des coordonnées $(v_x ; v_y)$: $a_x = \dfrac{dv_x}{dt} = 0$ et $a_y = \dfrac{dv_y}{dt} = \dfrac{d(3t+1)}{dt} = 3$.

4 Mouvements rectilignes

Réponse d. Le mouvement est rectiligne uniformément accéléré car la vitesse augmente avec une accélération constante qui est la pente de la droite.
La proposition **a.** est incorrecte car le mouvement est rectiligne uniforme : la coordonnée de position x augmente proportionnellement au temps t. La pente de la droite est constante et représente la vitesse du point mobile.
La proposition **b.** est incorrecte car le mouvement est rectiligne uniformément ralenti : la vitesse diminue et sa dérivée (pente de la droite), associée à l'accélération, est constante.
La proposition **c.** est incorrecte car le système est immobile : la position notée x, du système ne change pas.

S'ENTRAÎNER

5 Mouvement d'une cycliste

a. La cycliste avance en ligne droite et à vitesse constante : son mouvement est rectiligne et uniforme.
b. À la date $t = 1{,}0$ s, le vecteur position $\overrightarrow{OG} = x(t = 1) \times \vec{i} = 8{,}0 \times \vec{i}$.

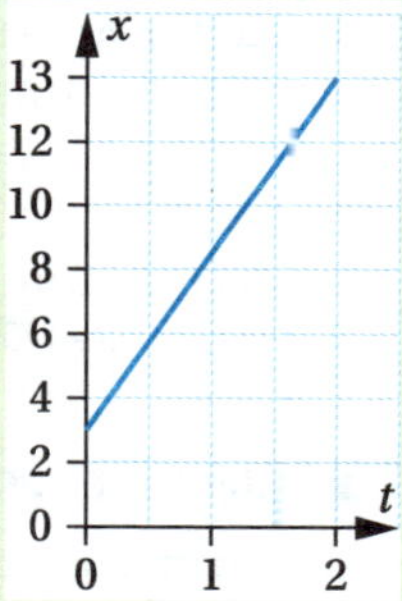

c. La représentation graphique de la position x en fonction du temps t est donnée ci-contre.
L'équation horaire du mouvement est : $x(t) = k \times t + x_0$ où k est la pente de la droite et x_0 l'ordonnée à l'origine des dates ($t = 0$).
$k = \dfrac{13 - 8}{2 - 1} = 5\ \text{m}\cdot\text{s}^{-1}$.
$x_0 = 3$ m (position à $t = 0$ s). Donc :
$x(t) = 5 \times t + 3$.

d. Le vecteur position $\overrightarrow{OG}$ à une date t quelconque est :
$\overrightarrow{OG} = x(t) \times \vec{i} = (5 \times t + 3) \times \vec{i}$.

e. On peut écrire le vecteur vitesse en fonction de $\vec{i}$ car le mouvement est rectiligne. Le vecteur vitesse étant tangent à la trajectoire, il est donc toujours dirigé suivant l'axe Ox et $\vec{v}$ est colinéaire à $\vec{i}$. Sa norme correspondant à la valeur de la vitesse, notée v, on peut donc écrire : $\vec{v} = v \times \vec{i}$.
Le vecteur vitesse est la dérivée du vecteur position. La valeur v de la vitesse est donc la pente de la droite : $x = f(t)$.
$\vec{v} = v\vec{i} = \dfrac{dx}{dt}\vec{i} = 5 \times \vec{i}$ donc :
$v = 5\ \text{m}\cdot\text{s}^{-1}$.

f. Les vecteurs position et vitesse à la date $t = 1{,}0$ s sont représentés sur la figure ci-dessous :
$\overrightarrow{OG} = 8{,}0 \times \vec{i}$ et $\vec{v} = 5 \times \vec{i}$.

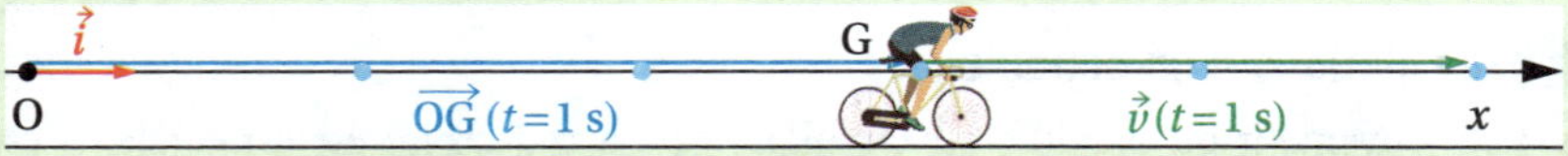

6 Tracer un vecteur variation de vitesse (vu en 1re)

a. Les droites en pointillé sont les tangentes à la trajectoire aux différents points M. Ce sont les directions des vecteurs $\vec{v}$ aux différents points.

b. Le mouvement du point M est curviligne (trajectoire courbe non identifiée) et accéléré car la valeur de la vitesse augmente.

c. Le vecteur variation de vitesse $\Delta\vec{v}$ est tracé à partir de M_2.

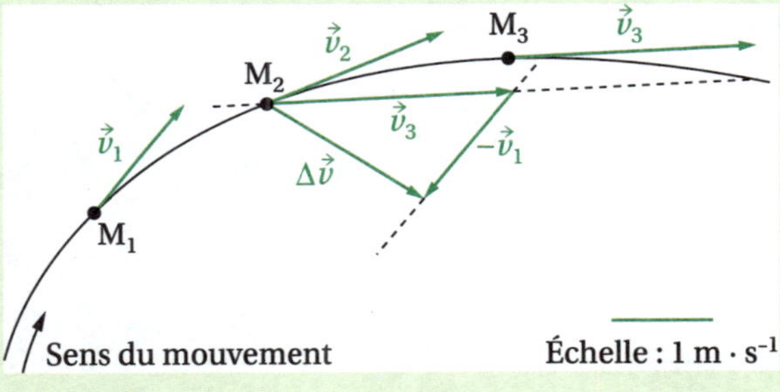

d. Le vecteur vitesse étant tangent à la trajectoire, le tracé graphique de sa variation sera toujours orienté vers l'intérieur de la courbe trajectoire.

À NOTER

d. Si la trajectoire est rectiligne, le vecteur variation de vitesse est colinéaire à la trajectoire (voir exercice 5).

7 Déterminer graphiquement un vecteur accélération

a. En tenant compte de l'échelle donnée, $\|\Delta\vec{v}\| = \Delta v = 1{,}8\ \text{m}\cdot\text{s}^{-1}$.

b. La valeur de l'accélération au point M_2 est $a \approx \dfrac{\Delta v}{\Delta t} = \dfrac{1{,}8}{3-1} = \dfrac{1{,}8}{2} = 0{,}9\ \text{m}\cdot\text{s}^{-2}$.

c. Le vecteur $\vec{a}$ au point M_2 est colinéaire à $\Delta\vec{v}$ et de même sens : $\vec{a} \approx \dfrac{\Delta\vec{v}}{\Delta t} = \dfrac{\Delta\vec{v}}{2}$.

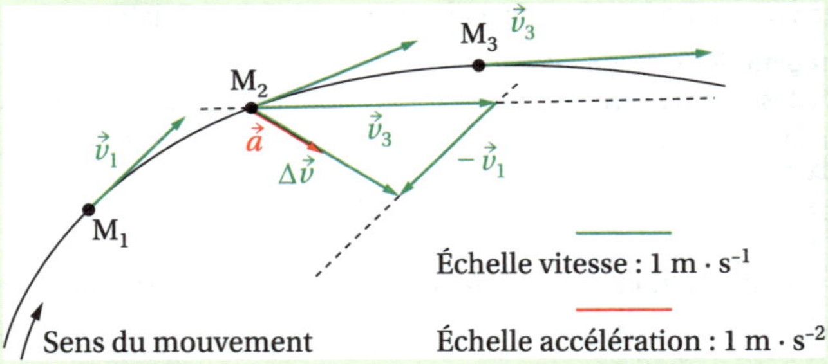

8 Oscillations d'un pendule

a. Le mouvement du pendule est circulaire car sa trajectoire est un cercle. Il est varié : accéléré lorsqu'il descend et ralenti lorsqu'il remonte.

b. Le vecteur vitesse est toujours tangent à la trajectoire : c'est le vecteur tracé en bleu. Les flèches vertes indiquent les variations du vecteur vitesse : c'est le vecteur accélération.

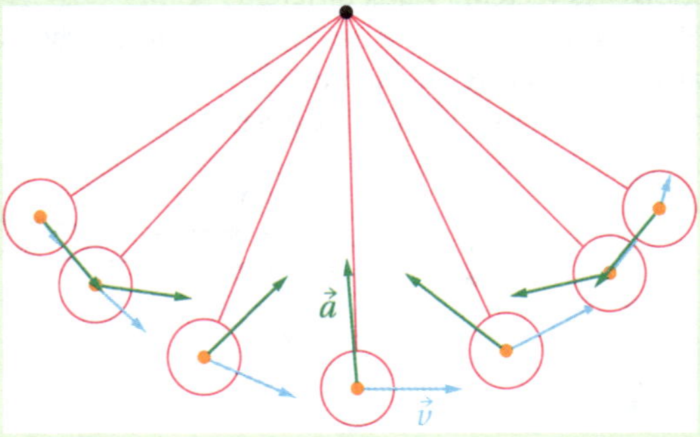

9 Sensations fortes

L'accélération moyenne du train pendant la descente est la variation de la vitesse par seconde.
Exprimons la valeur de la vitesse en $m \cdot s^{-1}$:
$190 \text{ km} \cdot h^{-1} = \dfrac{190\,000 \text{ m}}{3\,600 \text{ s}} = 52{,}8 \text{ m} \cdot s^{-1}$.
L'accélération est donc $a = \dfrac{\Delta v}{\Delta t} = \dfrac{52{,}8 - 0}{3{,}8}$.
Soit : $a = 14 \text{ m} \cdot s^{-2}$.

À NOTER
Le résultat est écrit avec 2 chiffres significatifs tout comme la durée.

10 Entraînement des astronautes

Le mouvement d'un astronaute placé dans la cabine est circulaire et uniforme.
Dans le repère de Frenet, l'expression du vecteur accélération est :

$$\vec{a} = \frac{dv}{dt}\vec{t} + \frac{v^2}{R}\vec{n}.$$

Pendant la phase où la vitesse est constante : $\dfrac{dv}{dt} = 0$. L'accélération est alors centripète et de valeur constante $a = \dfrac{v^2}{R}$.
Si la cabine tourne à 38 tours par minute, elle parcourt une distance $d = 38 \times 2\pi R$ pendant chaque minute, soit $\Delta t = 60$ s.
Sa vitesse vaut : $v = \dfrac{d}{\Delta t} = \dfrac{38 \times 2\pi \times 8}{60} = \dfrac{1\,910}{60} = 32 \text{ m} \cdot s^{-1}$.
Son accélération est alors : $a = \dfrac{v^2}{R} = \dfrac{32^2}{8} = 127 \text{ m} \cdot s^{-2}$.

À NOTER
Cette accélération est environ 13 fois supérieure à l'accélération de la pesanteur notée *g*, on dit que l'astronaute est soumis à 13*g*. Voir chapitre 9.

11 Course à pied

a. Entre les dates $t = 0$ s et $t = 10$ s, la vitesse du coureur augmente, donc son mouvement est accéléré. Entre $t = 10$ s et $t = 37$ s, sa vitesse est constante, donc son mouvement est uniforme ; puis entre $t = 37$ s et $t = 45$ s, elle diminue, le mouvement est alors ralenti.
b. La coordonnée a_x de l'accélération est la dérivée de la coordonnée v_x de la vitesse.
$a_x = \dfrac{dv_x}{dt}$. a_x correspond à la pente de la courbe de $v_x = f(t)$.
Entre $t = 0$ et $t = 10$ s : $a_x = \dfrac{7}{10} = 0{,}7 \text{ m} \cdot s^{-2}$.
Entre $t = 10$ et $t = 37$ s, la vitesse est constante : $a_x = 0 \text{ m} \cdot s^{-2}$.
Entre $t = 37$ et $t = 45$ s : $a_x = \dfrac{0 - 7}{45 - 37} = -\dfrac{7}{8} = -0{,}875 \text{ m} \cdot s^{-2}$.
Le signe de a_x négatif signifie que le vecteur $\vec{a}$ est dans le sens contraire du mouvement et du vecteur vitesse $\vec{v}$: le mouvement est ralenti.

c. Pendant la première phase du mouvement : $v_x = 0{,}7 \times t$.

v_x est la dérivée par rapport au temps de $x(t)$, donc $x(t) = \frac{1}{2} \times 0{,}7 \times t^2 + C^{te}$.

Si on choisit à $t = 0$ s, $x = 0$ m (début du mouvement) alors $C^{te} = 0$ m.

On a alors : $x(t) = 0{,}35 \times t^2$.

À la fin de la première phase, $t = 10$ s, la coordonnée de position du coureur est alors : $x(10) = 0{,}35 \times 10^2 = 0{,}35 \times 100 = 35$ m.

Il a donc parcouru 35 m pendant sa phase d'accélération

12 Représenter des vecteurs accélération

a. Les mouvements de A, B et C sont rectilignes et ceux de D, E et F sont circulaires. La valeur de la vitesse est constante pour les points A et D : leurs mouvements sont uniformes. La valeur de la vitesse des points B et F augmente : leurs mouvements sont accélérés tandis que celle des points C et E diminue : leurs mouvements sont ralentis.

b. Le vecteur variation de vitesse noté $\Delta\vec{v}$ est tracé en reportant $\vec{v_3} - \vec{v_1}$ à partir du point n° 2.

c. Le vecteur accélération $\vec{a}$ est de même direction et de même sens que $\Delta\vec{v}$.

Les résultats sont rassemblés dans le tableau suivant :

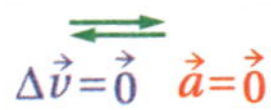 Point A : mouvement rectiligne et uniforme	 Point B : mouvement rectiligne accéléré	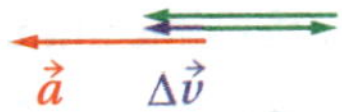 Point C : mouvement rectiligne ralenti
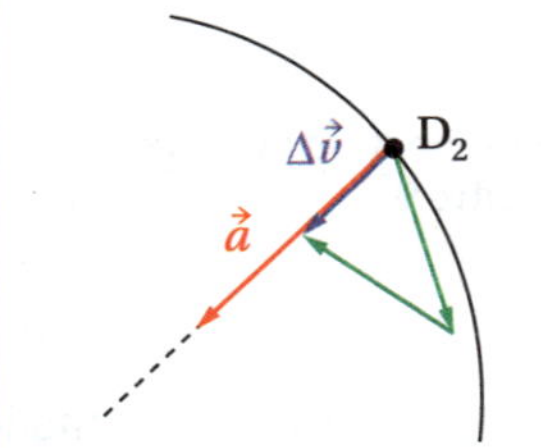 Point D : mouvement circulaire et uniforme	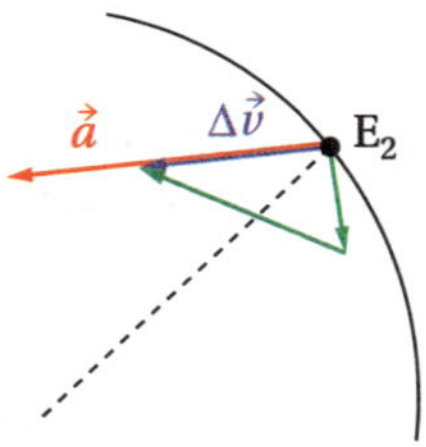 Point E : mouvement circulaire ralenti	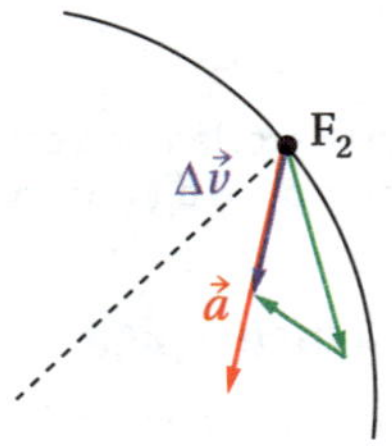 Point F : mouvement circulaire accéléré

OBJECTIF BAC

13 Descente à ski

a. Le vecteur position s'écrit :

$\overrightarrow{OG} = x(t)\vec{i} + y(t)\vec{j} = (2t^2 + 3t + 1)\vec{i} + (1)\vec{j}$.

b. Le skieur se déplace suivant l'axe Ox.

À la date $t = 0$ s, $x(0) = 2 \times 0^2 + 3 \times 0 + 1 = 1$ m

et à la date $t = 3$ s, $x(3) = 2 \times 3^2 + 3 \times 3 + 1 = 28$ m.

Il s'est donc déplacé de $28 - 1 = 27$ m.

c. Le vecteur vitesse $\overrightarrow{v_G}$ est la dérivée du vecteur position. Ses coordonnées s'obtiennent en dérivant les coordonnées de $\overrightarrow{OG}$.

$\overrightarrow{v_G} = v_x\vec{i} + v_y\vec{j} = \frac{dx}{dt}\vec{i} + \frac{dy}{dt}\vec{j}$.

Or $\frac{dx}{dt} = \frac{d(2t^2 + 3t + 1)}{dt} = 4t + 3$ et $\frac{dy}{dt} = 0$ car $y = 1 = C^{te}$.

Donc : $\overrightarrow{v_G} = (4t + 3)\vec{i} + 0\vec{j} = (4t + 3)\vec{i}$.

d. La valeur de la vitesse à la date $t = 2$ s est $v_G = (4 \times 2 + 3) = 11\ \text{m}\cdot\text{s}^{-1}$.

e. Le vecteur accélération $\overrightarrow{a_G}$ est la dérivée du vecteur vitesse. Ses coordonnées s'obtiennent en dérivant celles de $\overrightarrow{v_G}$.

$\overrightarrow{a_G} = \frac{dv_x}{dt}\vec{i} + \frac{dv_y}{dt}\vec{j} = \frac{d(4t+3)}{dt}\vec{i} + \frac{d(0)}{dt}\vec{j} = 4\vec{i} + 0\vec{j} = 4\vec{i}$.

Le vecteur accélération est constant, donc le mouvement est rectiligne et uniformément accéléré.

f. Représentation des vecteurs à $t = 2$ s :

$\overrightarrow{OG} = (2 \times 2^2 + 3 \times 2 + 1) \times \vec{i} + (1) \times \vec{j} = 15\,\vec{i} + \vec{j}$

$\overrightarrow{v_G} = (4t + 3)\vec{i} = 11\,\vec{i}$

$\overrightarrow{a_G} = 4\vec{i}$

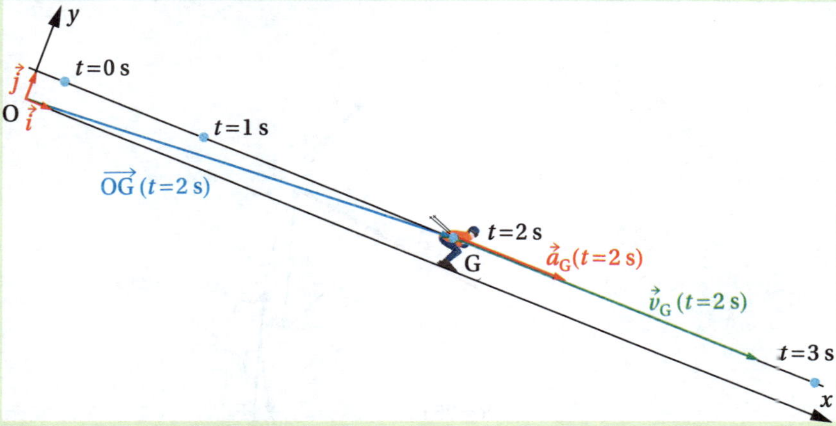

14 Mouvement d'une grande roue

a. Le mouvement est observé dans le référentiel terrestre.

b. La trajectoire du point P est un cercle et ses positions sont régulièrement espacées à intervalles de temps égaux. Son mouvement est donc circulaire et uniforme.

c. La distance parcourue entre deux points P consécutifs est de 9,0 m parcourue en 5 s, donc la valeur de la vitesse de la nacelle est $v = \frac{9{,}0}{5} = 1{,}8\ \text{m}\cdot\text{s}^{-1}$.

Le vecteur vitesse est tangent à la trajectoire, dans le sens du mouvement et représenté par une flèche de longueur 1,8 cm (échelle : 1 cm pour 1 $\text{m}\cdot\text{s}^{-1}$.)

d. Le vecteur $\Delta\vec{v}$ tracé au point P_3 a une longueur de 1,3 cm. Sa valeur est donc : $\Delta v = 1{,}3\ \text{m}\cdot\text{s}^{-1}$.

L'accélération $\overrightarrow{a_3}$ est colinéaire et de même sens que $\Delta\vec{v}$ et de valeur :

$$a_3 = \frac{\Delta v}{\Delta t} = \frac{1{,}3}{(t_4 - t_2)} = \frac{1{,}3}{10} = 0{,}13\ \text{m}\cdot\text{s}^{-2}.$$

Il est donc représenté suivant le vecteur $\Delta\vec{v}$ avec une flèche de longueur :

$$\frac{0{,}13}{0{,}1} \times 3 = 3{,}9\ \text{cm}.$$

e. Le repère de Frenet, noté $(M, \vec{t}, \vec{n})$ est lié au point M. $\vec{t}$ et $\vec{n}$ sont deux vecteurs unitaires : $\vec{t}$ est tangent à la trajectoire, dans le sens du mouvement et $\vec{n}$ est perpendiculaire à $\vec{t}$ et orienté vers l'intérieur de la trajectoire.

L'expression du vecteur accélération est :

$\vec{a} = \frac{\text{d}v}{\text{d}t}\vec{t} + \frac{v^2}{R}\vec{n}$ (où R est le rayon de la trajectoire).

f. Dans le cas du mouvement du point P : circulaire et uniforme, la valeur de la vitesse est constante, donc $\frac{\text{d}v}{\text{d}t} = 0$. Il reste donc $\vec{a} = \frac{v^2}{R}\vec{n}$. L'accélération est donc centripète et de valeur $a = \frac{v^2}{R} = \frac{1{,}8^2}{25} = 0{,}13\ \text{m}\cdot\text{s}^{-2}$.

Ces caractéristiques sont bien identiques à celles déterminées à la question **d**.

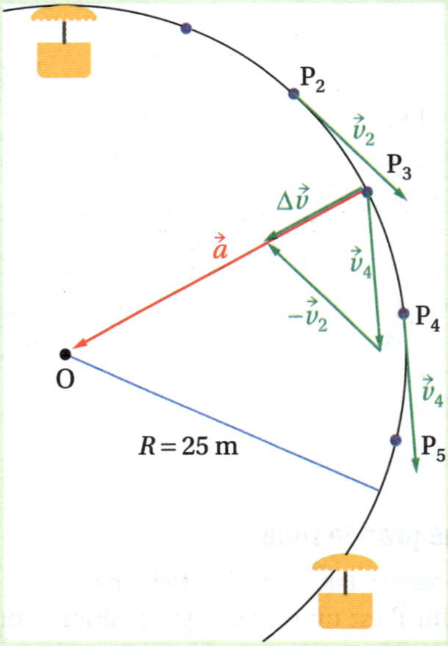

9 Deuxième loi de Newton Mouvement dans un champ

Entre deux rebonds, la balle semble dessiner des trajectoires semblables (paraboliques). Son mouvement dans le champ de pesanteur répond à des lois formulées depuis plus de trois siècles par Newton. Ces lois, qui définissent la mécanique classique ou newtonienne, font le lien entre la cause : les forces mises en jeu, et la conséquence : les caractéristiques des mouvements observés.

34 Les lois de Newton

En bref *Ces lois énoncées par Newton en 1687 forment les bases de la mécanique en reliant les forces au mouvement qu'elles induisent.*

I Le centre de masse d'un système

- L'étude du mouvement d'un objet est souvent ramenée à celle de son **centre de masse** noté G, appelé aussi centre d'inertie. Ce point est celui par rapport auquel la masse est uniformément répartie. Il est souvent situé au milieu du système.
- L'étude du mouvement de G est **plus simple** que celui des autres points.

II Les lois de Newton

- **1re loi : principe d'inertie.** Dans un référentiel galiléen, si le centre de masse G d'un système mécanique est immobile $\left(\overrightarrow{v_G} = \vec{0}\right)$ ou animé d'un mouvement rectiligne uniforme $\left(\overrightarrow{v_G} = \overrightarrow{C^{te}}\right)$, alors la somme vectorielle des forces extérieures qui lui sont appliquées est nulle et réciproquement :

$$\overrightarrow{v_G} = \overrightarrow{C^{te}} \Leftrightarrow \sum \overrightarrow{F_{ext}} = \vec{0}$$

Autre formulation : dans un **référentiel galiléen**, tout corps persévère dans son état de repos ou de mouvement rectiligne et uniforme s'il n'est soumis à aucune force ou si les forces qui s'appliquent sur lui se compensent.

MOT CLÉ

Un **référentiel galiléen** est un référentiel dans lequel le principe d'inertie est vérifié. Les référentiels terrestre, géocentrique et héliocentrique peuvent être considérés comme galiléens.

- **2e loi : principe fondamental de la dynamique.** Dans un référentiel galiléen, la somme vectorielle des forces extérieures (ou résultante des forces extérieures) appliquées à un système mécanique est égale au produit de sa masse m par le vecteur accélération de son centre de masse $\overrightarrow{a_G}$:

$$\sum \overrightarrow{F_{ext}} = m\overrightarrow{a_G}$$

Conséquence : $\sum \overrightarrow{F_{ext}}$ est colinéaire et de même sens que le vecteur accélération $\overrightarrow{a_G}$ (colinéaire de même sens que le vecteur variation de vitesse $\overrightarrow{\Delta v}$).

- **3e loi : principe des actions réciproques.** Lorsque deux systèmes A et B sont en interaction, ils exercent toujours l'un sur l'autre des forces opposées :

$$\overrightarrow{F_{B/A}} = -\overrightarrow{F_{A/B}}$$

Méthode

Déduire de la 2e loi de Newton le vecteur accélération

Une voiture jouet de masse 5,0 kg se déplace sur un sol horizontal. Elle est soumise à plusieurs forces qui peuvent être modélisées par les vecteurs représentés sur la figure ci-contre à partir de son centre de masse G. Leurs intensités sont égales à 20 N, 34 N et 50 N.

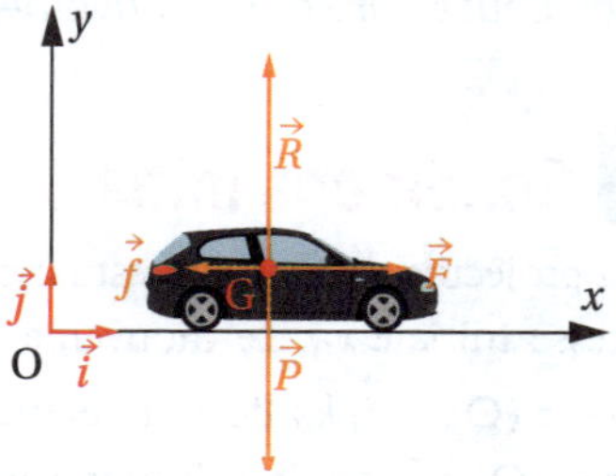

a. Nommer le référentiel choisi pour étudier son mouvement.

b. Identifier les forces représentées et donner leurs intensités respectives.

c. Exprimer les vecteurs forces en fonction des vecteurs unitaires du repère.

d. Déterminer le vecteur accélération de la voiture et le représenter sur la figure.

CONSEILS

b. Comparez les longueurs des vecteurs forces représentés sur le schéma.
c. Comparez la direction et le sens des forces avec les vecteurs $\vec{i}$ et $\vec{j}$.
d. Utilisez la 2e loi de Newton en explicitant la somme vectorielle des forces.

SOLUTION

a. Le repère $(O\,;\vec{i},\vec{j})$ étant lié au sol, le référentiel est le référentiel terrestre.

b. Les forces qui s'exercent sur la voiture sont les suivantes.
- $\vec{P}$ est le poids de la voiture, exercé par la Terre, $P = 50$ N ;
- $\vec{R}$ est la réaction du sol qui supporte la voiture, $R = 50$ N ;
- $\vec{F}$ est la force motrice exercée par le sol, $F = 34$ N ;
- $\vec{f}$ est la force de frottement, $f = 20$ N.

c. En comparant les sens des vecteurs force avec ceux des vecteurs unitaires :

$$\vec{P} = -P\vec{j},\ \vec{R} = R\vec{j},\ \vec{F} = F\vec{i} \text{ et } \vec{f} = -f\vec{i}.$$

d. En appliquant la 2e loi de Newton, on peut écrire :

$$\sum \overrightarrow{F_{ext}} = m\overrightarrow{a_G} = \vec{P} + \vec{R} + \vec{F} + \vec{f} = (-P + R)\vec{j} + (F - f)\vec{i}$$

$\vec{P}$ et $\vec{R}$ se compensent et s'annulent, il reste :

$$m\overrightarrow{a_G} = (F - f)\vec{i}.$$

Donc : $\overrightarrow{a_G} = \dfrac{(F-f)}{m}\vec{i} = \dfrac{14}{5{,}0}\vec{i} = 2{,}8\vec{i}.$

35 Mouvement dans un champ de pesanteur uniforme

En bref *Dans un champ de pesanteur, le centre de masse d'un projectile en chute libre a un mouvement déterminé par ses conditions initiales.*

I Conditions initiales

Un projectile de masse m est lancé à partir d'un point O à la date $t_0 = 0$ avec une vitesse initiale $\overrightarrow{v_0}$. Le mouvement de son centre de masse G est étudié dans le repère $(O ; \vec{i}, \vec{j}, \vec{k})$ lié au référentiel terrestre.

L'axe $(O ; \overrightarrow{v_0})$ est dans le plan vertical $(O ; \vec{i}, \vec{j})$ et l'angle de tir est noté α.

Les coordonnées de $\overrightarrow{v_0}$ sont : $\begin{pmatrix} v_{0x} = v_0 \cos\alpha \\ v_{0y} = v_0 \sin\alpha \\ v_{0z} = 0 \end{pmatrix}$

Le champ de pesanteur est uniforme : $\vec{g} = -g\vec{j}$.

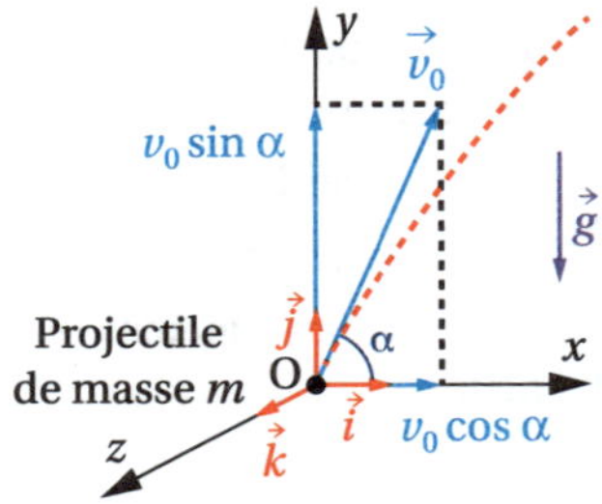

II Mouvement d'un projectile en chute libre

■ Si les frottements de l'air et la poussée d'Archimède sont négligeables, le projectile n'est soumis qu'à son poids : on dit qu'il est en chute libre. La 2e loi de Newton s'exprime alors : $\sum \overrightarrow{F_{ext}} = m\overrightarrow{a_G} = \vec{P} = m\vec{g}$ donc : $\overrightarrow{a_G} = \vec{g}$.

■ Les coordonnées de $\overrightarrow{v_G}$ sont les primitives des coordonnées de $\overrightarrow{a_G}$ telles qu'à $t = 0$ leurs valeurs soient les coordonnées de $\overrightarrow{v_0}$.

$$\overrightarrow{a_G} = \frac{d\overrightarrow{v_G}}{dt} \text{ donc } \overrightarrow{a_G} \begin{pmatrix} a_x = 0 \\ a_y = -g \\ a_z = 0 \end{pmatrix} \Rightarrow \overrightarrow{v_G} \begin{pmatrix} v_x = v_{0x} = v_0 \cos\alpha \\ v_y = -gt + v_{0y} = -gt + v_0 \sin\alpha \\ v_z = v_{0z} = 0 \end{pmatrix}$$

■ Les coordonnées de $\overrightarrow{OG}$ sont les primitives des coordonnées de $\overrightarrow{v_G}$ telles qu'à $t = 0$ leurs valeurs soient nulles car $\overrightarrow{OG_0} = \vec{0}$.

$$\overrightarrow{v_G} = \frac{d\overrightarrow{OG}}{dt} \text{ donc } \overrightarrow{v_G} \begin{pmatrix} v_x = v_0 \cos\alpha \\ v_y = -gt + v_0 \sin\alpha \\ v_z = 0 \end{pmatrix} \Rightarrow \overrightarrow{OG} \begin{pmatrix} x = (v_0 \cos\alpha)\, t \\ y = -\,0{,}5gt^2 + (v_0 \sin\alpha)\, t \\ z = 0 \end{pmatrix}$$

À NOTER

- Dans le cas d'une chute libre, le vecteur accélération de G est confondu avec le vecteur champ de pesanteur. Il est constant et indépendant de la masse du projectile.
- v_z est constamment nulle donc le mouvement du projectile s'effectue dans le plan vertical contenant $\overrightarrow{v_0}$: le mouvement est plan. La vitesse horizontale $v_x = v_{0x} = v_0 \cos\alpha$ est constante : le mouvement suivant l'horizontale est uniforme.
- Si l'angle de tir vaut 90°, $\cos\alpha = 0$ et $\sin\alpha = 1$, $x = 0$: le mouvement est vertical suivant l'axe Ox.

Méthode

Exploiter les équations horaires et établir l'équation de la trajectoire

Un projectile est lancé à partir d'un point A avec une vitesse initiale de 7,3 $m \cdot s^{-1}$ et un angle de 52° par rapport à l'horizontale dans le champ de pesanteur terrestre uniforme et de valeur est $g = 9{,}8\ N \cdot kg^{-1}$.

Le mouvement de son centre de masse G est étudié dans le repère $(O\ ;\ \vec{i}, \vec{j})$.

Les coordonnées des vecteurs du mouvement sont :

$$\overrightarrow{a_G}\begin{pmatrix} a_x = 0 \\ a_y = -g \end{pmatrix} \Rightarrow \overrightarrow{v_G}\begin{pmatrix} v_x = v_0 \cos\alpha \\ v_y = -gt + v_0 \sin\alpha \end{pmatrix} \Rightarrow \overrightarrow{OG}\begin{pmatrix} x = (v_0 \cos\alpha)\,t + 0 \\ y = -\dfrac{gt^2}{2} + (v_0 \sin\alpha)\,t + 2 \end{pmatrix}$$

a. Déterminer les coordonnées du point A (position initiale de G).

b. Calculer les coordonnées du vecteur vitesse initiale au moment du lancement.

c. Établir l'équation de la trajectoire et en déduire sa nature.

CONSEILS

a. et **b.** Utilisez les équations des coordonnées des vecteurs position et vitesse.

c. Établissez une relation entre les coordonnées x et y du vecteur position.

SOLUTION

a. Pour déterminer les coordonnées du point A, il suffit de choisir $t = 0$ dans les coordonnées du vecteur position : $\overrightarrow{OA} = \overrightarrow{OG}\,(t = 0)\begin{pmatrix} x = 0 \\ y = 2 \end{pmatrix}$.

b. Les coordonnées du vecteur vitesse initiale $\overrightarrow{v_0}$ sont déterminées de la même manière :

$$\overrightarrow{v_0} = \overrightarrow{v_G}\,(t = 0)\begin{pmatrix} v_x = 7{,}3 \times \cos 52 \\ v_y = 7{,}3 \times \sin 52 \end{pmatrix} \ \overrightarrow{v_0}\begin{pmatrix} v_x = 4{,}5 \\ v_y = 5{,}8 \end{pmatrix}$$

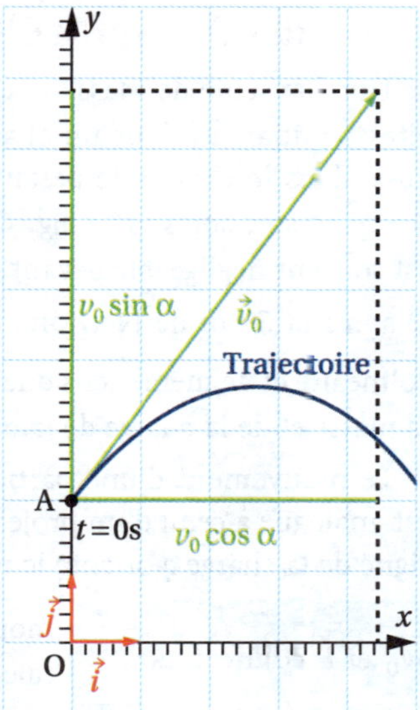

c. L'équation de la trajectoire est la relation qui lie les coordonnées x et y.

L'équation $x = (v_0 \cos\alpha)t$ donne : $t = \dfrac{x}{v_0 \cos\alpha}$.

En reportant dans l'équation y(t) :

$y = -\dfrac{gt^2}{2} + (v_0 \sin\alpha)t + 2$,

on obtient : $y = -\dfrac{g}{2v_0^2 \cos^2\alpha}x^2 + (\tan\alpha)x + 2$

Numériquement : $y = -0{,}24\ x^2 + 1{,}3\ x + 2$

C'est l'équation d'une trajectoire parabolique.

36 Mouvement dans un champ électrique uniforme

En bref *Placée dans un champ électrique, une particule chargée subit une force électrique qui dépend de sa charge. Elle est accélérée ou déviée suivant sa vitesse initiale.*

I Champ électrique uniforme créé par un condensateur plan

■ Un champ électrique uniforme $\vec{E}$ a même direction, même sens et même valeur en tout point de l'espace. Il s'obtient entre deux armatures métalliques planes P et N séparées par un isolant sur une distance d entre lesquelles on applique une tension U_{PN} : ce dispositif est appelé **condensateur plan**.

■ Le **champ électrique** est orthogonal aux armatures et orienté de la plaque chargée positivement vers la plaque chargée négativement (sens des potentiels décroissants).
La valeur du champ est :

$$E = \frac{U_{PN}}{d}$$ E en $V \cdot m^{-1}$; d en m ; U_{PN} en V.

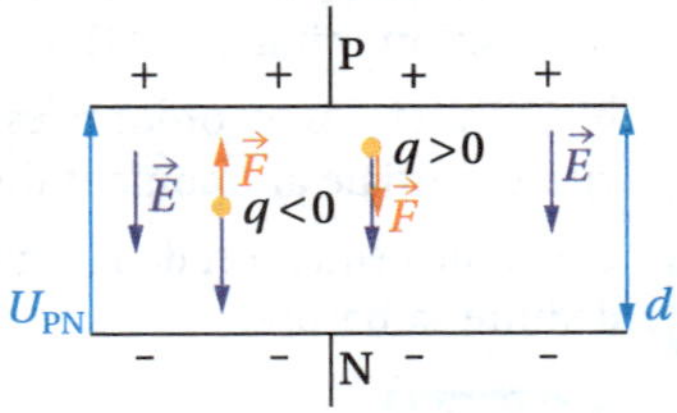

II Accélération d'une particule chargée dans un champ électrique

■ Une particule de masse m et de charge q est lancée à la date $t_0 = 0$ avec une vitesse initiale $\vec{v_0}$ dans un champ électrique $\vec{E}$ uniforme. Comme elle se trouve aussi dans le champ de pesanteur $\vec{g}$, elle subit deux forces : la force électrique $\vec{F} = q\vec{E}$ et son poids : $\vec{P} = m\vec{g}$. Compte tenu des valeurs de masse et de charge, $\vec{P}$ est souvent négligeable devant $\vec{F}$.

D'après la 2e loi de Newton : $\sum \overrightarrow{F_{ext}} = m\vec{a} = \vec{F} = q\vec{E}$ donc : $\vec{a} = \frac{q}{m}\vec{E}$. Donc $\vec{a}$ est colinéaire et de même sens que la force électrique $\vec{F}$; constant mais dépendant de la masse et de la charge de la particule (si $q > 0$, $\vec{a}$ et $\vec{E}$ de même sens).

■ Le **mouvement** d'une particule chargée dans un champ électrique uniforme est analogue à celui d'un projectile dans le champ de pesanteur uniforme mais le signe de la charge q oriente le mouvement.

$\overrightarrow{v_0}$ et $\vec{E}$ colinéaires	mouvement rectiligne uniformément accéléré ou ralenti suivant le sens de $\vec{E}$ et le signe de la charge q
$\overrightarrow{v_0}$ et $\vec{E}$ non colinéaires	mouvement parabolique (particule déviée par la force)

Méthode

Établir les équations du mouvement et de la trajectoire

Une particule, de masse m et de charge $q > 0$, est lancée à la date $t_0 = 0$ avec une vitesse initiale $\overrightarrow{v_0}$ dans un champ électrique uniforme : $\vec{E} = -E\vec{j}$.

Le mouvement est étudié dans le repère $(O ; \vec{i}, \vec{j}, \vec{k})$ dans le référentiel terrestre (galiléen). O coïncide avec sa position initiale, à $t_0 = 0$.

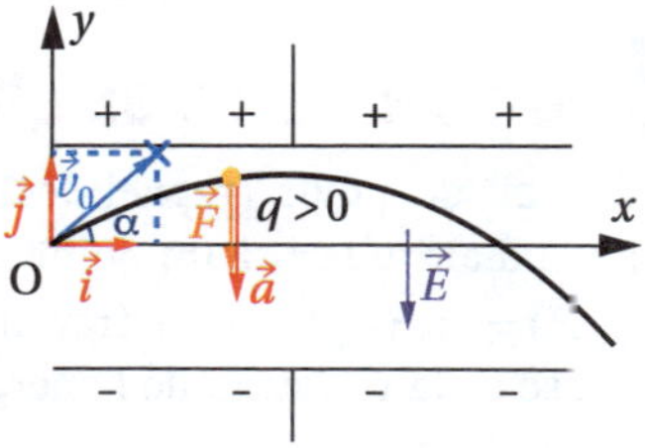

$\overrightarrow{v_0}$ est dans le plan vertical $(O ; \vec{i}, \vec{j})$ et incliné d'un l'angle α par rapport à l'horizontale.

Ses coordonnées sont : $\begin{pmatrix} v_{0x} = v_0 \cos\alpha \\ v_{0y} = v_0 \sin\alpha \\ v_{0z} = 0 \end{pmatrix}$

D'après la 2e loi de Newton, l'accélération de la particule est : $\vec{a} = \dfrac{q}{m}\vec{E}$.

a. Déterminer les équations horaires du mouvement de la particule.

b. En déduire que son mouvement est plan.

c. Établir l'équation de sa trajectoire et sa nature.

CONSEILS

a. Exprimez les coordonnées de $\vec{a}$ dans $(O ; \vec{i}, \vec{j}, \vec{k})$ et déterminez leurs primitives.

b. Que peut-on dire de la coordonnée du vecteur position suivant z ?

c. La trajectoire est une relation entre x et y, obtenue en éliminant le temps.

SOLUTION

a. L'accélération est $\vec{a} = \dfrac{q}{m}\vec{E} = -\dfrac{q}{m}E\vec{j}$. Les coordonnées de $\vec{v}$ sont les primitives des coordonnées de $\vec{a}$ et les coordonnées de $\overrightarrow{OG}$ sont les primitives des coordonnées de $\overrightarrow{v_G}$ (en respectant les conditions initiales) :

$$\vec{a}\begin{pmatrix} a_x = 0 \\ a_y = -\dfrac{qE}{m} \\ a_z = 0 \end{pmatrix} \Rightarrow \vec{v}\begin{pmatrix} v_x = v_0\cos\alpha \\ v_y = -\dfrac{qE}{m}t + v_0\sin\alpha \\ v_z = 0 \end{pmatrix} \Rightarrow \overrightarrow{OG}\begin{pmatrix} x = (v_0\cos\alpha)\,t \\ y = -\dfrac{qE}{2m}t^2 + (v_0\sin\alpha)\,t \\ z = 0 \end{pmatrix}$$

b. $z = 0$, donc le mouvement est dans le plan vertical $(O ; \vec{i}, \vec{j})$ contenant $\overrightarrow{v_0}$.

c. L'équation $x = (v_0\cos\alpha)t$ donne : $t = \dfrac{x}{v_0\cos\alpha}$. En reportant dans l'équation $y(t)$: $y = -\dfrac{qE}{2m}t^2 + (v_0\sin\alpha)t = -\dfrac{qE}{2mv_0^2\cos^2\alpha}x^2 + (\tan\alpha)x$.

La trajectoire est donc parabolique.

37 Aspects énergétiques du mouvement dans un champ uniforme

En bref *Le poids et la force électrique qui interviennent dans les champs de pesanteur et électrique ont des actions similaires et les bilans énergétiques pour le système en mouvement se ressemblent.*

I Poids et force électrique : des forces conservatives

■ **Travail du poids** (rappel de 1re). Lorsqu'un système de masse m passe d'un point A d'altitude z_A à un point B d'altitude z_B, le travail du poids est : $W_{AB}(\vec{P}) = mg\,(z_A - z_B)$. Ce travail ne dépend pas du chemin suivi. Il correspond à l'opposé de la variation de l'énergie potentielle de pesanteur :

$W_{AB}(\vec{P}) = -\Delta E_{PP}$. Le poids est une force conservative.

■ **Travail de la force électrique.** Lorsqu'une particule de charge q passe d'un point A à un point B entre lesquels il existe une tension U_{AB}, le travail de la force électrique est : $W_{AB}(\vec{F}) = q\,U_{AB} = q\,(V_A - V_B)$.

V_A et V_B sont les potentiels des points A et B. Ce travail ne dépend pas du chemin suivi. Il correspond à l'opposé de la variation de l'énergie potentielle électrique de la particule :

$W_{AB}(\vec{F}) = -\Delta E_{PE}$. La force électrique est une force conservative.

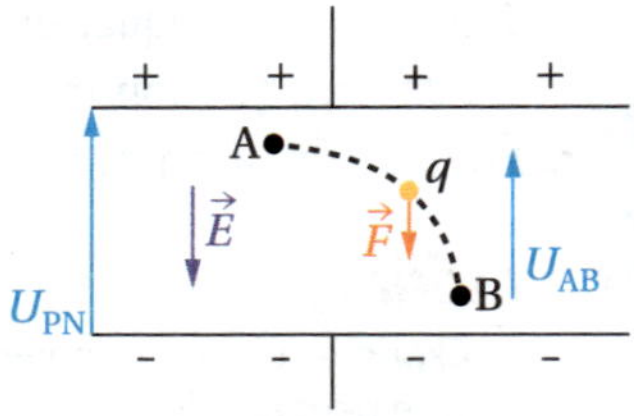

II Conséquence : conservation de l'énergie mécanique

■ **Mouvement dans un champ de pesanteur uniforme** (rappel de 1re). Dans le cas d'une chute libre dans le champ de pesanteur entre deux points A et B, le poids $\vec{P}$ est la seule force qui s'exerce sur le système. D'après le théorème de l'énergie cinétique : $\Delta E_C = W_{AB}(P) = -\Delta E_{PP}$.

Donc la variation de l'énergie mécanique vaut :

$\Delta E_M = \Delta E_C + \Delta E_{PP} = 0$ (énergie mécanique conservée)

■ **Mouvement dans un champ électrique uniforme.** Dans le cas d'un mouvement dans le champ électrique entre deux points A et B, si la force électrique $\vec{F}$ est la seule force qui s'exerce sur la particule, alors : $\Delta E_C = W_{AB}(F) = -\Delta E_{PE}$. Donc la variation de l'énergie mécanique vaut :

$\Delta E_M = \Delta E_C + \Delta E_{PE} = 0$ (énergie mécanique conservée).

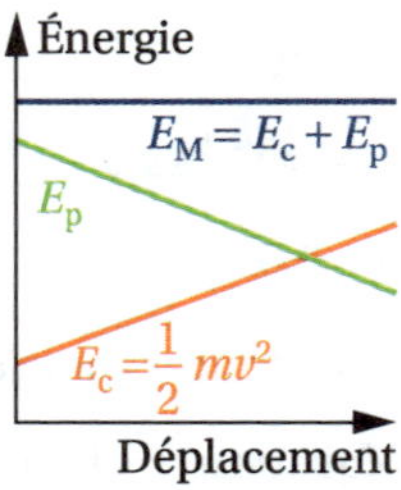

Cas d'un système dont l'énergie potentielle diminue au profit de l'énergie cinétique : sa vitesse augmente.

Méthode

Exploiter la conservation de l'énergie mécanique

Dans un canon à électrons, un électron pénètre au point A dans un champ électrique uniforme d'un condensateur plan soumis à une tension électrique U_{PN}.
On considère que l'électron n'est soumis qu'à la force électrique qui l'accélère entre A et B.
Sa vitesse en A est négligeable devant celle en B.

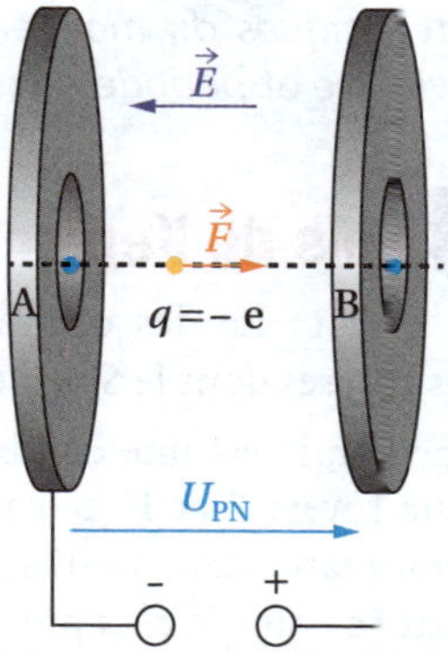

Données :

- masse de l'électron : $m = 9{,}11 \times 10^{-31}$ kg ;
- charge de l'électron : $q = -\text{e} = -1{,}60 \times 10^{-19}$ C ;
- tension : $U_{PN} = 7{,}50 \times 10^{2}$ V.

a. Écrire le théorème de l'énergie cinétique pour le déplacement de l'électron entre A et B.

b. Comment évolue l'énergie mécanique de l'électron pendant son déplacement ?

c. En déduire la valeur de la vitesse de l'électron au point B.

CONSEILS

a. Vous devez connaître l'expression du travail de la force électrique.
b. La force électrique est-elle conservative ?
c. Utilisez la conservation de l'énergie mécanique et développer l'expression de l'énergie cinétique pour faire apparaître la vitesse.

SOLUTION

a. En considérant que seule la force électrique agit sur l'électron, la variation d'énergie cinétique de l'électron est égale au travail de cette force entre A et B :
$\Delta E_C = W_{AB}(F) = qU_{AB} = -\text{e}U_{AB}$ (U_{AB} est la tension électrique entre A et B).

b. L'électron n'est soumis qu'à la force électrique dont le travail ne dépend pas du chemin suivi mais seulement de la position de A et B : c'est donc une force conservative. Donc son énergie mécanique se conserve : elle reste constante.

c. La conservation de l'énergie mécanique s'écrit : $E_M(\text{A}) = E_M(\text{B})$.
Soit : $\Delta E_M = E_M(\text{B}) - E_M(\text{A}) = 0$.
Or, $E_M = E_C + E_{PE}$ donc : $\Delta E_M = \Delta E_C + \Delta E_{PE} = \left(\frac{1}{2}mv_B^2 - \frac{1}{2}mv_A^2\right) + \Delta E_{PE}$

avec $v_A = 0$ et $\Delta E_{PE} = -W_{AB}(\text{F}) = +\text{e}U_{AB} = -\text{e}U_{PN}$

$\Delta E_M = \frac{1}{2}mv_B^2 - \text{e}U_{PN} = 0$, on en déduit que $v^2 = \frac{2\text{e}U_{PN}}{m}$, soit $v = \sqrt{\frac{2\text{e}U_{PN}}{m}}$.

Application numérique : $v = \sqrt{\frac{2 \times 1{,}60 \times 10^{-19} \times 7{,}50 \times 10^{2}}{9{,}11 \times 10^{-31}}} = 1{,}62 \times 10^{7}\ \text{m}\cdot\text{s}^{-1}$.

38 Mouvement dans un champ de gravitation

En bref *Les lois énoncées par Kepler au XVIIe siècle décrivent les caractéristiques du mouvement des planètes autour du Soleil : trajectoire, vitesse et période de révolution.*

I Lois de Kepler

■ **1re loi : loi des orbites.** Les planètes décrivent des ellipses dont le Soleil occupe un des foyers.

Une ellipse est une courbe fermée caractérisée par deux foyers F et F′ et par une distance a appelée demi-grand axe. La distance Soleil-planète varie entre le point le plus proche P appelé périhélie et le point le plus éloigné A appelé aphélie : le grand axe est le segment reliant le périhélie et l'aphélie.

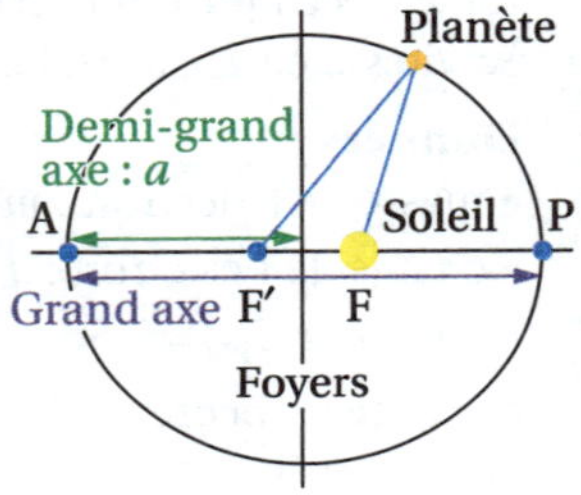

■ **2e loi : loi des aires.** Le rayon Soleil-planète balaie des aires égales pendant des intervalles de temps égaux. Les aires balayées pendant une même durée sont égales : $A_1 = A_2 = A_3$.

À NOTER
Plus la planète est proche du Soleil, plus sa vitesse est élevée : maximale en P et minimale en A.

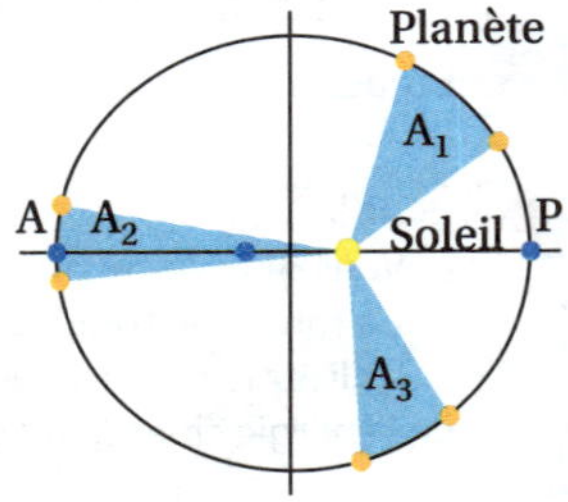

■ **3e loi : loi des périodes.** Le carré de la période de révolution (T^2) est proportionnel au cube du demi-grand axe (a^3).

Le quotient $\frac{T^2}{a^3}$ est le même pour toutes les planètes qui tournent autour du Soleil.

II Accélération dans un champ de gravitation

Un satellite S placé dans le champ de gravitation d'un astre attracteur A est soumis à une force d'attraction gravitationnelle :

$\vec{F}_{A/S} = -G\frac{M_A m_s}{r^2}\vec{u}$ avec $\vec{u}$ le vecteur unitaire dirigé de l'astre attracteur vers le satellite.

D'après la 2e loi de Newton, si la force gravitationnelle est la seule force, alors l'accélération du satellite est : $\vec{a} = \frac{\vec{F}_{A/S}}{m_S} = -G\frac{M_A}{r^2}\vec{u}$.

Son accélération est donc toujours dirigée vers le centre de l'astre attracteur.

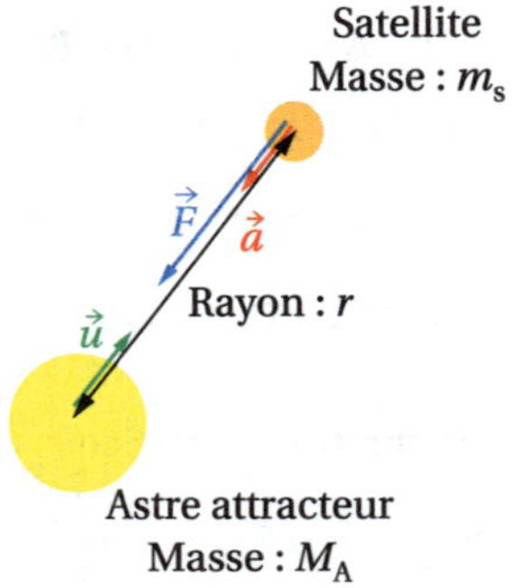

Méthode

Déterminer les caractéristiques d'un mouvement circulaire dans un champ de gravitation

Un satellite de masse m tourne autour d'un astre de masse M sur une orbite circulaire de rayon r.

a. Déterminer l'expression vectorielle de son accélération.

b. Montrer que le mouvement est uniforme et donner l'expression de la valeur de la vitesse du satellite.

c. En déduire l'expression de sa période de révolution, puis vérifier l'accord avec la 3e loi de Kepler.

CONSEILS

a. Utilisez la loi de gravitation et la 2e loi de Newton.

b. Comparez l'expression obtenue avec celle de l'accélération dans le repère de Frenet → FICHE 32.

c. Écrivez la relation entre la période de révolution et la vitesse du satellite.

SOLUTION

a. D'après la loi de gravitation universelle et la 2e loi de Newton, le satellite est soumis à une force d'attraction : $\vec{F}_{A/S} = -G\dfrac{Mm}{r^2}\vec{u} = m_S\vec{a}$.

Donc : $\vec{a} = -G\dfrac{M}{r^2}\vec{u}$, l'accélération est centripète.

b. L'accélération du satellite s'exprime dans le repère de Frenet : $\vec{a} = \dfrac{dv}{dt}\vec{t} + \dfrac{v^2}{r}\vec{n}$.

Puisque la trajectoire est circulaire, $\vec{u}$ et $\vec{n}$ sont opposés. On peut donc écrire :

$\vec{a} = -G\dfrac{M}{r^2}\vec{u} = G\dfrac{M}{r^2}\vec{n} = \dfrac{dv}{dt}\vec{t} + \dfrac{v^2}{r}\vec{n}$.

Selon $\vec{t}$: $\dfrac{dv}{dt} = 0$, donc la valeur de la vitesse du satellite est constante, le mouvement est uniforme.

Selon $\vec{n}$: $G\dfrac{M}{r^2}\vec{n} = \dfrac{v^2}{r}\vec{n}$. Soit : $\dfrac{v^2}{r} = G\dfrac{M}{r^2}$.

La valeur de la vitesse est donc : $v = \sqrt{\dfrac{GM}{r}}$.

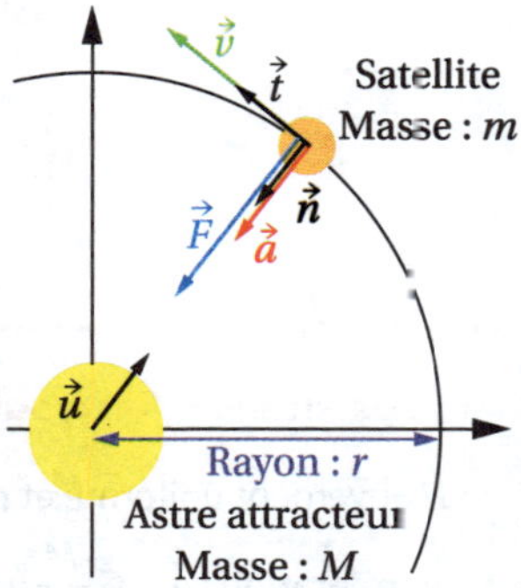

c. Le périmètre du cercle trajectoire ($2\pi r$) est parcouru pendant une période T à la vitesse : $v = \sqrt{\dfrac{GM}{r}} = \dfrac{2\pi r}{T}$. Sa période de révolution est donc : $T = \dfrac{2\pi r}{v} = 2\pi\sqrt{\dfrac{r^3}{GM}}$.

Cette expression est en accord avec la 3e loi de Kepler : $\dfrac{T^2}{a^3} = \dfrac{T^2}{r^3} = \dfrac{4\pi^2}{GM} = C^{te}$.

MÉMO VISUEL

MOUVEMENT

2e loi de Newton (relation fondamentale de la dynamique)

Dans un **référentiel galiléen**, la somme vectorielle des forces extérieures appliquées à un système mécanique est égale au produit de sa masse m par le vecteur accélération de son centre de masse $\overrightarrow{a_G}$: $\sum \overrightarrow{F_{ext}} = m\overrightarrow{a_G}$

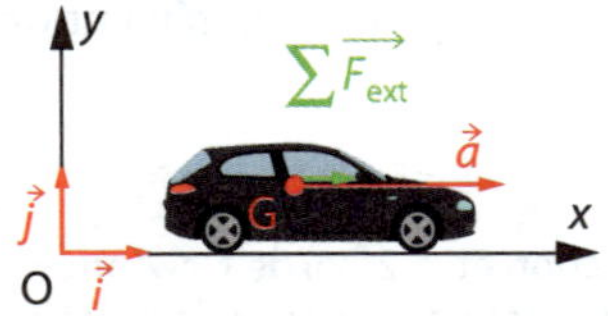

Mouvement dans un champ de gravitation

Satellite placé dans le champ de gravitation d'un astre attracteur

Accélération du satellite toujours dirigée **vers le centre** de l'astre attracteur : $\vec{a} = -G\dfrac{M}{r^2}\vec{u}$

Cas particulier d'un mouvement circulaire

- Mouvement uniforme et périodique
- **Accélération** : $\vec{a} = G\dfrac{M}{r^2}\vec{n} = \dfrac{v^2}{r}\vec{n}$
- **Vitesse** : $v = \sqrt{\dfrac{GM}{r}}$
- **Période** : $T = 2\pi\sqrt{\dfrac{r^3}{GM}}$

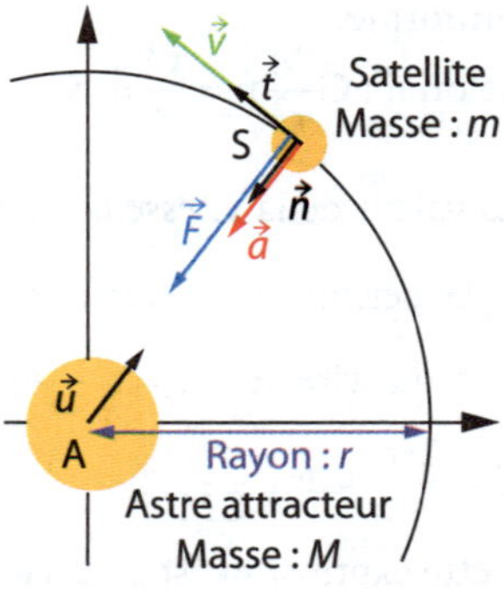

DANS UN CHAMP

Mouvement dans un champ de pesanteur uniforme

Mouvement de chute libre

- Mouvement plan et trajectoire parabolique
- **Accélération** : $\overrightarrow{a_G} = \vec{g}$
- Cas particulier : si $\overrightarrow{v_0}$ verticale alors mouvement vertical

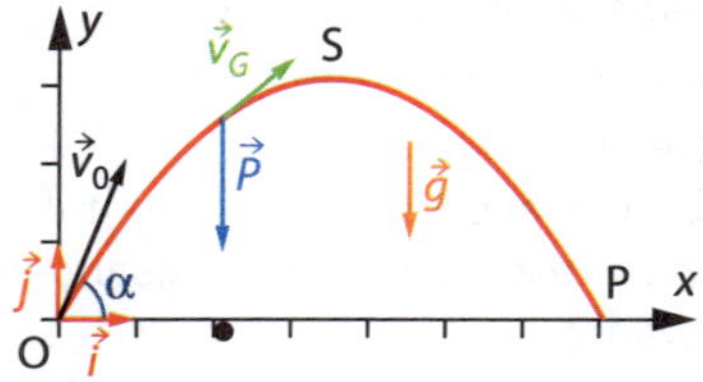

Énergie mécanique dans le cas d'une chute libre

- Énergie mécanique **conservée** : $E_M = E_C + E_{PP} = \frac{1}{2}mv^2 + mgy = C^{te}$
- Lorsque E_{PP} augmente, E_C diminue et réciproquement.

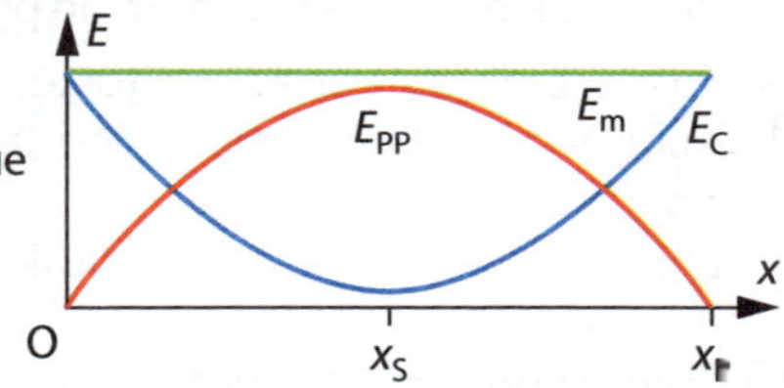

Mouvement dans un champ électrique uniforme

Particule chargée lancée dans un champ électrique uniforme

- Mouvement plan et trajectoire parabolique
- **Accélération** : $\vec{a} = \frac{q}{m}\vec{E}$ (poids négligeable)
- Cas particulier : si $\overrightarrow{v_0}$ colinéaire à $\vec{E}$, mouvement rectiligne.
  Exemple : accélérateur linéaire.

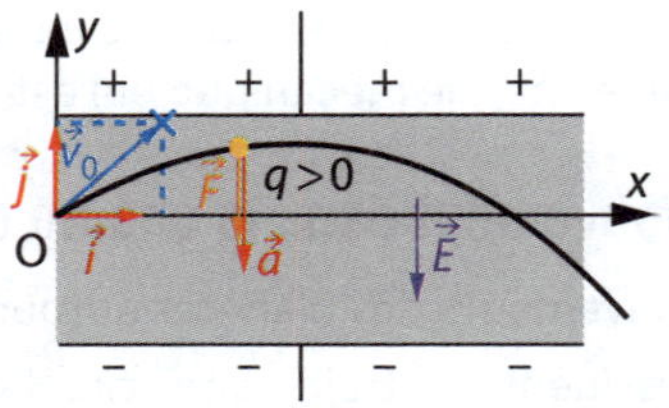

Énergie mécanique

Énergie mécanique **conservée** : $E_M = E_C + E_{PE} = \frac{1}{2}mv^2 + qV = C^{te}$

SE TESTER QUIZ

Vérifiez que vous avez bien compris les points clés des **fiches 34 à 38**.

1 Lois de Newton

→ FICHE 34

Un système soumis à plusieurs forces dont la somme vectorielle est dirigée suivant l'horizontale :

☐ **a.** reste immobile
☐ **b.** subit une accélération horizontale
☐ **c.** a une vitesse dont la composante verticale est constante

2 Mouvement dans le champ de pesanteur

→ FICHE 35

Un projectile lancé dans le champ de pesanteur et en chute libre :

☐ **a.** n'est soumis qu'à une seule force : son poids
☐ **b.** a une accélération verticale vers le bas égale à 9,81 $m \cdot s^{-2}$
☐ **c.** a toujours une trajectoire verticale et vers le bas

3 Champ électrique uniforme

→ FICHE 36

Le champ électrique créé entre les armatures d'un condensateur plan :

☐ **a.** est dirigé parallèlement aux plaques du condensateur
☐ **b.** a une valeur proportionnelle à la tension appliquée entre les plaques
☐ **c.** est le même en tout point de l'espace entre les plaques

4 Aspect énergétique au cours d'un mouvement

→ FICHE 37

Un objet qui descend en chute libre suivant la verticale :

☐ **a.** a une énergie cinétique qui diminue
☐ **b.** a une énergie potentielle de pesanteur qui reste constante
☐ **c.** a une énergie mécanique qui est conservée

5 Mouvement dans le champ de gravitation

→ FICHE 38

Les mouvements des planètes autour du Soleil :

☐ **a.** dessinent des trajectoires circulaires
☐ **b.** ont une période de révolution proportionnelle à la distance Soleil-Planète
☐ **c.** ont une accélération indépendante de leur masse

S'ENTRAÎNER

6 Mouvement et centre de gravité d'un système

→ FICHE 34

La figure 1 montre la chronophotographie d'un mouvement de saut à ski qui a été analysée en traçant les trajectoires de trois points différents : le casque C du skieur, son centre de masse G et l'extrémité du ski droit notée S. Les trajectoires apparaissent dans le repère choisi sur la figure 2.

Figure 1

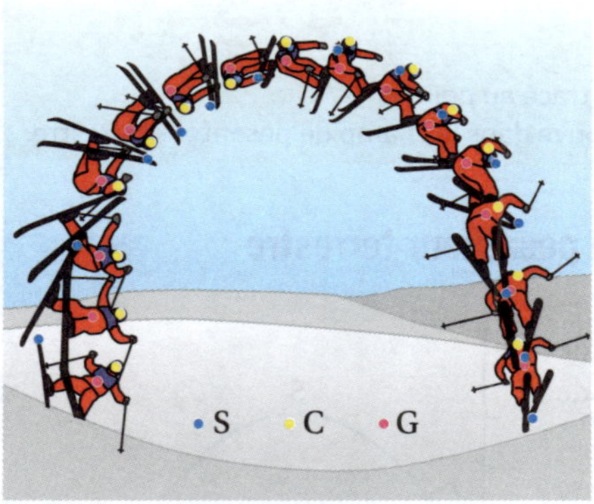

Figure 2

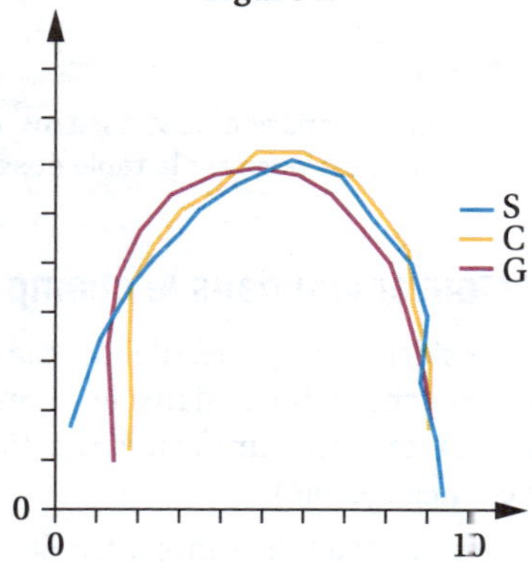

a. Définir le centre de masse appelé aussi centre de gravité du système.

b. Au regard des trajectoires obtenues sur la figure 2, expliciter l'intérêt de choisir le centre de gravité du système pour décrire son mouvement.

7 Mouvement d'un mobile sur table à coussin d'air

→ FICHE 34

Un mobile autoporteur (une soufflerie permet son mouvement sur coussin d'air) de masse $m = 650$ g se déplace sans frottement sur une table horizontale. Il est relié par un fil tendu à un point fixe O. Il est lancé et on enregistre les positions successives de son centre de masse G à intervalles de temps réguliers $\tau = 20$ ms.

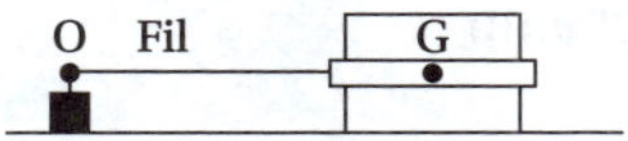

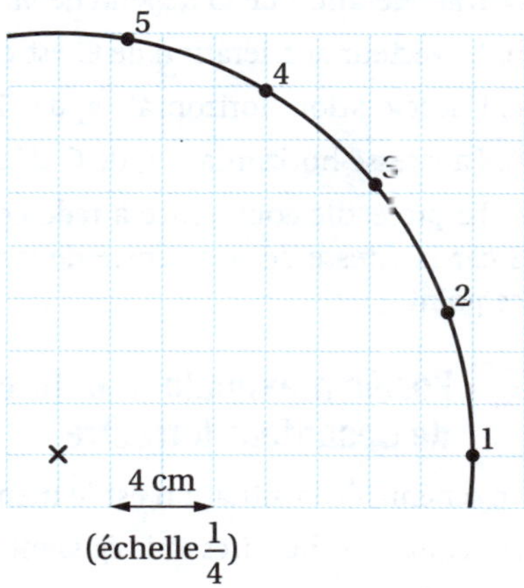

a. Quelle est la nature du mouvement de G ? Justifier.

b. Tracer les vecteurs vitesse $\vec{v_2}$ et $\vec{v_4}$ ainsi que le vecteur variation de vitesse au point 3 : $\Delta\vec{v_3} = \vec{v_4} - \vec{v_2}$ à l'échelle 1 cm pour 1 m·s^{-1}.

c. En déduire le tracé du vecteur accélération $\overrightarrow{a_3}$ à l'échelle 1 cm pour 10 $m \cdot s^{-2}$. Quelle direction particulière prend-il ?

d. Faire l'inventaire des forces extérieures appliquées au mobile en négligeant les frottements et en notant $\vec{F}$ la force exercée par le fil sur le mobile. Montrer que $\sum \overrightarrow{F_{ext}} = \vec{F}$.

e. Comparer la direction et le sens des vecteurs accélération du centre de masse et du vecteur force $\vec{F}$. Cela est-il en accord avec la 2e loi de Newton ? Déterminer l'intensité de la force $\vec{F}$.

CONSEILS

b. Le vecteur variation de vitesse $\Delta\overrightarrow{v_3}$ est tracé au point n° 3.

d. Le mobile est posé sur la table et se trouve dans le champ de pesanteur terrestre.

8 Mouvement dans le champ de pesanteur terrestre

→ FICHE 35

On considère un projectile de masse m lancé, en chute libre, dans le champ de pesanteur terrestre uniforme (l'action de l'air est négligeable).

La vitesse initiale de son centre de masse G au point O est $\overrightarrow{v_0}$ et l'angle de tir α. Le sommet de la trajectoire est noté S et le point d'impact, situé à la même altitude que le point O, est noté P.

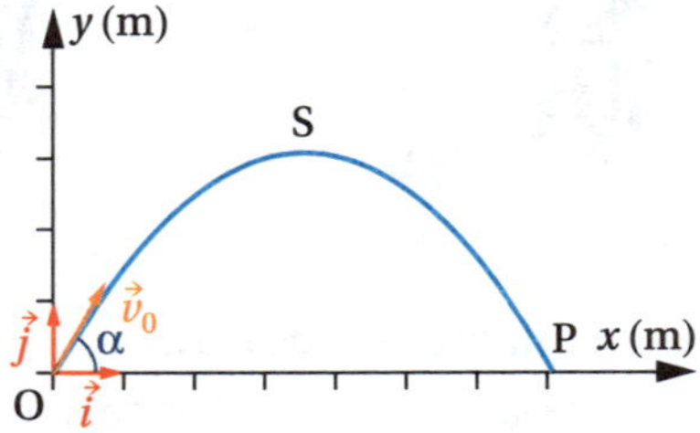

Répondre par vrai ou faux à chaque affirmation suivante en justifiant.

a. L'accélération de G dépend de m.

b. Le vecteur accélération de G est constant.

c. L'accélération horizontale a_x de G est nulle.

d. La vitesse horizontale v_x de G décroît au cours du mouvement.

e. Le projectile commence à redescendre à partir de S car la vitesse de son centre de masse s'annule en ce point.

CONSEILS

e. Quel serait son mouvement s'il était immobile en S ?

9 Portée maximale d'un tir dans le champ de pesanteur terrestre

→ FICHE 35

Le schéma de la situation est le même que celui de l'exercice 8.

Les équations horaires qui régissent le mouvement de G dans le champ de pesanteur terrestre uniforme sont : $\begin{cases} x(t) = (v_0 \cos\alpha)t \\ y(t) = -\dfrac{gt^2}{2} + (v_0 \sin\alpha)t \end{cases}$

La portée du tir est la distance entre le point de lancer O et le point d'impact P situé à la même altitude que O.

Donnée : $g = 9{,}81\ \text{m}\cdot\text{s}^{-2}$.

a. Établir l'expression de la durée t_P du mouvement du projectile entre O et P, en fonction de v_0, g et α.

b. En déduire l'expression de la portée x_P sachant que $2\cos\alpha\sin\alpha = \sin(2\alpha)$.

c. Quel est l'angle de tir permettant d'obtenir une portée maximale ?

d. Un projectile lancé à $20{,}0\ \text{m}\cdot\text{s}^{-1}$ peut-il atteindre un point situé 50 m plus loin ?

CONSEILS
c. Choisissez α pour que la valeur de x_P soit maximale.
d. Calculez x_P et comparez à la distance donnée.

10 Accélérateur linéaire de protons

→ FICHE 36

Un accélérateur linéaire de particules est un dispositif permettant d'accélérer en ligne droite des particules chargées. Sur la figure ci-dessous, des protons pénètrent dans un champ électrique uniforme d'un condensateur plan avec une vitesse horizontale $\vec{v_0}$ et sont accélérés par la force électrique.

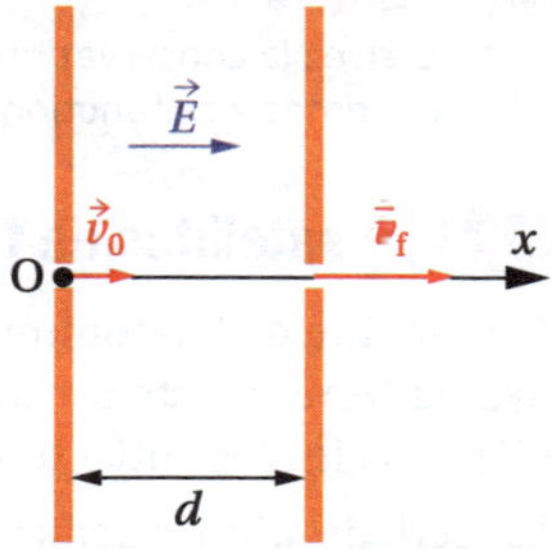

Données :
- masse du proton : $m_p = 1{,}7 \times 10^{-27}$ kg ;
- charge électrique du proton : $e = 1{,}6 \times 10^{-19}$ C ;
- valeur du champ électrique : $E = 2{,}0\ \text{kV}\cdot\text{m}^{-1}$;
- vitesse initiale du proton : $v_0 = 1{,}0 \times 10^3\ \text{m}\cdot\text{s}^{-1}$;
- vitesse finale du proton : $v_f = 5{,}0 \times 10^3\ \text{m}\cdot\text{s}^{-1}$;
- intensité de pesanteur : $g = 9{,}8\ \text{N}\cdot\text{kg}^{-1}$.

a. Quelles sont les caractéristiques des forces qui s'exercent sur le proton : force électrique et poids ?

b. Expliquer pourquoi le poids est négligeable devant la force électrique.

c. Déterminer le vecteur accélération du proton et exprimer sa valeur en fonction de E, m_p et e.

d. Quelle est la nature du mouvement du proton lorsqu'il traverse le condensateur ?

e. Déterminer l'équation horaire de la vitesse du proton.

f. En déduire la durée de son passage dans le condensateur.

À NOTER

Rappel de 1re : une particule de charge électrique q placée dans un champ électrique $\vec{E}$ subit une force électrique $\vec{F}$ telle que : $\vec{F} = q\vec{E}$ avec F en N, q en C et E en $\text{V}\cdot\text{m}^{-1}$.
Si $q > 0$, alors $\vec{F}$ est de même sens que $\vec{E}$; si $q < 0$, alors $\vec{F}$ est de sens opposé à $\vec{E}$.

11 Étude énergétique d'une chute libre verticale

→ FICHE 37

Une boule en acier de masse m, supposée ponctuelle, est lâchée sans vitesse initiale d'un point A situé à l'altitude $h = 2{,}0$ m par rapport au point O choisi comme origine des altitudes z.

On négligera les frottements et la poussée d'Archimède.

Donnée : $g = 9{,}81\ \text{m} \cdot \text{s}^{-2}$.

a. Exprimer l'énergie potentielle de pesanteur $E_{pp}(h)$ et l'énergie cinétique $E_c(h)$ initiales de la bille.

b. Exprimer l'énergie cinétique $E_c(z)$ de la bille à l'altitude $z < h$, en fonction de m, g, h et z.

c. En déduire la vitesse $v(z)$ de la bille à l'altitude z.

d. Calculer sa vitesse lorsqu'elle touche le sol.

e. Déterminer l'altitude à laquelle sa vitesse est égale à $5{,}0\ \text{m} \cdot \text{s}^{-1}$.

CONSEILS

b. Écrivez la conservation de l'énergie mécanique.

e. Exprimez z en fonction des autres grandeurs.

12 Les satellites de télécommunication

→ FICHE 38

Un satellite de télécommunication se déplace de manière exactement synchrone avec la Terre et reste constamment au-dessus du même point de la surface. Immobile dans le référentiel terrestre, on dit qu'il est géostationnaire.

La période d'un satellite S en mouvement circulaire uniforme autour de la Terre s'exprime : $T = 2\pi\sqrt{\dfrac{r^3}{\text{GM}}}$ avec r le rayon orbital.

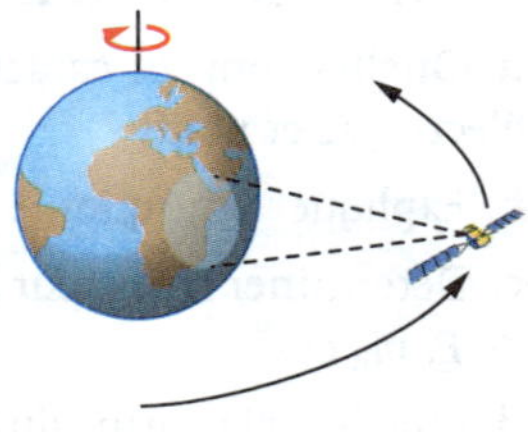

À NOTER

On dit que des mouvements sont synchrones s'ils se font dans un même temps.

a. M représente-t-il la masse du satellite ou la masse de la Terre ?

b. Dans quel référentiel a été établie l'expression de T ?

c. Quelles sont les conditions à respecter pour qu'un satellite soit géostationnaire ?

d. En déduire le rayon orbital r et l'altitude h d'un satellite géostationnaire.

Données :

- constante de gravitation universelle $\text{G} = 6{,}67 \times 10^{-11}\ \text{m}^3 \cdot \text{kg}^{-1} \cdot \text{s}^{-2}$;
- masse de la Terre : $5{,}98 \times 10^{24}$ kg ; masse du satellite : 75 kg ;
- rayon de la Terre : $R = 6\ 400$ km ; jour sidéral : 86 164 s (période de rotation de la Terre dans le référentiel géocentrique).

13 Les satellites de la planète Mars

→ FICHE 38

Mars a deux satellites : Phobos et Deimos, en orbite quasi-circulaire autour de la planète.

Données :

	Phobos	Deimos
Rayon orbital	9 380 km	23 460 km
Période de révolution	T	30 h 21 min

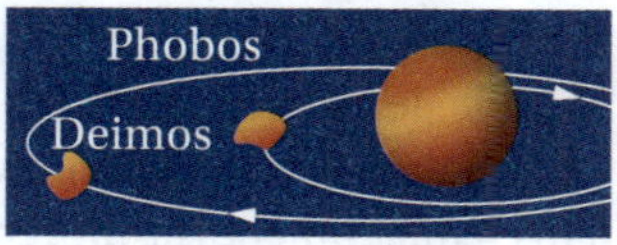

a. Énoncer la loi de Kepler qui permet de comparer les périodes des deux satellites.

b. Déterminer la période de Phobos.

c. L'étude du mouvement des satellites montre que : $\frac{T^2}{r^3} = \frac{4\pi^2}{GM}$.
Que représentent les grandeurs notées G et M ?
Déterminer M sachant que $G = 6{,}67 \times 10^{-11}\ N \cdot m^2 \cdot kg^{-2}$.

14 Mouvement de la Terre dans le champ de gravitation du Soleil

→ FICHE 38

La planète Terre tourne autour du Soleil sur une trajectoire pratiquement circulaire de rayon moyen $r = 1{,}50 \times 10^{11}$ m.

Données :

- constante de gravitation universelle : $G = 6{,}67 \times 10^{-11}\ N \cdot m^2 \cdot kg^{-2}$;
- période de révolution autour du Soleil : $T = 365{,}25$ jours.

a. Montrer que le mouvement de la Terre est uniforme.

b. Exprimer sa vitesse et sa période de révolution en fonction de r.

c. En déduire la masse du Soleil.

OBJECTIF BAC

15 Service gagnant

50 min

Ce problème permet d'étudier le mouvement d'une balle dans le champ de pesanteur. Sa trajectoire est établie à partir des équations horaires déduites de la 2e loi de Newton. L'aspect énergétique permet de déterminer sa vitesse.

LE SUJET

Un terrain de tennis est un rectangle de longueur 23,8 m et de largeur 8,23 m. Il est séparé en deux dans le sens de la largeur par un filet dont la hauteur est 92,0 cm. Lorsqu'un joueur effectue un service, il doit envoyer la balle dans une zone comprise entre le filet et une ligne située à 6,40 m du filet.

On étudie un service du joueur placé au point O.
Ce joueur souhaite que la balle frappe le sol en B tel que OB = L = 18,7 m.
Pour cela, il lance la balle verticalement et la frappe avec sa raquette en un point D situé sur la verticale de O à la hauteur H = 2,20 m.
La balle part alors de D avec une vitesse de valeur $v_0 = 126\ \text{km} \cdot \text{h}^{-1}$, horizontale comme le montre le schéma ci-dessous.

La balle de masse m = 58,0 g est considérée comme ponctuelle et on néglige l'action de l'air. L'étude du mouvement est faite dans le référentiel terrestre, galiléen, dans lequel on choisit un repère Oxyz comme l'indique le schéma ci-dessous.

Donnée : $g = 9{,}81\ \text{m} \cdot \text{s}^{-2}$.

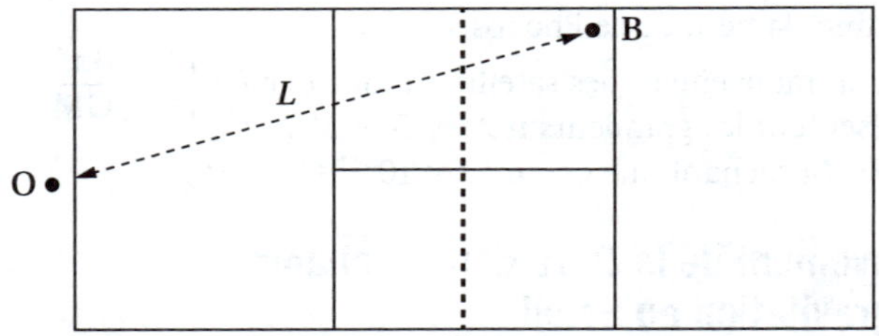

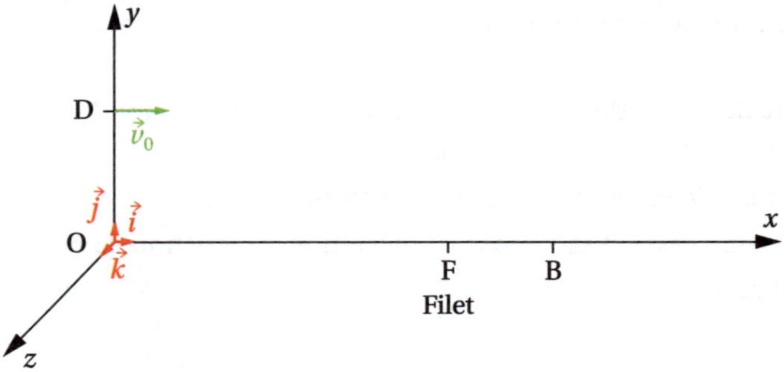

Partie 1 Trajectoire de la balle

a. Faire le bilan des forces appliquées à la balle en mouvement entre D et B et indiquer leurs caractéristiques.

b. Établir l'expression du vecteur accélération de la balle en mouvement.

c. En déduire les équations horaires paramétriques du mouvement de la balle.

d. Montrer que le mouvement de la balle est plan et déterminer l'équation littérale de sa trajectoire.

Partie 2 Qualité du service

e. Sachant que la distance OF = 12,2 m, la balle, supposée ponctuelle, passe-t-elle au-dessus du filet ?

f. Déterminer la position du point B′ de chute sur le sol, puis conclure sur la qualité du service.

Partie 3 Énergie de la balle

g. Donner les expressions littérales de l'énergie cinétique et de l'énergie potentielle de la balle lorsqu'elle se trouve à une hauteur y avec une vitesse v.

h. En négligeant l'action de l'air, que peut-on dire de l'énergie mécanique de la balle pendant son déplacement ?

i. Dans ces conditions, exprimer sa vitesse lorsqu'elle frappe le sol et calculer la valeur de sa vitesse.

▶▶▶ LA FEUILLE DE ROUTE

Partie 1 Trajectoire de la balle

a. Faire le bilan des forces appliquées à un système → FICHE 34
Quelle hypothèse est proposée pour les forces exercées par l'air ?

b. Appliquer la 2e loi de Newton → FICHES 34 et 35
La connaissance des forces qui s'exercent sur un système permet d'en déduire l'accélération.

c. Établir les équations horaires du mouvement → FICHE 35
La connaissance du vecteur accélération et des conditions initiales permet d'exprimer le vecteur vitesse puis le vecteur position en écrivant les primitives des équations horaires en fonction du temps.

d. Exploiter les équations horaires → FICHE 35
Le mouvement est plan lorsqu'une coordonnée de l'espace est constante.
La trajectoire est la relation entre les deux coordonnées x et y qui varient en fonction du temps.

Partie 2 Qualité du service

e. et f. Exploiter l'équation de la trajectoire → FICHE 36
La hauteur du filet est mesurée suivant la verticale et la position de B′ est mesurée suivant l'horizontale. Traduisez les données dans l'équation de la trajectoire.

Partie 3 Énergie de la balle

g. Connaître les expressions des énergies cinétique et potentielle → FICHES 37
L'énergie potentielle de pesanteur est définie en choisissant une référence : le plus souvent on choisit $E_P = 0$ au niveau du sol, pour $y = 0$.

h. Écrire la conservation de l'énergie → FICHE 37
Le poids est une force conservative, quelle est la conséquence en termes d'énergie mécanique ?

i. Exploiter la conservation de l'énergie mécanique → FICHES 37
Écrivez la conservation de l'énergie mécanique de la balle pendant son déplacement entre les points D et B′.

CORRIGÉS

SE TESTER QUIZ

1 Lois de Newton

Réponses b et c. L'accélération étant suivant l'horizontale, la vitesse ne varie que suivant l'horizontale et sa composante verticale ne change pas.
La proposition **a** est incorrecte car d'après le principe d'inertie (1re loi de Newton) si $\sum \overrightarrow{F_{\text{ext}}} \neq \vec{0} \Rightarrow \overrightarrow{v_G} \neq \overrightarrow{C^{te}}$: il ne peut donc pas être immobile.

2 Mouvement dans le champ de pesanteur

Réponses a et b. Dans le cas d'une chute libre, le vecteur accélération est confondu avec le vecteur champ de pesanteur.
La proposition **c** est incorrecte car le mouvement est parabolique si la vitesse initiale n'est pas verticale.

3 Champ électrique uniforme

Réponses b et c. La proposition **a** est incorrecte car le champ est perpendiculaire aux armatures du condensateur.
La proposition **b** est correcte mais la valeur du champ dépend aussi de la distance entre les armatures.
La proposition **c.** est correcte car le champ créé entre les armatures d'un condensateur plan est uniforme.

4 Aspect énergétique au cours d'un mouvement

Réponse c. La proposition **a** est incorrecte car sa vitesse augmente donc son énergie cinétique augmente.
La proposition **b** est incorrecte car son altitude diminue donc son énergie potentielle de pesanteur diminue aussi.
La proposition **c** est correcte : l'augmentation d'énergie cinétique compense exactement la diminution d'énergie potentielle.

5 Mouvement dans le champ de gravitation

→ FICHE 37

Réponse c. La proposition **a** est incorrecte car les trajectoires sont des ellipses.
La proposition **b** est incorrecte car d'après la 3e loi de Kepler, le carré de la période de révolution (T^2) est proportionnel au cube du demi-grand axe (a^3).
La proposition **c** est correcte : leur accélération dépend de la masse de l'astre attracteur mais pas de leur masse propre.

S'ENTRAÎNER

6 Mouvement et centre de gravité d'un système

a. Le centre de masse d'un système est le point d'application de la force qui modélise l'attraction terrestre appelée poids du système. On peut le confondre avec le centre de gravité qui est le point par rapport auquel la masse est uniformément répartie. Il est souvent situé au milieu du système.

b. Tous les points d'un système en mouvement n'ont pas forcément la même trajectoire mais celle de son centre de gravité (ou centre de masse) est toujours plus simple, comme le montre la figure 2. En choisissant le centre de gravité du système pour décrire son mouvement, on simplifie l'analyse de la situation.

7 Mouvement d'un mobile sur table à coussin d'air

a. Le mouvement du point G est circulaire et uniforme car il décrit un arc de cercle à vitesse constante (ses positions successives sont équidistantes).

b. En tenant compte de l'échelle $\frac{1}{4}$, les mesures effectuées sur l'enregistrement donnent : $G_1G_3 = G_3G_5 = 4 \times 2{,}8 = 11{,}2$ cm.

La vitesse est donc : $v_2 = v_4 = \dfrac{G_1G_3}{2\tau} = \dfrac{0{,}112}{0{,}040} = 2{,}8\ \text{m}\cdot\text{s}^{-1}$.

Le tracé des vecteurs vitesse (à l'échelle 1 cm pour 1 m·s⁻¹) permet ensuite de construire le vecteur variation de vitesse $\Delta\overrightarrow{v_3} = \overrightarrow{v_4} - \overrightarrow{v_2}$. Il mesure 1,9 cm soit $\left\|\Delta\overrightarrow{v_3}\right\| = 1{,}9\ \text{m}\cdot\text{s}^{-1}$.

c. L'accélération vaut (avec deux chiffres significatifs) :

$$\left\|\overrightarrow{a_3}\right\| = \frac{\left\|\Delta\overrightarrow{v_3}\right\|}{2\tau} = \frac{1{,}9}{0{,}040} = 47\ \text{m}\cdot\text{s}^{-2}.$$

Le vecteur $\overrightarrow{a_3}$ est tracé, colinéaire et de même sens que $\Delta\overrightarrow{v_3}$, de longueur 4,7 cm (échelle : 1 cm pour 10 m·s⁻²).
Le vecteur accélération est colinéaire au fil et orienté vers le point d'attache O.

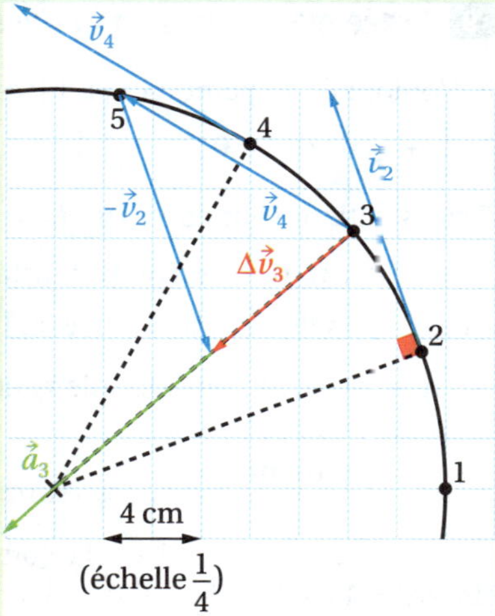

À NOTER
c. L'accélération est la variation de vitesse par seconde : il faut penser à diviser par la durée entre les points 2 et 4.

d. Le mobile est soumis à son poids $\vec{P}$, à la réaction $\vec{R}$ du support et l'action du fil $\vec{F}$. Les frottements sont négligeables donc la réaction $\vec{R}$ est perpendiculaire au support, c'est-à-dire verticale.

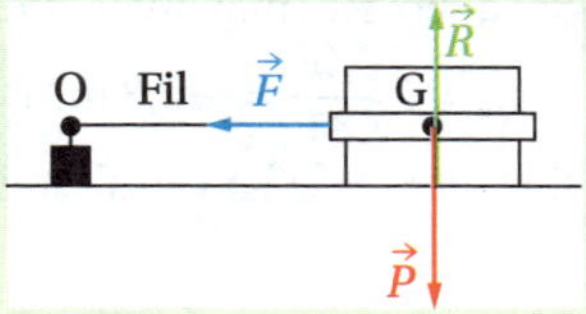

Poids et réaction se compensent : $\vec{P} + \vec{R} = \vec{0}$ donc :

$$\sum \overrightarrow{F_{ext}} = \vec{P} + \vec{R} + \vec{F} = \vec{F}.$$

e. Le vecteur $\vec{F}$ et le vecteur accélération du centre de masse sont colinéaires et de même sens puisqu'ils sont orientés vers O. Cela est tout à fait conforme à la 2e loi de Newton : $\vec{F} = m\overrightarrow{a_G}$.
L'intensité de la force exercée par le fil est $F = ma_3 = 0{,}65 \times 47 = 31$ N.

8 Mouvement dans le champ de pesanteur terrestre

a. Faux. Le projectile est soumis uniquement à son poids. La 2e loi de Newton s'exprime donc $m\overrightarrow{a_G} = \vec{P} = m\vec{g}$ et conduit à $\overrightarrow{a_G} = \vec{g}$. L'accélération de G est donc indépendante de m.
b. Vrai. Le vecteur accélération $\overrightarrow{a_G} = \vec{g}$ est constant car il est confondu avec le vecteur champ de pesanteur qui garde la même direction verticale, le même sens descendant et la même norme (9,81 m·s^{-2}) pendant tout le mouvement du projectile.
c. Vrai. $\overrightarrow{a_G} = \vec{g}$ est verticale donc l'accélération horizontale a_x est nulle.
d. Faux. $a_x = \dfrac{dv_x}{dt} = 0$ donc la vitesse horizontale v_x est constante.
e. Faux. En S, le vecteur vitesse de G est horizontal donc $v_y = 0$
mais $v_x = v_{0x} = v_0 \cos\alpha$. Par conséquent la vitesse est non nulle : $v = v_0 \cos\alpha$.

À NOTER
d. La variation de la vitesse suivant l'horizontale correspond à la composante horizontale de l'accélération.

9 Portée maximale d'un tir dans le champ de pesanteur terrestre

a. L'ordonnée du point d'impact P est nulle donc $-\dfrac{gt^2}{2} + (v_0 \sin\alpha)t = 0$ soit :
$\left[-\dfrac{gt}{2} + v_0 \sin\alpha\right]t = 0.$
Deux solutions sont possibles : $t = 0$ ou $-\dfrac{gt}{2} + v_0 \sin\alpha = 0 \Leftrightarrow t = \dfrac{2v_0 \sin\alpha}{g}$.
La solution $t = 0$ correspond à l'instant du lancer en O.
La seconde solution est la durée du trajet entre O et P : $t_P = \dfrac{2v_0 \sin\alpha}{g}$.
b. En reportant l'expression de t_P dans l'équation $x(t) = (v_0 \cos\alpha)t$, on aboutit à l'expression de la portée :
$x_P = \dfrac{2v_0^2 \cos\alpha \sin\alpha}{g}$ avec $2\cos\alpha\sin\alpha = \sin(2\alpha)$ donc $x_P = \dfrac{v_0^2 \sin(2\alpha)}{g}$.
c. Pour une vitesse v_0 fixée, la portée est maximale si $\sin(2\alpha)$ est maximal soit $\sin(2\alpha) = 1 \Rightarrow 2\alpha = 90°$. Il faut donc $\alpha = 45°$.
d. La portée maximale s'exprime : $x_{Pmax} = \dfrac{v_0^2}{g}$. Pour $v_0 = 20$ m·s^{-1}, elle vaut : $x_{Pmax} = \dfrac{20{,}0^2}{9{,}81} = 40{,}8$ m. Il est donc impossible d'atteindre un point situé à 50 m si la vitesse de lancer n'est que de 20 m·s^{-1}.

10 Accélérateur linéaire de protons

a. La force électrique est liée au champ électrique par la relation $\vec{F} = q\vec{E}$.
$q = e > 0$, donc $\vec{F}$ est de même direction et de même sens que $\vec{E}$.
Sa valeur est $F = 1,6 \times 10^{-19} \times 2,0 \times 10^{3} = 3,2 \times 10^{-16}$ N.
Le poids du proton est $\vec{P} = m\vec{g}$. Il est vertical et vers le bas.
Sa valeur est $P = 1,7 \times 10^{-27} \times 9,8 = 1,7 \times 10^{-26}$ N.
b. $P = 1,7 \times 10^{-26}$ N $<< F = 3,2 \times 10^{-16}$ N, P est négligeable devant F.
c. En appliquant à la particule la 2e loi de Newton : $\sum \overrightarrow{F_{ext}} = m\vec{a} = \vec{F} = e\vec{E}$, donc : $\vec{a} = \frac{e}{m}\vec{E}$. $\vec{a}$ et $\vec{E}$ sont donc colinéaires et de même sens : $\vec{a}$ est dirigée suivant Ox.
Sa valeur est $a = e\,E/m = 1,6 \times 10^{-19} \times 2,0 \times 10^{3}/1,7 \times 10^{-27} = 1,9 \times 10^{11}\ \text{m} \cdot \text{s}^{-2}$.
d. L'accélération étant colinéaire et de même sens que la vitesse initiale, le mouvement est rectiligne et accéléré suivant Ox.
e. L'accélération est la dérivée de la vitesse $\vec{a} = \frac{d\vec{v}}{dt}$, donc suivant O$x$: $a_x = \frac{dv_x}{dt}$.
En choisissant la date de passage en O comme instant initial, on a : $v(t) = at + v_0$.
Soit : $v(t) = 1,9 \times 10^{11} \times t + 1,0 \times 10^{3}$ (en $\text{m} \cdot \text{s}^{-1}$).
f. Le proton sort du condensateur à la date t_f avec une vitesse : $v_f = at_f + v_0$.
Donc : $t_f = (v_f - v_0)/a = (5,0 \times 10^{3} - 1,0 \times 10^{3})/1,9 \times 10^{11} = 2,1 \times 10^{-8}$ s.
La durée de la traversée du condensateur est : $t_f = 2,1 \times 10^{-8}$ s.

11 Étude énergétique d'une chute libre verticale

a. À l'altitude h, l'énergie potentielle de pesanteur s'exprime : $E_{pp}(h) = mgh$.
La bille est lâchée de A sans vitesse donc $E_c(h) = 0$.
b. À l'altitude z, l'énergie potentielle est $E_{pp}(z) = mgz$.
La bille est en chute libre (sous la seule action de son poids) donc il y a conservation de l'énergie mécanique : $E_m(z) = E_m(h)$.
$E_c(z) + E_{pp}(z) = E_c(h) + E_{pp}(h)$, soit : $E_c(z) + mgz = mgh$. Donc : $E_c(z) = mg(h - z)$.
c. On obtient l'expression de la vitesse $v(z)$ à partir de l'expression de l'énergie cinétique : $E_c(z) = mg(h - z) \Leftrightarrow \frac{1}{2}mv^2 = mg(h - z)$. Donc : $v(z) = \sqrt{2g(h - z)}$.
d. La vitesse à l'altitude zéro est $v(0) = \sqrt{2gh} = \sqrt{2 \times 9,81 \times 2,0} = 6,3\ \text{m} \cdot \text{s}^{-1}$.
e. $v(z) = \sqrt{2g(h - z)} \Leftrightarrow v^2(z) = 2g(h - z) \Leftrightarrow z = h - \frac{v^2}{2g} = 2,0 - \frac{5,0^2}{2 \times 9,81} = 0,73$ m.

12 Les satellites de télécommunication

a. Dans l'expression $T = 2\pi\sqrt{\frac{r^3}{GM}}$, M représente la masse de la Terre.
b. L'expression de T a été établie dans le référentiel géocentrique.
c. Un satellite géostationnaire est immobile dans un référentiel terrestre. Pour cela, il doit respecter les conditions suivantes :
- son mouvement doit être circulaire uniforme dans le plan équatorial et dans le sens de la rotation propre de la Terre ;
- sa période doit être égale à celle de la Terre sur elle-même : 86 164 s.

d. La période s'exprime $T = 2\pi\sqrt{\frac{r^3}{GM}}$ donc $T^2 = \frac{4\pi^2 r^3}{GM}$.

Le rayon orbital géostationnaire est alors : $r = \left(\frac{GMT^2}{4\pi^2}\right)^{\frac{1}{3}}$ avec $T = 86\,164$ s donc :

$$r = \left(\frac{6{,}67 \times 10^{-11} \times 5{,}98 \times 10^{24} \times 86\,164^2}{4 \times \pi^2}\right)^{\frac{1}{3}} = 4{,}22 \times 10^7 \text{ m} = 42\,200 \text{ km}.$$

L'altitude du satellite est la différence entre le rayon orbital et le rayon terrestre : $h = r - R = 42\,200 - 6\,400 = 35\,800 \text{ km} \approx 36\,000 \text{ km}$.

13 Les satellites de la planète Mars

a. La 3e loi de Kepler permet de relier les périodes de révolution des satellites d'un même astre attracteur, c'est la loi des périodes : « Le carré de la période de révolution (T^2) est proportionnel au cube du demi-grand axe (a^3) ».

Donc le quotient $\frac{T^2}{r^3}$ est le même pour les deux satellites de Mars : $\frac{T_1^2}{r_1^3} = \frac{T_2^2}{r_2^3}$.

b. La période de Deimos est $T_1 = 30$ h 21 min $= 30{,}35$ h.

La période de Phobos est donc telle que : $T_2^2 = r_2^3 \times \frac{T_1^2}{r_1^3} = (9\,380)^3 \times \frac{(30{,}35)^2}{(23\,460)^3}$.

Soit : $T_2^2 = 58{,}9$ h², donc : $T_2 = 7{,}67$ h $= 7$ h 40 min.

c. G est la constante de gravitation universelle et M est la masse de l'astre attracteur : Mars. En reprenant les caractéristiques de Phobos :
$r = 9\,380 \text{ km} = 9{,}38 \times 10^6$ m et $T = 7{,}67 \text{ h} = 2{,}76 \times 10^4$ s.

$$\frac{T^2}{r^3} = \frac{4\pi^2}{GM} \text{ donc : } M = \frac{4\pi^2 r^3}{GT^2} = \frac{4\pi^2 (9{,}38 \times 10^6)^3}{6{,}67 \times 10^{-11} \times (2{,}76 \times 10^4)^2} = 6{,}41 \times 10^{23} \text{ kg}.$$

14 Mouvement de la Terre dans le champ de gravitation du Soleil

a. La Terre est soumise à la force de gravitation exercée par la Soleil : $\vec{F}_{S/T}$.

Dans le repère de Frenet lié à la Terre en mouvement, $\vec{F}_{S/T} = G\frac{M_S M_T}{r^2}\vec{n}$

D'après la 2e loi de Newton : $\vec{F}_{S/T} = M_T\vec{a}$. Donc : $\vec{a} = G\frac{M_S}{r^2}\vec{n}$.

Dans le repère de Frenet : $\vec{a} = \frac{dv}{dt}\vec{t} + \frac{v^2}{r}\vec{n}$. Selon $\vec{t}$: $\frac{dv}{dt} = 0$, donc la valeur de la vitesse du satellite est constante, le mouvement est uniforme.

b. Selon $\vec{n}$: $G\frac{M_S}{r^2}\vec{n} = \frac{v^2}{r}\vec{n}$. Soit : $\frac{v^2}{r} = G\frac{M_S}{r^2}$ donc : $v = \sqrt{\frac{G \cdot M_S}{r}}$.

Le périmètre de la trajectoire ($2\pi r$) est parcouru pendant une période T à la vitesse $v = \sqrt{\frac{GM_S}{r}} = \frac{2\pi r}{T}$. La période de révolution est donc : $T = \frac{2\pi r}{v} = 2\pi\sqrt{\frac{r^3}{GM_S}}$.

c. À partir de l'expression de la période et de sa valeur :
$T = 365{,}25 \text{ jours} = 3{,}156 \times 10^7$ s.

$$\frac{T^2}{4\pi^2} = \frac{r^3}{GM_S} \text{ donc : } M_S = \frac{4\pi^2 r^3}{GT^2} = \frac{4\pi^2 \times (1{,}50 \times 10^{11})^3}{6{,}67 \times 10^{-11} \times (3{,}156 \times 10^7)^2} = 2{,}01 \times 10^{30} \text{ kg}.$$

OBJECTIF BAC

15 Service gagnant

Partie 1 Trajectoire de la balle

a. La balle, dans le référentiel terrestre galiléen, est soumise uniquement à son poids $\vec{P}$. En effet, d'après l'énoncé « l'action de l'air est négligeable » : on ne tient pas compte de la poussée d'Archimède et de la force de frottement de l'air sur la balle.

Les caractéristiques du poids $\vec{P} = m\vec{g}$ sont :
- direction : verticale ;
- sens : vers le bas ;
- valeur : $P = mg = 58{,}0 \times 10^{-3} \times 9{,}81 = 0{,}569$ N.

b. Soumise exclusivement à son poids, la balle est en chute libre. La 2e loi de Newton donne : $\vec{P} = m\vec{a}$ soit $m\vec{g} = m\vec{a}$ d'où : $\vec{a} = \vec{g}$.
Le vecteur accélération est confondu avec le vecteur champ de pesanteur.

Les coordonnées du vecteur accélération dans le repère Oxyz sont : $\vec{a}\begin{cases} a_x = 0 \\ a_y = -g \\ a_z = 0 \end{cases}$

c. $\vec{a} = \dfrac{d\vec{v}}{dt} = \vec{g}$ donc $\vec{a}\begin{cases} a_x = \dfrac{dv_x}{dt} = 0 \\ a_y = \dfrac{dv_y}{dt} = -g \\ a_z = \dfrac{dv_z}{dt} = 0 \end{cases}$ ainsi $\vec{v}(t)\begin{cases} v_x = C_1 \\ v_y = -gt + C_2 \\ v_z = C_3 \end{cases}$

C_1, C_2, C_3 sont des constantes définies par les conditions initiales.

Initialement $\vec{v}(0) = \vec{v}_0$ avec $\vec{v}_0\begin{cases} v_{0x} = v_0 \\ v_{0y} = 0 \\ v_{0z} = 0 \end{cases}$ donc $\vec{v}(0)\begin{cases} v_x = C_1 = v_0 \\ v_y = -0 + C_2 = 0 \\ v_z = C_3 = 0 \end{cases}$

d'où $\vec{v}(t)\begin{cases} v_x = v_0 \\ v_y = -gt \\ v_z = 0 \end{cases}$

Et $\vec{v} = \dfrac{d\overrightarrow{OM}}{dt}$ donc $\vec{v}(t)\begin{cases} v_x = \dfrac{dx}{dt} = v_0 \\ v_y = \dfrac{dy}{dt} = -gt \\ v_z = \dfrac{dz}{dt} = 0 \end{cases}$ ainsi $\overrightarrow{OM}(t)\begin{cases} x = v_0 t + C'_1 \\ y = -\dfrac{gt^2}{2} + C'_2 \\ v_z = C'_3 \end{cases}$

C'_1, C'_2, C'_3 sont des constantes définies par les conditions initiales.

Initialement $\overrightarrow{OM}(0) = \overrightarrow{OD} = H\vec{j}$ donc $\overrightarrow{OM}(0)\begin{cases} x = 0 + C'_1 = 0 \\ y = -0 + C'_2 = H \\ z = C'_3 = 0 \end{cases}$

d'où $\overrightarrow{OM}(t)\begin{cases} x = v_0 \cdot t \\ y = \dfrac{-gt^2}{2} + H \\ z = 0 \end{cases}$

Les équations horaires du mouvement de la balle sont :

$x(t) = v_0 t$ (1) $\quad y(t) = \dfrac{-gt^2}{2} + H$ (2) $\quad z(t) = 0$

d. Quelle que soit la date t, $z(t) = C^{te} = 0$ donc le mouvement de la balle a lieu dans le plan (Oxy).

En exprimant le temps t à partir de (1) que l'on reporte dans (2) :

(1) $t = \dfrac{x}{v_0}$ donc dans (2) : $y(x) = \dfrac{-g}{2}\left(\dfrac{x}{v_0}\right)^2 + H$ donc : $y(x) = \dfrac{-g}{2v_0^2}x^2 + H$.

C'est l'équation d'une parabole tournée vers le bas.

Partie 2 Qualité du service

e. La balle passe au-dessus du filet si pour $x = \text{OF} = 12{,}2$ m :

$y(x) > 92{,}0$ cm $= 0{,}920$ m.

$$y(x = 12{,}2) = \frac{-9{,}81}{2 \times \left(\dfrac{126}{3{,}6}\right)^2} \times (12{,}2)^2 + 2{,}20 = 1{,}60 \text{ m} > 0{,}920 \text{ m}.$$

Donc la balle passe au-dessus du filet.

f. La balle frappe le sol en un point B′($x_{B'}$; $y_{B'} = 0$; $z_{B'} = 0$).

$y(x_{B'}) = 0$ soit $\dfrac{-g}{2}\left(\dfrac{x_{B'}}{v_0}\right)^2 + H = 0$ donc $x_{B'}^2 = \dfrac{2v_0^2 H}{g}$ donc $x_{B'} = \sqrt{\dfrac{2v_0^2 H}{g}}$ (en ne gardant que la solution positive).

$$x_{B'} = \sqrt{\frac{2 \times \left(\dfrac{126}{3{,}6}\right)^2 \times 2{,}20}{9{,}81}} = 23{,}4 \text{ m.}$$ Le service est mauvais car $x_{B'} > \text{OB} = L = 18{,}7$ m.

Partie 3 Énergie de la balle

g. L'énergie cinétique de la balle lorsqu'elle a une vitesse v est : $Ec = \dfrac{1}{2}mv^2$ (m en kg, v en m·s^{-1} et E_C en J).

Avec l'axe Oy orienté vers le haut et en choisissant l'origine de l'énergie potentielle pour $y = 0$, l'expression de l'énergie potentielle de pesanteur s'écrit : $E_p = mgy$ (m en kg, g en m·s^{-2}, y en m et E_p en J).

h. En négligeant l'action de l'air (force de frottement et poussée d'Archimède) la balle n'est soumise qu'à son poids qui est une force conservative. Donc l'énergie mécanique de la balle est conservée.

i. Dans ces conditions, l'énergie mécanique de la balle reste constante pendant son déplacement.

- Au point D : $E_{mD} = E_{cD} + E_{pD} = \dfrac{1}{2}mv_D^2 + mgH$.
- Au point B′ : $E_{mB'} = E_{cB'} + E_{pB'} = \dfrac{1}{2}mv_{B'}^2 + 0$ car $y_{B'} = 0$.

Or $E_{mD} = E_{mB'}$.

Donc $\dfrac{1}{2}mv_D^2 + mgH = \dfrac{1}{2}mv_{B'}^2$ d'où $\dfrac{1}{2}v_D^2 + gH = \dfrac{1}{2}v_{B'}^2$ d'où $v_D^2 + 2gH = v_{B'}^2$.

Soit : $v_{B'} = \sqrt{v_D^2 + 2gH}$ (en ne gardant que la solution positive).

$$v_{B'} = \sqrt{\left(\frac{126}{3{,}6}\right)^2 + 2 \times 9{,}81 \times 2{,}20} = 35{,}6 \text{ m·s}^{-1} = 128 \text{ km·h}^{-1}.$$

10 Écoulement d'un fluide

Alors qu'il est plus dense que l'air, un avion peut voler. La circulation et les mouvements de l'air autour des ailes de l'avion créent une force vers le haut, appelée **poussée**, qui en s'ajoutant à la poussée d'Archimède, compense le poids de l'avion et lui permet de voler.

39 La poussée d'Archimède

En bref *La sensation de légèreté que l'on ressent quand on est dans l'eau est due à la poussée d'Archimède. Cette force est verticale, vers le haut et proportionnelle au volume immergé du corps et à la masse volumique du fluide.*

I Description de la situation

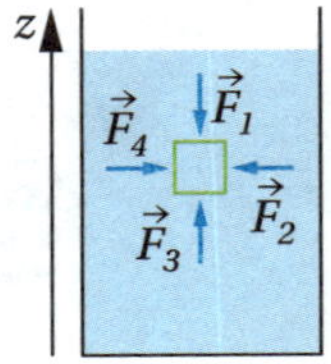

- On considère un récipient rempli d'un fluide **immobile** et **incompressible** (sa masse volumique est constante au cours du temps). Un solide cubique d'arête d est placé dans le fluide. Le cube est soumis à la pression du fluide sur tous ses côtés. On modélise les forces pressantes par des vecteurs orientés du fluide vers le cube.
- Les **parois latérales** du cube étant situées à la même profondeur, elles subissent des forces pressantes de mêmes normes qui se compensent : $\vec{F_2} = -\vec{F_4}$.
- On sait que l'intensité d'une **force pressante** est égale au produit de la pression par la surface, on en déduit : $F_1 = P_1 \times d^2$ et $F_3 = P_3 \times d^2$.

La face inférieure du cube étant plus profonde que sa face supérieure, on a $P_3 > P_1$ donc $F_3 > F_1$. Donc le cube subit de la part du fluide une force totale dirigée vers le haut :

$$F_{\text{totale}} = F_3 - F_1 = P_3 \times d^2 - P_1 \times d^2 = d^2 \times (P_3 - P_1).$$

D'après le principe fondamental de la statique des fluides (étudié en 1re), on a :

$$P_3 - P_1 = \rho_{\text{fluide}} \times g \times (h_1 - h_3).$$

D'où : $F_{\text{totale}} = d^2 \times (\rho_{\text{fluide}} \times g \times (h_1 - h_3)) = d^2 \times (\rho_{\text{fluide}} \times g \times ((h_3 + d) - h_3))$
$= d^2 \times (\rho_{\text{fluide}} \times g \times d) = \rho_{\text{fluide}} \times g \times d^3.$

Finalement : $F_{\text{totale}} = \rho_{\text{fluide}} \times g \times V_{\text{cube}}$.

II Énoncé du principe

- Tout corps plongé dans un fluide subit une force verticale vers le haut, la **poussée d'Archimède**, dont l'intensité est égale au poids du volume de fluide déplacé (ce volume est donc égal au volume immergé du corps).

$P_A = \rho_{\text{fluide}} \times g \times V_{\text{solide}}$	P_A intensité de la poussée d'Archimède en N ; ρ masse volumique du fluide en $\text{kg}\cdot\text{m}^{-3}$; g intensité de pesanteur en $\text{N}\cdot\text{kg}^{-1}$; V volume du solide immergé en m^3.

- Le **poids apparent** d'un solide plongé dans un fluide est la résultante des forces exercée par le fluide sur le solide et du poids du solide : $\overrightarrow{P_{\text{apparent}}} = \vec{P_A} + \overrightarrow{P_{\text{solide}}}$.

Méthode

Déterminer la valeur de la poussée d'Archimède d'un solide

Une boule de pétanque est tombée au fond d'un bassin d'eau douce.

Données :
- volume de la boule de pétanque : $V = 2{,}0 \times 10^{-4}\ \text{m}^3$;
- masse volumique de la boule de pétanque : $\rho = 3{,}3 \times 10^3\ \text{kg}\cdot\text{m}^{-3}$;
- masse volumique de l'eau douce : $\rho_{\text{eau douce}} = 1{,}0 \times 10^3\ \text{kg}\cdot\text{m}^{-3}$;
- intensité de la pesanteur : $g = 9{,}81\ \text{N}\cdot\text{kg}^{-1}$.

a. Calculer la valeur du poids de la boule de pétanque.

b. Calculer la valeur de la poussée d'Archimède subie par la boule de pétanque.

c. Sur un schéma, représenter les forces subies par la boule de pétanque (1 cm ↔ 2 N).

d. Expliquer pourquoi la boule de pétanque ne flotte pas.

CONSEILS

a. La relation entre masse, volume et masse volumique est $m = \rho \times V$.
b. Pour calculer la valeur de la poussée d'Archimède, utilisez la masse volumique du fluide et non celle du corps dont on étudie le mouvement.
c. Le poids est une force orientée vers le bas, tandis que la poussée d'Archimède est orientée vers le haut.
d. Le poids apparent est la résultante des forces subie par un corps immobile dans un fluide au repos. Sa valeur et son sens permettent de déterminer si le corps flotte ou coule.

SOLUTION

a. On calcule le poids de la boule de pétanque :
$P = m \times g = \rho \times V \times g = 3{,}3 \times 10^3 \times 2{,}0 \times 10^{-4} \times 9{,}81 = 6{,}5\ \text{N}$.

b. On calcule la poussée d'Archimède subie par la boule de pétanque :
$P_A = \rho_{\text{eau douce}} \times g \times V_{\text{boule de pétanque}} = 1{,}0 \times 10^3 \times 9{,}81 \times 2{,}0 \times 10^{-4} = 2{,}0\ \text{N}$.

c. Voir le schéma ci-contre. Le vecteur $\vec{P}$ doit avoir une longueur de 3,25 cm, le vecteur $\overrightarrow{P_A}$ doit avoir une longueur de 1,0 cm.

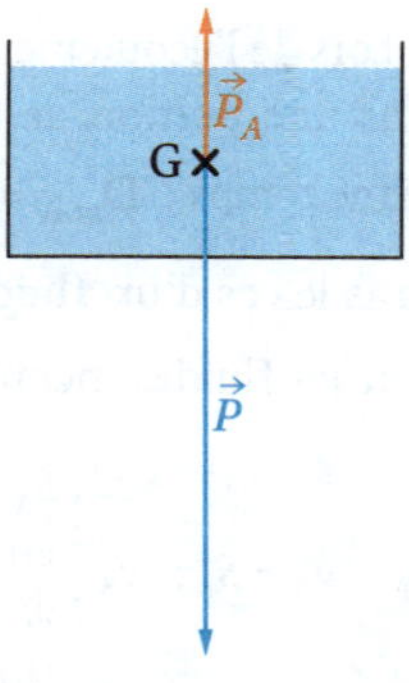

d. On remarque que le poids est supérieur à la poussée d'Archimède ($P > P_A$). Le poids apparent de la boule de pétanque est donc orienté vers le bas.

Comme la boule n'est soumise à aucune autre force, d'après la 2e loi de Newton, elle est soumise à une accélération orientée vers le bas : on en déduit qu'elle coule.

40 Écoulement d'un fluide en régime permanent

En bref *Le débit d'un fluide dans un tuyau peut être calculé par rapport à la quantité de matière ou par rapport au volume de fluide en déplacement.*

I Débit volumique et débit massique

- Le **débit massique** d'un fluide D_m est la masse m de fluide qui passe par la **section** S d'un tuyau par unité de temps :

$$D_m = \frac{m}{t}$$

D_m débit massique en $kg \cdot s^{-1}$;
m masse de fluide écoulé en kg ;
t durée de l'écoulement en s.

> **MOT CLÉ**
> On appelle **section** d'un tuyau la surface en coupe transversale de l'intérieur du tuyau qui est traversée par un fluide en mouvement.

- Le **débit volumique** d'un fluide D_V est le volume V de fluide qui traverse la section S d'un tuyau par unité de temps :

$$D_V = \frac{V}{t}$$

D_V débit volumique en $m^3 \cdot s^{-1}$; V volume de fluide écoulé en m^3 ; t durée de l'écoulement en s.

- Le débit massique et le débit volumique sont reliés par : $D_m = \rho \times D_V$.

II Vitesse d'écoulement et principe de continuité

- L'écoulement d'un fluide est **permanent** si les paramètres qui le caractérisent (pression, température, vitesse) en un point restent constants au cours du temps. Lors d'un écoulement permanent, le débit volumique D_V est relié à la section S et à la vitesse d'écoulement v par :

$$D_V = S \times v$$

D_V débit volumique en $m^3 \cdot s^{-1}$;
S surface de la section du tuyau en m^2 ;
v vitesse d'écoulement du fluide en $m \cdot s^{-1}$.

- Lors de l'écoulement permanent d'un fluide, la quantité de fluide qui entre en A dans une portion de tuyau doit être la même que celle qui en sort en B dans le même temps : $D_{m,A} = D_{m,B}$.

Dans le cas d'un **fluide incompressible**, on en déduit : $D_{V,A} = D_{V,B}$.

Pour les fluides incompressibles en régime permanent, on a alors :

$$S_A \times v_A = S_B \times v_B$$

S_A et S_B surface des sections en A et en B en m^2 ; v_A et v_B vitesses d'écoulement du fluide en A et en B en $m \cdot s^{-1}$.

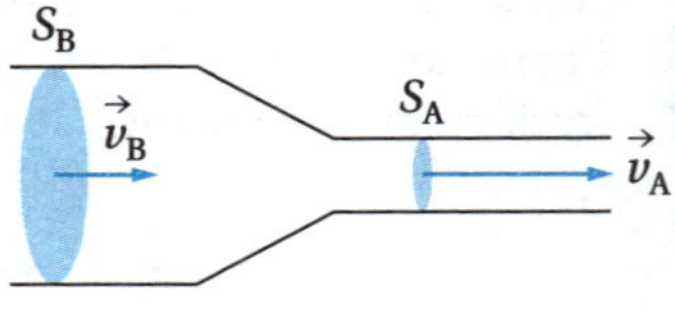

Méthode

Déterminer les caractéristiques d'un écoulement

Le canal de Craponne est un canal qui relie la Durance au Rhône. Ce canal passe au milieu du village de Pelissanne. Sur une partie du village, le canal est droit et sa section diminue progressivement. Au point le plus large (A) la largeur du canal est de $L_1 = 1{,}40$ m, au plus étroit (B) elle est de $L_2 = 90$ cm. La coupe transversale montre que le canal est parallélépipédique et que le niveau d'eau est de $h = 90{,}0$ cm.

Il a été mesuré que 70 200 L passent au point B en une minute.

On suppose que l'écoulement de l'eau est permanent.

a. Déterminer le débit volumique du canal au point B.

b. En déduire le débit massique.

c. Déterminer la vitesse de l'eau au point B.

d. En déduire la vitesse de l'eau au point A.

Donnée : masse volumique de l'eau : $\rho_{eau} = 1\,000$ kg·m^{-3}.

CONSEILS

a. Dans le calcul du débit volumique, le volume de fluide doit être exprimé en mètres cubes et le temps en secondes.
b. Le débit massique et le débit volumique sont proportionnels : le coefficient de proportionnalité est la masse volumique du fluide considéré. Il faut de nouveau faire attention à exprimer les grandeurs dans les unités SI.
c. Le débit volumique d'un fluide dans un tuyau dépend de la surface de la section du tuyau et de la vitesse d'écoulement du fluide.
d. Appliquez le principe de continuité.

SOLUTION

a. On calcule le débit volumique : $V = 70\,200 \text{ L} = 70\,200 \times 10^{-3} \text{ m}^3$; $t = 1 \text{ min} = 60$ s.

$$D_V = \frac{V}{t} = \frac{70\,200 \times 10^{-3}}{60} = 1{,}17 \text{ m}^3\cdot\text{s}^{-1}.$$

b. On calcule le débit massique : $D_m = \rho \times D_V = 1\,000 \times 1{,}17 = 1\,170 \text{ kg}\cdot\text{s}^{-1}$.

c. On calcule la surface de la section d'eau en B :

$$S_B = h \times L_2 = 90{,}0 \times 10^{-2} \times 90{,}0 \times 10^{-2} = 8{,}1 \times 10^{-1} \text{ m}^2.$$

On calcule la vitesse d'écoulement en B : $v_B = \dfrac{D_V}{S_B} = \dfrac{1{,}17}{8{,}1 \times 10^{-1}} = 1{,}4 \text{ m}\cdot\text{s}^{-1}$.

d. D'après le principe de continuité, on a : $D_{V,A} = D_{V,B}$ d'où $D_{V,B} = S_A \times v_A$

On calcule la surface de la section d'eau en A :

$S_A = h \times L_1 = 90{,}0 \times 10^{-2} \times 1{,}40 = 1{,}26 \text{ m}^2$

$$v_A = \frac{D_{V,B}}{S_A} = \frac{1{,}17}{1{,}26} = 9{,}3 \times 10^{-1} \text{ m}\cdot\text{s}^{-1}$$

41 Relation de Bernoulli

En bref *Le principe de conservation de l'énergie appliqué au mouvement d'un fluide parfait incompressible, s'écoulant en régime permanent et sans frottement, permet d'aboutir à la relation de Bernoulli.*

I Relation de Bernoulli

- Un **fluide parfait** est un fluide « parfaitement fluide » : son écoulement n'est pas freiné par la viscosité contre les parois. C'est un cas idéal.
- À partir du principe de la conservation de l'énergie mécanique et parce qu'il ne subit pas de frottement, on peut écrire pour un **fluide parfait, incompressible et en écoulement permanent**, en deux points d'une même **ligne de courant** :

$$P_A + \frac{1}{2} \times \rho \times v_A^2 + \rho \times g \times z_A = P_B + \frac{1}{2} \times \rho \times v_B^2 + \rho \times g \times z_B$$

avec P_A et P_B en Pa ; ρ en $kg \cdot m^{-3}$; g en $N \cdot kg^{-1}$; v_A et v_B en $m \cdot s^{-1}$; z_A et z_B hauteurs des points A et B en m.

MOT CLÉ

Une **ligne de courant** est une courbe tangente en chacun de ses points, à chaque instant et localement, au vecteur vitesse de l'écoulement.

- Interprétation : dans le cas d'un écoulement permanent sur toute la section du tuyau d'un fluide parfait et incompressible, une augmentation de vitesse du fluide en un point implique une diminution de la pression en ce même point.
- Si le fluide est immobile, la relation de Bernoulli devient :

$$P_A + \rho \times g \times z_A = P_B + \rho \times g \times z_B \text{ soit : } P_B - P_A = \rho \times g \times (z_A - z_B).$$

On retrouve le principe fondamental de la statique des fluides (étudié en classe de 1re) qui est donc un cas particulier de l'équation de Bernoulli.

II Effet Venturi

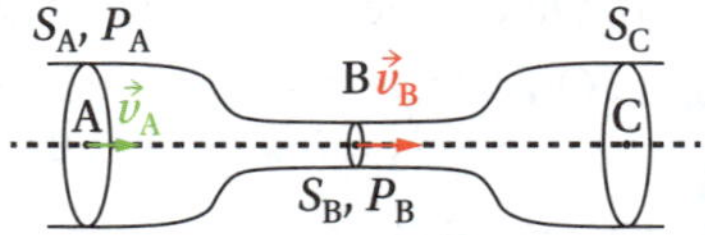

- On considère un **fluide incompressible** s'écoulant dans un tuyau à étranglement qui a deux sections différentes ($S_A = S_C > S_B$).

D'après le principe de continuité, le débit est conservé, donc on a :

$$D_A = D_B = D_C \text{ d'où } S_A \times v_A = S_B \times v_B.$$

Si $z_A = z_B$, la relation de Bernoulli devient $P_A - P_B = \frac{1}{2}\rho(v_B^2 - v_A^2)$.

Comme $S_A > S_B$, $v_B > v_A$, alors : $P_A > P_B$.

- On en conclut que lorsqu'un fluide traverse une section de plus faible diamètre, la pression diminue et la vitesse augmente : ce phénomène est appelé **effet Venturi**.

Méthode

Calculer une vitesse d'écoulement

On considère un réservoir rempli d'eau à une hauteur $H = 2{,}5$ m. Un trou de vidange de diamètre $d_2 = 10$ mm est situé à sa base. Le réservoir à un diamètre d_1, tel que $d_1 >> d_2$.

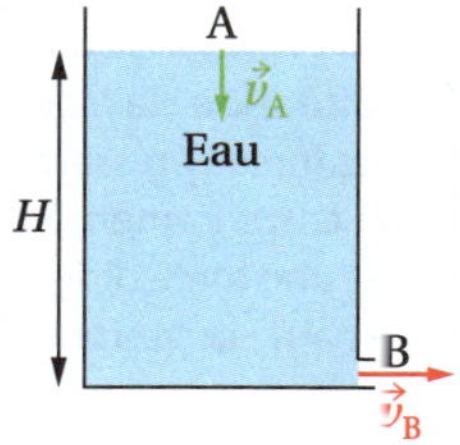

a. Quelles sont les valeurs de la pression à la surface de l'eau dans le réservoir P_A et à la sortie du trou de vidange P_B ?

b. Expliquer pourquoi on peut négliger v_A par rapport à v_B.

c. À partir de la relation de Bernoulli :

$$P_A + \frac{1}{2}\rho v_A{}^2 + \rho g z_A = P_B + \frac{1}{2}\rho v_B{}^2 + \rho g z_B,$$

calculer la vitesse v_B de l'eau lors de son écoulement par le trou de vidange.

Données : $P_{atm} = 1{,}0 \times 10^5$ Pa ; masse volumique de l'eau $\rho_{eau} = 1\,000$ kg·m^{-3} intensité de la pesanteur : $g = 9{,}81$ N·kg^{-1}.

CONSEILS

a. La surface d'un fluide en contact avec l'atmosphère est à la pression atmosphérique : au niveau du trou de vidange, l'eau qui sort de la cuve subit la pression de l'air.

b. Servez-vous du principe de continuité pour exprimer v_A en fonction de v_B.

c. Exprimez la relation de Bernoulli en tenant compte des réponses aux questions précédentes. Veillez à ne pas oublier la racine carrée dans l'expression de v_B.

SOLUTION

a. La surface de l'eau du réservoir et l'eau à la sortie du trou de vidange sont à la pression atmosphérique, soit $P_A = P_B = P_{atm} = 1{,}0 \times 10^5$ Pa.

b. D'après le principe de continuité, nous avons $S_A \times v_A = S_B \times v_B$.
D'après l'énoncé, $d_1 >> d_2$ soit $S_A >> S_B$ et donc : $v_A << v_B$. On peut donc négliger v_A par rapport à v_B.

c. La relation de Bernoulli donne : $\dfrac{2(P_A - P_B)}{\rho} + 2 \times g \times (z_A - z_B) = \left(v_B{}^2 - v_A{}^2\right)$

Grâce aux questions précédentes, on peut simplifier l'expression :

$$\cancel{\frac{2(P_A - P_B)}{\rho}} + 2 \times g \times (z_A - z_B) = \left(v_B{}^2 - \cancel{v_A{}^2}\right)$$

On en déduit : $v_B{}^2 = 2 \times g \times (z_A - z_B)$.

D'où $v_B = \sqrt{2 \times g \times H}$. Soit $v_B = \sqrt{2 \times 9{,}81 \times 2{,}5} = 7{,}0$ m·s^{-1}.

MÉMO VISUEL

Poussée d'Archimède

- **Situation** : la résultante de l'ensemble des forces pressantes subies par un corps immergé dans un fluide est une force dirigée vers le haut : **la poussée d'Archimède** $\vec{P}_A$.

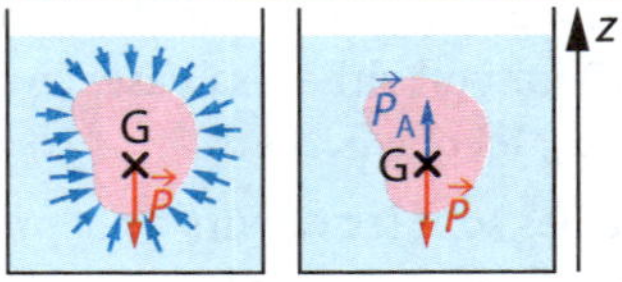

→ Forces pressantes exercées par le fluide sur le corps immergé

- **Expression** : $P_A = \rho_{fluide}\, g\, V_{solide}$ ← m^3
  - P_A : N ; ρ_{fluide} : $kg \cdot m^{-3}$; g : $N \cdot kg^{-1}$

- **Poids apparent** : $\overrightarrow{P_{apparent}} = \vec{P}_A + \overrightarrow{P_{solide}}$

Avec un axe vertical orienté vers le haut :

$P_{apparent} < 0$	$P_{apparent} > 0$	$P_{apparent} = 0$
le solide coule	le solide flotte	le solide est « entre deux eaux »

Débits massique et volumique

ÉCOULEMENT

- **Débit** : quantité de fluide qui s'écoule par la section d'un tuyau par unité de temps.

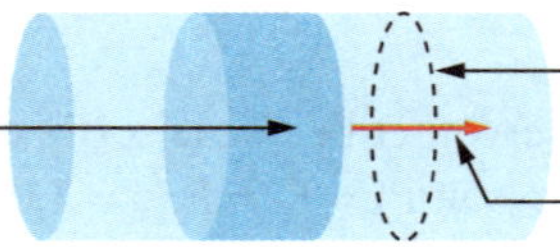

- **Débit massique** :

$$D_m = \frac{m}{t}$$

D_m : $kg \cdot s^{-1}$; m : kg ; t : s

- **Débit volumique** :

$$D_V = \frac{V}{t} = S \times v$$

D_V : $m^3 \cdot s^{-1}$; V : m^3 ; t : s ; S : m^2 ; v : $m \cdot s^{-1}$

- **Relation** entre débits massique et volumique :

$$D_m = \rho \times D_V$$

D_m : $kg \cdot s^{-1}$; ρ : $kg \cdot m^{-3}$; D_V : $m^3 \cdot s^{-1}$

D'UN FLUIDE

Principe de continuité en régime permanent

Pour les fluides incompressibles : $S_A v_A = S_B v_B$

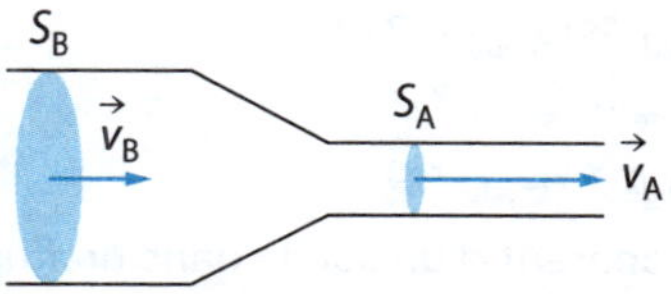

Relation de Bernoulli

Situation et équation

Pour un fluide parfait, incompressible qui suit un écoulement permanent, en deux points d'une même ligne de courant :

$$P_A + \frac{1}{2}\rho v_A^2 + \rho g z_A = P_B + \frac{1}{2}\rho v_B^2 + \rho g z_B$$

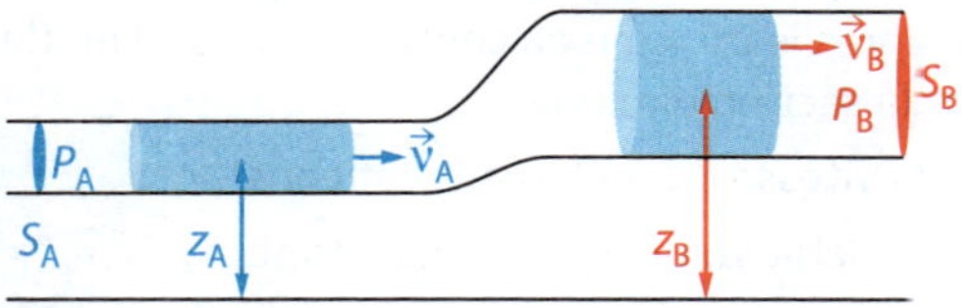

Effet Venturi

Augmentation de la vitesse et diminution de la pression lorsqu'un fluide incompressible traverse une section plus petite.

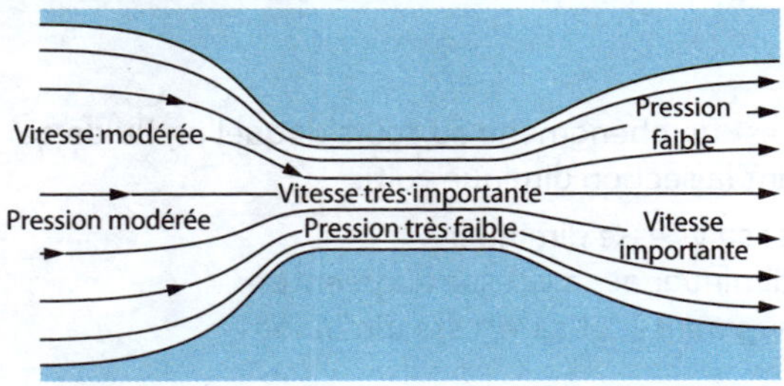

SE TESTER QUIZ

Vérifiez que vous avez bien compris les points clés des **fiches 39 à 41**.

1 Poussée d'Archimède

→ FICHE 39

1. La formule de la poussée d'Archimède est :

☐ **a.** $P_A = \rho_{fluide} \times V_{fluide} \times g$
☐ **b.** $P_A = \rho_{solide} \times V_{fluide} \times g$
☐ **c.** $P_A = \rho_{fluide} \times V_{solide} \times g$
☐ **d.** $P_A = \rho_{solide} \times V_{solide} \times g$

2. Le poids apparent d'un solide dans un fluide dépend du poids du solide et de la poussée d'Archimède, on calcule sa valeur par :

☐ **a.** Poids apparent = Poussée d'Archimède – Poids du solide
☐ **b.** Poids apparent = Poussée d'Archimède + Poids du solide

2 Écoulement d'un fluide en régime permanent

→ FICHE 40

1. Le débit massique a pour formule :

☐ **a.** $D_m = m \times t$
☐ **b.** $D_m = \frac{t}{m}$
☐ **c.** $D_m = \frac{m}{t}$

2. D'après le principe de continuité, quand un fluide passe dans un tuyau dont la section diminue :

☐ **a.** la vitesse d'écoulement est constante
☐ **b.** le débit volumique est constant

3 Relation de Bernoulli

→ FICHE 41

1. La relation de Bernoulli permet d'écrire en deux points d'une même ligne de courant que $P + \frac{1}{2}\rho v^2 + \rho g z = \text{constante}$:

☐ **a.** vrai
☐ **b.** faux

2. L'effet Venturi est un phénomène au cours duquel un fluide qui s'écoule dans un tuyau dont la section diminue voit :

☐ **a.** sa pression et sa vitesse diminuer
☐ **b.** sa pression diminuer et sa vitesse augmenter
☐ **c.** sa pression augmenter et sa vitesse diminuer

S'ENTRAÎNER

Données pour tous les exercices :

- les fluides sont considérés comme parfaits et incompressibles et l'écoulement permanent ;
- $g = 9{,}81\ \text{N} \cdot \text{kg}^{-1}$;
- $\rho_{eau} = 1\ 000\ \text{kg} \cdot \text{m}^{-3}$ et $\rho_{air} = 1{,}293\ \text{kg} \cdot \text{m}^{-3}$;
- $P_{atm} = 1{,}0 \times 10^5\ \text{Pa}$.

4 Sonde d'analyse

→ FICHE 39

Une sonde est introduite dans un réservoir de pétrole ($\rho_{pétrole} = 800\ \text{kg} \cdot \text{m}^{-3}$). Elle a un volume de $350\ \text{cm}^3$.

Déterminer la valeur de la poussée d'Archimède exercée par le pétrole sur la sonde.

CONSEILS

L'unité SI d'un volume est le mètre cube, donc vous devez convertir le volume en mètres cubes pour l'application numérique.

5 Comparaison de poussées d'Archimède

→ FICHE 39

On dispose de deux cubes de côté $d = 15{,}0$ cm :
- un en aluminium ($\rho_{Al} = 2\ 700\ \text{kg} \cdot \text{m}^{-3}$) ;
- et un autre en bois ($\rho_{bois} = 600\ \text{kg} \cdot \text{m}^{-3}$).

On immerge totalement ces cubes dans de l'huile ($\rho_{huile} = 899\ \text{kg} \cdot \text{m}^{-3}$).

a. Calculer, pour chaque cube, sa masse, son poids et la poussée d'Archimède à laquelle il est soumis.

b. En déduire le sens du poids apparent de chacun des cubes dans l'huile et conclure en décrivant le comportement des cubes dans l'huile.

6 Identifier un fluide

→ FICHE 39

Un morceau de caoutchouc, totalement immergé dans un récipient cylindrique de 20 cm de diamètre rempli d'un fluide inconnu, subit une poussée d'Archimède égale à 3,8 N et un poids de 2,1 N.

Lorsque le solide a été totalement immergé dans le fluide, le niveau de celui-ci a augmenté de 1,5 cm.

Données :

Fluide	essence	eau douce	sirop de sucre	alcool
Masse volumique ($\text{kg} \cdot \text{m}^{-3}$)	750	1 000	1 510	824

a. Déterminer le volume du solide.

b. Déterminer la masse volumique du caoutchouc.

c. Identifier le fluide utilisé.

7 Calculer la proportion immergée d'un iceberg

→ FICHE 39

Un iceberg de masse volumique $\rho_{iceberg} = 915 \text{ kg}\cdot\text{m}^{-3}$ est immergé de $V_i = 850 \text{ m}^3$ dans l'eau de mer ($\rho_{eau\ de\ mer} = 1\,025 \text{ kg}\cdot\text{m}^{-3}$).

a. Schématiser l'iceberg flottant et les forces auxquelles il est soumis lorsqu'il est à l'équilibre. Quelle relation existe-t-il entre ces forces ?

> **CONSEILS**
> a. Le système étudié étant immobile, on peut appliquer le principe d'inertie.

b. Trouver une relation entre le volume immergé V_i, volume total V_t et les masses volumiques.

c. Montrer qu'environ 90 % en volume de l'iceberg est immergé.

d. En déduire le volume total et la masse de l'iceberg.

8 Ballon à l'hélium

→ FICHE 39

Un enfant a un ballon gonflé à l'hélium accroché à son poignet par du ruban. L'enfant et le ballon sont considérés comme immobiles. On néglige le volume du ballon vide par rapport à celui du ballon gonflé.

Données :
- caractéristiques du ballon dans ces conditions :
$m_{ballon\ vide} = 2{,}0 \text{ g}$; $V_{ballon\ gonflé} = 5{,}33 \times 10^{-3} \text{ m}^3$;
- $\rho_{hélium} = 0{,}178 \text{ kg}\cdot\text{m}^{-3}$.

a. Nommer le fluide qui exerce la poussée d'Archimède sur le ballon.

b. Faire le bilan des forces subies par le ballon. Schématiser la situation sans considération d'échelle.

c. Quelle relation vectorielle existe-t-il entre les forces appliquées au ballon ? Justifier.

d. Calculer la valeur du poids du ballon et celle de la poussée d'Archimède qu'il subit.

e. En déduire la valeur de la force exercée par le ruban sur le ballon pour qu'il ne s'envole pas.

> **CONSEILS**
> e. Trouvez une relation entre les coordonnées verticales des forces.

9 Ventilation industrielle

→ FICHE 40

Une gaine de ventilation est un conduit dans lequel circule de l'air ; elles sont souvent utilisées dans les bâtiments industriels. On s'intéresse à des conduits de section rectangulaire, dans lesquels le débit massique d'air qui circule est en permanence de $610 \text{ kg}\cdot\text{h}^{-1}$.

Données : dimension de la section du conduit : $30{,}0 \times 50{,}0$ cm.

Calculer la vitesse d'écoulement de l'air dans ce conduit.

10 Perfusion médicale

→ FICHE 40

Le traitement d'un patient consiste, entre autres, à une perfusion de 30 mL sur 1,5 h.

Sachant qu'il y a 20 gouttes dans 1 ml, quel sera le débit de la perfusion en nombre de gouttes par minute ?

CONSEILS
Réfléchissez à l'unité du débit volumique la mieux adaptée pour pouvoir calculer simplement le débit en gouttes par minute.

11 Remplir une piscine

→ FICHE 40

Une piscine mesure 2,75 m de large, 3,50 m de long, et 1,80 m de profondeur. On la remplit grâce à un robinet avec un débit de 82 litres par minute.

a. Calculer le temps nécessaire pour remplir la piscine à 90 % avec ce robinet. Donner le résultat en heures.

b. Quel est le débit massique du robinet ?

12 Analyse d'un barrage hydraulique

→ FICHES 40 et 41

Dans un barrage hydraulique, une conduite permet l'écoulement de l'eau depuis le réservoir de rétention d'eau jusqu'à la turbine. On considère une conduite de section circulaire de diamètre d = 1,80 m.

La surface de l'eau du réservoir est à une altitude de z_A = 1 425 m. Le bas de la conduite arrivant à la turbine est à une altitude z_B = 615 m et à la pression P_B.

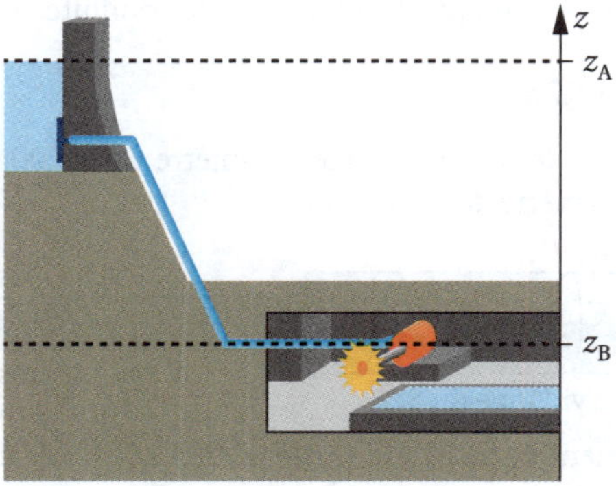

a. Le débit volumique avant la turbine $D_{V,B}$ en B est de 72 000 $m^3 \cdot h^{-1}$. Calculer le débit massique $D_{m,B}$ en $kg \cdot s^{-1}$.

b. Quelle est la vitesse d'écoulement v_B ?

c. En utilisant la relation de Bernoulli entre A et B :

$$P_A + \frac{1}{2} \times \rho \times {v_A}^2 + \rho \times g \times z_A = P_B + \frac{1}{2} \times \rho \times {v_B}^2 + \rho \times g \times z_B,$$

calculer la pression P_B en B pour des vitesses v_B = 10 $m \cdot s^{-1}$ et v_A négligeable devant v_B ($S_A >> S_B$).

13 Tube de Venturi

→ FICHES 40 et 41

Un tube de Venturi est un outil qui permet de déterminer la différence de pression entre deux points d'un conduit dans lequel circule un fluide. Il s'agit d'un tube en U rempli d'un fluide de masse volumique ρ_{fluide} et relié à un conduit dont on souhaite déterminer le débit. La différence de hauteur h entre les deux côtés du tube en U est causée par la différence de pression entre les deux sections du conduit et est donnée par : $P_A - P_B = \rho_{\text{fluide}} \times g \times h$.

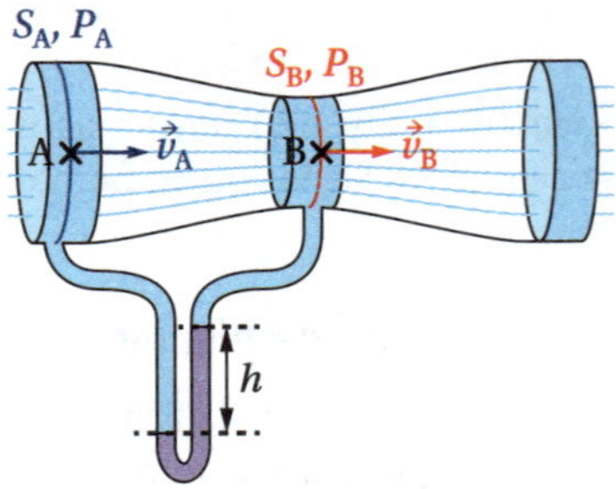

Relié à une conduite d'évacuation d'eau de sections $S_A = 25$ cm² et $S_B = 4$ cm², le tube de Venturi rempli de mercure indique $h = 0{,}60$ m.

Donnée : masse volumique du mercure : $\rho_{\text{mercure}} = 1{,}36 \times 10^4$ kg·m⁻³.

a. En utilisant l'équation de Bernoulli :

$$P_A + \frac{1}{2} \times \rho \times {v_A}^2 + \rho \times g \times z_A = P_B + \frac{1}{2} \times \rho \times {v_B}^2 + \rho \times g \times z_B$$

exprimer la différence de pression entre les points A et B ($z_A = z_B$) en fonction de v_A et des sections S_A et S_B.

b. Calculer la vitesse d'écoulement de l'eau au point A.

c. En déduire le débit volumique d'eau dans cette conduite.

CONSEILS

a. Pour faire disparaître le terme v_B dans la relation de Bernoulli, exprimez-le en fonction de v_A.

14 Vidange d'un SPA

→ FICHE 40 et 41

Un tuyau de vidange de SPA gonflable (diamètre $d_A = 6{,}00$ cm) est relié à un tuyau d'arrosage (diamètre $d_B = 2{,}60$ cm).

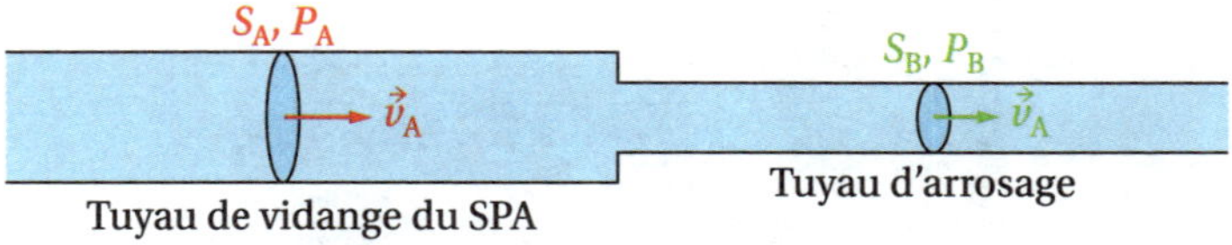

La vitesse d'écoulement de l'eau à la sortie du SPA gonflable est $v_A = 0{,}60$ m·s⁻¹.

a. Calculer le débit volumique dans le tuyau du SPA lors de la vidange du SPA.

b. Le débit dans le tuyau de vidange est-il égal au débit dans le tuyau d'arrosage ?

c. Calculer la vitesse d'écoulement de l'eau v_B dans le tuyau d'arrosage.

d. La pression de l'eau dans le tuyau de vidange du SPA gonflable est $P_A = 2{,}50 \times 10^5$ Pa. Utiliser la relation de Bernoulli :

$$P_A + \frac{1}{2} \times \rho \times {v_A}^2 + \rho \times g \times z_A = P_B + \frac{1}{2} \times \rho \times {v_B}^2 + \rho \times g \times z_B$$

pour déterminer la pression de l'eau P_B dans le tuyau d'arrosage quand les deux tuyaux sont placés à l'horizontal l'un de l'autre.

e. Même question dans le cas les tuyaux seraient en pente, tels que $z_A - z_B = 50{,}00$ cm.

OBJECTIF BAC

15 Réservoir de fioul

50 min

Ce sujet traite de toutes les notions vues en terminale pour un fluide au repos ou en mouvement. Outre faire manipuler les formules, il permet de réfléchir à la cohérence entre les résultats et les observations.

LE SUJET

Un réservoir cylindrique, ouvert à l'air libre, a une section S_A de diamètre $d_A = 6{,}0$ m. Il est muni, à sa base, d'un trou pour vidange de section S_B et de diamètre $d_B = 1{,}6$ mm. Le réservoir est rempli de fioul liquide jusqu'à une hauteur $H = 2{,}5$ m.

Dans tout l'exercice, l'écoulement sera permanent et le fluide incompressible.

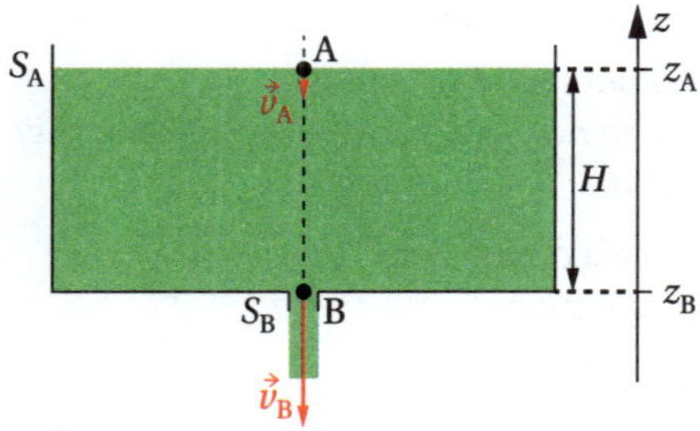

Données :

- masse volumique du fioul liquide $\rho_{\text{fioul liquide}} = 817\ \text{kg} \cdot \text{m}^{-3}$;
- intensité de la pesanteur $g = 9{,}8\ \text{N} \cdot \text{kg}^{-1}$.

On note $\alpha = \dfrac{S_B}{S_A}$.

Partie 1 Trou de vidange fermé

Le trou de vidange est fermé par un bouchon. Un objet métallique de masse volumique $\rho_{\text{objet}} = 7\,700\ \text{kg} \cdot \text{m}^{-3}$ est tombé au fond de la cuve, le niveau de fioul a augmenté de 0,40 cm.

1. a. Calculer la poussée d'Archimède subie par l'objet.

b. Calculer le poids de l'objet.

c. Ces résultats sont-ils cohérents avec les informations de l'énoncé ?

Partie 2 Trou de vidange ouvert

L'objet a été sorti et le trou de vidange est ouvert pour procéder à la vidange du réservoir. Le fioul s'écoule du réservoir. Sa vitesse moyenne d'écoulement au point A est notée v_A, et sa vitesse d'écoulement au niveau de l'orifice est notée v_B.

2. a. Écrire la relation de continuité. En déduire v_A en fonction de v_B et de $\alpha = \frac{S_B}{S_A}$.

b. Exprimer la pression P_B en fonction de P_A.

c. En appliquant la relation de Bernoulli entre A et B :

$$P_A + \frac{1}{2} \times \rho \times v_A{}^2 + \rho \times g \times z_A = P_B + \frac{1}{2} \times \rho \times v_B{}^2 + \rho \times g \times z_B$$

établir l'expression littérale de la vitesse v_B en fonction de g, H et α.

d. Calculer v_B (on négligera la variation de H).

e. Calculer le débit volumique D_V du fioul qui s'écoule à travers le trou de vidange.

f. Combien de temps faudrait-il pour vider totalement le réservoir, si le débit du fioul restait constant ?

g. L'approximation sur la très faible variation de H au cours du temps est-elle raisonnable ?

▶▶▶ LA FEUILLE DE ROUTE

Partie 1 Trou de vidange fermé

1. a. Savoir calculer la poussée d'Archimède → FICHE 39

Faites bien attention à prendre le rayon et non le diamètre de la cuve pour calculer la surface de sa section.

b. Savoir calculer le poids d'un objet → VU en 2de

Reliez poids et masse volumique.

c. Exploiter un document → FICHE 39

Réfléchissez sur le poids apparent de l'objet d'une part à partir du calcul et d'autre part à partir des informations fournies par l'énoncé.

Partie 2 Trou de vidange ouvert

2. a. Exprimer et exploiter la conservation des débits → FICHE 40

Lors d'un écoulement permanent, il y a conservation des débits.

b. Connaître la pression d'un fluide en contact avec l'air → VU en 1re

La surface d'un fluide en contact avec l'atmosphère est à la pression atmosphérique.

c. Trouver une expression littérale → FICHE 41

Soyez très vigilant aux signes et aux carrés.

d. Faire une application numérique → FICHE 41

N'oubliez pas de calculer la racine carrée sur la calculatrice.

e. et f. Calculer un débit volumique → FICHE 40

Le débit volumique est égal au quotient du volume écoulé par unité de temps et au produit de la surface de la section par la vitesse d'écoulement du fluide.

g. Porter un regard critique sur les résultats

Exploiter la réponse à la question précédente pour avoir une idée de la vitesse à laquelle le niveau de fluide baisse.

CORRIGÉS

SE TESTER QUIZ

1 Poussée d'Archimède

1. Réponse c. La poussée d'Archimède dépend de la masse volumique du fluide et du volume de solide immergé.

2. Réponse a. Le poids apparent d'un solide dans un fluide dépend du poids du solide et de la poussée d'Archimède, on calcule sa valeur par :

Poids apparent = Poussée d'Archimède – Poids du solide.

2 Écoulement d'un fluide en régime permanent

1. Réponse c. Le débit massique a pour formule : $D_m = \frac{m}{t}$.

2. Réponse b. D'après le principe de continuité, quand un fluide passe dans un tuyau dont la section diminue, le débit volumique est constant.

3 Relation de Bernoulli

1. Réponse a. La relation de Bernoulli peut s'écrire $P + \frac{1}{2}\rho v^2 + \rho g z = \text{cte}$ ou $P_A + \frac{1}{2}\rho v_A^2 + \rho g z_A = P_B + \frac{1}{2}\rho v_B^2 + \rho g z_B$.

2. Réponse b. L'effet Venturi est un phénomène au cours duquel un fluide qui s'écoule dans un tuyau dont la section diminue voit sa pression diminuer et sa vitesse augmenter.

S'ENTRAÎNER

4 Sonde d'analyse

On calcule la poussée d'Archimède exercée par le pétrole sur la sonde :

$$P_A = \rho_{\text{fluide}} \times g \times V_{\text{solide}}.$$

On convertit le volume en mètres cubes :

$V_{\text{solide}} = 350 \text{ cm}^3 = 350 \times 10^{-6} \text{ m}^3$.

$P_A = 800 \times 9{,}81 \times 350 \times 10^{-6} = 2{,}75 \text{ N}$.

La poussée d'Archimède exercée par le pétrole sur la sonde est égale à 2,75 N.

5 Comparaison de poussées d'Archimède

a. • Calcul du volume des cubes : $V_{\text{cube}} = d^3 = (15{,}0 \times 10^{-2})^3 = 3{,}4 \times 10^{-3} \text{ m}^3$.

• Calcul de la masse des cubes : $m_{\text{cube}} = \rho_{\text{cube}} \times V_{\text{cube}}$.

– Pour l'aluminium : $m_{\text{Al}} = \rho_{\text{Al}} \times V_{\text{cube}}$

$m_{\text{Al}} = 2\,700 \times 3{,}4 \times 10^{-3} = 9{,}2 \text{ kg}$.

– Pour le bois : $m_{\text{bois}} = \rho_{\text{bois}} \times V_{\text{cube}}$

$m_{\text{bois}} = 600 \times 3{,}4 \times 10^{-3} = 2{,}0 \text{ kg}$.

• Calcul du poids des cubes : $P_{cube} = m_{cube} \times g$.

– Pour l'aluminium : $P_{Al} = m_{Al} \times g$

$P_{Al} = 9{,}2 \times 9{,}81 = 90$ N.

– Pour le bois : $P_{bois} = m_{bois} \times g$

$P_{bois} = 2{,}0 \times 9{,}81 = 20$ N.

• Calcul de la poussée d'Archimède subie par les cubes :

$P_A = \rho_{huile} \times V_{cube} \times g$

$P_A = 900 \times 3{,}4 \times 10^{-3} \times 9{,}81 = 30$ N.

À NOTER

a. La poussée d'Archimède dépend du volume de l'objet mais pas de sa masse volumique, donc comme ici les deux cubes ont le même volume, ils seront soumis à des poussées d'Archimède égales.

b. • Pour le cube d'aluminium :

$P_{Al} > P_A$ donc le poids apparent est orienté vers le bas : le cube d'aluminium va couler dans l'huile.

• Pour le cube de bois, :

$P_{bois} < P_A$ donc le poids apparent est orienté vers le haut : le cube de bois va flotter dans l'huile.

6 Identifier un fluide

a. Le volume du solide totalement immergé est égal au volume de fluide déplacé :

$$V_{solide} = V_{fluide\ déplacé} = S_{récipient} \times h_{niveau} = \pi \times \left(\frac{d_A}{2}\right)^2 \times h_{niveau}$$

$$V_{solide} = \pi \times \left(\frac{20 \times 10^{-2}}{2}\right)^2 \times 1{,}5 \times 10^{-2} = 4{,}7 \times 10^{-4}\ \text{m}^3.$$

Le morceau de caoutchouc a un volume de $4{,}7 \times 10^{-4}$ m³.

CONSEILS

a. Faites bien attention de prendre le rayon et non le diamètre de la cuve pour calculer la surface de sa section.

b. On sait que : $\rho_{caoutchouc} = \frac{m_{solide}}{V_{solide}}$ et $P_{solide} = m_{solide} \times g$. On en déduit :

$$\rho_{caoutchouc} = \frac{\frac{P_{solide}}{g}}{V_{solide}} = \frac{P_{solide}}{V_{solide} \times g} = \frac{2{,}1}{4{,}7 \times 10^{-4} \times 9{,}81} = 4{,}6 \times 10^2\ \text{kg} \cdot \text{m}^{-3}.$$

La masse volumique du caoutchouc est de $4{,}6 \times 10^2$ kg · m⁻³.

c. On calcule la masse volumique du fluide utilisé :

$$P_A = \rho_{fluide} \times V_{caoutchouc} \times g \text{ d'où } \rho_{fluide} = \frac{P_A}{V_{caoutchouc} \times g}.$$

$$\rho_{fluide} = \frac{3{,}8}{4{,}7 \times 10^{-4} \times 9{,}81} = 8{,}2 \times 10^2\ \text{kg} \cdot \text{m}^{-3}.$$

Le fluide dans lequel est immergé le caoutchouc est l'alcool.

7 Calculer la proportion immergée d'un iceberg

a. À l'équilibre, l'iceberg est soumis à son poids et à la poussée d'Archimède. Comme il est immobile et d'après le principe d'inertie, on a : $\overrightarrow{P_A} = -\overrightarrow{P_{\text{iceberg}}}$.

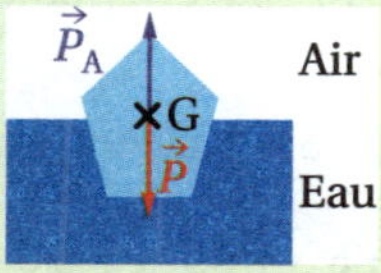

b. L'expression de la poussée d'Archimède subie par l'iceberg est :
$P_A = \rho_{\text{eau de mer}} \times V_i \times g$.
L'expression du poids de l'iceberg est :
$P_{\text{iceberg}} = m_{\text{total iceberg}} \times g = \rho_{\text{iceberg}} \times V_t \times g$.
On sait qu'à l'équilibre $P_A = P_{\text{iceberg}}$.
D'où $\rho_{\text{eau de mer}} \times V_i \times g = \rho_{\text{iceberg}} \times V_t \times g$.
On en déduit $V_i = \dfrac{\rho_{\text{iceberg}}}{\rho_{\text{eau de mer}}} \times V_t$.

c. $\dfrac{\rho_{\text{iceberg}}}{\rho_{\text{eau de mer}}} = \dfrac{915}{1\,025} = 0{,}893$. On a donc : $V_i = 89{,}3\,\%\ V_t$.

La partie immergée de l'iceberg correspond environ à 90 % du volume total de l'iceberg.

d. On calcule le volume total de l'iceberg :

$$V_t = \frac{V_i}{0{,}893} = \frac{850}{0{,}893} = 955\ \text{m}^3.$$

On calcule la masse de l'iceberg :
$m_{\text{total iceberg}} = \rho_{\text{iceberg}} \times V_t$
$m_{\text{total iceberg}} = 915 \times 955 = 8{,}74 \times 10^5$ kg.
L'iceberg a un volume total de 955 m^3 et une masse totale de $8{,}74 \times 10^5$ kg (soit 874 tonnes).

8 Ballon à l'hélium

a. C'est l'air qui exerce la poussée d'Archimède sur le ballon.

b. Le ballon est soumis :
– à son poids $\overrightarrow{P_{\text{ballon}}}$;
– à la poussée d'Archimède $\overrightarrow{P_A}$;
– à la traction du ruban $\vec{T}$.

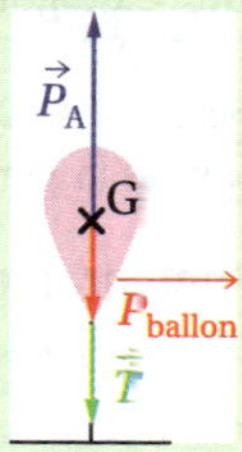

c. Le ballon est immobile, donc d'après le principe d'inertie, on a $\sum \overrightarrow{F_{\text{ext}}} = \vec{0}$. On en déduit $\overrightarrow{P_A} + \overrightarrow{P_{\text{ballon}}} + \vec{T} = \vec{0}$.

d. On calcule le poids du ballon :
$P_{\text{ballon}} = m_{\text{ballon}} \times g$
$P_{\text{ballon}} = (m_{\text{ballon vide}} + m_{\text{hélium}}) \times g$
$P_{\text{ballon}} = \left(m_{\text{ballon vide}} + \left(\rho_{\text{hélium}} \times V_{\text{ballon gonflé}}\right)\right) \times g$
$P_{\text{ballon}} = \left(2{,}0 \times 10^{-3} + \left(0{,}178 \times 5{,}33 \times 10^{-3}\right)\right) \times 9{,}81 = 2{,}9 \times 10^{-2}$ N.

On calcule la poussée d'Archimède :

$P_A = \rho_{air} \times V_{ballon\ glonflé} \times g$

$P_A = 1{,}293 \times 5{,}33 \times 10^{-3} \times 9{,}81 = 6{,}76 \times 10^{-2}$ N.

Le poids du ballon est de $2{,}9 \times 10^{-2}$ N et la poussée d'Archimède qu'il subit de $6{,}76 \times 10^{-2}$ N.

e. On sait que $\overrightarrow{P_A} + \overrightarrow{P_{ballon}} + \vec{T} = \vec{0}$. Sur l'axe vertical, cette équation devient :

$P_A - P_{ballon} - T = 0$ d'où :

$T = P_A - P_{ballon} = 6{,}76 \times 10^{-2} - 2{,}9 \times 10^{-2} = 3{,}9 \times 10^{-2}$ N.

Le ruban doit exercer une force de $3{,}9 \times 10^{-2}$ N sur le ballon pour qu'il ne s'envole pas.

9 Ventilation industrielle

On convertit le débit massique en kg · s⁻¹ :

$D_m = 610 \text{ kg}\cdot\text{h}^{-1} = \frac{610}{3\,600} \text{ kg}\cdot\text{s}^{-1} = 1{,}7 \times 10^{-1} \text{ kg}\cdot\text{s}^{-1}$.

Par définition, on sait que $D_V = S \times v$ et que $D_m = \rho \times D_V$.

On en déduit la vitesse d'écoulement de l'air :

$v = \frac{D_V}{S} = \frac{D_m}{\rho \times S}$

$v = \frac{1{,}7 \times 10^{-1}}{1{,}293 \times (30{,}0 \times 10^{-2} \times 50{,}0 \times 10^{-2})} = 0{,}88 \text{ m}\cdot\text{s}^{-1}$.

Dans ce conduit, l'air s'écoule à une vitesse de $0{,}88 \text{ m}\cdot\text{s}^{-1}$.

CONSEILS

Attention aux unités dans les calculs : l'unité SI du débit massique est le $\text{kg}\cdot\text{s}^{-1}$ et celle des longueurs est le mètre.

10 Perfusion médicale

On convertit le débit volumique en mL · min⁻¹ :

$D_V = \frac{30}{1{,}5 \times 60} \text{ mL}\cdot\text{min}^{-1} = 3{,}3 \times 10^{-1} \text{ mL}\cdot\text{min}^{-1}$.

Calcul du débit en gouttes par minute :

Volume (mL)	1	$3{,}3 \times 10^{-1}$
Nombre de gouttes	20	?

× 20

$D_V = 3{,}3 \times 10^{-1} \times 20 \text{ gouttes}\cdot\text{min}^{-1} = 6{,}6 \text{ gouttes}\cdot\text{min}^{-1}$.

Le débit de la perfusion sera de 6,6 gouttes par minutes.

11 Remplir une piscine

a. On calcule le volume d'eau contenu dans la piscine remplie à 90 % :

$V_{eau} = 90\,\% \times V_{piscine} = 90\,\% \times l \times L \times h$

$V_{eau} = 0{,}90 \times 2{,}75 \times 3{,}50 \times 1{,}80$

$V_{eau} = 15{,}6 \text{ m}^3$.

On convertit le débit volumique en m³ · s⁻¹ :

$D_V = 82 \text{ L}\cdot\text{min}^{-1} = \frac{82 \times 10^{-3}}{60} \text{ m}^3\cdot\text{s}^{-1} = 1{,}4 \times 10^{-3} \text{ m}^3\cdot\text{s}^{-1}$.

On calcule le temps nécessaire pour remplir la piscine à 90 % avec ce robinet :

$$t = \frac{V_{eau}}{D_V} = \frac{15{,}6}{1{,}4 \times 10^{-3}} = 1{,}1 \times 10^4 \text{ s}$$

$$t = \frac{1{,}1 \times 10^4}{3\,600} \text{ h} = 3{,}1 \text{ h.}$$

Il faudra 3,1 h pour remplir la piscine grâce à ce robinet.

b. On calcule le débit massique du robinet :

$D_m = \rho_{eau} \times D_V$

$D_m = 1\,000 \times 1{,}4 \times 10^{-3} = 1{,}4 \text{ kg} \cdot \text{s}^{-1}$.

Ce robinet a un débit massique de $1{,}4 \text{ kg} \cdot \text{s}^{-1}$.

12 Analyse d'un barrage hydraulique

a. On convertit le débit volumique en $\text{m}^3 \cdot \text{s}^{-1}$:

$$D_{V,B} = 7{,}2 \times 10^4 \text{ m}^3 \cdot \text{h}^{-1} = \frac{7{,}2 \times 10^4}{3\,600} \text{ m}^3 \cdot \text{s}^{-1} = 20 \text{ m}^3 \cdot \text{s}^{-1}.$$

On calcule le débit massique de la conduite :

$D_{m,B} = \rho_{eau} \times D_{v,B}$

$D_{m,B} = 1\,000 \times 20 = 2{,}0 \times 10^4 \text{ kg} \cdot \text{s}^{-1}$.

Cette conduite a un débit massique de $2{,}0 \times 10^4 \text{ kg} \cdot \text{s}^{-1}$.

b. On sait que $D_{V,B} = S_B \times v_B$ d'où la vitesse d'écoulement v_B est :

$$v_B = \frac{D_{V,B}}{S_B} = \frac{D_{V,B}}{\pi \times \left(\frac{d}{2}\right)^2}$$

$$v_B = \frac{20}{\pi \times \left(\frac{1{,}80}{2}\right)^2} = 7{,}9 \text{ m} \cdot \text{s}^{-1}.$$

La vitesse d'écoulement en B est de $7{,}9 \text{ m} \cdot \text{s}^{-1}$.

c. On isole P_B dans la relation de Bernoulli entre A et B :

$$P_B = P_A + \frac{1}{2} \times \rho \times ({v_A}^2 - {v_B}^2) + \rho \times g \times (z_A - z_B).$$

Au point A, la surface libre de l'eau est à la pression atmosphérique. Si v_A négligeable devant v_B et $v_B = 10 \text{ m} \cdot \text{s}^{-1}$, on peut considérer que $v_A = 0 \text{ m} \cdot \text{s}^{-1}$ On en déduit :

$P_B = P_{atm} - \frac{1}{2} \times \rho \times {v_B}^2 + \rho \times g \times (z_A - z_B)$

$P_B = 1{,}0 \times 10^5 - \frac{1}{2} \times 1\,000 \times 10^2 + 1\,000 \times 9{,}81 \times (1\,425 - 615)$

$P_B = 8{,}0 \times 10^6$ Pa.

Avant la turbine, la pression dans la conduite est de $8{,}0 \times 10^6$ Pa.

À NOTER

c. La surface d'un fluide en contact avec l'atmosphère est à la pression atmosphérique.

13 Tube de Venturi

a. L'expression de la différence de pression entre les points A et B est :

$$P_A - P_B = \frac{1}{2} \times \rho \times (v_B{}^2 - v_A{}^2) + \rho \times g \times (z_B - z_A).$$

D'après le principe de continuité, on a : $S_A \times v_A = S_B \times v_B$.

On en déduit $v_B = \dfrac{S_A \times v_A}{S_B}$.

D'où $P_A - P_B = \dfrac{1}{2} \times \rho \times \left(\left(\dfrac{S_A \times v_A}{S_B}\right)^2 - v_A{}^2\right) + \rho \times g \times (z_B - z_A)$

$$P_A - P_B = \frac{1}{2} \times \rho \times v_A{}^2 \left(\left(\frac{S_A}{S_B}\right)^2 - 1\right) + \rho \times g \times (z_B - z_A).$$

Comme $z_A = z_B$, on obtient :

$$P_A - P_B = \frac{1}{2} \times \rho \times v_A{}^2 \left(\left(\frac{S_A}{S_B}\right)^2 - 1\right).$$

b. D'après la question précédente, on a :

$$v_A{}^2 = \frac{2}{\rho_{eau} \times \left(\left(\frac{S_A}{S_B}\right)^2 - 1\right)} \times (P_A - P_B)$$

Comme dans le tube de Venturi, on a $P_A - P_B = \rho_{fluide} \times g \times h$, on obtient :

$$v_A{}^2 = \frac{2}{\rho_{eau} \times \left(\left(\frac{S_A}{S_B}\right)^2 - 1\right)} \times (\rho_{mercure} \times g \times h)$$

$$v_A = \sqrt{\frac{2}{\rho_{eau} \times \left(\left(\frac{S_A}{S_B}\right)^2 - 1\right)} \times (\rho_{mercure} \times g \times h)}$$

$$v_A = \sqrt{\frac{2}{1\,000 \times \left(\left(\frac{25 \times 10^{-4}}{4 \times 10^{-4}}\right)^2 - 1\right)} \times (1{,}36 \times 10^4 \times 9{,}81 \times 0{,}60)} = 2{,}0 \text{ m} \cdot \text{s}^{-1}.$$

Dans la conduite, l'eau se déplace à $2{,}0 \text{ m} \cdot \text{s}^{-1}$ au point A.

> **CONSEILS**
> **b.** N'oubliez pas la racine carrée pour le calcul de la vitesse en A.

c. On calcule le débit volumique d'eau dans cette conduite :

$D_V = S_A \times v_A$

$D_V = 25 \times 10^{-4} \times 2{,}0 = 5{,}0 \times 10^{-3} \text{ m}^3 \cdot \text{s}^{-1}$.

Le débit volumique de la conduite est de $5{,}0 \times 10^{-3} \text{ m}^3 \cdot \text{s}^{-1}$.

14 Vidange d'un SPA

a. On calcule le débit volumique d'eau lors de la vidange du SPA :

$$D_{V,SPA} = S_A \times v_A = \pi \times \left(\frac{d_A}{2}\right)^2 \times v_A$$

$$D_{V,SPA} = \pi \times \left(\frac{6{,}00 \times 10^{-2}}{2}\right)^2 \times 0{,}60 = 1{,}7 \times 10^{-3} \text{ m}^3 \cdot \text{s}^{-1}.$$

Le débit volumique de la conduite est de $1{,}7 \times 10^{-3} \text{ m}^3 \cdot \text{s}^{-1}$.

b. D'après le principe de continuité, le débit dans le tuyau de vidange est égal au débit dans le tuyau d'arrosage.
c. Grâce à la question précédente, on peut écrire $D_{V,SPA} = D_{V,arrosage}$.
On en déduit $D_{V,SPA} = S_B \times v_B$.

$$\text{D'où } v_B = \frac{D_{V,SPA}}{S_B} = \frac{D_{V,SPA}}{\pi \times \left(\frac{d_B}{2}\right)^2} = \frac{1{,}7 \times 10^{-3}}{\pi \times \left(\frac{2{,}6 \times 10^{-2}}{2}\right)^2} = 3{,}2 \text{ m} \cdot \text{s}^{-1}.$$

L'eau s'écoule à 3,2 m · s^{-1} dans le tuyau d'arrosage.
d. L'expression de P_B à partir de la relation de Bernoulli est :

$$P_B = P_A + \frac{1}{2} \times \rho \times (v_A{}^2 - v_B{}^2) + \rho \times g \times (z_A - z_B).$$

Comme les deux tuyaux sont à l'horizontal l'un de l'autre, on a $z_B = z_A$ donc :

$$P_B = P_A + \frac{1}{2} \times \rho_{eau} \times (v_A{}^2 - v_B{}^2)$$

$$P_B = 2{,}50 \times 10^5 + \frac{1}{2} \times 1\,000 \times (0{,}60^2 - 3{,}2^2) = 2{,}45 \times 10^5 \text{ Pa}.$$

La pression de l'eau dans le tuyau d'arrosage est de $2{,}45 \times 10^5$ Pa.
e. L'expression de P_B à partir de la relation de Bernoulli est :

$$P_B = P_A + \frac{1}{2} \times \rho_{eau} \times (v_A{}^2 - v_B{}^2) + \rho_{eau} \times g \times (z_A - z_B)$$

$$P_B = 2{,}50 \times 10^5 + \frac{1}{2} \times 1\,000 \times (0{,}60^2 - 3{,}2^2) + 1\,000 \times 9{,}81 \times (50{,}00 \times 10^{-2})$$

$$P_B = 2{,}50 \times 10^5 \text{ Pa}.$$

La pression de l'eau dans le tuyau d'arrosage est de $2{,}50 \times 10^5$ Pa.

OBJECTIF BAC

15 Réservoir de fioul

Partie 1 Trou de vidange fermé

1. a. Le volume de l'objet totalement immergé est égal au volume de fluide déplacé :

$$V_{objet} = V_{fioul\ déplacé} = S_A \times h_{niveau} = \pi \times \left(\frac{d_A}{2}\right)^2 \times h_{niveau}$$

$$V_{objet} = \pi \times \left(\frac{6{,}0}{2}\right)^2 \times 0{,}40 \times 10^{-2} = 1{,}1 \times 10^{-1} \text{ m}^3.$$

L'objet a un volume de $1{,}1 \times 10^{-1}$ m^3.
On calcule la poussée d'Archimède exercée par le fioul sur l'objet :

$$P_A = \rho_{fioul} \times g \times V_{objet}$$

$$P_A = 817 \times 9{,}81 \times 1{,}1 \times 10^{-1} = 8{,}8 \times 10^2 \text{ N}.$$

La poussée d'Archimède exercée par le fioul sur l'objet est de $8{,}8 \times 10^2$ N

b. On sait que $P_{objet} = m_{objet} \times g$ et que $\rho_{objet} = \frac{m_{objet}}{V_{objet}}$
On en déduit :

$$P_{objet} = \rho_{objet} \times V_{objet} \times g$$

$$P_{objet} = 7\,700 \times 1{,}1 \times 10^{-1} \times 9{,}81 = 8{,}3 \times 10^3 \text{ N}.$$

Le poids de l'objet est égal à $8{,}3 \times 10^3$ N.

c. D'après les calculs, $P_{objet} > P_A$, donc le poids apparent sera orienté vers le bas.
D'après l'énoncé, l'objet est tombé au fond de la cuve : il est soumis à une accélération orientée vers le bas, son poids apparent est orienté vers le bas.
Les résultats sont en accord avec l'énoncé.

Partie 2 Trou de vidange ouvert

2. a. D'après le principe de continuité, on a $D_{V,A} = D_{V,B} = S_A \times v_A = S_B \times v_B$.
On en déduit $v_A = \frac{S_B \times v_B}{S_A}$. En identifiant le terme $\alpha = \frac{S_B}{S_A}$, on a : $v_A = \alpha \times v_B$.

b. Au point A comme au point B, le fioul est en contact avec l'air : $P_B = P_A = P_{atm}$.

c. À partir de la relation de Bernoulli, on obtient :

$$\frac{2}{\rho}(P_A - P_B) + 2 \times g \times (z_A - z_B) = v_B{}^2 - v_A{}^2.$$

En remplaçant les différents termes, on obtient :
$2 \times g \times H = v_B{}^2 - (\alpha \times v_B)^2$ soit $2 \times g \times H = v_B{}^2(1 - \alpha^2)$

$$v_B = \sqrt{\frac{2 \times g \times H}{1 - \alpha^2}}.$$

d. On calcule la vitesse d'écoulement au niveau de l'orifice :

$$v_B = \sqrt{\frac{2 \times g \times H}{1 - \alpha^2}} \text{ avec } \alpha = \frac{S_B}{S_A} = \frac{\pi \times \left(\frac{d_B}{2}\right)^2}{\pi \times \left(\frac{d_A}{2}\right)^2} = \frac{d_B{}^2}{d_A{}^2}$$

$$v_B = \sqrt{\frac{2 \times 9{,}81 \times 2{,}5}{1 - \left[\frac{(1{,}6 \times 10^{-3})^2}{6{,}0^2}\right]^2}} = 7{,}0 \text{ m} \cdot \text{s}^{-1}$$

La vitesse d'écoulement en B est de $7{,}0 \text{ m} \cdot \text{s}^{-1}$.

e. On calcule le débit volumique $D_{V,B}$ du fioul qui s'écoule à travers B :

$$D_{V,B} = S_B \times v_B = \pi \times \left(\frac{d_B}{2}\right)^2 \times v_B$$

$$D_{V,B} = \pi \times \left(\frac{1{,}6 \times 10^{-3}}{2}\right)^2 \times 7{,}0 = 1{,}4 \times 10^{-5} \text{ m}^3 \cdot \text{s}^{-1}$$

Le débit de fioul en B est égal à $1{,}4 \times 10^{-5} \text{ m}^3 \cdot \text{s}^{-1}$.

f. On cherche le temps t nécessaire pour vider totalement le réservoir avec un débit constant. On a : $D_{V,B} = \frac{V_{fioul}}{t}$. D'où :

$$t = \frac{V_{fioul}}{D_{V,B}} = \frac{S_A \times H}{D_{V,B}} = \frac{\pi \times \left(\frac{d_A}{2}\right)^2 \times H}{D_{V,B}}$$

$$t = \frac{\pi \times \left(\frac{6{,}0}{2}\right)^2 \times 2{,}5}{1{,}4 \times 10^{-5}} = 5{,}0 \times 10^6 \text{ s}$$

$$t = \frac{5{,}0 \times 10^6}{3\,600} \text{ h} = 1\,389 \text{ h soit près de 58 jours.}$$

g. Le niveau du fioul dans la cuve baisse de 2,5 m en presque 58 jours : il est donc raisonnable de négliger la variation de H au cours du temps.

L'énergie : conversions et transferts

11 L'énergie : conversions et transferts

Les **ballons-sondes** sont des ballons remplis de gaz que l'on utilise dans le domaine de la météorologie et de l'astronautique afin d'effectuer des mesures dans l'atmosphère, notamment de température ou de pression.

42 Le modèle du gaz parfait

En bref *Le gaz parfait est un modèle de gaz dans lequel les particules constitutives, modélisées par des points matériels, n'exercent aucune interaction entre elles, mis à part lors des chocs.*

I Lien entre grandeurs macroscopiques et microscopiques

■ À l'échelle macroscopique, un échantillon de gaz peut être décrit par 5 grandeurs, appelées aussi **variables d'états** : sa température thermodynamique T (en kelvins, K), sa quantité de matière n (en moles, mol), sa pression P (en pascals, Pa), son volume V (en mètres cubes, m^3) et sa masse m (en kilogrammes, kg).

À NOTER
La température thermodynamique T en kelvins (K) est reliée à la température t en degrés Celsius (°C) par la relation : $T = t + 273$.

La masse et le volume déterminent la masse volumique du gaz :

$$\rho = \frac{m}{V}$$

ρ en kilogrammes par mètre cube ($kg \cdot m^{-3}$) ;
m en kilogrammes (kg) ; V en mètres cubes (m^3)

■ Certaines de ces grandeurs macroscopiques ont un lien avec des grandeurs microscopiques.

Grandeur macroscopique	quantité de matière	température thermodynamique	pression
Grandeur microscopique	nombre de particules	vitesse des particules	nombre de chocs sur les parois par unité de temps et de surface

II L'équation du gaz parfait

■ L'**équation d'état des gaz parfaits** est une relation entre 4 des variables d'état du gaz, pour un système gazeux isolé (pas d'échange de matière avec l'extérieur) :

$$P \times V = n \times R \times T$$

P en pascals (Pa) ; V en mètres cubes (m^3) ;
n en moles (mol) ; T en kelvins (K) ;
R constante des gaz parfaits : $R = 8{,}31\ J \cdot K^{-1} \cdot mol^{-1}$.

■ Le modèle du gaz parfait possède des limites, en dehors desquelles l'équation des gaz parfaits n'est plus applicable. Les cas où elle ne s'applique pas sont :
- les hautes pressions ;
- le volume propre des particules n'est plus négligeable ;
- le système n'est pas isolé : il échange de la matière avec l'extérieur.

Méthode

Exploiter l'équation des gaz parfaits

Un échantillon de gaz est enfermé dans un récipient dont on peut faire varier le volume. Les valeurs de la pression, du volume et de la température sont les suivantes : $P = 1{,}0 \times 10^5$ Pa ; $V = 2{,}0$ L ; $t = 25$ °C.
Le gaz est considéré comme étant parfait.

Donnée : constante des gaz parfaits : $R = 8{,}31\ J \cdot K^{-1} \cdot mol^{-1}$.

a. Calculer la quantité de matière n de l'échantillon de gaz.

b. On fait varier le volume du récipient jusqu'à la valeur $V = 1{,}0$ L, la température restant constante. Calculer la nouvelle valeur de la pression P.

c. Comparer pour les deux expériences le produit $P \times V$. Comment se nomme la loi ainsi vérifiée ?

CONSEILS

a. Pensez à convertir le volume en mètres cubes et calculez la température thermodynamique en kelvins : $1\ L = 1 \times 10^{-3}\ m^3$ et $T\ (K) = t\ (°C) + 273$.
b. Isolez la pression P dans l'équation des gaz parfaits.
c. Vous devez connaître cette loi étudiée en classe de Première.

SOLUTION

a. On isole la quantité de matière n dans l'équation des gaz parfaits :
$$P \times V = n \times R \times T \Leftrightarrow n = \frac{P \times V}{R \times T}.$$
On convertit le volume et on calcule la température thermodynamique :
$V = 2{,}0\ L = 2{,}0 \times 10^{-3}\ m^3$ et $T = 25 + 273 = 298$ K.
On calcule la quantité de matière n :
$$n = \frac{1{,}0 \times 10^5 \times 2{,}0 \times 10^{-3}}{8{,}31 \times 298} = 8{,}1 \times 10^{-2}\ mol.$$

b. On isole la pression P dans l'équation des gaz parfaits :
$$P \times V = n \times R \times T \Leftrightarrow P = \frac{n \times R \times T}{V}.$$
On convertit le volume : $V = 1{,}0\ L = 1{,}0 \times 10^{-3}\ m^3$.
On calcule la pression P :
$$P = \frac{8{,}1 \times 10^{-2} \times 8{,}31 \times 298}{1{,}0 \times 10^{-3}} = 2{,}0 \times 10^5\ Pa.$$

c. On calcule pour les deux expériences le produit $P \times V$:
- Expérience 1 : $P \times V = 1{,}0 \times 10^5 \times 2{,}0 \times 10^{-3} = 2{,}0 \times 10^2\ Pa \cdot m^3$.
- Expérience 2 : $P \times V = 2{,}0 \times 10^5 \times 1{,}0 \times 10^{-3} = 2{,}0 \times 10^2\ Pa \cdot m^3$.

Les deux produits sont égaux. La loi ainsi vérifiée est la loi de Mariotte.

43 Bilan d'énergie d'un système

En bref *Un système possède une énergie propre, appelée énergie interne U. Si le système n'échange pas de matière avec l'extérieur (système fermé), cette énergie est égale à la somme des énergies d'interaction et cinétique microscopiques entre les particules.*

I Le premier principe de la thermodynamique

■ Un système **fermé** (pas d'échange de matière avec l'extérieur) peut échanger avec l'extérieur de l'énergie sous forme de **travail** W si son volume V varie. Sa pression P ne varie pas et le travail a pour expression :

$$W = -P \times \Delta V$$
$$\Delta V = V_{final} - V_{initial}$$

W en joules (J) ; P en pascals (Pa) ; ΔV en mètres cubes (m^3).

W est positif si le système voit son volume diminuer et négatif dans le cas contraire.

■ Un système fermé peut échanger avec un autre système de l'énergie sous forme d'**énergie thermique Q** lorsque les températures des deux systèmes sont différentes. Il s'agit d'un transfert thermique. L'énergie thermique est cédée par le système ayant la plus haute température au système ayant la plus basse température.

■ W et Q sont positifs si le système reçoit de l'énergie et négatifs s'il en cède.

■ **Premier principe de la thermodynamique.** La variation de l'énergie interne U d'un système entre un état initial et un état final est égale à la somme du travail W et de l'énergie thermique Q échangés entre ces deux états :

$$\Delta U = W + Q$$
$$\Delta U = U_{final} - U_{initial}$$

ΔU, W et Q en joules (J).

II Capacité thermique d'un système incompressible

■ La **capacité thermique** C d'un système est égale à l'énergie thermique qu'il faut lui fournir pour augmenter sa température d'un kelvin.

■ La variation d'énergie interne U d'un **système incompressible** (son volume ne varie pas), de capacité thermique C, et dont la variation de température entre un état initial et un état final est égale à ΔT a pour expression :

$$\Delta U = Q = C \times \Delta T$$
$$\Delta U = U_{final} - U_{initial}$$
$$\Delta T = T_{final} - T_{initial}$$

ΔU et Q en joules (J) ; C en joules par kelvin ($J \cdot K^{-1}$) ; T en kelvins (K).

À NOTER

- La variation de température ΔT est la même si les températures sont en kelvins ou en degrés Celsius : $\Delta T = T_{final} - T_{initial} = (t_{final} + 273) - (t_{initial} + 273) = t_{final} - t_{initial}$.
- Si le volume ne varie pas alors $W = 0$ car $\Delta V = 0$.

Méthode

Réaliser l'étude énergétique d'un système

Un système fermé subit des transformations dont les états initiaux et finaux sont décrits dans le tableau ci-dessous :

Transformation	État initial	État final
n° 1	$t_{initial} = 20$ °C $P = 1{,}0 \times 10^5$ Pa $V_{initial} = 5{,}0$ m^3	$t_{final} = 20$ °C $P = 1{,}0 \times 10^5$ Pa $V_{final} = 3{,}0$ m^3
n° 2	$t_{initial} = 20$ °C $P = 1{,}0 \times 10^5$ Pa $V_{initial} = 6{,}0 \times 10^{-3}$ m^3	$t_{final} = -15$ °C $P = 1{,}0 \times 10^5$ Pa $V_{final} = 6{,}0 \times 10^{-3}$ m^3

Donnée : capacité thermique du système : $C = 500 \text{ J} \cdot \text{K}^{-1}$.

a. Calculer la variation d'énergie interne du système pour les transformations n° 1 et n° 2.

b. Identifier si le système a perdu ou gagné de l'énergie.

CONSEILS

a. Identifiez le fait que les températures initiale et finale sont les mêmes et que soit le volume du système a varié, soit la température du système a varié.

b. Rappelez-vous que $\Delta U = U_{final} - U_{initial}$.

SOLUTION

a. Transformation n° 1. La température n'ayant pas varié entre l'état initial et l'état final, l'énergie thermique échangée avec l'extérieur est nulle $Q = 0$ J.

On calcule le travail W échangé avec l'extérieur :

$W = -P \times \Delta V = -P \times (V_{final} - V_{initial})$

$W = -1{,}0 \times 10^5 \times (3{,}0 - 5{,}0) = 2{,}0 \times 10^5$ J.

On applique le premier principe de la thermodynamique :

$\Delta U = W + Q = 2{,}0 \times 10^5 + 0 = 2{,}0 \times 10^5$ J.

Transformation n° 2. Le volume n'ayant pas varié entre l'état initial et l'état final, le travail échangé avec l'extérieur est nul : $W = 0$ J.

On calcule l'énergie thermique Q échangée avec l'extérieur :

$Q = C \times \Delta T = C \times (T_{final} - T_{initial}) = 500 \times (-15 - 20) = -1{,}8 \times 10^4$ J.

On applique le premier principe de la thermodynamique :

$\Delta U = W + Q = 0 + (-1{,}8 \times 10^4) = -1{,}8 \times 10^4$ J.

b. Sachant que $\Delta U = U_{final} - U_{initial}$, on en déduit que si la variation d'energie interne est positive, l'énergie interne du système augmente (transformation n° 1) et elle diminue dans le cas où elle est négative (transformation n° 2).

44 Les transferts thermiques

En bref *Les échanges thermiques entre un système et l'extérieur peuvent se réaliser selon trois voies différentes : la conduction, la convection et le rayonnement.*

I Modes de transferts thermiques

■ La **convection thermique** est un transfert effectué grâce à un mouvement de matière dans les fluides. La matière se déplace des régions les plus chaudes vers les régions les plus froides.

■ La **conduction thermique** est un transfert ayant lieu entre deux corps à des températures différentes et en contact. Le transfert s'effectue de proche en proche grâce aux chocs incessants des molécules du corps le plus chaud vers le corps le plus froid. Il n'y a pas de déplacement de matière au cours de ce transfert.

■ Le **rayonnement thermique** est un transfert qui s'effectue sans contact, même dans le vide, porté par des rayonnements électromagnétiques (de longueurs d'onde comprises entre 0,1 μm et 100 μm). Il n'y a pas de déplacement de matière au cours de ce transfert.

II Flux thermique et résistance thermique

On considère une paroi plane de surface S et d'épaisseur L, dont les deux faces sont à des températures différentes, notées T_1 et T_2.

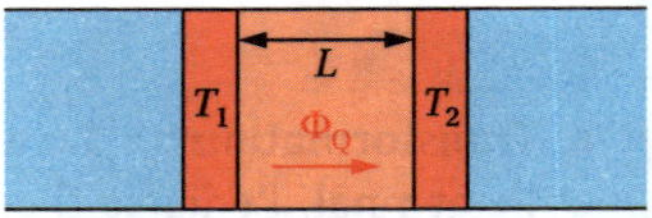

■ Le **flux thermique** Φ_Q est égal à l'énergie thermique traversant la paroi par seconde, de la face de température T_1 vers la face de température T_2.

$$\Phi_Q = -\frac{\Delta T}{R_{th}} = -\frac{(T_2 - T_1)}{R_{th}}$$

Φ_Q en watts (W) ; T_1 et T_2 en kelvins (K) ; R_{th} résistance thermique en $K \cdot W^{-1}$.

Le flux thermique est d'autant plus faible en valeur absolue que la résistance thermique de la paroi est grande. Pour un matériau isolant thermique, on recherche la plus grande résistance thermique.

- Si $T_2 > T_1$ alors $\Phi_Q < 0$: l'énergie thermique est transférée de la paroi de température T_2 vers celle de température T_1.
- Si $T_2 < T_1$ alors $\Phi_Q > 0$: l'énergie thermique est transférée de la paroi de température T_1 vers celle de température T_2.

À NOTER
L'énergie thermique est toujours transférée du corps le plus chaud vers le corps le plus froid.

■ La **résistance thermique** dépend à la fois de la valeur de la surface S, de l'épaisseur L et de la nature du matériau de la paroi.

$$R_{th} = \frac{L}{\lambda \times S}$$

R_{th} en $K \cdot W^{-1}$; L en m ; S en m^2 ;
λ conductivité thermique du matériau en $W \cdot K^{-1} \cdot m^{-1}$.

Méthode

Exploiter la relation entre le flux thermique et l'écart de température

On place une paroi de largeur $L = 3{,}6$ cm et de surface $S = 2{,}0$ m^2 entre deux thermostats aux températures respectives $t_1 = 20$ °C et $t_2 = 40$ °C.
On note Φ_Q le flux thermique traversant la paroi de la surface 1 vers la surface 2.
La résistance thermique R_{th} de la paroi est égale à 20 K·W^{-1}.

a. Calculer la valeur du flux thermique Φ_Q.

b. Déterminer la température t_2 de la paroi en degrés Celsius, dans le cas où le flux thermique Φ_Q à travers cette paroi est égal à 2,5 W.

c. La résistance thermique a pour expression : $R_{th} = \dfrac{L}{\lambda \times S}$ avec L en mètres, S en mètres carrés et λ en W·K^{-1}·m^{-1}. Déterminer la valeur de la conductivité thermique λ du matériau composant la paroi.

CONSEILS

a. Rappelez-vous que la différence entre deux températures est la même, que les températures soient en kelvins ou en degrés Celsius.
b. Utilisez la relation entre le flux thermique et la différence de température afin d'isoler la température thermodynamique T_2 en kelvins. Pour trouver t_2 en degrés Celsius, utilisez la relation : T (K) = t (°C) + 273.
c. Pensez à réaliser les conversions d'unité adéquates.

SOLUTION

a. Calculons le flux thermique :

$$\Phi_Q = -\frac{\Delta T}{R_{th}} = -\frac{(T_2 - T_1)}{R_{th}} = -\frac{(t_2 - t_1)}{R_{th}} = -\frac{(40 - 20)}{20} = -1{,}0 \text{ W}.$$

b. On a :

$$\Phi_Q = -\frac{\Delta T}{R_{th}} = -\frac{(T_2 - T_1)}{R_{th}} \Leftrightarrow -(T_2 - T_1) = \Phi_Q \times R_{th} \Leftrightarrow T_2 = T_1 - \Phi_Q \times R_{th}$$

$$T_2 = T_1 - \Phi_Q \times R_{th} = (t_1 + 273) - \Phi_Q \times R_{th} = (20 + 273) - 2{,}5 \times 20$$

$$T_2 = 243 \text{ K}$$

$$t_2 = T_2 - 273 = 243 - 273 = -30 \text{ °C}.$$

c. On isole la conductivité thermique à partir de la formule donnée de la résistance thermique :

$$R_{th} = \frac{L}{\lambda \times S} \Leftrightarrow \lambda = \frac{L}{R_{th} \times S}$$

On convertit L en mètres : $L = 3{,}6$ cm $= 3{,}6 \times 10^{-2}$ m.
On calcule la conductivité thermique du matériau :

$$\lambda = \frac{3{,}6 \times 10^{-2}}{20 \times 2{,}0} \Leftrightarrow \lambda = 9{,}0 \times 10^{-4} \text{ W·K}^{-1}\text{·m}^{-1}.$$

45 Bilan thermique du système Terre-atmosphère

En bref *Le système Terre-atmosphère reçoit et perd de l'énergie. L'énergie reçue provient du Soleil sous forme radiative. Cette énergie est en partie réfléchie par le système et en partie absorbée.*

I Bilan d'énergie de la Terre

■ L'énergie reçue par le système Terre-atmosphère est essentiellement de l'énergie radiative en provenance du Soleil.

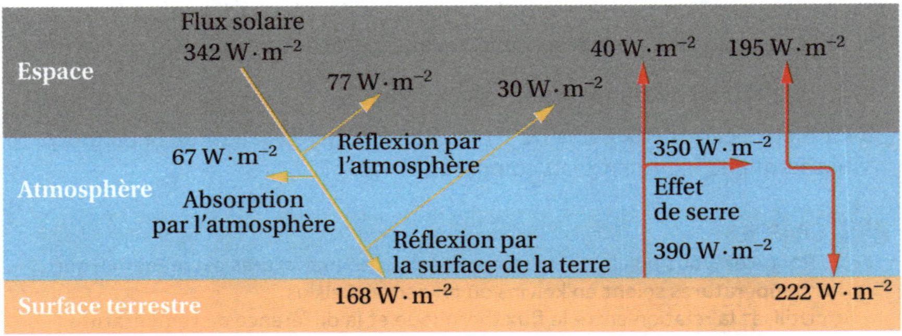

■ L'albedo est le rapport du flux réfléchi total ($77 + 30 = 107$ W·m^{-2}) sur le flux reçu, égal à environ 30 %.

■ La surface terrestre émet un rayonnement infrarouge en partie vers l'espace et en partie absorbé par l'atmosphère. L'atmosphère émet alors un rayonnement en direction de l'espace et vers la surface de la Terre. C'est l'effet de serre.

À NOTER
L'effet de serre est dû à certains gaz de l'atmosphère : vapeur d'eau, dioxyde de carbone, méthane.

■ Le bilan global radiatif du système Terre-atmosphère est nul car le flux d'énergie reçu depuis l'espace (342 W·m^{-2}) est égal au flux sortant ($77 + 30 + 40 + 195 = 342$ W·m^{-2}) : la température moyenne sur Terre reste constante au cours du temps.

II La température moyenne de la Terre

La formule de Stefan-Boltzmann permet de calculer la température de surface de la Terre à partir du flux radiatif émis par celle-ci (390 W·m^{-2}) :

$$\phi = \sigma \times T^4$$

ϕ puissance émise par unité de surface en W·m^{-2} ;
T en kelvins (K) ;
σ constante de Stefan-Boltzmann $\sigma = 5{,}67 \times 10^{-8}$ W·m^{-2}·K^{-4}

La température obtenue est égale à 288 K (15 °C). Le rayonnement émis vers l'espace est égal à 235 W·m^{-2} (= 40 + 195), ce qui donnerait une température de –18 °C. La différence est due à l'effet de serre.

Méthode

Effectuer un bilan quantitatif d'énergie et estimer une température

La surface terrestre reçoit un flux d'énergie qui est réparti de la façon suivante :

Flux	rayonnement UV, visible émis par le Soleil	rayonnement infrarouge émis par l'atmosphère
Valeur ($W \cdot m^{-2}$)	168	222

La surface terrestre émet un flux d'énergie qui est réparti de la façon suivante :

Flux	rayonnement infrarouge émis vers l'atmosphère	rayonnement infrarouge émis vers l'espace
Valeur ($W \cdot m^{-2}$)	350	40

a. Réaliser le bilan global d'énergie de la surface de la Terre.

b. Calculer la température de surface de la Terre, en degrés Celsius, la formule de Stefan-Boltzmann étant donnée : $\phi = \sigma \times T^4$ avec ϕ puissance émise par unité de surface en $W \cdot m^{-2}$; T en kelvins (K) ; σ constante de Stefan-Boltzmann $\sigma = 5{,}67 \times 10^{-8}\ W \cdot m^{-2} \cdot K^{-4}$.

c. Pour quelle raison tout le rayonnement infrarouge émis par la surface de la Terre n'est-il pas émis vers l'espace ?

CONSEILS

a. Un bilan consiste à soustraire aux gains d'énergie, les pertes d'énergie.

b. La Terre émet des rayonnements infrarouges. Le lien entre la température thermodynamique T et la température t est : $T\,(K) = t\,(°C) + 273$.

SOLUTION

a. Le bilan global d'énergie de la surface de la Terre s'écrit :
$\Delta\phi$ = somme des flux d'énergies reçues – somme des flux d'énergies perdues
$\Delta\phi = (168 + 222) - (350 + 40) = 390 - 390 = 0\ W \cdot m^{-2}$.

b. Isolons la température T en kelvins dans la formule :

$$\phi = \sigma \times T^4 \Leftrightarrow T^4 = \frac{\phi}{\sigma} \Leftrightarrow T = \left(\frac{\phi}{\sigma}\right)^{1/4}.$$

Calculons le flux associé au rayonnement infrarouge :
$\phi = 350 + 40 = 390\ W \cdot m^{-2}$.

Calculons la température T : $T = \left(\dfrac{390}{5{,}67 \times 10^{-8}}\right)^{1/4} = 288\ K$.

Déterminons la température t en degrés Celsius :
$T = t + 273 \Leftrightarrow t = T - 273 = 288 - 273 = 15\ °C$.

c. Le rayonnement infrarouge est absorbé en partie par la vapeur d'eau, le méthane et le dioxyde de carbone de l'atmosphère : c'est l'effet de serre.

46 Évolution de la température d'un système

En bref *Un système peut voir sa température T varier entre un état initial et un état final. Il existe un modèle mathématique qui permet de déterminer l'évolution temporelle de cette température.*

I Bilan d'énergie d'un système incompressible

- Un système incompressible (c'est-à-dire dont le volume ne peut pas varier) et au contact d'un **thermostat** échange uniquement de l'énergie thermique Q. Si on note C la capacité thermique de ce système, le premier principe de la thermodynamique donne la variation de l'énergie interne U d'un tel système → FICHE 43 :

$$\Delta U = Q = C \times \Delta T = C \times (T_{\text{final}} - T_{\text{initial}})$$

La température du système, initialement à une valeur $T_{\text{initial}} = T_0$, évolue pour atteindre la valeur $T_{\text{final}} = T_{\text{thermostat}}$.

MOT CLÉ
Un **thermostat** est un système qui peut échanger de la chaleur afin de garder sa température constante au cours du temps.

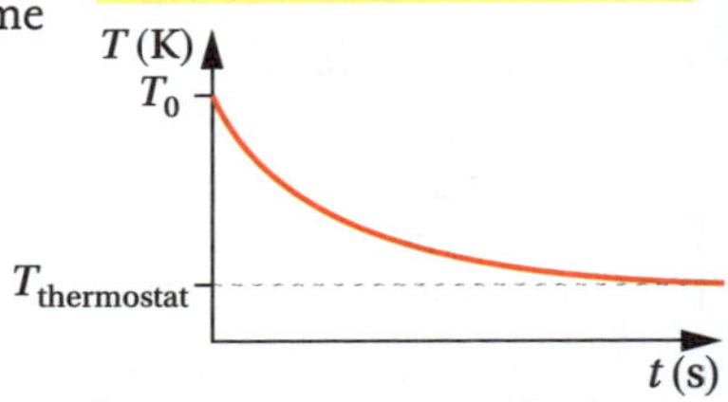

- La loi phénoménologique de Newton, indique que la variation temporelle de la température T d'un système incompressible (c'est-à-dire dont le volume ne peut pas varier) est proportionnelle à la différence de température entre le système et le milieu environnant considéré comme un thermostat :

$$\frac{dT(t)}{dt} = -\alpha \times (T(t) - T_{\text{thermostat}})$$

T et $T_{\text{thermostat}}$ en kelvins (K) ;
α en s^{-1} ;
t en secondes (s).

α est une constante positive caractéristique du système.

II Modélisation de l'évolution de la température d'un système

- La loi de Newton est une équation différentielle du premier ordre à coefficients constants avec un second membre constant :

$$\frac{dT(t)}{dt} = -\alpha \times (T(t) - T_{\text{thermostat}}) \Leftrightarrow \frac{dT(t)}{dt} + \alpha \times T(t) = \alpha \times T_{\text{thermostat}}.$$

La solution d'une telle équation différentielle a pour expression :

$$T(t) = A + B \times e^{-\alpha t}$$

Les coefficients A et B sont déterminés à partir de la condition initiale et de la condition finale associées à la température $T(t)$: $T(0) = T_0$ et $T(t \to \infty) = T_{\text{thermostat}}$.

- La solution de la loi de Newton a pour expression :

$$T(t) = T_{\text{thermostat}} + (T_0 - T_{\text{thermostat}}) \times e^{-\alpha t}$$

Méthode

Suivre et modéliser l'évolution d'une température

Un système incompressible possède une température initiale $t = 20$ °C. On le met au contact d'un thermostat dont la température est égale à 40 °C.

a. Quelle sera la température finale du système ?

b. Déterminer l'expression de la température en fonction du temps, solution de l'équation différentielle associée à la loi de Newton :

$$\frac{dT(t)}{dt} = -\alpha \times (T(t) - T_{thermostat}).$$

c. Sachant que le coefficient α est égal à 0,30 min^{-1}, calculer la valeur de la température du système au bout d'une durée égale à 200 secondes.

CONSEILS

a. Rappelez-vous qu'un thermostat est un système dont la température reste constante au cours du temps.

b. Rappelez-vous que la solution générale a pour expression : $T(t) = A + B \times e^{-\alpha t}$.

c. Pensez à convertir α en s^{-1} : 1 min^{-1} = $\frac{1}{60}$ s^{-1}.

SOLUTION

a. La température finale du système est égale à celle du thermostat : 40 °C.

b. La solution générale a pour expression $T(t) = A + B \times e^{-\alpha t}$.

On exprime la condition initiale et la condition finale associées à la température $T(t)$ pour trouver A et B : $T(0) = T_0$ et $T(t \to \infty) = T_{thermostat}$

$T(0) = T_0 \Leftrightarrow A + B \times e^{-\alpha \times 0} = T_0 \Leftrightarrow A + B = T_0$

$\lim_{t \to \infty}(A + B \times e^{-\alpha t}) = T_{thermostat} \Leftrightarrow A + B \times 0 = T_{thermostat} \Leftrightarrow A = T_{thermostat}$.

On en déduit : $A + B = T_0 \Leftrightarrow T_{thermostat} + B = T_0 \Leftrightarrow B = T_0 - T_{thermostat}$.

L'expression de $T(t)$ est donc :

$$T(t) = T_{thermostat} + (T_0 - T_{thermostat}) \times e^{-\alpha t}$$

c. On convertit α en s^{-1} :

$\alpha = 0{,}30 \text{ min}^{-1} = \frac{0{,}30}{60} \text{ s}^{-1} = 5{,}0 \times 10^{-3} \text{ s}^{-1}$.

La température en fonction du temps a pour expression :

$T(t) = 40 + (20 - 40) \times e^{-\alpha t} = 40 - 20 \times e^{-5{,}0 \times 10^{-3} \times t}$.

On calcule la température du système au bout d'une durée égale à 200 secondes :

$T(t = 200) = 40 - 20 \times e^{-5{,}0 \times 10^{-3} \times 200} = 33$ °C.

MÉMO VISUEL

L'ÉNERGIE :

Loi du gaz parfait

$$PV = nRT$$

(P en Pa ; V en m³ ; n en mol ; T en K)

avec $R = 8{,}31\ \text{J}\cdot\text{K}^{-1}\cdot\text{mol}^{-1}$

Bilan d'énergie d'un système

- **Travail *W* échangé avec l'extérieur**

$$W = -P\left(V_{\text{final}} - V_{\text{initial}}\right) = -P\Delta V$$

(W en J ; P en Pa ; ΔV en m³)

- **Énergie thermique *Q* échangée avec l'extérieur**

$$Q = C\left(T_{\text{final}} - T_{\text{initial}}\right) = C\Delta T$$

(Q en J ; C : Capacité thermique ($\text{J}\cdot\text{K}^{-1}$) ; ΔT en K)

- **Premier principe de la thermodynamique**

Un système possède une énergie interne *U* :

$$\Delta U = U_{\text{final}} - U_{\text{initial}} = W + Q$$

(ΔU en J ; W en J ; Q en J)

Les échanges thermiques

- **Convection thermique** : mouvement de matière dans les fluides.
- **Rayonnement thermique** : transfert porté par des rayonnements électromagnétiques.
- **Conduction thermique** : transfert entre deux corps en contact.
- **Flux thermique Φ_Q** : énergie thermique traversant la paroi par seconde.

$$\Phi_Q = -\frac{\Delta T}{R_{th}} = -\frac{(T_2 - T_1)}{R_{th}}$$

(Φ_Q en W ; T_2 et T_1 en K)

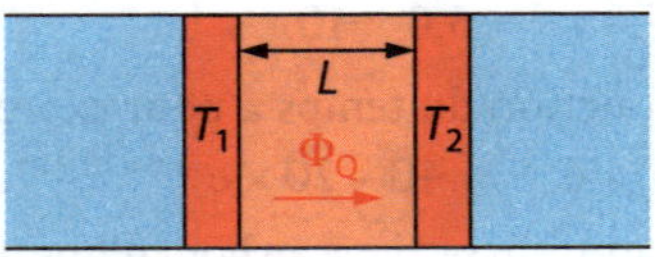

- **Résistance thermique :**

$$R_{th} = \frac{L}{\lambda S}$$

(R_{th} en $\text{K}\cdot\text{W}^{-1}$; L en m ; λ en $\text{W}\cdot\text{K}^{-1}\cdot\text{m}^{-1}$; S en m²)

CONVERSIONS ET TRANSFERTS

Bilan thermique du système Terre-atmosphère

- Énergie du Soleil sous forme radiative en partie réfléchie et en partie absorbée.

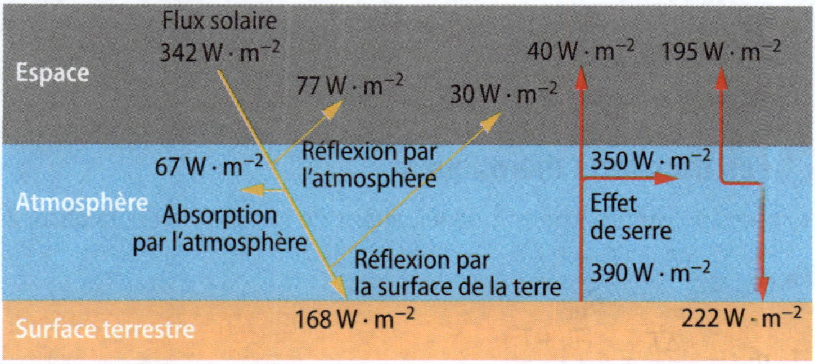

- **Albedo** : rapport du flux réfléchi sur le flux reçu ; environ de 30 %.

Évolution de la température d'un système

- **Premier principe de la thermodynamique**

$$\Delta U = Q = C\Delta T = C\left(T_{\text{final}} - T_{\text{initial}}\right)$$

- **Loi phénoménologique de Newton**

$$\frac{dT(t)}{dt} = -\alpha\left(T(t) - T_{\text{thermostat}}\right)$$

(dt : s ; α : s^{-1} ; $T(t)$ et $T_{\text{thermostat}}$: K)

SE TESTER QUIZ

Vérifiez que vous avez bien compris les points clés des **fiches 42 à 46**.

1 Le modèle du gaz parfait

→ FICHE 42

La loi des gaz parfaits peut s'écrire :

☐ **a.** $P \times V = n \times \mathrm{R} \times T$ ☐ **b.** $P = \dfrac{n \times \mathrm{R} \times T}{V}$ ☐ **c.** $n = \dfrac{P \times V}{\mathrm{R} \times T}$

2 Bilan d'énergie d'un système

→ FICHE 43

1. L'énergie thermique échangée entre un système et l'extérieur a pour expression :

☐ **a.** $Q = C \times (T_{\text{final}} + T_{\text{initial}})$ ☐ **b.** $Q = C \times (T_{\text{initial}} - T_{\text{final}})$ ☐ **c.** $Q = C \times (T_{\text{final}} - T_{\text{initial}})$

2. Le premier principe de la thermodynamique a pour expression :

☐ **a.** $\Delta U = W - Q$ avec $U_{\text{final}} - U_{\text{initial}} = \Delta U$
☐ **b.** $\Delta U = W + Q$ avec $U_{\text{final}} - U_{\text{initial}} = \Delta U$
☐ **c.** $\Delta U = W + Q$ avec $U_{\text{initial}} - U_{\text{final}} = \Delta U$

3 Les transferts thermiques

→ FICHE 44

L'expression du flux thermique Φ_Q allant de la paroi 1 vers la paroi 2 est :

☐ **a.** $\Phi_Q = \dfrac{\Delta T}{R_{\text{th}}} = \dfrac{(T_2 - T_1)}{R_{\text{th}}}$

☐ **b.** $\Phi_Q = -\dfrac{\Delta T}{R_{\text{th}}} = -\dfrac{(T_2 + T_1)}{R_{\text{th}}}$

☐ **c.** $\Phi_Q = -\dfrac{\Delta T}{R_{\text{th}}} = -\dfrac{(T_2 - T_1)}{R_{\text{th}}}$

4 Bilan thermique du système Terre-atmosphère

→ FICHE 45

La formule de Stefan-Boltzmann est la suivante :

☐ **a.** $\phi = \sigma \times T^4$ ☐ **b.** $\phi = \dfrac{\sigma}{T^4}$ ☐ **c.** $\phi = \sigma + T^4$

5 Évolution de la température d'un système

→ FICHE 46

La loi phénoménologique de Newton a pour expression :

☐ **a.** $\dfrac{\mathrm{d}T(t)}{\mathrm{d}t} = \alpha \times (T(t) - T_{\text{thermostat}})$

☐ **b.** $\dfrac{\mathrm{d}T(t)}{\mathrm{d}t} = -\alpha \times (T(t) - T_{\text{thermostat}})$

☐ **c.** $\dfrac{\mathrm{d}T(t)}{\mathrm{d}t} = -\alpha \times (T(t) + T_{\text{thermostat}})$

S'ENTRAÎNER

6 Quelques expériences avec un gaz parfait

→ FICHE 42

Un échantillon de gaz, considéré comme parfait, est enfermé dans un récipient dont on peut faire varier le volume V. On peut également modifier la température du gaz grâce à un thermostat en contact avec le récipient contenant le gaz.

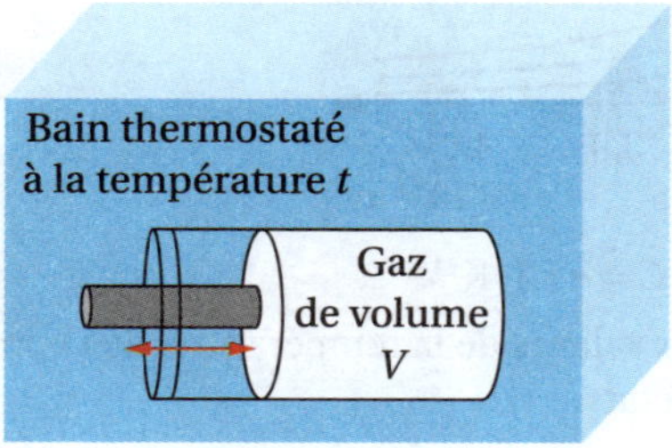

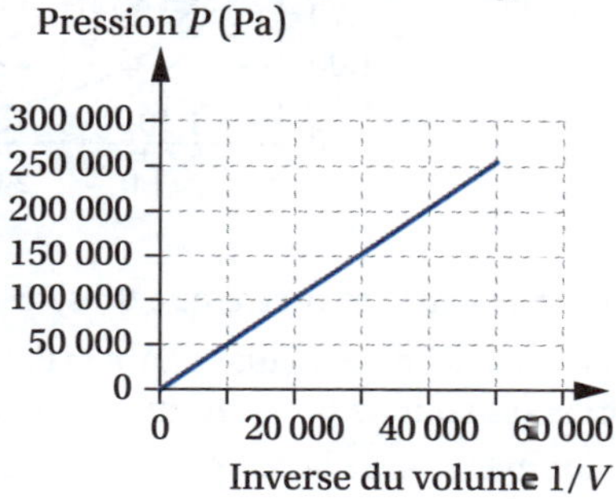

Les valeurs de la pression, du volume et de la température sont les suivantes :
$P = 1{,}0 \times 10^5$ Pa ; $V = 1{,}50$ L ; $t = 25$ °C.

Donnée : constante des gaz parfaits : $\mathrm{R} = 8{,}31\ \mathrm{J \cdot K^{-1} \cdot mol^{-1}}$.

a. Calculer la quantité de matière n de l'échantillon de gaz.

b. On fait varier le volume du récipient jusqu'à la valeur $V = 0{,}500$ L, la température restant constante. Calculer la nouvelle valeur de la pression P.

CONSEILS
b. Convertissez le volume en m^3 et la température en K.

c. On ramène le volume du récipient à la valeur $V = 1{,}50$ L, la température étant égale à 40 °C désormais. Calculer la nouvelle valeur de la pression P.

d. On fait varier le volume du récipient jusqu'à la valeur $V = 0{,}500$ L, la température restant constante à 40 °C. Calculer la nouvelle valeur de la pression P.

e. Comparer pour les quatre expériences le produit $P \times V$.

f. Énoncer la loi vérifiée par les expériences précédentes.

g. À l'aide d'un tableur grapheur on réalise la courbe ci-dessus pour plusieurs expériences avec l'échantillon de gaz, à une température constante.

Montrer que cette courbe permet de vérifier que le gaz est parfait.

7 Étude énergétique d'un échantillon de gaz

→ FICHE 43

On considère un échantillon de gaz n'échangeant pas de matière avec l'extérieur. On trace sur un diagramme (P, V) trois courbes qui représentent des isothermes : il s'agit de l'évolution de la pression du gaz en fonction de son volume V, pour une température constante ($t = 0$ °C, $t = 80$ °C et $t = 160$ °C). On repère sur ces courbes, différents états : E1, E2, E3, et E4.

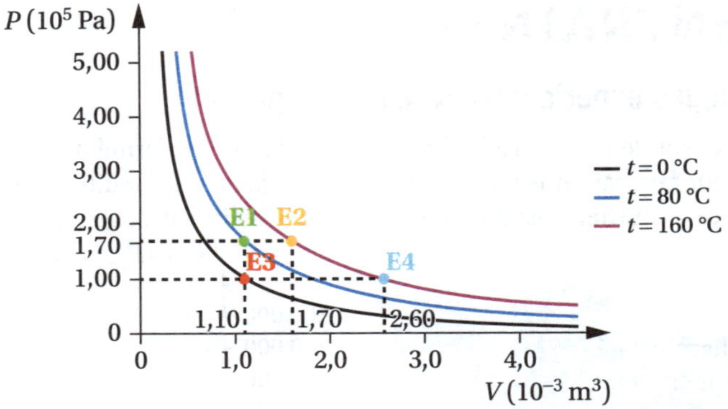

Donnée : capacité thermique du système : $C = 45\ \mathrm{J \cdot K^{-1}}$.

a. Préciser, à l'aide du diagramme (P, V), les valeurs de la température, de la pression et du volume pour chacun des quatre états.

b. Comment varie la température le long d'une des courbes ?

c. On considère la transformation du système de l'état E1 (état initial) à un état final ($t = 80$ °C ; $P = 1{,}70 \times 10^5$ Pa ; $V = 2{,}0 \times 10^{-3}$ m^{-3}). Calculer la variation d'énergie interne du système pour cette transformation.

d. Dans la transformation précédente, le système a-t-il perdu ou gagné de l'énergie ?

e. On considère la transformation du système de l'état E3 (état initial) à un état final E1. Calculer la variation d'énergie interne du système pour cette transformation.

CONSEILS

e. Rappelez-vous que la variation de température $\Delta T = T_{\text{final}} - T_{\text{initial.}}$ est la même, que la température soit en kelvins ou en degrés Celsius.

f. Dans la transformation précédente, le système a-t-il perdu ou gagné de l'énergie ?

g. On considère la transformation du système de l'état E3 (état initial) à un état final E4. Calculer la variation d'énergie interne du système pour cette transformation.

8 Étudier l'isolation d'une maison

→ FICHE 44

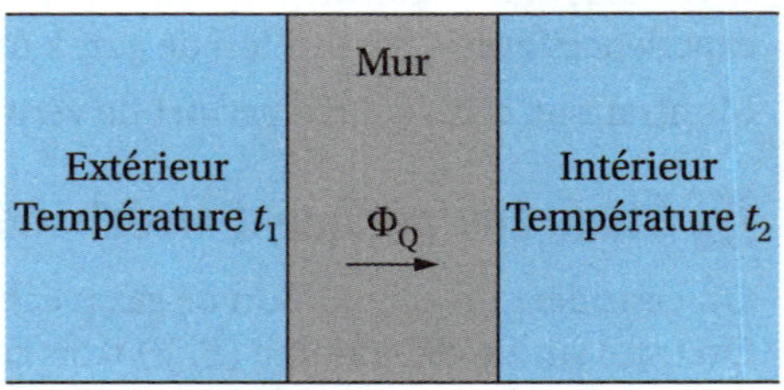

Une habitation possède un mur réalisé en parpaing donnant sur l'extérieur. Ce mur a une surface en contact avec l'air extérieur à la température $t_1 = 3{,}0$ °C et l'autre en contact avec l'air intérieur à la température $t_2 = 19{,}5$ °C. La résistance thermique de ce mur est égale à $5{,}07 \times 10^{-2}\ \mathrm{W \cdot K^{-1}}$. Le mur a une épaisseur égale à 35 cm et une surface égale à $1{,}0 \times 10^5\ \mathrm{cm^2}$.

1. Calculer la valeur du flux thermique Φ_Q à travers le mur, comme indiqué sur le schéma précédent.

2. Dans quel sens s'effectue le transfert thermique ?

3. Calculer la valeur du flux thermique Φ_Q à travers le mur, dans le cas où $t_1 = 30{,}0$ °C et $t_2 = 19{,}5$ °C.

4. Dans quel sens s'effectue le transfert thermique ?

5. La résistance thermique a pour expression :
$R_{th} = \dfrac{L}{\lambda \times S}$ avec L en mètres, S en mètres carrés et λ en $W \cdot K^{-1} \cdot m^{-1}$.

> **CONSEILS**
> **5.** Pensez aux conversions :
> 1 cm = 10^{-2} m et 1 cm² = 10^{-4} m².

Déterminer la valeur de la conductivité thermique λ du matériau composant le mur.

6. On pose sur le mur intérieur une plaque de polystyrène expansé d'épaisseur L_1 égale à 8,0 cm et de même surface S que le mur. La résistance thermique de l'ensemble (mur + plaque de polystyrène) est égale à $4{,}12 \times 10^{-1}$ $W \cdot K^{-1}$.

a. Calculer le flux thermique à travers l'ensemble (mur + plaque de polystyrène), avec une surface en contact avec l'air extérieur à la température $t_1 = 30{,}0$ °C et l'autre en contact avec l'air intérieur à la température $t_2 = 19{,}5$ °C.

b. Quel est le rôle du polystyrène expansé dans ce cas ?

c. Calculer la résistance thermique de la plaque de polystyrène expansé, sachant que $\lambda = 0{,}03$ $W \cdot K^{-1} \cdot m^{-1}$.

9 Bilan d'énergie terrestre et température terrestre

→ FICHE 45

Le schéma suivant nous indique les échanges d'énergie du système Terre-atmosphère avec l'espace et les échanges entre la Terre et l'atmosphère :

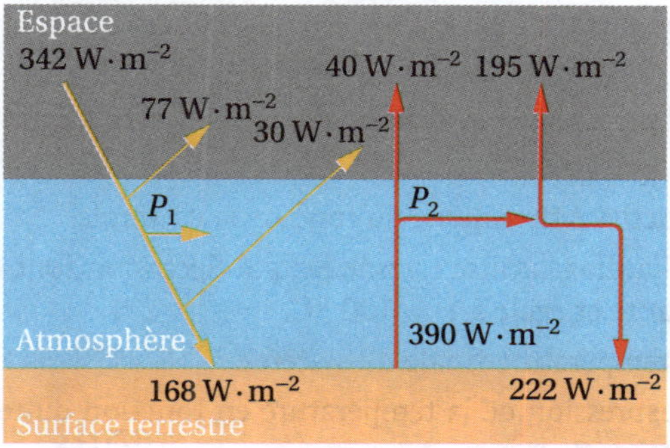

a. Quels types de rayonnement sont représentés par des flèches jaunes et des flèches rouges ?

b. Définir l'albédo puis le calculer pour la Terre.

c. Calculer les puissances par unité de surface P_1 et P_2.

d. Réaliser le bilan global d'énergie de la surface de la Terre et justifier que la température terrestre reste constante.

e. Calculer la température de surface de la Terre, en degrés Celsius, la formule de Stefan-Boltzmann étant donnée : $\phi = \sigma \times T^4$ avec ϕ puissance émise par unité de surface en $W \cdot m^{-2}$; T en kelvins (K) ; σ constante de Stefan-Boltzmann : $\sigma = 5{,}67 \times 10^{-8}\ W \cdot m^{-2} \cdot K^{-4}$.

CONSEILS
e. Rappelez-vous de la relation : $T\,(K) = t\,(°C) + 273{,}15$.

f. Pour quelle raison tout le rayonnement infrarouge émis par la surface de la Terre n'est pas émis vers l'espace ?

h. Indiquer quel transfert correspond à l'effet de serre.

i. Calculer la température de surface de la Terre, en degrés Celsius, à l'aide de la formule de Stefan-Boltzmann, si l'effet de serre n'existait pas.

10 Un physicien qui cuisine des pâtes

→ FICHES 42 à 44 et 46

Un professeur de physique fait chauffer de l'eau dans une casserole dans le but de se préparer des pâtes. Le système considéré est l'eau contenue dans la casserole dont la capacité thermique C est égale à $4{,}2 \times 10^3\ J \cdot K^{-1}$. Au début du chauffage, la température t_1 de l'eau est égale à 18,0 °C et le physicien jette les pâtes dans l'eau lorsque celle-ci se met à bouillir, pour une température t_2 égale à 100,0 °C. L'eau est considérée comme un liquide incompressible (son volume reste constant) au cours du chauffage.

1. Calculer le transfert thermique Q au cours du chauffage.

2. Sachant que l'eau est un liquide incompressible, quelle est la valeur du travail W des forces de pression ?

3. Calculer la variation d'énergie interne au cours du chauffage.

4. L'eau se trouve dans une casserole dont le fond a une épaisseur e égale à $e = 4{,}0$ mm et une surface S égale à $S = 1{,}257 \times 10^3\ cm^2$. Le matériau de la casserole est de la fonte dont la résistance thermique est égale à $5{,}5 \times 10^{-4}\ W \cdot K^{-1}$. La résistance thermique a pour expression : $R_{th} = \dfrac{L}{\lambda \times S}$ avec L en mètres, S en mètres carrés et λ en $W \cdot K^{-1} \cdot m^{-1}$.
Calculer la conductivité thermique du fond de la casserole.

5. Le moyen de chauffage utilisé est une plaque électrique dont la température de surface est constante et égale à $T_S = 100$ °C.

a. Quelle sera la température finale du système ?

b. Déterminer l'expression de la température en fonction du temps, solution de l'équation différentielle associée à la loi de Newton : $\dfrac{dT(t)}{dt} = -\alpha\left(T(t) - T_{thermostat}\right)$

c. Sachant que le coefficient α est égal à $0{,}60\ min^{-1}$, calculer la valeur de la température du système au bout d'une durée égale à 20 secondes.

CONSEILS
5. c. Pensez à convertir α en s^{-1} : $1\ min^{-1} = \dfrac{1}{60}\ s^{-1}$.

OBJECTIF BAC

11 Étude d'un ballon-sonde

60 min

Ce sujet traite dans une première partie de la loi des gaz parfaits, dans une deuxième des échanges d'énergie et du premier principe de la thermodynamique et dans une troisième, de la modélisation de l'évolution de la température.

LE SUJET

Un ballon-sonde est utilisé en météorologie et en astronautique pour réaliser des mesures dans l'atmosphère, à haute altitude, jusqu'à 35 km. C'est un ballon libre qui embarque des instruments de mesure dans une nacelle appelée radiosonde. Les ballons-sondes standard sont gonflés à l'hélium (gaz plus léger que l air) de manière à avoir une vitesse ascensionnelle de quelques mètres par seconde. Ils sont fermés, ce qui fait que la quantité de matière de gaz reste constante au cours de l'ascension.

Partie 1 Étude pendant l'ascension du ballon-sonde

On fournit les évolutions de la température et de la pression de l'atmosphère en fonction de l'altitude.

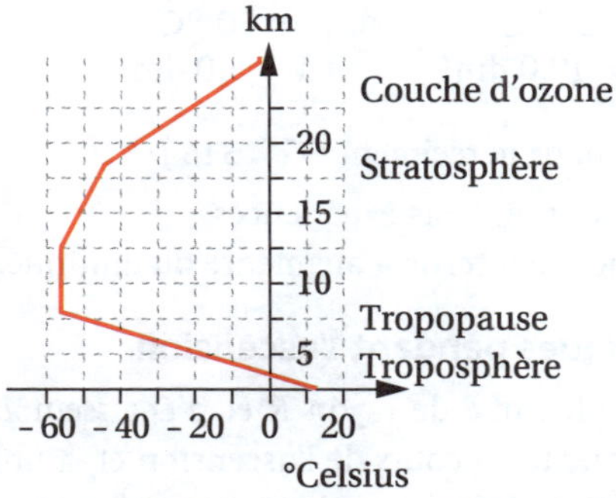

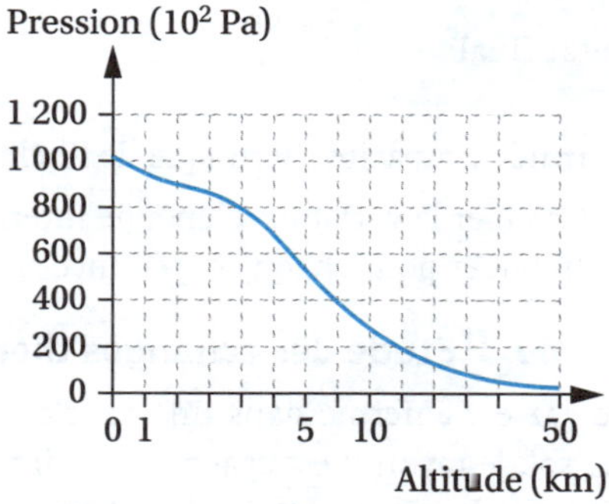

Au sol, juste avant le décollage, le ballon-sonde occupe un volume $V = 33{,}5\ \text{m}^3$, sa température étant égale à 22,0 °C et sa pression P égale à $1{,}00 \times 10^5$ Pa.

1. Calculer la quantité de matière contenue dans le ballon-sonde.

2. La quantité de matière étant constante, comment varie le volume en fonction de la pression ? de la température ?

3. Déterminer le volume du ballon-sonde aux altitudes $h = 5{,}0$ km et $h = 10{,}0$ km. Quelle grandeur physique impose sa variation à ce volume lors de l'ascension ?

4. On donne ci-contre l'allure de la courbe du flux solaire mesuré par un appareil placé dans la nacelle emportée par le ballon-sonde, pour différentes altitudes h.

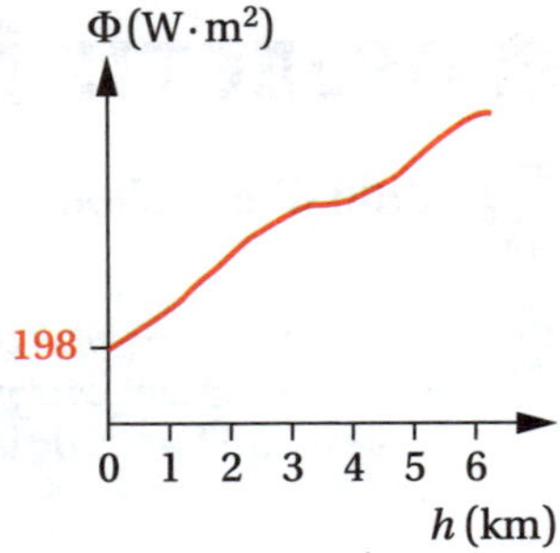

a. Indiquer les raisons pour lesquelles le flux mesuré augmente avec l'altitude.

b. La surface de la Terre réfléchit un flux égal à $30\ W \cdot m^{-2}$. Quelle est la valeur du flux solaire absorbé par la surface de la Terre ?

c. Sachant que le flux solaire incident est égal à $342\ W \cdot m^{-2}$ et que l'atmosphère réfléchi un flux égal à $77\ W \cdot m^{-2}$, calculer l'albédo terrestre.

Partie 2 Étude en laboratoire du gaz du ballon-sonde

On enferme une quantité d'hélium dans un récipient hermétique et de volume variable, que l'on plonge dans une enceinte thermostatée dont la température peut être modifiée. La pression dans l'enceinte et dans le gaz est constante et égale à $P = 1{,}0 \times 10^5$ Pa. On réalise les expériences suivantes :

Expérience	1	2	3
État initial	$t = 20$ °C $V = 1{,}5\ dm^3$	$t = 20$ °C $V = 1{,}5\ dm^3$	$t = 20$ °C $V = 1{,}5\ dm^3$
État final	$t = 90$ °C $V = 1{,}5\ dm^3$	$t = 20$ °C $V = 10{,}0\ dm^3$	$t = 50$ °C $V = 5{,}0\ dm^3$

Donnée : capacité thermique de l'hélium dans le récipient : $C = 316\ J \cdot K^{-1}$.

5. Calculer la variation d'énergie interne pour les trois expériences.

6. Indiquer pour chaque expérience si l'énergie interne a augmenté ou diminué.

Partie 3 Étude des échanges thermiques pendant l'ascension

Le gaz est enfermé dans une enveloppe sphérique de rayon R et d'épaisseur L. Au sol, le rayon R est égal à 2,0 m, il augmente au cours de l'ascension et, à une altitude de 35 km, atteint la valeur de 10,0 m. L'épaisseur L de la membrane en caoutchouc est égale à 1,0 mm. On note S la surface de l'enveloppe sphérique.

Donnée : conductivité thermique du caoutchouc : $\lambda = 0{,}25\ W \cdot K^{-1} \cdot m^{-1}$.

7. La résistance thermique a pour expression : $R_{th} = \dfrac{L}{\lambda \times S}$ avec L en mètres, S en mètres carrés, et λ en $W \cdot K^{-1} \cdot m^{-1}$.

a. Comment évolue la résistance thermique au cours de l'ascension ?

b. Calculer la résistance thermique (en $W \cdot K^{-1}$) de l'enveloppe du ballon au sol et à une hauteur de 35 km.

8. La température du gaz dans le ballon est égale à 20 °C et celle de l'extérieure est égale à –10 °C. Calculer la valeur du flux thermique Φ_Q, de l'intérieur du ballon vers l'extérieur ($R_{th} = 1{,}0 \times 10^{-5}$ K·W^{-1}).

9. Dans quel sens s'est effectué le transfert d'énergie ?

▶▶▶ LA FEUILLE DE ROUTE

Partie 1 Étude pendant l'ascension du ballon-sonde

1. Calculer une quantité de matière → FICHE 42
Utilisez la loi des gaz parfaits en isolant la quantité de matière.

2. Identifier l'effet d'un paramètre sur le volume d'un gaz parfait → FICHE 42
Utilisez la loi des gaz parfaits en isolant le volume.

3. Calculer un volume → FICHE 42
Utilisez la loi des gaz parfaits en isolant le volume.

4. a. Analyser la diminution de flux d'énergie → FICHE 45
Rappelez-vous des phénomènes responsables de la diminution du flux d'énergie.

b. Analyser un bilan de flux d'énergie → FICHE 45
Rappelez-vous que la somme des flux réfléchi et absorbé est égale au flux incident.

c. Calculer un albédo → FICHE 45
Rappelez-vous de la définition de l'albédo.

Partie 2 Étude en laboratoire du gaz du ballon-sonde

5. Appliquer le premier principe de la thermodynamique → FICHE 43
Calculez l'énergie thermique Q échangée ainsi que le travail W.

6. Déterminer l'évolution de l'énergie interne → FICHE 43
Rappelez-vous de l'expression de ΔU.

Partie 3 Étude des échanges thermiques pendant l'ascension

7. a. Déterminer l'évolution de la résistance thermique → FICHE 44
Identifiez les grandeurs au numérateur et au dénominateur.

b. Calculer la résistance thermique → FICHE 44
Calculez la résistance thermique en effectuant les conversions d'unité adéquates et en se rappelant que la surface S d'une sphère de rayon R est égale à : $S = 4\pi R^2$.

8. Calculer un flux → FICHE 44
Utilisez la relation $\Phi_Q = -\dfrac{\Delta T}{R_{th}}$.

9. Déterminer le sens du transfert d'énergie → FICHE 44
Utilisez le fait que si le flux calculé est négatif, le sens du transfert se fait dans le sens opposé de celui défini. C'est dans le même sens si le flux calculé est positif.

CORRIGÉS

SE TESTER QUIZ

1 Le modèle du gaz parfait

Réponses a b et c. La loi des gaz parfaits peut s'écrire sous ces trois formes :

$$P \times V = n \times R \times T \Leftrightarrow P = \frac{n \times R \times T}{V} \Leftrightarrow n = \frac{P \times V}{R \times T}$$

2 Bilan d'énergie d'un système

1. Réponse c. L'énergie thermique est égale au produit de la capacité thermique du système par la variation de température entre l'état initial et final $\Delta T = T_{final} - T_{initial}$: $Q = C \times (T_{final} - T_{initial})$.

2. Réponse b. La variation d'énergie interne entre l'état initial et final ($\Delta U = U_{final} - U_{initial}$) est égale à la somme du travail et de l'énergie thermique échangés entre le système et l'extérieur : $\Delta U = W + Q$.

3 Les transferts thermiques

Réponse c. L'expression du flux thermique Φ_Q allant de la paroi 1 vers la paroi 2 est égal à la différence de température entre les deux parois $(T_2 - T_1)$ et doit être négatif si la température T_2 est supérieure à la température T_1 : $\Phi_Q = -\frac{\Delta T}{R_{th}} = -\frac{(T_2 - T_1)}{R_{th}}$.

4 Bilan thermique du système Terre-atmosphère

Réponse a. Le flux Φ est proportionnel à la puissance 4 de la température exprimée en kelvins : $\phi = \sigma \times T^4$.

5 Évolution de la température d'un système

Réponse b. La loi phénoménologique de Newton a pour expression :

$$\frac{dT(t)}{dt} = -\alpha \times (T(t) - T_{thermostat}).$$

S'ENTRAÎNER

6 Quelques expériences avec un gaz parfait

a. On isole la quantité de matière n dans l'équation des gaz parfaits :

$$P \times V = n \times R \times T \Leftrightarrow n = \frac{P \times V}{R \times T}.$$

On convertit le volume et on calcule la température thermodynamique :

$V = 1{,}5 \text{ L} = 1{,}5 \times 10^{-3} \text{ m}^3$ et $T = 25 + 273 = 298$ K.

À NOTER

a. $1 \text{ L} = 1 \times 10^{-3} \text{ m}^3$ et $T(\text{K}) = t\,(°\text{C}) + 273$.

On calcule la quantité de matière : $n = \dfrac{1{,}00 \times 10^5 \times 1{,}50 \times 10^{-3}}{8{,}31 \times 298} = 6{,}06 \times 10^{-2}$ mol.

b. On isole la pression P dans l'équation des gaz parfaits :

$P \times V = n \times \mathrm{R} \times T \Leftrightarrow P = \dfrac{n \times \mathrm{R} \times T}{V}$

On convertit le volume : $V = 0{,}500$ L $= 5{,}0 \times 10^{-4}$ m^3.

On calcule la pression : $P = \dfrac{6{,}06 \times 10^{-2} \times 8{,}31 \times 298}{5{,}00 \times 10^{-4}} = 3{,}00 \times 10^5$ Pa.

c. On calcule la nouvelle température thermodynamique : $T = 40 + 273 = 313$ K.

On calcule la pression : $P = \dfrac{6{,}06 \times 10^{-2} \times 8{,}31 \times 313}{1{,}50 \times 10^{-3}} = 1{,}05 \times 10^5$ Pa.

d. On calcule la pression : $P = \dfrac{6{,}06 \times 10^{-2} \times 8{,}31 \times 313}{5{,}00 \times 10^{-4}} = 3{,}15 \times 10^5$ Pa.

e. Calculons pour les quatre expériences le produit $P \times V$:

Expérience 1 : $P \times V = 1{,}00 \times 10^5 \times 1{,}50 \times 10^{-3} = 1{,}50 \times 10^2$ Pa · m^3

Expérience 2 : $P \times V = 3{,}00 \times 10^5 \times 5{,}00 \times 10^{-4} = 1{,}50 \times 10^2$ Pa · m^3

Expérience 3 : $P \times V = 1{,}05 \times 10^5 \times 1{,}50 \times 10^{-3} = 1{,}58 \times 10^2$ Pa · m^3

Expérience 4 : $P \times V = 3{,}15 \times 10^5 \times 5{,}00 \times 10^{-3} = 1{,}58 \times 10^2$ Pa · m^3.

On constate que les résultats des expériences 1 et 2, réalisées à une température de 298 K, sont les mêmes.

On constate que les résultats des expériences 3 et 4, réalisées à une température de 313 K, sont les mêmes.

f. Pour une même température, le produit de la pression du gaz par son volume est une constante. C'est la loi de Mariotte.

g. On constate que cette courbe est une portion de droite passant par l'origine. On en déduit que la pression P et l'inverse du volume $1/V$ sont proportionnels. Ceci est confirmé par la loi des gaz parfaits, pour un échantillon de gaz (n fixé) à température constante (T fixé) : $P \times V = n \times \mathrm{R} \times T \Leftrightarrow P = (n \times \mathrm{R} \times T) \times \dfrac{1}{V}$.

Cette courbe confirme donc que le gaz est parfait.

7 Étude énergétique d'un échantillon de gaz

a. On trouve, à l'aide du diagramme (P, V) les valeurs de la température, de la pression et du volume pour chacun des quatre états.

État	État initial		
E1	$t = 80$ °C	$P = 1{,}70 \times 10^5$ Pa	$V = 1{,}10 \times 10^{-3}$ m^3
E2	$t = 160$ °C	$P = 1{,}70 \times 10^5$ Pa	$V = 1{,}70 \times 10^{-3}$ m^3
E3	$t = 0$ °C	$P = 1{,}00 \times 10^5$ Pa	$V = 1{,}10 \times 10^{-3}$ m^3
E4	$t = 160$ °C	$P = 1{,}00 \times 10^5$ Pa	$V = 2{,}60 \times 10^{-3}$ m^3

b. La température reste constante le long de chacune des courbes.

c. La variation d'énergie interne, en appliquant le premier principe de la thermodynamique, a pour expression : $\Delta U = W + Q$.

La température n'ayant pas varié entre l'état initial et l'état final ($t = 80$ °C), l'énergie thermique échangée avec l'extérieur est nulle : Q = 0 J.

On calcule le travail W échangé avec l'extérieur, sachant que la pression est constante :

$W = -P \times \Delta V = -P \times (V_{final} - V_{initial})$

$W = -1{,}70 \times 10^5 \times (2{,}00 - 1{,}10) \times 10^{-3} = -153$ J.

On applique le premier principe de la thermodynamique :

$\Delta U = W + Q = -153 + 0 = -153$ J.

d. Sachant que $\Delta U = U_{final} - U_{initial}$ et que la variation d'énergie interne est négative, on en déduit que l'énergie interne du système diminue.

e. Le volume n'ayant pas varié entre l'état initial et l'état final, le travail échangé avec l'extérieur est nul : $W = 0$ J.

On calcule l'énergie thermique Q échangée avec l'extérieur :

$Q = C \times \Delta T = C \times (T_{final} - T_{initial}) = 45 \times (80 - 0) = 3{,}6 \times 10^3$ J.

On applique le premier principe de la thermodynamique :

$\Delta U = W + Q = 0 + (3{,}6 \times 10^3) = 3{,}6 \times 10^3$ J.

f. Sachant que $\Delta U = U_{final} - U_{initial}$ et que la variation d'énergie interne est positive, on en déduit que l'énergie interne du système augmente.

g. On calcule le travail W échangé avec l'extérieur :

$W = -P \times \Delta V = -P \times (V_{final} - V_{initial})$

$W = -1{,}00 \times 10^5 \times (2{,}60 - 1{,}10) \times 10^{-3} = -150$ J.

On calcule l'énergie thermique Q échangée avec l'extérieur :

$Q = C \times \Delta T = C \times (T_{final} - T_{initial}) = 45 \times (160 - 0) = 7{,}2 \times 10^3$ J.

On applique le premier principe de la thermodynamique :

$\Delta U = W + Q = -150 + 7{,}2 \times 10^3 = 7{,}1 \times 10^3$ J.

8 Étudier l'isolation d'une maison

1. Calculons le flux thermique :

$$\Phi_Q = -\frac{\Delta T}{R_{th}} = -\frac{(T_2 - T_1)}{R_{th}} = -\frac{(t_2 - t_1)}{R_{th}} = -\frac{(19{,}5 - 3{,}0)}{5{,}07 \times 10^{-2}} = -325 \text{ W}.$$

À NOTER

1. Rappelez-vous que $\Delta T = \Delta t$, la variation de température est la même en kelvins ou en degrés Celsius.

2. Le flux thermique calculé étant négatif, le transfert thermique s'effectue de l'intérieur vers l'extérieur.

3. Calculons le flux thermique :

$$\Phi_Q = -\frac{\Delta T}{R_{th}} = -\frac{(T_2 - T_1)}{R_{th}} = -\frac{(t_2 - t_1)}{R_{th}} = -\frac{(19{,}5 - 30{,}0)}{5{,}07 \times 10^{-2}} = 207 \text{ W}.$$

4. Le flux thermique calculé étant positif, le transfert thermique s'effectue de l'extérieur vers l'intérieur.

À NOTER

4. Le transfert thermique s'effectue toujours du corps le plus chaud vers le corps le plus froid.

5. On isole la conductivité thermique à partir de la formule donnée de la résistance thermique : $R_{th} = \frac{L}{\lambda \times S} \Leftrightarrow \lambda = \frac{L}{R_{th} \times S}$.

On convertit L en mètres : $L = 35$ cm $= 3{,}5 \times 10^{-1}$ m.

On convertit S en mètres carrés : $S = 1{,}0 \times 10^5\ \text{cm}^2 = 1{,}0 \times 10^1\ \text{m}^2$.
On calcule la conductivité thermique du matériau :

$$\lambda = \frac{3{,}5 \times 10^{-1}}{5{,}07 \times 10^{-2} \times 1{,}0 \times 10^1} \Leftrightarrow \lambda = 6{,}9 \times 10^{-1}\ \text{W}\cdot\text{K}^{-1}\cdot\text{m}^{-1}.$$

6. a. Calculons le flux thermique :

$$\Phi_Q = -\frac{\Delta T}{R_{th}} = -\frac{(T_2 - T_1)}{R_{th}} = -\frac{(t_2 - t_1)}{R_{th}} = -\frac{(19{,}5 - 3{,}0)}{4{,}12 \times 10^{-1}} = -40{,}0\ \text{W}.$$

b. Le polystyrène expansé joue le rôle d'isolant thermique car il permet de diminuer la valeur du flux thermique ($|-325| > |-40{,}0|$) et donc de limiter les échanges énergétiques entre l'extérieur et l'intérieur de la maison.

c. On convertit L en mètres : $L = 8{,}0\ \text{cm} = 8{,}0 \times 10^{-2}\ \text{m}$.
On convertit S en mètres carrés : $S = 1{,}0 \times 10^5\ \text{cm}^2 = 1{,}0 \times 10^1\ \text{m}^2$.
Calculons la résistance thermique de la plaque de polystyrène expansé :

$$R_{th} = \frac{L}{\lambda \times S} \Leftrightarrow R_{th} = \frac{8{,}0 \times 10^{-2}}{0{,}03 \times 1{,}0 \times 10^1} = 0{,}3\ \text{W}\cdot\text{K}^{-1}.$$

9 Bilan d'énergie terrestre et température terrestre

a. Les rayonnements représentés par des flèches jaunes sont des rayonnements visibles et ceux représentés par des flèches rouges sont des rayonnements infrarouges.

b. Le système Terre-atmosphère reçoit de l'énergie du Soleil sous forme radiative, qui est en partie réfléchie et en partie absorbée. L'albedo est le rapport du flux réfléchi sur le flux reçu ; albédo $= \frac{77 + 30}{342} = 0{,}31 = 31\ \%$.

c. Calculons la puissance P_1 : $342 = P_1 + 77 + 30 + 168 \Leftrightarrow P_1 = 342 - 271 = 71\ \text{W}\cdot\text{m}^{-2}$.
Calculons la puissance P_2 : $390 = P_2 + 40 \Leftrightarrow P_2 = 390 - 40 = 350\ \text{W}\cdot\text{m}^{-2}$.

d. Le bilan global d'énergie de la surface de la Terre s'écrit :
$\Delta\phi$ = somme des flux d'énergies reçues – somme des flux d'énergies perdues
$\Delta\phi = (168 + 222) - 390 = 390 - 390 = 0\ \text{W}\cdot\text{m}^{-2}$.
Le bilan global radiatif de la surface de la Terre est nul car le flux d'énergie reçu est égal au flux sortant : la température moyenne à la surface de la Terre reste constante au cours du temps.

> **À NOTER**
> **d.** Rappelez-vous qu'un bilan consiste à soustraire aux gains d'énergie, les pertes d'énergie.

e. Isolons la température T en kelvins dans la formule :

$$\phi = \sigma \times T^4 \Leftrightarrow T^4 = \frac{\phi}{\sigma} \Leftrightarrow T = \left(\frac{\phi}{\sigma}\right)^{1/4}.$$

Calculons le flux associé au rayonnement infrarouge :
$\phi = 350 + 40 = 390\ \text{W}\cdot\text{m}^{-2}$.
Calculons la température : $T = \left(\frac{390}{5{,}67 \times 10^{-8}}\right)^{1/4} = 288\ \text{K}$.
Déterminons la température t en degrés Celsius :
$T = t + 273 \Leftrightarrow t = T - 273 = 288 - 273 = 15\ °\text{C}$.

f. Tout le rayonnement infrarouge émis par la surface de la Terre n'est pas émis vers l'espace car l'atmosphère absorbe une partie du rayonnement infrarouge émis.

h. L'atmosphère émet un rayonnement infrarouge en partie absorbé par la surface de la Terre : c'est l'effet de serre. Ce transfert correspond à une puissance surfacique égale à $222\ \text{W}\cdot\text{m}^{-2}$.

i. Si l'effet de serre n'existait pas, la Terre émettrait un rayonnement vers l'espace égal à : 390 – 222 = 168 W·m^{-2}.

Calculons la température T : $T = \left(\frac{\phi}{\sigma}\right)^{1/4}$.

$$T = \left(\frac{168}{5{,}67 \times 10^{-8}}\right)^{1/4} = 233\,\text{K}.$$

Déterminons la température t en degrés Celsius :

$T = t + 273 \Leftrightarrow t = T - 273 = 233 - 273 = -40$ °C.

10 Un physicien qui cuisine des pâtes

1. Calculons le transfert thermique Q au cours du chauffage :

$$Q = C \times (t_2 - t_1) = 4{,}2 \times 10^3 \times (100{,}0 - 18{,}0) = 3{,}4 \times 10^5\ \text{J}.$$

2. Sachant que l'eau est un liquide incompressible, la variation de volume ΔV est nulle donc la valeur du travail W des forces de pression est égale à zéro joule.

3. On applique le premier principe de la thermodynamique : $\Delta U = W + Q$.
On obtient : $\Delta U = 0 + 3{,}4 \times 10^5 = 3{,}4 \times 10^5$ J.

4. On isole la conductivité thermique à partir de la formule donnée de la résistance thermique : $R_{\text{th}} = \frac{e}{\lambda \times S} \Leftrightarrow \lambda = \frac{e}{R_{\text{th}} \times S}$.

On convertit e en mètres : $e = 4{,}0$ mm $= 4{,}0 \times 10^{-3}$ m.

On convertit S en mètres carrés : $S = 1{,}257 \times 10^3$ cm^2 $= 1{,}257 \times 10^{-1}$ m^2.

On calcule la conductivité thermique du matériau :

$$\lambda = \frac{4{,}0 \times 10^{-3}}{5{,}5 \times 10^{-4} \times 1{,}257 \times 10^{-1}} \Leftrightarrow \lambda = 58\ \text{W}\cdot\text{K}^{-1}\cdot\text{m}^{-1}.$$

5. a. La température finale du système sera égale à celle de la plaque chauffante, considérée comme un thermostat, soit 100 °C.

> **À NOTER**
> **5. a.** Rappelez-vous qu'un thermostat est un système dont la température reste constante au cours du temps.

b. La solution générale a pour expression : $T(t) = A + B \times e^{-\alpha t}$.

On exprime la condition initiale et la condition finale associées à la température $T(t)$ pour trouver A et B : $T(0) = T_0$ et $T(t \to \infty) = T_s$

$T(0) = T_0 \Leftrightarrow A + B \times e^{-\alpha \times 0} = T_0 \Leftrightarrow A + B = T_0$

$\lim\limits_{t \to \infty}\left(A + B \times e^{-\alpha t}\right) = T_s \Leftrightarrow A + B \times 0 = T_s \Leftrightarrow A = T_s$.

On en déduit : $A + B = T_0 \Leftrightarrow T_s + B = T_0 \Leftrightarrow B = T_0 - T_s$.

L'expression de $T(t)$ est donc : $T(t) = T_s + (T_0 - T_s) \times e^{-\alpha t}$.

c. On convertit α en s^{-1} : $\alpha = 0{,}60$ min^{-1} $= \frac{0{,}60}{60}$ s^{-1} $= 1{,}0 \times 10^{-2}$ s^{-1}.

La température en fonction du temps a pour expression :

$T(t) = 100{,}0 + (18{,}0 - 100{,}0) \times e^{-\alpha t} = 100{,}0 - 82{,}0 \times e^{-1{,}0 \times 10^{-2} \times t}$.

On calcule la température du système au bout d'une durée égale à 20 secondes :

$T(t = 200) = 100{,}0 - 82{,}0 \times e^{-1{,}0 \times 10^{-2} \times 20} = 32{,}9$ °C.

OBJECTIF BAC

11 Étude d'un ballon-sonde

Partie 1 Étude pendant l'ascension du ballon-sonde

1. On convertit la température en kelvins : $T = 273 + 22 = 295$ K

On calcule la quantité de matière : $n = \dfrac{1{,}00 \times 10^5 \times 33{,}5}{8{,}31 \times 295} = 1{,}37 \times 10^4$ mol.

2. On isole le volume V dans l'équation des gaz parfaits :

$P \times V = n \times \mathrm{R} \times T \Leftrightarrow V = \dfrac{n \times \mathrm{R} \times T}{P}$.

Le volume V est une fonction croissante de la température (car elle est au numérateur) et décroissante de la pression (car elle est au dénominateur).

3. À l'altitude $h = 5{,}0$ km $= 5{,}0 \times 10^3$ m, on détermine graphiquement :

$t = -20$ °C $= 273 - 20 = 253$ K et $P = 550 \times 10^2$ Pa.

$V = \dfrac{n \times \mathrm{R} \times T}{P} = \dfrac{1{,}37 \times 10^4 \times 8{,}31 \times 253}{550 \times 10^2} = 5{,}24 \times 10^2\ \mathrm{m}^3$.

À l'altitude $h = 10{,}0$ km $= 1{,}0 \times 10^4$ m, on détermine graphiquement :

$t = -55$ °C $= 273 - 55 = 218$ K et $P = 250 \times 10^2$ Pa.

$V = \dfrac{n \times \mathrm{R} \times T}{P} = \dfrac{1{,}37 \times 10^4 \times 8{,}31 \times 218}{250 \times 10^2} = 9{,}93 \times 10^2\ \mathrm{m}^3$.

La grandeur physique qui impose sa variation au volume du ballon-sonde lors de l'ascension est la pression qui diminue, alors que la température diminue.

4. a. Les raisons pour lesquelles le flux mesuré augmente avec l'altitude sont liées à l'absorption et à la réflexion du flux solaire par l'atmosphère. En effet la couche d'atmosphère étant plus fine, la partie réfléchie et absorbée par les couches inférieures sont à ajouter.

b. La surface de la Terre réfléchi un flux égal à 30 $\mathrm{W \cdot m^{-2}}$, la valeur du flux solaire absorbé par la surface de la Terre est égal à : $198 - 30 = 168\ \mathrm{W \cdot m^{-2}}$.

c. L'albédo terrestre est égal à la fraction de flux solaire incident qui est réfléchi :

albédo $= \dfrac{77 + 30}{342} = 0{,}31 = 31$ %.

Partie 2 Étude en laboratoire du gaz du ballon-sonde

5. • Expérience 1

Le volume n'ayant pas varié entre l'état initial et l'état final, le travail échangé avec l'extérieur est nul : $W = 0$ J.

On calcule l'énergie thermique Q échangée avec l'extérieur :

$Q = C \times \Delta T = C \times (T_{\text{final}} - T_{\text{initial}}) = 316 \times (90 - 20) = 2{,}2 \times 10^4$ J.

On applique le premier principe de la thermodynamique :

$\Delta U = W + Q = 0 + (2{,}2 \times 10^4) = 2{,}2 \times 10^4$ J.

• Expérience 2

La température n'ayant pas varié entre l'état initial et l'état final ($t = 20$ °C), l'énergie thermique échangée avec l'extérieur est nulle : $Q = 0$ J.

On calcule le travail W échangé avec l'extérieur :

$W = -P \times \Delta V = -P \times (V_{final} - V_{initial})$

$W = -1{,}0 \times 10^5 \times (10{,}0 - 1{,}5) \times 10^{-3} = -8{,}5 \times 10^2$ J.

On applique le premier principe de la thermodynamique :

$\Delta U = W + Q = -8{,}5 \times 10^2 + 0 = -8{,}5 \times 10^2$ J.

• **Expérience 3**

On calcule le travail W échangé avec l'extérieur :

$W = -P \times \Delta V = -P \times (V_{final} - V_{initial})$

$W = -1{,}0 \times 10^5 \times (5{,}0 - 1{,}5) \times 10^{-3} = -3{,}5 \times 10^2$ J.

On calcule l'énergie thermique Q échangée avec l'extérieur :

$Q = C \times \Delta T = C \times (T_{final} - T_{initial}) = 316 \times (50 - 20) = 9{,}5 \times 10^3$ J.

On applique le premier principe de la thermodynamique :

$\Delta U = W + Q = -3{,}5 \times 10^2 + 9{,}5 \times 10^3 = 9{,}1 \times 10^3$ J.

CONSEILS

5. Le volume doit être exprimé en mètres cubes : $1\ dm^3 = 1 \times 10^{-3}\ m^3$.

6. Sachant que $\Delta U = U_{final} - U_{initial}$, on en déduit que :
- dans l'expérience 1, la variation d'énergie interne est positive, donc l'énergie interne du système augmente ;
- dans l'expérience 2, la variation d'énergie interne est négative, donc l'énergie interne du système diminue ;
- dans l'expérience 3, la variation d'énergie interne est positive, donc l'énergie interne du système augmente.

Partie 3 Étude des échanges d'énergie pendant l'ascension

7. a. Au cours de l'ascension, le rayon R de l'enveloppe sphérique augmente, passant de 2,0 mètres au sol à 10,0 mètres à une altitude de 35 kilomètres. La surface S de celle-ci, égale à $4 \times \pi \times R^2$, augmente elle aussi. La surface S étant au dénominateur de la résistance thermique, L et λ restant constants, on en conclut que la résistance thermique au cours de l'ascension diminue au cours de l'ascension.

b. • Calculons la résistance thermique de l'enveloppe du ballon au sol :

On convertit L en mètres : $L = 1{,}0$ mm $= 1{,}0 \times 10^{-3}$ m.

On calcule S en mètres carrés : $S = 4 \times \pi \times R^2 = 4 \times \pi \times 2{,}0^2 = 50\ m^2$.

$$R_{th} = \frac{L}{\lambda \times S} \Leftrightarrow R_{th} = \frac{1{,}0 \times 10^{-3}}{0{,}25 \times 50} = 8{,}0 \times 10^{-5}\ W \cdot K^{-1}.$$

• Calculons la résistance thermique de l'enveloppe du ballon à une altitude de 35 km : on calcule S en mètres carrés : $S = 4 \times \pi \times R^2 = 4 \times \pi \times 10{,}0^2 = 1{,}26 \times 10^3\ m^2$.

$$R_{th} = \frac{L}{\lambda \times S} \Leftrightarrow R_{th} = \frac{1{,}0 \times 10^{-3}}{0{,}25 \times 1{,}26 \times 10^3} = 3{,}2 \times 10^{-6}\ W \cdot K^{-1}.$$

8. Calculons la valeur du flux thermique Φ_Q, de l'intérieur du ballon vers l'extérieur :

$$\Phi_Q = -\frac{\Delta T}{R_{th}} = -\frac{(T_2 - T_1)}{R_{th}} = -\frac{(t_2 - t_1)}{R_{th}} = -\frac{(-10 - 20)}{1{,}0 \times 10^{-5}} = 3{,}0 \times 10^6\ W.$$

9. Le flux thermique calculé étant positif, le transfert d'énergie s'est réalisé de l'intérieur de l'enveloppe du ballon vers l'extérieur.

Ondes et signaux

12 Caractérisation des phénomènes ondulatoires

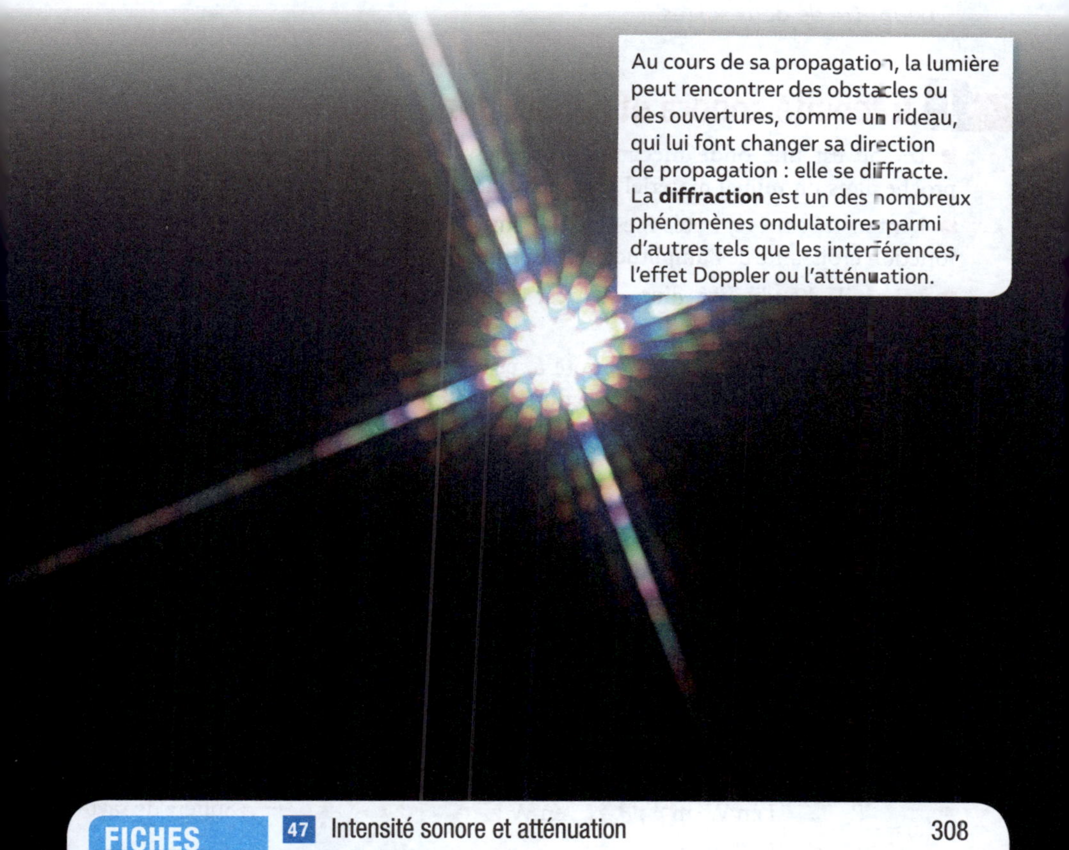

Au cours de sa propagation, la lumière peut rencontrer des obstacles ou des ouvertures, comme un rideau, qui lui font changer sa direction de propagation : elle se diffracte. La **diffraction** est un des nombreux phénomènes ondulatoires parmi d'autres tels que les interférences, l'effet Doppler ou l'atténuation.

47 Intensité sonore et atténuation

En bref *La sensation auditive d'un signal sonore peut être modélisée par le niveau d'intensité sonore qui dépend de l'intensité de ce signal. La diminution d'un tel signal est quantifiée par son atténuation qui peut être de deux sortes.*

I Intensité sonore et niveau d'intensité sonore

- Le son est une **onde mécanique progressive** qui se propage de proche en proche dans un milieu matériel (air, eau, acier...).
- L'**intensité sonore**, notée I, est liée à l'amplitude de l'onde sonore. Elle est une fonction croissante de l'amplitude et s'exprime en watts par mètre carré ($W \cdot m^{-2}$).
- Le **seuil d'audibilité** d'un son est fixé à une valeur d'intensité sonore $I_0 = 1{,}0 \times 10^{-12}\ W \cdot m^{-2}$.
- Le **niveau d'intensité sonore**, noté L, permet de prendre en compte la variation de la sensation auditive en fonction de l'intensité sonore :

$$L = 10 \times \log\left(\frac{I}{I_0}\right)$$ L en dB ; I et I_0 en $W \cdot m^{-2}$.

II Atténuation d'un signal sonore

- L'**atténuation géométrique** d'un son est liée à l'éloignement progressif de l'onde de sa source au cours de la propagation. Pour une source ponctuelle, émettant une puissance sonore P_{source}, l'énergie se répartit sur des sphères dont le rayon r est de plus en plus grand.

$$I(r) = \frac{P_{source}}{4\pi \times r^2}$$ I en $W \cdot m^{-2}$; P_{source} en W ; r en m.

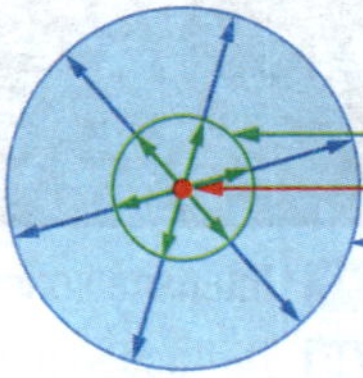

- On peut aussi exprimer l'atténuation géométrique **en décibels** :

$$L(r) = L_{source} - 10 \times \log(4\pi) - 20 \times \log(r)$$ L en dB ; r en m.

- L'**atténuation par absorption** d'un son est due aux chocs entre les molécules de l'air qui dissipent une partie de l'énergie sonore en la transformant en énergie thermique. Cette atténuation dépend de la fréquence de l'onde sonore : elle augmente avec la fréquence de l'onde (sons graves moins absorbés que sons aigus sur des longues distances). Elle s'ajoute à l'atténuation géométrique.

Méthode

Calculer et exploiter un niveau d'intensité sonore

Un sonomètre est un appareil de mesure qui permet de déterminer le niveau d'intensité sonore en un point, exprimé en décibels. On place des sonomètres à différentes distances d'un haut-parleur (source sonore) :

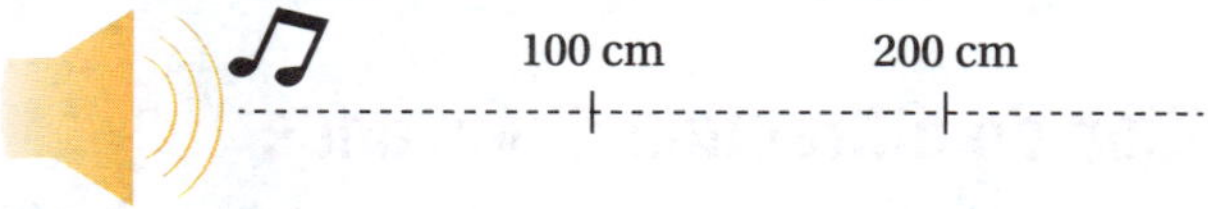

a. Calculer le niveau d'intensité sonore mesuré par le sonomètre placé à 100 cm sachant que l'intensité sonore est égale à $7{,}9 \times 10^{-9}\ \text{W}\cdot\text{m}^{-2}$.

b. Calculer le niveau d'intensité sonore mesuré par le sonomètre placé à 200 cm sachant que le niveau sonore au niveau du haut-parleur est égal à 50 dB.

c. Calculer l'intensité sonore I correspondant à un sonomètre qui mesure un niveau d'intensité sonore égal à 27 dB.

Donnée :
intensité sonore du seuil d'audibilité d'un son : $I_0 = 1{,}0 \times 10^{-12}\ \text{W}\cdot\text{m}^{-2}$.

CONSEILS

a. La valeur trouvée doit être donnée avec deux chiffres significatifs.
b. Convertissez la distance en mètres avant d'appliquer la formule :
$1\ \text{cm} = 1 \times 10^{-2}\ \text{m}$.
c. Il faut savoir que les fonctions $\log(x)$ et 10^x sont inverses l'une de l'autre :
$\log(10^x) = x$ et $10^{\log(x)} = x$.

SOLUTION

a. On applique la formule de l'intensité sonore :

$$L = 10 \times \log\left(\frac{I}{I_0}\right) = 10 \times \log\left(\frac{7{,}9 \times 10^{-9}}{1{,}0 \times 10^{-12}}\right) = 39\ \text{dB}.$$

b. On applique la formule de l'atténuation géométrique, en convertissant la distance (notée r) en mètres : $r = 200\ \text{cm} = 200 \times 10^{-2}\ \text{m} = 2{,}00\ \text{m}$.

$$L(2{,}0\ \text{m}) = L_{\text{source}} - 10 \times \log(4\pi) - 20 \times \log(r)$$

$$L(2{,}0\ \text{m}) = 50 - 10 \times \log(4\pi) - 20 \times \log(2{,}00) = 33\ \text{dB}.$$

c. On exprime l'intensité sonore à partir de la formule du niveau d'intensité sonore :

$$L = 10 \times \log\left(\frac{I}{I_0}\right) \Leftrightarrow \log\left(\frac{I}{I_0}\right) = \frac{L}{10} \Leftrightarrow \frac{I}{I_0} = 10^{\frac{L}{10}} \Leftrightarrow I = I_0 \times 10^{\frac{L}{10}}$$

$$I = I_0 \times 10^{\frac{L}{10}} = 1{,}0 \times 10^{-12} \times 10^{\frac{27}{10}} = 5{,}0 \times 10^{-10}\ \text{W}\cdot\text{m}^{-2}.$$

48 Diffraction d'une onde

En bref *Les ondes lumineuses ou mécaniques (son, vagues à la surface de l'eau...) voient leur direction de propagation changer lorsqu'elles rencontrent des obstacles ou des ouvertures : c'est le phénomène de diffraction.*

I Condition de diffraction d'une onde

La diffraction est un phénomène qui se produit lorsqu'une onde périodique rencontre une ouverture ou un obstacle de **dimension inférieure ou de l'ordre de grandeur** de la longueur d'onde.

Exemple : une onde mécanique périodique de longueur d'onde λ, se propageant à la surface de l'eau et rencontrant une digue dans laquelle est pratiquée une ouverture de largeur a, peut être diffractée si $a < \lambda$.

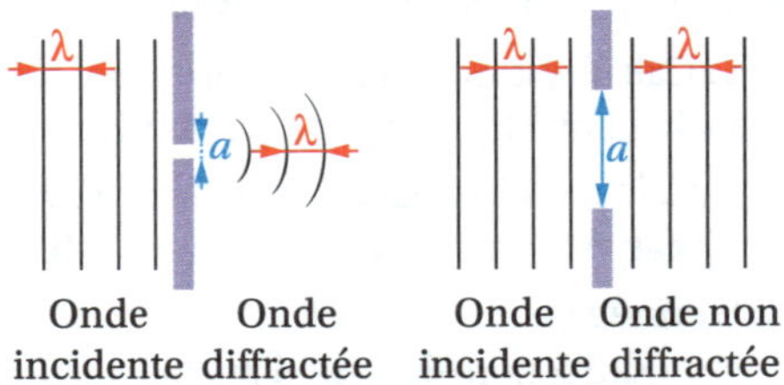

II Expérience de diffraction d'un faisceau lumineux

■ Pour une onde lumineuse monochromatique traversant une fente fine, on observe sur un écran une série de taches lumineuses entrecoupées d'extinction : c'est la **figure de diffraction** de l'onde à travers la fente.

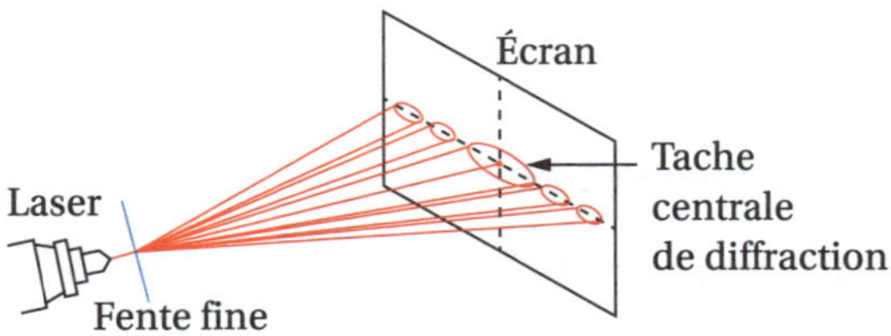

À NOTER
La figure de diffraction est perpendiculaire à l'axe de la fente.

■ Pour caractériser le phénomène de diffraction, on définit l'**écart angulaire** θ entre le centre de la tache centrale et la première extinction. Il peut s'exprimer en fonction de la longueur d'onde λ de la radiation lumineuse et de la largeur de la fente a :

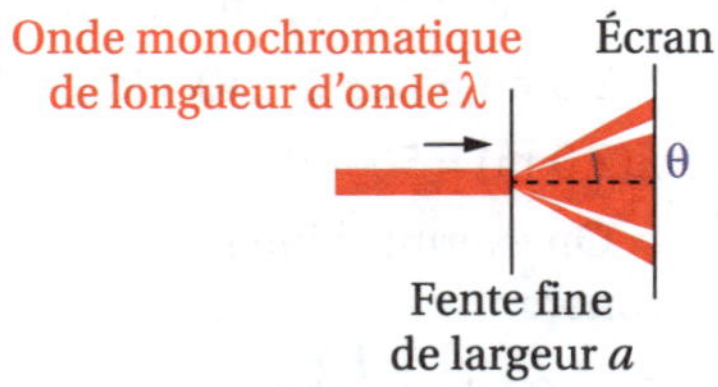

$$\theta = \frac{\lambda}{a}$$ θ en rad ; a et λ en m.

Méthode

Déterminer la longueur d'onde d'une lumière laser

On éclaire avec une lumière laser de longueur d'onde λ une fente de largeur a égale à 32,5 µm. On obtient sur l'écran, situé à une distance $D = 2,00$ m, une figure de diffraction avec une tache centrale de longueur $L = 8,60$ cm.

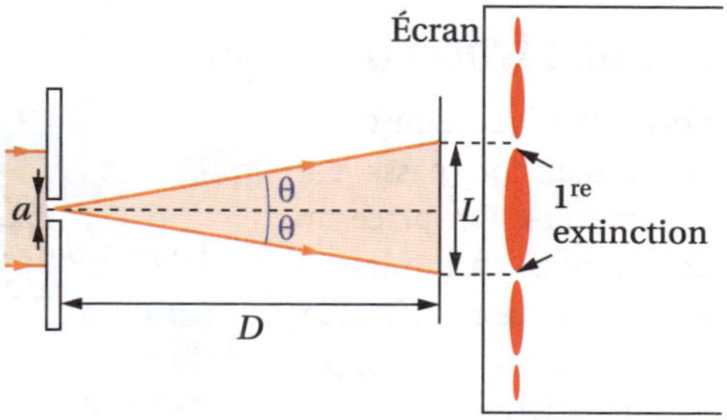

a. Exprimer l'écart angulaire θ en fonction de D et de L.

b. Identifier les deux expressions de l'écart angulaire et isoler la longueur d'onde.

c. Calculer la longueur d'onde en mètres.

CONSEILS

a. Dans le triangle rectangle où θ est un des angles, appliquez la formule de la tangente : $\tan(\theta) = \frac{\text{côté opposé}}{\text{côté adjacent}}$ puis utilisez la relation dans le cas des petits angles (applicable ici) : $\tan(\theta) \approx \theta$.

b. Rappelez-vous de la formule de l'écart angulaire.

c. Pensez à convertir toutes les longueurs en mètres. Les conversions suivantes doivent être connues : $1\ \mu m = 1 \times 10^{-6}$ m et $1\ cm = 1 \times 10^{-2}$ m.

SOLUTION

a. On applique la formule de la tangente dans le triangle rectangle suivant :

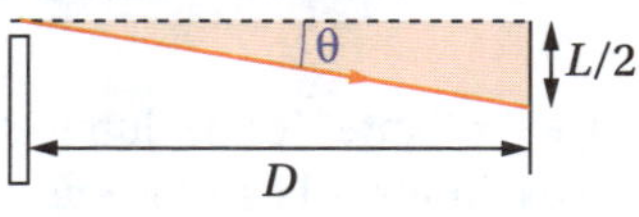

$\tan(\theta) = \frac{L/2}{D} = \frac{L}{2 \times D}$ avec $\theta \approx \tan(\theta)$ donc $\theta = \frac{L}{2 \times D}$.

b. On identifie les deux formules de l'écart angulaire afin d'exprimer la longueur d'onde :

$\theta = \frac{L}{2 \times D} = \frac{\lambda}{a} \Leftrightarrow \lambda = \frac{L \times a}{2 \times D}$.

c. On calcule la longueur d'onde après avoir converti dans les unités adéquates : $\lambda = \frac{L \times a}{2 \times D} = \frac{8,60 \times 10^{-2} \times 32,5 \times 10^{-6}}{2 \times 2,00} = 6,99 \times 10^{-7}\,\text{m}$.

49 Interférences de deux ondes

En bref *Deux ondes se superposant peuvent additionner ou soustraire leurs amplitudes pour donner une tache lumineuse ou sombre (ondes lumineuses), ou bien un creux, une crête ou un plat (ondes à la surface de l'eau).*

I L'expérience des trous d'Young

■ La lumière monochromatique émise par une source de petite dimension passe par deux fentes fines et verticales. On place un écran derrière les deux fentes. La lumière, à la traversée de chaque fente, est diffractée. On obtient sur l'écran une zone atteinte par les lumières issues des deux fentes.

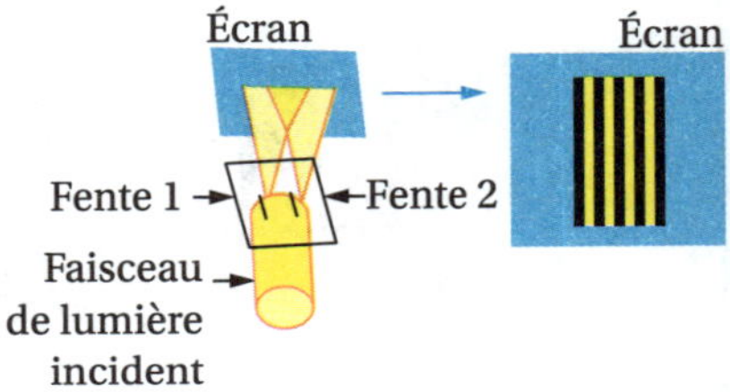

■ Le résultat attendu est un éclairage uniforme plus intense sur cette zone. On observe en fait une série régulière de bandes verticales alternativement sombres et brillantes, appelées franges : c'est le **phénomène d'interférences lumineuses**.

■ L'**interfrange *i* d'une figure d'interférences** est égale à la distance entre deux franges brillantes (ou sombres) successives. Elle dépend à la fois de la longueur d'onde λ commune aux ondes qui interfèrent et des paramètres du dispositif expérimental : la distance D entre le support des deux fentes et l'écran, et l'écartement a entre les deux fentes. Elle a pour expression :

$$i = \frac{\lambda \times D}{a}$$ i, λ, D et a en mètres (m).

II Interférences constructives et destructives

■ Deux ondes doivent être **cohérentes** pour pouvoir interférer.

• Si l'on obtient une frange brillante (onde lumineuse), une crête ou un creux (onde à la surface de l'eau), les interférences sont **constructives**.

• Si l'on obtient une frange sombre (onde lumineuse) ou un plat (onde à la surface de l'eau), les interférences sont **destructives**.

MOT CLÉ

Deux ondes sont **cohérentes** si elles sont sinusoïdales, si leurs fréquences sont égales et si leur déphasage est constant au cours du temps.

■ La **différence de marche δ** de l'onde entre les points source S_1 et S_2, et le point M où les ondes se superposent permet de savoir si les interférences sont constructives ou destructives : $\delta = S_1M - S_2M$.

Interférences constructives	$\delta = k \times \lambda$, avec k entier naturel.
Interférences destructives	$\delta = (2 \times k + 1) \times \lambda/2$ avec k entier naturel.

Méthode

Déterminer la longueur d'onde d'une lumière monochromatique

On réalise l'expérience des trous d'Young schématisée ci-dessous :

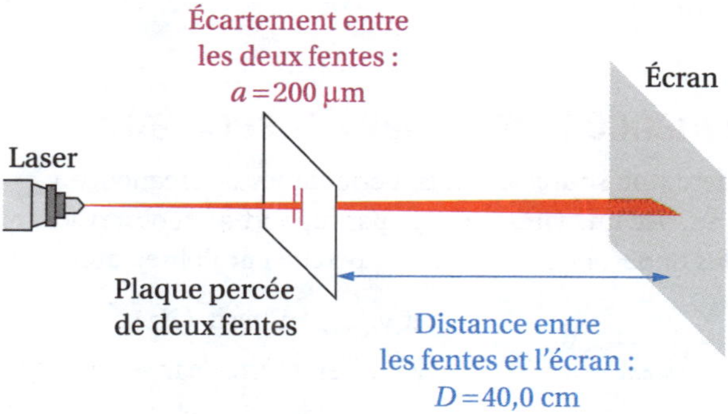

a. Donner l'expression de l'interfrange *i*.

b. Exprimer la longueur d'onde en fonction de l'interfrange et des paramètres de l'expérience.

c. Calculer la longueur d'onde en mètres, sachant que l'interfrange mesurée est égale à 0,875 mm.

CONSEILS

a. Appliquez la formule de l'interfrange.
c. Convertissez toutes les longueurs en mètres.
Les conversions suivantes doivent être connues :
$1\ \mu m = 1 \times 10^{-6}$ m, $1\ mm = 1 \times 10^{-3}$ m et $1\ cm = 1 \times 10^{-2}$ m.

SOLUTION

a. L'expression de l'interfrange est : $i = \dfrac{\lambda \times D}{a}$.

b. On exprime la longueur d'onde à partir de l'expression précédente :
$i = \dfrac{\lambda \times D}{a} \Leftrightarrow \lambda = \dfrac{i \times a}{D}$.

c. On convertit toutes les longueurs en mètres :
$a = 200\ \mu m = 200 \times 10^{-6}$ m ;
$D = 40{,}0$ cm $= 40{,}0 \times 10^{-2}$ m ;
$i = 0{,}875$ mm $= 0{,}875 \times 10^{-3}$ m.

On calcule la valeur de la longueur d'onde :

$$\lambda = \frac{i \times a}{D} = \frac{0{,}875 \times 10^{-3} \times 200 \times 10^{-6}}{40{,}0 \times 10^{-2}} = 4{,}38 \times 10^{-7}\ \text{m}.$$

50 Effet Doppler

En bref *L'effet Doppler correspond à la modification apparente de la fréquence d'une onde émise par une source en mouvement par rapport à un observateur.*

I La fréquence perçue par l'observateur

■ On considère une source d'ondes périodiques de fréquence ν_{source} en mouvement rectiligne avec une vitesse V_{source} par rapport à un observateur fixe. On note c la célérité des ondes. La fréquence ν_{obs} perçue par l'observateur est donnée par :

$$\nu_{obs} = \frac{c}{c - V_{source}} \times \nu_{source}$$

ν_{obs} et ν_{source} en hertz (Hz) ;
c et V_{source} en mètres par seconde ($m \cdot s^{-1}$).

■ Pour une source qui **s'éloigne** (**fig. 1**), la vitesse V_{source} est comptée **négativement**, ce qui implique : $\nu_{source} > \nu_{obs}$.

■ Pour une source qui **se rapproche** (**fig. 2**), la vitesse V_{source} est comptée **positivement**, ce qui implique : $\nu_{source} < \nu_{obs}$.

Fig. 1
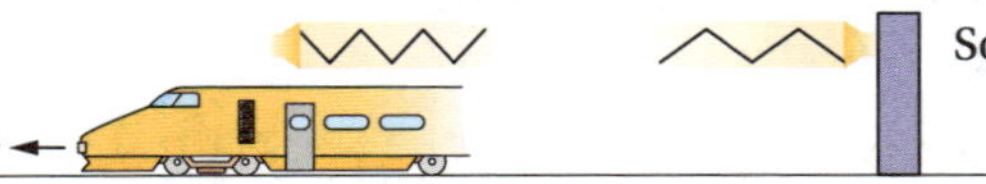

Fig. 2
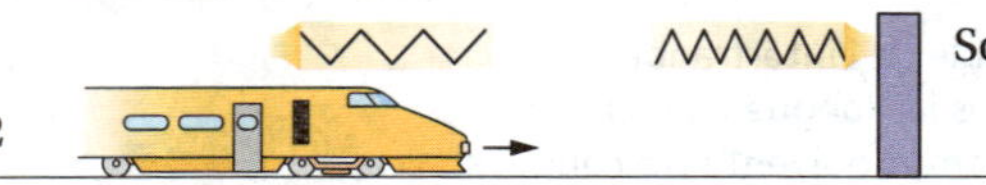

II Application de l'effet Doppler à l'astrophysique

■ La **célérité** c d'une radiation lumineuse, de longueur d'onde λ et de fréquence ν, a pour expression :

$$c = \lambda \times \nu$$

c en $m \cdot s^{-1}$; λ en m ; ν en Hz.

On constate que la longueur d'onde et la fréquence sont inversement proportionnelles : si l'une augmente, l'autre diminue dans les mêmes proportions.

■ En 1929, Edwin Hubble a mis en évidence que la lumière émise par une galaxie comportait des radiations qui possédaient des longueurs d'onde toutes décalées vers de plus grandes valeurs : c'est le **décalage vers le rouge**.

■ Ce décalage vers le rouge implique que les fréquences associées diminuent : d'après l'effet Doppler, la galaxie doit alors **s'éloigner de nous**. C'est une preuve de l'expansion de l'Univers.

> **À NOTER**
> Entre 400 nm et 800 nm, la couleur des radiations lumineuses passe du bleu au rouge.

Méthode

Exploiter l'effet Doppler

Un son émis par un véhicule en mouvement est détecté par un microphone. Un système d'acquisition des données permet d'obtenir sur l'écran d'un ordinateur une visualisation du signal sonore.

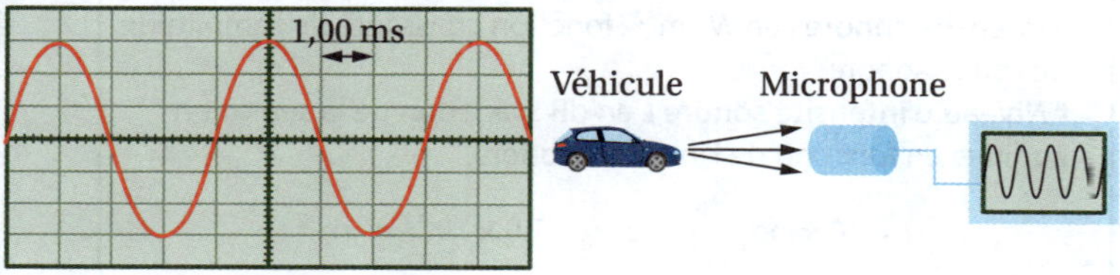

a. Déterminer la fréquence perçue à l'aide de l'enregistrement.

b. Donner l'expression de la vitesse du véhicule en fonction de la fréquence perçue par l'observateur et celle de la source, puis la calculer.

c. Le système s'éloigne-t-il ou s'approche-t-il de l'observateur ?

Données : • vitesse du son : $c = 340\ \text{m}\cdot\text{s}^{-1}$;
• fréquence de la source : $\nu_{source} = 280$ Hz.

CONSEILS

a. Pensez à convertir la période en secondes avant de calculer la fréquence.
b. Appliquez la formule puis isolez la vitesse V_{source}.
c. Rappelez-vous que le signe de la vitesse indique si la source s'éloigne ou se rapproche.

SOLUTION

a. Par lecture graphique on trouve la période T. On compte quatre divisions horizontales et une division correspond à 1,00 ms.
$T = 4 \times 1{,}00 = 4{,}00$ ms.

On calcule la fréquence : $\nu_{obs} = \dfrac{1}{T} = \dfrac{1}{4{,}00 \times 10^{-3}} = 2{,}50 \times 10^2$ Hz.

b. La formule de la fréquence perçue est :

$$\nu_{obs} = \frac{c}{c - V_{source}} \times \nu_{source} \quad (1)$$

On isole V_{source} :

$$(1) \Leftrightarrow c - V_{source} = \frac{c \times \nu_{source}}{\nu_{obs}} \Leftrightarrow V_{source} = c - \frac{c \times \nu_{source}}{\nu_{obs}}$$

$$V_{source} = 340 - \frac{340 \times 280}{250} = -41\ \text{m}\cdot\text{s}^{-1}.$$

c. La vitesse calculée étant négative, on en déduit que le véhicule s'éloigne.

MÉMO VISUEL

PHÉNOMÈNES

Intensité sonore et atténuation

Intensité sonore et niveau d'intensité sonore

- **Intensité sonore** I en $W \cdot m^{-2}$: fonction croissante de l'amplitude de l'onde sonore.
- **Niveau d'intensité sonore** L en dB : variation de la sensation auditive en fonction de l'intensité sonore.

$$L = 10 \times \log\left(\frac{I}{I_0}\right) \text{ avec } I_0 = 1{,}0 \times 10^{-12}\ W \cdot m^{-2}$$

Atténuation géométrique d'un signal sonore en dB

Liée à l'éloignement progressif r de l'onde de sa source au cours de la propagation.

$$\underbrace{L(r)}_{dB} = L_{source} - 10\log(4\pi) - 20\log(\underset{m}{r})$$

Diffraction d'une onde

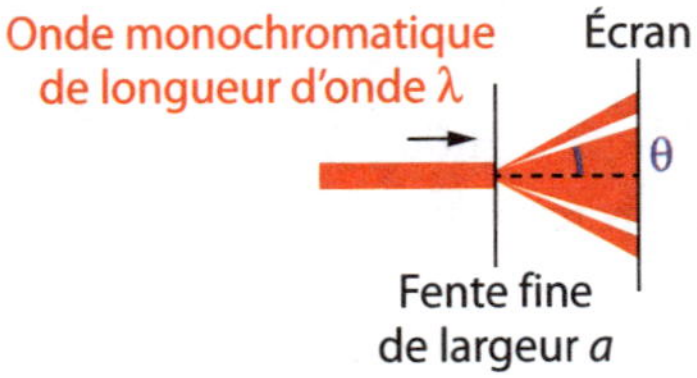

Écart angulaire θ : angle entre le centre de la tache centrale et la première extinction.

$$\underset{rad}{\theta} = \frac{\lambda}{a} \quad (\lambda, a \text{ en m})$$

Interférences de deux ondes

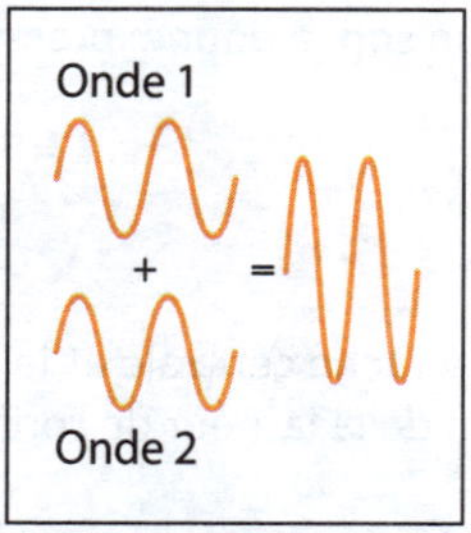

Interférences constructives

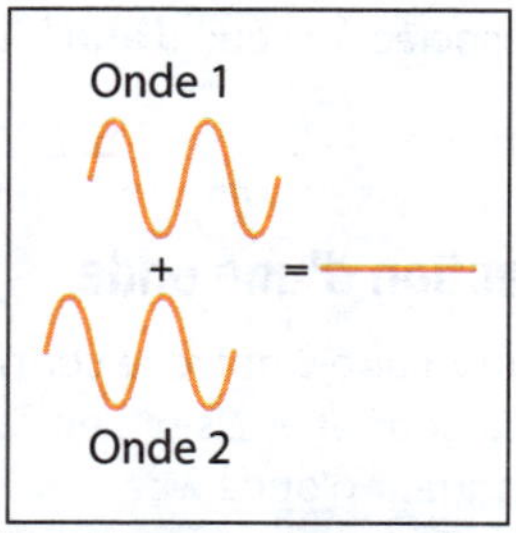

Interférences destructives

Selon la valeur de la **différence de marche** δ :

- interférences **constructives** si $\delta = k \times \lambda$;
- interférences **destructives** si $\delta = (2 \times k + 1) \times \lambda/2$;

avec k entier naturel.

ONDULATOIRES

Effet Doppler

Fréquence perçue ν_{obs} d'une **source en mouvement** : fonction de la vitesse V_{source} de la source, de la fréquence ν_{source} et de la célérité c du signal émis.

$$\underset{\text{Hz}}{\nu_{obs}} = \frac{c}{c - \underset{\text{m}\cdot\text{s}^{-1}}{V_{source}}} \times \underset{\text{Hz}}{\nu_{source}}$$

- Si la source **s'éloigne** ($V_{source} < 0$) : $\nu_{source} > \nu_{obs}$.

Son perçu plus grave

- Si la source **se rapproche** ($V_{source} > 0$) : $\nu_{source} < \nu_{obs}$.

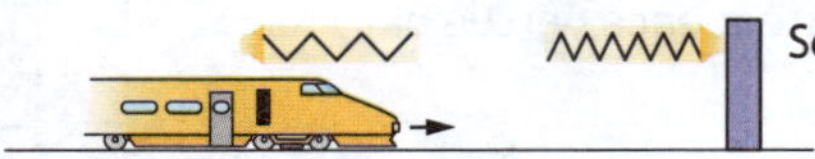

Son perçu plus aigu

SE TESTER QUIZ

Vérifiez que vous avez bien compris les points clés des **fiches 47 à 50**.

1 Intensité sonore et atténuation

→ FICHE 47

Le niveau d'intensité sonore L, en fonction de l'intensité sonore I et de I_0, associée au seuil d'audibilité d'un son, a pour expression :

☐ **a.** $L = 10 \times \log\left(\frac{I}{I_0}\right)$ ☐ **b.** $L = \log\left(\frac{I}{I_0}\right)$ ☐ **c.** $L = 10 \times \log\left(\frac{I_0}{I}\right)$

2 Diffraction d'une onde

→ FICHE 48

1. L'écart angulaire θ entre le centre de la tache centrale et la première extinction a pour expression, en fonction de la largeur de l'orifice a et de la longueur d'onde λ :

☐ **a.** $\theta = \frac{a}{\lambda}$ ☐ **b.** $\theta = a \times \lambda$ ☐ **c.** $\theta = \frac{\lambda}{a}$

2. La diffraction est un phénomène qui se produit lorsqu'une onde périodique rencontre une ouverture ou un obstacle dont la dimension :

☐ **a.** est inférieure ou de l'ordre de grandeur de la longueur d'onde
☐ **b.** est supérieure ou de l'ordre de grandeur de la longueur d'onde
☐ **c.** est strictement égale à la longueur d'onde

3 Interférences de deux ondes

→ FICHE 49

1. L'interfrange i d'une figure d'interférences sur un écran placé à une distance D, en fonction de la longueur d'onde λ et de la distance entre les deux sources a, est :

☐ **a.** $i = \frac{a}{\lambda \times D}$ ☐ **b.** $i = \frac{\lambda \times D}{a}$ ☐ **c.** $i = \frac{\lambda + D}{a}$

2. Lorsque l'on obtient une frange sombre :

☐ **a.** il s'agit d'interférences destructives entre les deux ondes lumineuses
☐ **b.** il s'agit d'interférences constructives entre les deux ondes lumineuses
☐ **c.** la différence de marche est égale à : $\delta = (2 \times k + 1) \times \lambda/2$, avec k entier naturel

4 Effet Doppler

→ FICHE 50

1. Pour une source qui s'éloigne :

☐ **a.** $\nu_{source} = \nu_{obs}$ ☐ **b.** $\nu_{source} > \nu_{obs}$ ☐ **c.** $\nu_{source} < \nu_{obs}$

2. La relation mathématique donnant la fréquence perçue par l'observateur est :

☐ **a.** $\nu_{obs} = \frac{c}{c - V_{source}} \times \nu_{source}$ ☐ **b.** $\nu_{obs} = \frac{c}{c + V_{source}} \times \nu_{source}$

S'ENTRAÎNER

5 Mesure de niveau sonore

→ FICHE 47

Une source sonore est placée en un point et on place à différentes distances de celle-ci des sonomètres qui permettent de déterminer le niveau d'intensité sonore en décibels.

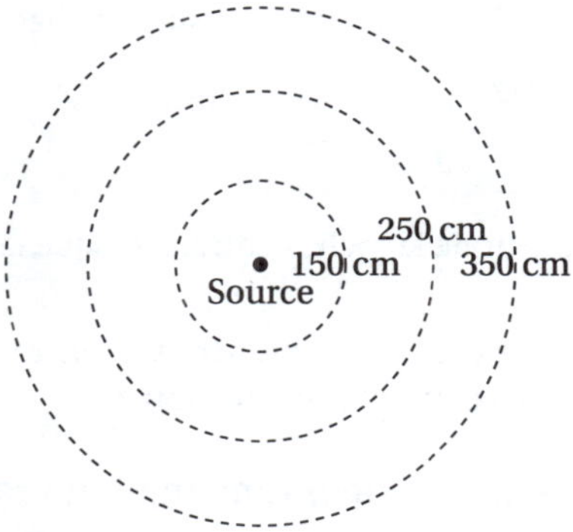

Donnée : intensité sonore du seuil d'audibilité d'un son : $I_0 = 1{,}0 \times 10^{-12}$ W · m^{-2}.

a. Calculer le niveau d'intensité sonore du son émis par la source, noté L_{source}, sachant que l'intensité sonore est égale à $8{,}8 \times 10^{-9}$ W · m^{-2}.

b. Calculer l'intensité sonore du son enregistré à une distance donnée, noté I, sachant que le niveau d'intensité sonore L enregistré est égal à 25 dB.

c. Donner l'expression mathématique de l'atténuation géométrique.

d. Calculer cette atténuation pour les distances indiquées sur le schéma.

e. Déterminer l'expression de la différence de niveau sonore $L - L_1$ associés respectivement à une intensité sonore I et à une intensité sonore I_1.

f. Calculer la différence de niveau d'intensité sonore lorsque l'intensité sonore I_1 est égale à la moitié de la valeur de l'intensité sonore I.

g. Compléter le tableau suivant :

Intensité sonore (W · m^{-2})	39	36	33
Niveau d'intensité sonore (dB)	$8{,}8 \times 10^{-9}$		

CONSEILS

d. Pensez à convertir toutes les distances en mètres.

e. Utilisez la propriété mathématique du logarithme de base 10 :
$\log(a) - \log(b) = \log\left(\frac{a}{b}\right)$.

6 Diffraction à travers une fente

→ FICHE 48

Une lumière constituée de trois radiations de longueurs d'onde respectives $\lambda_1 = 650$ nm (rouge), $\lambda_2 = 560$ nm (verte) et $\lambda_3 = 480$ nm (bleue) est diffractée à travers une fente horizontale d'épaisseur $a = 800$ µm.

a. Comment peut-on qualifier cette lumière ?

b. Décrire l'allure de la figure de diffraction obtenue.

c. Compléter le tableau de l'écart angulaire associé à chacune des radiations :

λ (nm)	480	560	650
θ (rad)			

d. Comment varie la largeur de la tache centrale lorsque la longueur d'onde de la radiation augmente ?

e. Qu'observe-t-on comme couleur de lumière au centre et sur les bords de la tache centrale de diffraction ?

CONSEILS
e. Utilisez la synthèse additive (étudiée en 1re).

7 Détermination de la longueur d'onde d'une radiation

→ FICHE 49

Les lumières de deux sources cohérentes interfèrent sur un écran. La longueur d'onde commune aux deux sources est notée λ. La distance a séparant les deux sources est de 1,2 mm et la distance D séparant les sources de l'écran est de 400 cm.

a. Qu'observe-t-on sur l'écran ?

b. Quelle est la différence de marche entre les deux ondes lumineuses en un point d'une frange sombre ?

c. Même question pour un point d'une frange lumineuse.

d. L'interfrange i mesurée est égale à $2{,}0 \times 10^{-3}$ m.

Déterminer la longueur d'onde λ.

8 Détermination d'une fréquence ou d'une vitesse

→ FICHE 50

Un récepteur d'ondes sonores est placé à proximité d'une portion droite de voie de chemin de fer. Un TGV se déplaçant à une vitesse $V = 300\ \text{km} \cdot \text{h}^{-1}$ passe devant lui.

Sur cette portion de voie, le conducteur actionne la sirène qui émet un son de fréquence $\nu_{son} = 400$ Hz.

Donnée : célérité du son : $V_{son} = 340\ \text{m} \cdot \text{s}^{-1}$.

CONSEILS
a. Pensez à convertir la vitesse du TGV en mètres par seconde.

a. Quelle est la fréquence du son perçue par le récepteur lorsque le TGV s'en rapproche ?

b. Même question lorsque le TGV s'éloigne du récepteur.

c. Un train Corail passe sur cette même voie, avec la sirène actionnée (la fréquence de la sirène d'un train Corail est la même que celle d'un TGV).
La fréquence perçue par le récepteur est égale à $\nu_{obs} = 360$ Hz.

Calculer la vitesse V du train Corail en kilomètres par heure.

9 Perception du son d'un instrument dans un train

→ FICHES 47 et 50

Lors de l'arrivée d'un train en gare, une fanfare accueille les passagers sur le quai. On donne les fréquences des notes jouées par quelques instruments de cette fanfare ainsi que les niveaux d'intensité sonore associés :

Instrument	clarinette	trompette	trombone
Fréquence (Hz)	600	450	300
Niveau d'intensité sonore (dB)	45	54	59

Le train arrive en gare avec une vitesse égale à $2{,}8\ \text{m} \cdot \text{s}^{-1}$.

a. Quelles sont les fréquences des notes perçues par les passagers ?

b. Quels sont les niveaux d'intensité sonore si le train se trouve à 10 mètres de la fanfare ?

c. Comment évoluent les fréquences perçues lorsque le train s'approche du quai ?

d. Comment évoluent les niveaux d'intensité sonore perçus lorsque le train s'approche du quai ?

10 Deux phénomènes associés à l'onde lumineuse

→ FICHES 48 et 49

On enregistre l'image obtenue sur un écran après la traversée d'une double fente par un faisceau laser dont la longueur d'onde est égale à 650 nm. Les deux fentes sont distantes de 3,00 mm et l'écran est à une distance égale à 2,50 m.

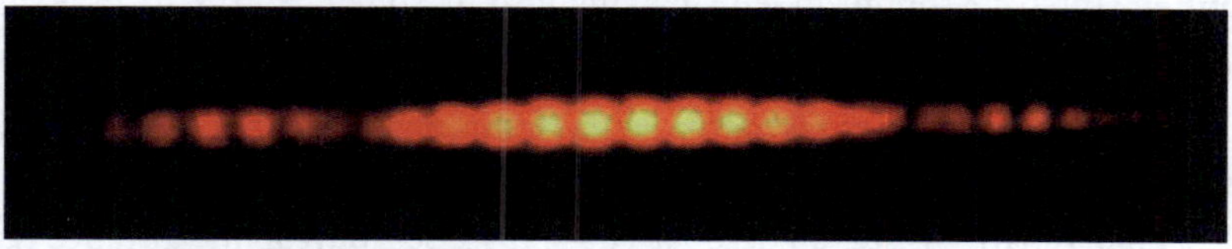

a. Quels sont les deux phénomènes mis en évidence ?

b. Calculer la valeur de l'interfrange de cette figure.

c. Déterminer la largeur de la tache centrale de diffraction, puis trouver la valeur de la largeur commune des deux fentes.

CONSEILS

c. Identifiez les deux expressions de l'écart angulaire.

OBJECTIF BAC

11 Les télescopes spatiaux

60 min

Les deux parties sont indépendantes : la première partie porte sur la protection sonore (niveau d'intensité sonore, atténuation) et la seconde sur l'analyse de signaux électromagnétiques à l'aide de l'effet Doppler.

LE SUJET

Les télescopes spatiaux jouent aujourd'hui un grand rôle dans l'étude de l'Univers car ils ont l'avantage de ne pas être perturbés par l'atmosphère terrestre. En effet, l'atmosphère peut être un filtre puissant pour les radiations électromagnétiques et absorber alors en grande partie le signal que l'on cherche à observer.

Partie 1 Protection sonore sur le pas de lancement

Le port d'une protection sonore est nécessaire si le niveau d'intensité sonore est égal ou dépasse 85 dB. Les casques antibruit ont pour effet d'atténuer le bruit ambiant grâce à des matériaux isolants. Ils permettent une atténuation entre 20 dB et 33 dB.

Les moteurs d'une fusée sur son pas de tir sont lancés. Le niveau d'intensité sonore est égal à 180 dB.

Donnée : intensité sonore du seuil d'audibilité d'un son : $I_0 = 1,0 \times 10^{-12}\ \text{W} \cdot \text{m}^{-2}$.

a. Calculer l'intensité sonore I du son des moteurs de la fusée.

b. Un casque antibruit permettrait-il de rester aux abords de la fusée sans risque auditif ?

c. Le public venant assister au décollage de la fusée se trouve à une distance égale à 2,0 km de celle-ci. Une protection sonore est-elle nécessaire ?

d. Déterminer la distance à partir de laquelle le port du casque antibruit n'est plus nécessaire.

Partie 2 Analyse des mesures effectuées par un télescope spatial

Le télescope spatial Hubble a permis de récolter un grand nombre d'observations dans le domaine des radiations visibles, infrarouges et ultraviolettes.

e. Une radiation de fréquence ν est émise par une étoile dont la vitesse par rapport à la Terre est égale à V_E. Exprimer la fréquence ν_{obs} de cette radiation que l'on observerait sur Terre.

f. Quelle relation d'ordre a-t-on si l'étoile s'éloigne ? si elle se rapproche ?

g. Donner la relation entre la longueur d'onde λ et la fréquence ν d'une radiation et en déduire les relations d'ordre entre la longueur d'onde λ_{obs} observée sur Terre et celle λ de la radiation.

h. On obtient les spectres « hydrogène » de deux étoiles : Sirius et Wolf 359. On les compare avec le spectre d'émission de l'hydrogène obtenu en laboratoire.

Identifier, en justifiant, l'étoile qui s'éloigne de la Terre et celle qui se rapproche.

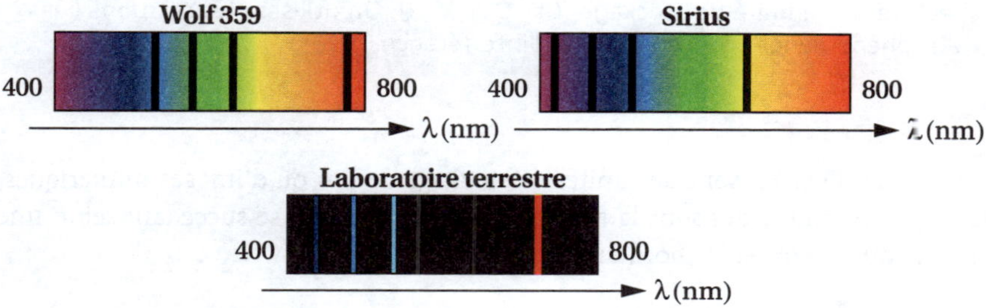

▶▶▶ LA FEUILLE DE ROUTE

Partie 1 Protection sonore sur le pas de lancement

a. Calculer une intensité sonore → FICHE 47

Appliquez la relation $L = 10 \times \log\left(\frac{I}{I_0}\right)$.

b. Calculer un niveau d'intensité sonore (atténuation par absorption) → FICHE 47

Utilisez le fait que le casque antibruit permet de retrancher au niveau d'intensité sonore une certaine valeur.

c. Calculer un niveau d'intensité sonore (atténuation géométrique) → FICHE 47

Utilisez l'expression de l'atténuation en décibels pour faire le calcul. Pensez à convertir la distance en mètres.

d. Calculer une distance à partir de la formule de l'atténuation → FICHE 47

À partir de l'expression de l'atténuation, isolez la distance r. Utilisez le fait que les fonctions $\log(x)$ et 10^x sont inverses l'une de l'autre.

Partie 2 Analyse des mesures effectuées par un télescope spatial

e. Exprimer la fréquence observée → FICHE 50

Utilisez la formule de l'effet Doppler.

f. Trouver la relation d'ordre entre fréquences source et observée → FICHE 50

Si le système s'éloigne, la fréquence observée est inférieure à celle du son émis par le système en mouvement. S'il se rapproche, la fréquence observée est supérieure.

g. Exprimer la relation d'ordre entre les longueurs d'onde → FICHE 50

Appliquez la formule de la célérité en fonction de λ et de ν.

h. Identifier le rapprochement ou l'éloignement d'une source → FICHE 50

Utilisez les résultats obtenus dans la question précédente.

12 CD, DVD et BR : des unités de stockage

60 min

Ce problème traite des phénomènes de diffraction et d'interférences lors de la lecture d'une unité de stockage (CD, DVD, BR). On utilisera les relations liées aux phénomènes de diffraction et d'interférence.

LE SUJET

Les CD, DVD et BR sont des unités de stockage de son ou d'images numériques. Les signaux sont codés sous la forme de creux et de plats se succédant selon une spirale, du centre vers le bord du disque.

Document 1 La lecture d'un disque gravé

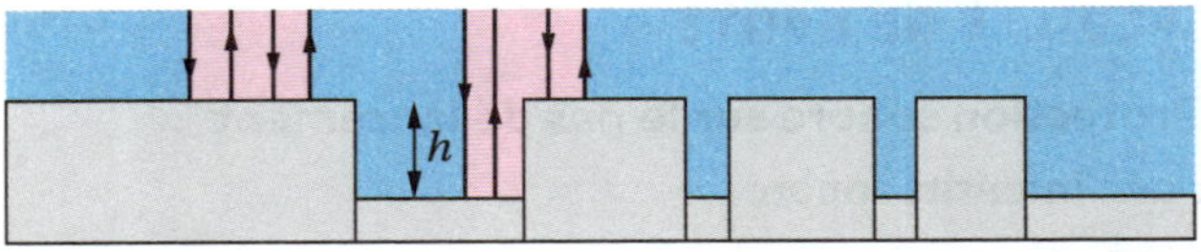

La lecture est basée sur le phénomène des interférences lumineuses. Lorsque la lumière laser arrive sur un plat ou un creux, il se forme des interférences entre les faisceaux réfléchis. Les interférences sont :

- constructives entre deux faisceaux réfléchis sur un plat ou sur un creux ;
- destructives entre deux faisceaux réfléchis pour l'un sur un plat et pour l'autre sur un creux.

Document 2 La diffraction de la lumière laser par un trou

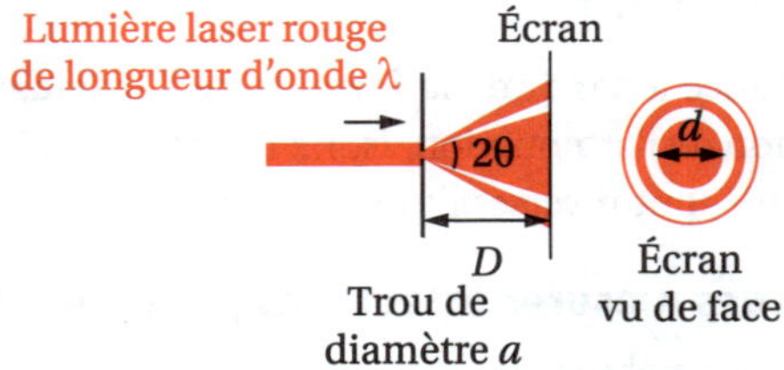

Document 3 Les capacités de stockage des disques

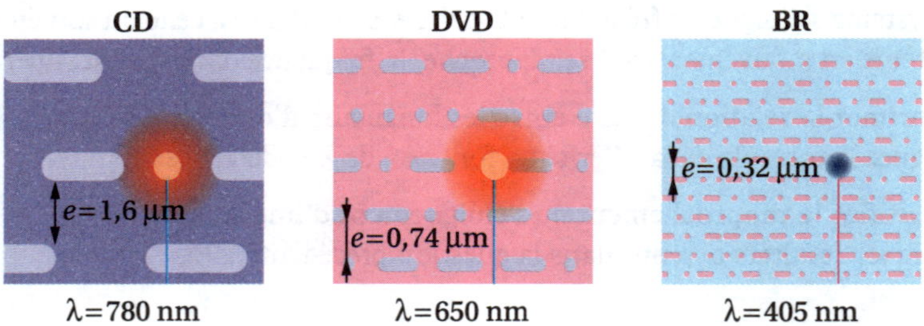

Lors de la lecture du disque, un faisceau laser balaie la surface du disque parsemée d'une succession de creux et de plat. L'écartement e des lignes est un paramètre associé à chaque type de disque et qui est en lien avec sa capacité de stockage.

a. À l'aide du schéma du document 1, montrer que les interférences sont constructives entre deux faisceaux réfléchis sur un plat.

b. Montrer que lorsque $h = \lambda/4$, les interférences entre deux faisceaux réfléchis pour l'un sur un plat et pour l'autre sur un creux sont destructives.

c. Quel phénomène explique l'étalement du faisceau laser sur la surface de lecture ?

d. Exprimer la largeur d de la tache centrale de diffraction du faisceau laser en fonction des autres grandeurs du document 2 (D, λ et a).

e. Calculer la largeur d pour le faisceau laser associé au CD (document 3), sachant que : $D = 1{,}0 \times 10^{-3}$ m et $a = 8{,}0 \times 10^{-4}$ m.

f. Montrer que le faisceau laser du CD ne pourrait pas être utilisé pour lire un DVD ou un BR.

g. Expliquer pourquoi un BR possède une plus grande capacité de stockage qu'un CD ou un DVD.

▶▶▶ LA FEUILLE DE ROUTE

a. et **b.** **Calculer une différence de marche** → FICHE 49

Vous devez connaître les conditions d'interférences constructives et destructives. Pensez que la distance parcourue par le faisceau laser correspond à un aller-retour.

c. **Connaître les différents phénomènes ondulatoires** → FICHE 48

Vous devez savoir identifier les différents phénomènes ondulatoires.

d. **Utiliser les relations de l'écart angulaire** → FICHE 48

Identifiez les deux formules de l'écart angulaire pour isoler la grandeur désirée.

e. **Déterminer l'expression d'une largeur de tache centrale** → FICHE 48

Pensez à convertir toutes les longueurs en mètres avant d'effectuer le calcul.

f. et **g.** **Comparer des longueurs** → FICHE 48

Comparez les écartements du document 3 aux largeurs calculées dans la question précédente, en prenant soin de les convertir dans la même unité.

CORRIGÉS

SE TESTER QUIZ

1 Intensité sonore et atténuation

Réponse a. Le niveau d'intensité sonore L a pour expression : $L = 10 \times \log\left(\frac{I}{I_0}\right)$.

2 Diffraction d'une onde

1. Réponse c. L'écart angulaire θ entre le centre de la tache centrale et la première extinction a pour expression : $\theta = \frac{\lambda}{a}$.

2. Réponse a. Le phénomène de diffraction a lieu si la dimension de l'ouverture ou de l'obstacle est inférieure ou de l'ordre de grandeur de la longueur d'onde.

3 Interférences de deux ondes

1. Réponse b. L'interfrange est : $i = \frac{\lambda \times D}{a}$.

2. Réponses a et c. La proposition **b.** est incorrecte car si les interférences sont constructives entre les deux ondes lumineuses, on obtient une frange lumineuse. Dans ce cas, la différence de marche est : $\delta = k \times \lambda$, avec k entier naturel.

4 Effet Doppler

1. Réponse b.

La relation **a.** est incorrecte car elle correspond au cas où la source est immobile.
La relation **c.** est incorrecte car elle correspond au cas où la source se rapproche.

2. Réponse a. La fréquence perçue par l'observateur est : $\nu_{obs} = \frac{c}{c - V_{source}} \times \nu_{source}$.

S'ENTRAÎNER

5 Mesure de niveau sonore

a. On calcule le niveau d'intensité sonore du son émis par la source :

$$L = 10 \times \log\left(\frac{I}{I_0}\right) = 10 \times \log\left(\frac{8{,}8 \times 10^{-9}}{1{,}0 \times 10^{-12}}\right) = 39 \text{ dB}.$$

b. On exprime l'intensité sonore à partir de la formule du niveau d'intensité sonore :

$$L = 10 \times \log\left(\frac{I}{I_0}\right) \Leftrightarrow \log\left(\frac{I}{I_0}\right) = \frac{L}{10} \Leftrightarrow \frac{I}{I_0} = 10^{\frac{L}{10}} \Leftrightarrow I = I_0 \times 10^{\frac{L}{10}}$$

$$I = I_0 \times 10^{\frac{L}{10}} = 1{,}0 \times 10^{-12} \times 10^{\frac{25}{10}} = 3{,}2 \times 10^{-10} \text{ W}\cdot\text{m}^{-2}.$$

c. L'expression mathématique de l'atténuation géométrique en dB est :
$L(r) = L_{source} - 10 \times \log(4\pi) - 20 \times \log(r)$.

d. On calcule cette atténuation pour les distances indiquées sur le schéma après avoir converti ces distances en mètres :
150 cm = 1,50 m ; 250 cm = 2,50 m ; 350 cm = 3,50 m.
$L(1{,}50\text{ m}) = 39 - 10 \times \log(4\pi) - 20 \times \log(1{,}50) = 24$ dB ;
$L(2{,}50\text{ m}) = 39 - 10 \times \log(4\pi) - 20 \times \log(2{,}50) = 20$ dB ;
$L(3{,}50\text{ m}) = 39 - 10 \times \log(4\pi) - 20 \times \log(3{,}50) = 17$ dB.

e. On détermine l'expression de la différence de niveau sonore $L - L_1$ associés respectivement à une intensité sonore I et à une intensité sonore I_1 :

$$L - L_1 = 10\log\left(\frac{I}{I_0}\right) - 10\log\left(\frac{I_1}{I_0}\right) = 10\log\left(\frac{I}{I_0} \times \frac{I_0}{I_1}\right) = 10\log\left(\frac{I}{I_1}\right).$$

f. On calcule la différence de niveau d'intensité sonore lorsque l'intensité sonore I_1 est égale à la moitié de la valeur de l'intensité sonore I.

On a : $I_1 = \frac{I}{2}$ soit $\frac{I}{I_1} = 2$.

$$L - L_1 = 10\log\left(\frac{I}{I_1}\right) = 10\log(2) = 3\text{ dB}.$$

g. On complète le tableau :

Intensité sonore ($W \cdot m^{-2}$)	39	36	33
Niveau d'intensité sonore (dB)	$8{,}8 \times 10^{-9}$	$4{,}4 \times 10^{-9}$	$2{,}2 \times 10^{-9}$

À NOTER

g. Exploitez la réponse précédente : l'intensité sonore est divisée par 2 chaque fois que le niveau d'intensité sonore diminue de 3 dB.

6 Diffraction à travers une fente

a. Cette lumière est polychromatique.

b. La figure de diffraction obtenue est une série de taches verticales entrecoupées d'extinctions, avec une tache centrale.

c. On convertit les longueurs d'ondes et l'épaisseur en mètres :
480 nm = $4{,}80 \times 10^{-7}$ m ; 560 nm = $5{,}60 \times 10^{-7}$ m ; 650 nm = $6{,}50 \times 10^{-7}$ m ;
800 µm = $8{,}00 \times 10^{-4}$ m.

Pour calculer l'écart angulaire, on applique la formule : $\theta = \frac{\lambda}{a}$.

λ (nm)	480	560	650
θ (rad)	$6{,}00 \times 10^{-4}$	$7{,}00 \times 10^{-4}$	$8{,}13 \times 10^{-4}$

À NOTER

c. Vous devez connaître les conversions suivantes :
1 nm = 1×10^{-9} m ; 1 µm = 1×10^{-6} m.

d. La largeur de la tache centrale L augmente lorsque la longueur d'onde de la radiation augmente car cette largeur varie dans le même sens que l'écart angulaire θ (voir figure page suivante).

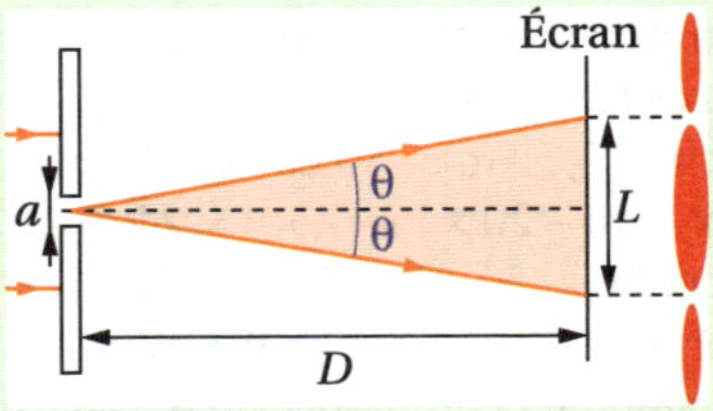

e. Au centre de la tache centrale de diffraction, les trois radiations colorées se superposent : rouge, verte et bleue. Il s'agit des trois couleurs primaires de la synthèse additive des lumières colorées. La tache sera perçue blanche en son centre. Sachant que la largeur de la tache centrale augmente lorsque la longueur d'onde de la radiation augmente, on en déduit que la largeur de la tache rouge sera la plus grande : les bords de la tache centrale de diffraction seront rouges.

7 Détermination de la longueur d'onde d'une radiation

a. On observe sur l'écran des interférences lumineuses.

b. La différence de marche entre les deux ondes lumineuses en un point d'une frange sombre, qui correspond à des interférences destructives, est égale à :
$\delta = (2 \times k + 1) \times \lambda/2$, avec k entier naturel.

c. La différence de marche entre les deux ondes lumineuses en un point d'une frange lumineuse, qui correspond à des interférences constructives, est égale à :
$\delta = k \times \lambda$, avec k entier naturel.

d. L'expression de l'interfrange est : $i = \dfrac{\lambda \times D}{a}$.

On exprime la longueur d'onde à partir de l'expression précédente :
$i = \dfrac{\lambda \times D}{a} \Leftrightarrow \lambda = \dfrac{i \times a}{D}$.

On convertit toutes les longueurs en mètres :
$a = 1{,}2 \text{ mm} = 1{,}2 \times 10^{-3} \text{ m}$
$D = 400 \text{ cm} = 4{,}00 \text{ m}$
$i = 2{,}0 \times 10^{-3} \text{ m}$.

On calcule la valeur de la longueur d'onde :
$$\lambda = \frac{i \times a}{D} = \frac{2{,}0 \times 10^{-3} \times 1{,}2 \times 10^{-3}}{4{,}00} = 6{,}0 \times 10^{-7} \text{m}.$$

À NOTER

d. Toutes les distances doivent être dans la même unité, en, l'occurrence le mètre, pour calculer la longueur d'onde.

8 Détermination d'une fréquence ou d'une vitesse

a. On calcule la fréquence du son perçue par le récepteur lorsque le TGV se rapproche du récepteur : $\nu_{obs} = \dfrac{c}{c - V_{source}} \times \nu_{source}$.

Le TGV se rapprochant, la vitesse est comptée positivement.

On convertit en $m \cdot s^{-1}$: $V_{source} = 300\ km \cdot h^{-1} = 83{,}3\ m \cdot s^{-1}$.

$$\nu_{obs} = \frac{340}{340 - 83{,}3} \times 400 = 530\ Hz.$$

b. On calcule la fréquence du son perçue par le récepteur lorsque le TGV s'éloigne du récepteur :

$$\nu_{obs} = \frac{c}{c - V_{source}} \times \nu_{source}.$$

Le TGV s'éloignant, la vitesse est comptée négativement :
$V_{source} = -300\ km \cdot h^{-1} = -83{,}3\ m \cdot s^{-1}$.

$$\nu_{obs} = \frac{340}{340 + 83{,}3} \times 400 = 321\ Hz.$$

c. On isole V :

$$\nu_{obs} = \frac{c}{c - V} \times \nu_{source} \Leftrightarrow c - V = \frac{c \times \nu_{source}}{\nu_{obs}}$$

$$\Leftrightarrow V = c - \frac{c \times \nu_{source}}{\nu_{obs}}$$

$$\Leftrightarrow V = 340 - \frac{340 \times 400}{360} = -38\ m \cdot s^{-1}$$

$38\ m \cdot s^{-1} = 38 \times 3{,}6\ km \cdot h^{-1} = 1{,}4 \times 10^2\ km \cdot h^{-1}$.
Le train s'éloigne avec une vitesse égale à $1{,}4 \times 10^2\ km \cdot h^{-1}$.

À NOTER

a. à **c.** Vous devez connaître la conversion suivante : $1\ km \cdot h^{-1} = \frac{1}{3{,}6}\ m \cdot s^{-1}$.

9 Perception du son d'un instrument dans un train

a. On calcule les fréquences perçues des sons par les passagers :

$$\nu_{obs} = \frac{c}{c - V_{source}} \times \nu_{source}.$$

- Clarinette : $\nu_{obs} = \frac{340}{340 - 2{,}8} \times 600 = 605\ Hz.$
- Trompette : $\nu_{obs} = \frac{340}{340 - 2{,}8} \times 450 = 454\ Hz.$
- Trombone : $\nu_{obs} = \frac{340}{340 - 2{,}8} \times 300 = 302\ Hz.$

b. Pour calculer les niveaux d'intensité sonore si le train se trouve à 10 mètres de la fanfare, on applique la formule de l'atténuation géométrique :

- $L(\text{clarinette}) = 45 - 10 \times \log(4\pi) - 20 \times \log(10) = 14\ dB$;
- $L(\text{trompette}) = 54 - 10 \times \log(4\pi) - 20 \times \log(10) = 23\ dB$;
- $L(\text{trombone}) = 59 - 10 \times \log(4\pi) - 20 \times \log(10) = 28\ dB$.

c. Lorsque le train s'approche du quai, les fréquences perçues diminuent : elles se rapprochent par valeur supérieure de la fréquence des sons émis par chaque instrument.

d. Lorsque le train s'approche du quai, les niveaux d'intensité perçus augmentent car la distance diminue.

10 Deux phénomènes associés à l'onde lumineuse

a. Les deux phénomènes mis en évidence sont la diffraction (tache centrale entourée de taches secondaires) et les interférences (succession de franges lumineuses et sombres).

b. On calcule l'interfrange de cette figure :

$i = \dfrac{\lambda \times D}{a}$.

On convertit toutes les longueurs en mètres :

$\lambda = 650 \text{ nm} = 650 \times 10^{-9}$ m ; $D = 2{,}50$ m ; $a = 3{,}00$ mm $= 3{,}00 \times 10^{-3}$ m.

$$i = \frac{\lambda \times D}{a} = \frac{650 \times 10^{-9} \times 2{,}50}{3{,}00 \times 10^{-3}} = 5{,}42 \times 10^{-4} \text{m}.$$

c. On compte 13 franges lumineuses dans la tache centrale de diffraction :

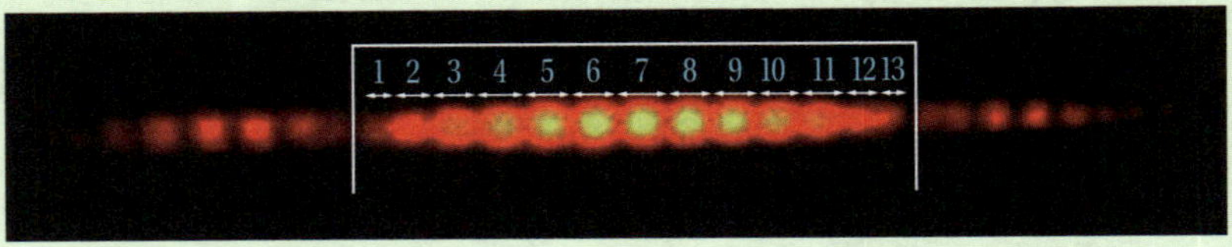

Cela correspond donc à 12 interfranges et la largeur de la tache centrale est donc égale à :

$L = 12 \times i = 12 \times 5{,}42 \times 10^{-4} = 6{,}50 \times 10^{-3}$m.

On applique la formule de la tangente dans le triangle rectangle suivant :

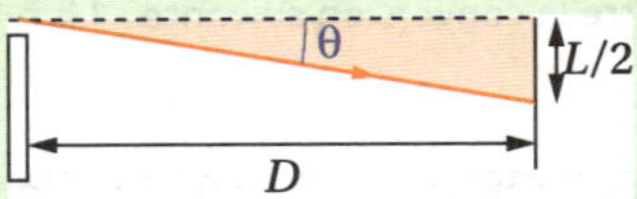

$$\tan(\theta) = \frac{\text{côté opposé}}{\text{côté adjacent}} = \frac{L/2}{D} = \frac{L}{2 \times D}.$$

$$\theta \approx \tan(\theta) \text{ donc } \theta = \frac{L}{2 \times D}.$$

On détermine la valeur de la largeur commune des deux fentes en identifiant les deux expressions de l'écart angulaire θ :

$$\frac{L}{2 \times D} = \frac{\lambda}{a} \Leftrightarrow a = \frac{\lambda \times 2 \times D}{L}.$$

On calcule la largeur de la fente en ayant réalisé les conversions d'unité adéquates :

$$a = \frac{\lambda \times 2 \times D}{L} = \frac{650 \times 10^{-9} \times 2 \times 2{,}50}{6{,}50 \times 10^{-3}} = 5{,}00 \times 10^{-4} \text{m}.$$

À NOTER

c. Toutes les distances doivent être dans la même unité, en l'occurrence le mètre, pour calculer la largeur de la fente *a*.

OBJECTIF BAC

11 Les télescopes spatiaux

Partie 1 Protection sonore sur le pas de lancement

a. On exprime l'intensité sonore à partir de la formule du niveau d'intensité sonore :

$$L = 10 \times \log\left(\frac{I}{I_0}\right) \Leftrightarrow \log\left(\frac{I}{I_0}\right) = \frac{L}{10} \Leftrightarrow \frac{I}{I_0} = 10^{\frac{L}{10}} \Leftrightarrow I = I_0 \times 10^{\frac{L}{10}}.$$

$$I = I_0 \times 10^{\frac{L}{10}} = 1{,}0 \times 10^{-12} \times 10^{\frac{180}{10}} = 1{,}0 \times 10^{6}\ \text{W}\cdot\text{m}^{-2}.$$

b. Un casque antibruit permet de diminuer le niveau d'intensité sonore :

L(avec casque) = 180 – 33 = 147 dB.

Ceci est supérieur à 85 dB et donc le port du casque ne permettrait pas de rester aux abords de la fusée.

c. On convertit la distance en mètres :

2,0 km = $2{,}0 \times 10^3$ m.

On utilise l'expression mathématique de l'atténuation géométrique :

$$L(r) = L_{\text{source}} - 10 \times \log(4\pi) - 20 \times \log(r)$$

$$L(2{,}0 \times 10^3) = 180 - 10 \times \log(4\pi) - 20 \times \log(2{,}0 \times 10^3) = 103\ \text{dB}.$$

À cette distance, une protection est nécessaire car le niveau d'intensité sonore est supérieur à 85 dB.

d. On détermine la distance à partir de laquelle le port du casque antibruit n'est plus nécessaire.

On pose $L(r) = 85$ dB, $L_{\text{source}} = 180$ dB puis on isole la distance r :

$$85 = 180 - 10 \times \log(4\pi) - 20 \times \log(r) \Leftrightarrow \log(r) = \frac{85 - 180 + 10 \times \log(4\pi)}{-20}$$

$$\Leftrightarrow \log(r) = \frac{95 - 10 \times \log(4\pi)}{20}$$

$$\Leftrightarrow r = 10^{\frac{95 - 10\times\log(4\pi)}{20}}$$

$$\Leftrightarrow r = 10^{\frac{95 - 10\times\log(4\pi)}{20}} = 1{,}6 \times 10^4\ \text{m}$$

Il faut se placer à une distance d'au moins 16 km pour que le port du casque ne soit pas nécessaire.

Partie 2 Analyse des mesures effectuées par un télescope spatial

e. On exprime la fréquence ν_{obs} de cette radiation que l'on observerait sur Terre :

$$\nu_{\text{obs}} = \frac{c}{c - V_E} \times \nu.$$

f. Les relations d'ordre sont les suivantes :

- si l'étoile se rapproche de nous : $\nu_{\text{obs}} > \nu$;
- si l'étoile s'éloigne de nous : $\nu_{\text{obs}} < \nu$.

g. La relation entre la longueur d'onde λ et la fréquence ν d'une radiation est la suivante :

$c = \lambda \times \nu$.

Les deux grandeurs varient en sens inverse : si l'une augmente alors l'autre diminue. On en déduit les relations d'ordre entre la longueur d'onde λ_{obs} observée sur Terre et celle λ de la radiation :

- si l'étoile se rapproche de nous : $\lambda_{obs} < \lambda$;
- si l'étoile s'éloigne de nous : $\lambda_{obs} > \lambda$.

h. Les raies noires du spectre des étoiles correspondent aux raies d'absorption de l'hydrogène que l'on peut comparer aux raies d'émission de l'hydrogène sur Terre.
Pour Sirius, on constate que les longueurs d'onde sont inférieures à celles sur Terre : l'étoile se rapproche de la Terre.
Pour Wolf 359, on constate que les longueurs d'onde sont supérieures à celles sur Terre : l'étoile s'éloigne de la Terre.

12 CD, DVD et BR : des unités de stockage

a. Soit deux faisceaux réfléchis sur un plat. La différence de marche δ entre ces deux faisceaux est égale à zéro, ce qui correspond alors à des interférences constructives.

b. La différence de marche entre deux faisceaux réfléchis pour l'un sur un plat et l'autre sur un creux est égale à deux fois la profondeur du creux *h*.
$\delta = 2 \times h = 2 \times \lambda/4 = \lambda/2$.
La différence de marche est égale à un nombre impair de demi-longueurs d'onde donc les interférences sont destructives.

c. Le phénomène qui explique l'étalement du faisceau laser sur la surface de lecture est la diffraction.

d. On identifie les deux formules de l'écart angulaire (document 2) puis on isole *d* :

$$\theta = \frac{d}{2 \times D} = \frac{1{,}22 \times \lambda}{a} \Leftrightarrow d = \frac{2 \times 1{,}22 \times D \times \lambda}{a}.$$

e. On calcule la largeur *d* pour le faisceau laser associé au CD de longueur d'onde λ égale à 780 nm (document 3) soit 780×10^{-9} m :

$$d = \frac{2 \times 1{,}22 \times 1{,}0 \times 10^{-3} \times 780 \times 10^{-9}}{8{,}0 \times 10^{-4}} = 2{,}4 \times 10^{-6}\,\text{m}.$$

f. Pour pouvoir être utilisé, il faut que l'étalement du faisceau laser du CD soit inférieur strictement à deux fois l'écartement *e* du DVD ou du BR.

- Pour le DVD : $2 \times e = 2 \times 0{,}74$ µm $= 1{,}48$ µm.

On convertit la largeur du faisceau laser du CD en micromètres :
$d = 2{,}4 \times 10^{-6}$ m $= 2{,}4$ µm.
On constate que : 2,4 µm > 1,48 µm.
Le laser du CD ne peut pas être utilisé pour lire un DVD.

- Pour le BR : $2 \times e = 2 \times 0{,}32$ µm $= 0{,}64$ µm.

On constate que : 2,4 µm > 0,64 µm.
Le laser du CD ne peut pas être utilisé pour lire un BR.

À NOTER

f. Pour le CD, $2 \times e = 2 \times 1{,}6$ µm $= 3{,}2$ µm donc on a bien : 2,4 µm < 3,2 µm.

g. Un BR possède une plus grande capacité de stockage que le CD ou le DVD car l'écartement étant plus petit, on peut sur une même surface de disque y graver plus de pistes et donc plus d'informations.

13 Lunette astronomique Flux de photons

Energy Observer est un navire qui fonctionne grâce à une chaîne de production d'énergie reposant complètement sur des **sources d'énergies renouvelables** : le Soleil, le vent et l'océan. Il convertit l'énergie lumineuse produite par le Soleil en énergie électrique, afin d'alimenter ses moteurs et les installations domestiques du bateau.

51 La lunette astronomique

En bref *La lunette astronomique permet d'observer des objets très éloignés (considérés comme situés à l'infini) en augmentant leur diamètre apparent par rapport à une observation à l'œil nu.*

I Caractéristiques et principe

■ Une lunette astronomique est composée de **deux lentilles convergentes**.

• La lentille L_1 située à l'entrée de la lunette sert d'**objectif** : elle capte la lumière de l'astre et en forme une image en son foyer image. Elle a une très grande distance focale f'_1, de l'ordre du mètre.

• La lentille L_2, qui est placée en sortie de la lunette, a le rôle d'**oculaire** : elle grossit l'image obtenue par l'objectif et la rejette à l'infini pour qu'elle puisse être observée par l'œil. Elle a une distance focale f'_2 de l'ordre du centimètre.

■ L'objectif donne d'un objet AB situé **à l'infini**, une image A'B' située dans son plan focal image. Cette image a le rôle d'objet pour l'oculaire et se trouve également dans le plan focal objet de l'oculaire car les points F'_1 et F_2 sont confondus. L'image A″B″ donnée par la lunette est donc rejetée à l'infini. Ainsi, AB et A″B″ sont à l'infini : on dit que la lunette est un système afocal.

MOT CLÉ
Un objet (ou une image) situé(e) **à l'infini** a ses rayons lumineux qui arrivent (ou partent) tous parallèles entre eux sur (de) la lentille.

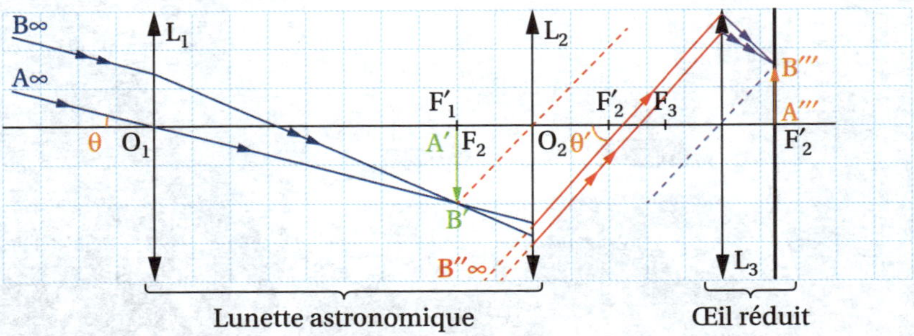

II Grossissement d'une lunette astronomique

■ Le **diamètre apparent** d'un objet est défini par l'angle formé par les points extrêmes de l'objet (A et B ou A″ et B″) et l'œil de l'observateur.

■ Le **grossissement** G d'une lunette astronomique est égal au rapport entre le diamètre apparent de l'astre observé à travers la lunette (θ′) et le diamètre apparent de l'astre observé à l'œil nu (θ). C'est une caractéristique de la lunette :

$$G = \frac{\theta'}{\theta} = \frac{f'_1}{f'_2}$$

θ et θ′ diamètres apparents en radians ; f'_1 et f'_2 distances focales de l'objectif et de l'oculaire de la lunette en mètres.

Méthode

Exprimer les diamètres apparents, en déduire le grossissement

On s'intéresse à une lunette astronomique dont les distances focales sont $f'_1 = 1{,}15$ m pour l'objectif (L_1) et $f'_2 = 25$ cm pour l'oculaire (L_2).

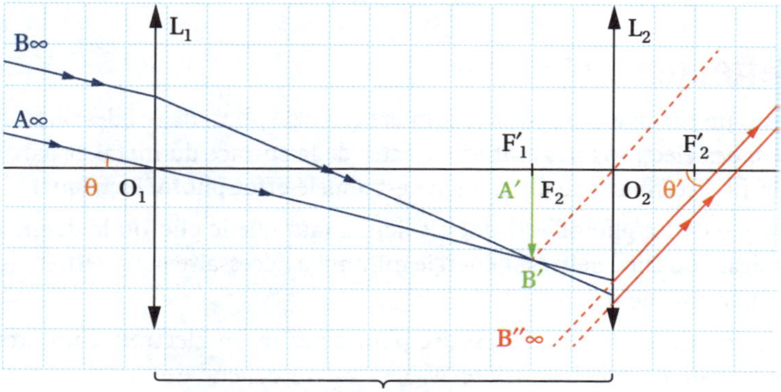

Lunette astronomique

a. Exprimer θ en fonction de A'B' et f'_1 et θ' en fonction de A'B' et f'_2.

b. Exprimer le grossissement de la lunette en fonction de f'_1 et f'_2.

c. Calculer la valeur du grossissement.

CONSEILS

a. Souvenez-vous que deux droites parallèles coupées par une sécante forment des angles alternes-internes égaux et que deux angles opposés par leurs sommets sont égaux. Les angles θ et θ' étant très petits, appliquez l'**approximation des petits angles** : $\tan\theta = \theta$ et $\tan\theta' = \theta'$.

b. Utilisez la réponse précédente pour remplacer les termes de la formule du grossissement.

c. Exprimez les valeurs d'une même grandeur toutes dans la même unité.

SOLUTION

a. Dans le triangle $O_1F'_1B'$: $\tan\theta = \dfrac{A'B'}{O_1F'_1}$ avec A' et F'_1 confondus et $O_1F'_1 = f'_1$.

Dans le triangle O_2F_2B' : $\tan\theta' = \dfrac{A'B'}{O_2F_2}$ avec A' et F_2 confondus et $O_2F_2 = f'_2$.

D'après l'approximation des petits angles : $\theta = \tan\theta = \dfrac{A'B'}{f'_1}$ et $\theta' = \tan\theta' = \dfrac{A'B'}{f'_2}$.

b. On sait que $G = \dfrac{\theta'}{\theta}$ soit $G = \dfrac{\dfrac{A'B'}{f'_2}}{\dfrac{A'B'}{f'_1}} = \dfrac{A'B'}{f'_2} \times \dfrac{f'_1}{A'B'}$ d'où $G = \dfrac{f'_1}{f'_2}$.

c. $G = \dfrac{f'_1}{f'_2} = \dfrac{1{,}15}{25 \times 10^{-2}} = 4{,}6$. La lunette a un grossissement de 4,6.

52 Effet photoélectrique et cellule photovoltaïque

En bref *Un métal qui reçoit de la lumière peut libérer des électrons : c'est l'effet photoélectrique. Grâce à ce phénomène, les cellules photovoltaïques peuvent convertir l'énergie lumineuse en énergie électrique.*

I L'effet photoélectrique

■ Quand un métal est exposé à la lumière (flux de photons), si des photons sont absorbés, des électrons peuvent être éjectés de la surface du métal et participer à un courant électrique : ce phénomène est appelé **effet photoélectrique**.

■ Pour que l'effet photoélectrique ait lieu, il faut que le photon incident ait une énergie **égale ou supérieure** à l'énergie minimale nécessaire pour extraire un électron d'un atome de métal.

■ Cette énergie minimale nécessaire pour extraire un électron d'un atome est appelée **travail d'extraction** (noté W_0), sa valeur dépend du métal considéré.

■ On appelle **fréquence seuil** la fréquence du photon pour laquelle son énergie est égale au travail d'extraction :

$$W_0 = \text{h} \times \nu_0$$

W_0 énergie en joules (J) ; ν_0 en hertz (Hz) ;
h constante de Planck : $\text{h} = 6{,}63 \times 10^{-34}$ J·s.

■ Si l'énergie fournie par le photon est supérieure à W_0, l'excédent se retrouve sous forme d'**énergie cinétique** pour l'électron : $E_{c,\max} = \text{h} \times \nu - W_0$ avec $E_{c,\max}$ en J.

II Étude d'une cellule photovoltaïque

■ Les cellules photovoltaïques sont constituées d'un **métal semi-conducteur** qui libère des électrons lorsqu'il reçoit de l'énergie lumineuse (flux de photons) en quantité suffisante. Ces électrons en se déplaçant produisent un courant électrique.

■ Sous un éclairement donné, une cellule photovoltaïque est **caractérisée** par une courbe courant-tension et par une courbe puissance-tension.

■ La **puissance électrique produite** par une cellule photovoltaïque éclairée dépend de la tension aux bornes de la cellule U_c et du courant électrique généré par la cellule I_c : $P = U_c \times I_c$ avec P en watts (W), U en volts (V) et I en ampères (A).

■ La **puissance lumineuse reçue** par une cellule photovoltaïque $P_{\text{reçue}}$ dépend de l'éclairement E produit par la source lumineuse et de la surface S de la cellule : $P_{\text{reçue}} = E \times S$ avec $P_{\text{reçue}}$ en watts(W), E en W·m^{-2} et S en mètres carrés (m^2).

■ Le **rendement** η d'une cellule photovoltaïque s'écrit :

$$\eta = \frac{\text{Puissance électrique maximale produite}}{\text{Puissance lumineuse reçue}} = \frac{P_m}{E \times S} = \frac{U_{c,m} \times I_{c,m}}{E \times S}$$

Méthode

Calculer l'énergie cinétique d'un électron

Un métal exposé à une lumière monochromatique de longueur d'onde 600 nm émet des électrons. L'énergie d'extraction d'un électron de ce métal est $W_0 = 3{,}00 \times 10^{-19}$ J.

a. Faire le bilan d'énergie lorsque l'onde lumineuse arrive sur le métal.

b. Exprimer la vitesse maximale de l'électron en fonction de la longueur d'onde de la radiation.

c. Calculer la vitesse maximale d'un électron libéré par la radiation lumineuse.

Données :

- constante de Planck : $h = 6{,}63 \times 10^{-34}$ J·s ;
- masse de l'électron : $m_e = 9{,}12 \times 10^{-31}$ kg ;
- célérité des ondes lumineuses dans l'air et le vide : $c = 3{,}00 \times 10^8$ m·s⁻¹.

CONSEILS

a. Prenez en compte l'énergie fournie par un photon, le travail d'extraction et l'énergie de l'électron une fois qu'il a été libéré.

b. Utilisez la formule de l'énergie cinétique d'un corps de masse *m* et l'expression de l'énergie fournie par un photon pour en déduire l'expression de la vitesse en fonction des autres variables.

c. Pensez à prendre la racine carrée pour obtenir la valeur de la vitesse et non son carré.

SOLUTION

a. L'énergie fournie par un photon au métal sert d'une part à libérer un électron (énergie d'extraction) et d'autre part au mouvement de l'électron (énergie cinétique). On a donc : $E_{\text{photon}} = W_0 + E_{c,\text{max}}$.

b. On sait que $E_{\text{photon}} = h \times \nu = \dfrac{h \times c}{\lambda}$ et que $E_{c,\text{max}} = \dfrac{1}{2} \times m_{\text{électron}} \times v^2$, donc :

$$\frac{h \times c}{\lambda} = W_0 + \frac{1}{2} \times m_{\text{électron}} \times v^2$$

$$v = \sqrt{\frac{2\left(\dfrac{h \times c}{\lambda} - W_0\right)}{m_{\text{électron}}}}.$$

c. On calcule la vitesse maximale de l'électron libéré par la radiation de longueur d'onde λ égale à 600 nm :

$$v = \sqrt{\frac{2\left(\dfrac{h \times c}{\lambda} - W_0\right)}{m_{\text{électron}}}} = \sqrt{\frac{2\left(\dfrac{6{,}63 \times 10^{-34} \times 3{,}00 \times 10^{8}}{600 \times 10^{-9}} - 3{,}00 \times 10^{-19}\right)}{9{,}12 \times 10^{-31}}}$$

$v = 2{,}63 \times 10^5$ m·s⁻¹.

MÉMO VISUEL

LUNETTE FLUX

Lunette astronomique

Principe

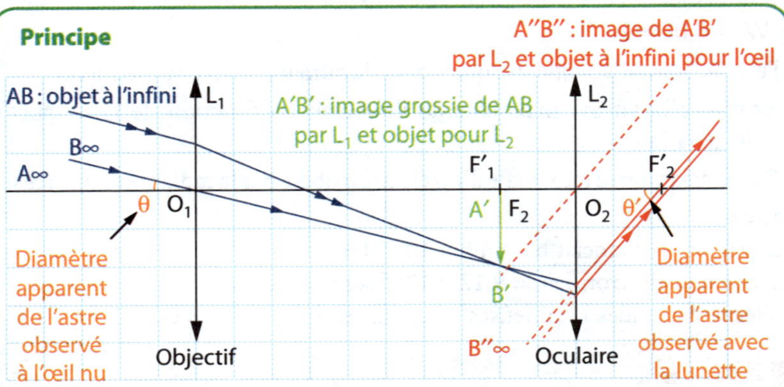

Grossissement

$$G = \frac{\theta'}{\theta} = \frac{f_1'}{f_2'}$$

Caractéristiques des photons

- $m_{photon} = 0$ kg
- $q_{photon} = 0$ C
- $v_{photon} = c = 3{,}00 \times 10^8$ m·s^{-1}

$$E_{photon} = h\,\nu = \frac{h\,c}{\lambda}$$

Effet photoélectrique

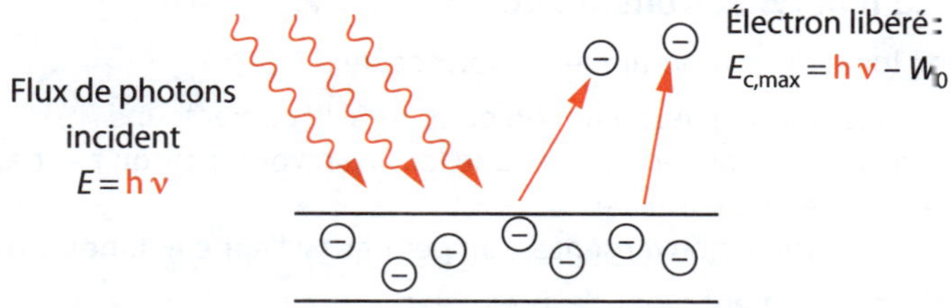

- Si $E_{photon} < W_0$
- Si $E_{photon} \geqslant W_0$

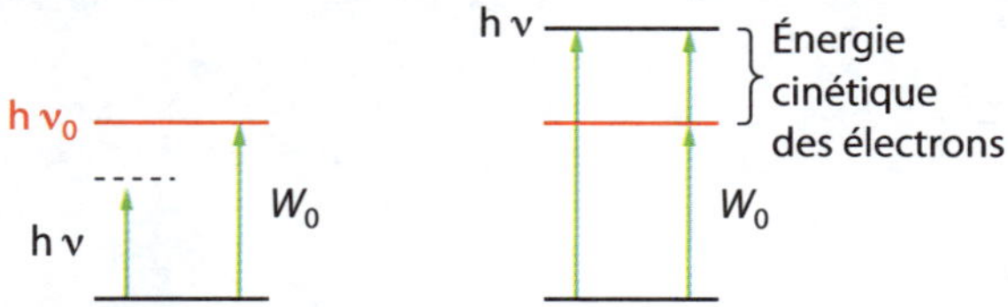

→ **Pas** d'effet photoélectrique

→ Effet photoélectrique
Énergie cinétique de l'électron libéré :

$$E_{c,max} = h\nu - W_0$$

ASTRONOMIQUE DE PHOTONS

Effet photoélectrique et cellule photovoltaïque

Cellule photovoltaïque

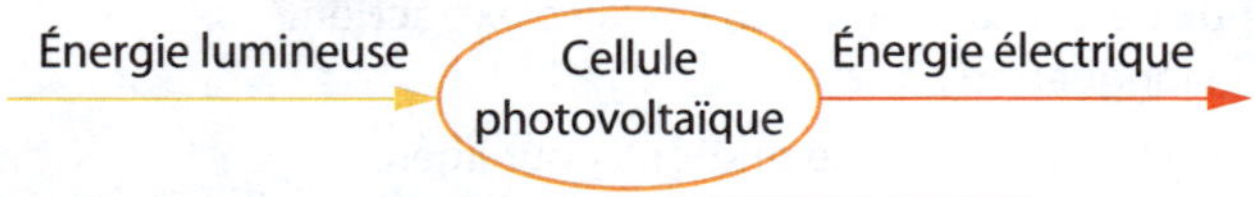

- Puissance électrique **produite** : $P_{produite} = U_{cellule}\, I_{cellule}$ (W, V, A)
- Puissance lumineuse **reçue** : $P_{lumineuse\ reçue} = E\,S$ (W, $W \cdot m^{-2}$, m^2)
- **Rendement** : $\eta = \dfrac{\text{puissance électrique maximale produite}}{\text{puissance lumineuse reçue}} = \dfrac{P_{prod\ max}}{E\,S}$

SE TESTER QUIZ

Vérifiez que vous avez bien compris les points clés des **fiches 51 et 52**.

1 La lunette astronomique

→ FICHE 51

1. Une lunette astronomique est formée de :

☐ **a.** une lentille convergente, on peut aussi l'appeler loupe
☐ **b.** une lentille convergente et une lentille divergente, on peut aussi l'appeler lunette de Galilée
☐ **c.** deux lentilles convergentes, on peut aussi l'appeler lunette de Kepler

2. Le grossissement a pour expression :

☐ **a.** $G = \dfrac{\theta'}{\theta}$

☐ **b.** $G = \dfrac{\theta}{\theta'}$

☐ **c.** $G = \dfrac{f'_1}{f'_2}$

2 Effet photoélectrique et cellule photovoltaïque

→ FICHE 52

1. L'effet photoélectrique est :

☐ **a.** la libération de photons
☐ **b.** la libération d'électrons
☐ **c.** la transformation de photons en électrons

2. L'effet photoélectrique dépend :

☐ **a.** de l'énergie reçue par le métal
☐ **b.** de la fréquence de la radiation lumineuse
☐ **c.** de la vitesse de la radiation lumineuse

3. La longueur d'onde de seuil est la longueur d'onde qui correspond à une énergie du flux de photons égale au travail d'extraction. Elle correspond à la longueur d'onde :

☐ **a.** minimale que doit avoir le flux de photons pour libérer un ou plusieurs électrons par effet photoélectrique
☐ **b.** maximale que doit avoir le flux de photons pour libérer un ou plusieurs électrons par effet photoélectrique

4. Le rendement d'une cellule photovoltaïque est :

☐ **a.** $\eta = \dfrac{\text{Puissance lumineuse reçue}}{\text{Puissance électrique maximale produite}}$

☐ **b.** $\eta = \dfrac{\text{Puissance électrique produite}}{\text{Puissance lumineuse maximale reçue}}$

S'ENTRAÎNER

Données pour tous les exercices :
- célérité des ondes lumineuses dans le vide ou dans l'air : $c = 3{,}00 \times 10^{8}\ \text{m} \cdot \text{s}^{-1}$;
- constante de Planck : $h = 6{,}63 \times 10^{-34}\ \text{J} \cdot \text{s}$;
- relation électronvolt/joule : $1\ \text{eV} = 1{,}602 \times 10^{-19}\ \text{J}$.

3 Formules du grossissement

→ FICHE 51

On sait que le grossissement d'une lunette astronomique est égal au rapport des diamètres apparents de l'astre observé. Il peut également être calculé à partir des distances focales de l'objectif et de l'oculaire de la lunette.

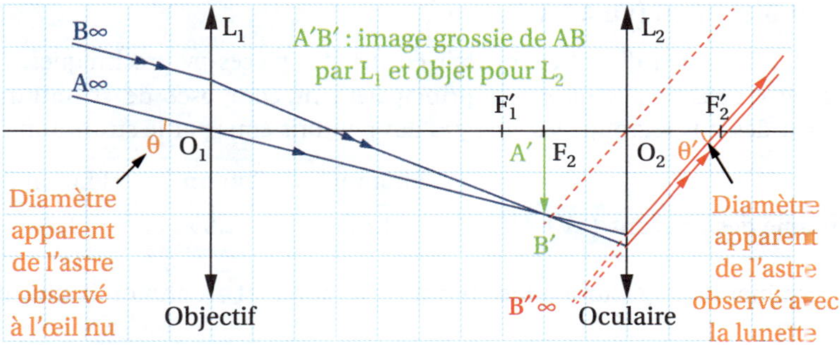

Retrouver l'expression du grossissement en fonction des distances focales des deux lentilles de la lunette.

CONSEILS
Utilisez les relations de trigonométrie et faites l'approximation des petits angles.

4 Représentation d'un faisceau lumineux

→ FICHE 51

Une lunette astronomique est constituée d'un objectif de distance focale $f'_1 = 1{,}25$ m et d'un oculaire de distance focale $f'_2 = 25$ cm.

a. Faire un schéma de la lunette astronomique et représenter le trajet de la lumière issue d'une source lumineuse AB située à l'infini.

b. Calculer le grossissement de cette lunette.

5 Déterminer une distance focale

→ FICHE 51

Une lunette astronomique est constituée d'un objectif de distance focale $f'_1 = 1{,}15$ m et d'un oculaire de distance focale f'_2. Le grossissement de cette lunette est égal à 46.

Déterminer la valeur de f'_2 la distance focale de l'oculaire.

6 Énergies de photons (vu en 1re)

→ FICHE 52

a. Quelles sont les fréquences des photons associés à une lumière bleue ($\lambda_B = 450$ nm) et à une lumière verte ($\lambda_V = 550$ nm) ?

b. Calculer en joules puis en électronvolts les énergies de ces photons.

À NOTER

Rappels :

- pour une radiation, la relation entre fréquence et longueur d'onde est : $\nu = \frac{c}{\lambda}$;
- pour une radiation, l'énergie a pour expressions : $E = h \times \nu = h \times \frac{c}{\lambda}$.

7 Feu d'artifice (vu en 1re)

→ FICHE 52

Pour obtenir un feu d'artifice, on fait éclater des pièces pyrotechniques. L'une d'elles, le « crackling R100 », est principalement composée de strontium. Le tableau ci-dessous regroupe les énergies des photons émis par le strontium :

	Photon 1	Photon 2	Photon 3
Énergie des photons (eV)	3,61	1,85	1,76

a. Déterminer la longueur d'onde en nm correspondant au photon 3 émis par le strontium.

Le diagramme avec les niveaux d'énergie du strontium est donné ci-contre.

b. Comment appelle-t-on le niveau d'énergie E_0 ? Et les autres niveaux E_n ?

c. Déterminer à quelle transition correspond l'émission du photon 3 sachant que l'atome était initialement au niveau E_5. Représenter cette transition par une flèche sur le diagramme des niveaux d'énergie.

d. À quel photon émis par le strontium correspond la transition du niveau E_3 vers le niveau E_0 ?

e. Quelle est la fréquence du photon émis lors de cette transition ?

Niveaux d'énergie du strontium

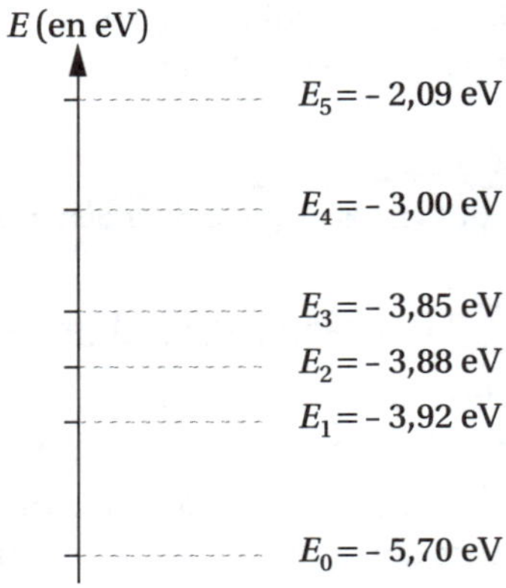

8 Exposition d'un matériau à des radiations lumineuses

→ FICHE 52

On dispose d'un matériau dont le travail d'extraction est de 2,40 eV. Il est éclairé par un faisceau polychromatique composé de deux radiations de longueurs d'ondes $\lambda_1 = 430$ nm et $\lambda_2 = 580$ nm. Les deux radiations permettent-elles l'effet photoélectrique ?

CONSEILS
Pensez que la longueur d'onde est inversement proportionnelle à la fréquence et à l'énergie.

9 Identification d'un métal

→ FICHE 52

Une surface métallique éclairée par une lumière de longueur d'onde 484 nm émet des électrons dont l'énergie cinétique maximale est de $3{,}28 \times 10^{-20}$ J.

Identifier le métal utilisé.

Données : travail d'extraction pour différents éléments :

Calcium	Étain	Sodium
$4{,}60 \times 10^{-19}$ J	$7{,}08 \times 10^{-19}$ J	$3{,}78 \times 10^{-19}$ J

10 Rendement d'un panneau photovoltaïque

→ FICHE 52

Le graphique ci-dessous donne les caractéristiques (courbes puissance-tension) d'un panneau photovoltaïque dont les dimensions sont 1 200 × 1 800 mm.

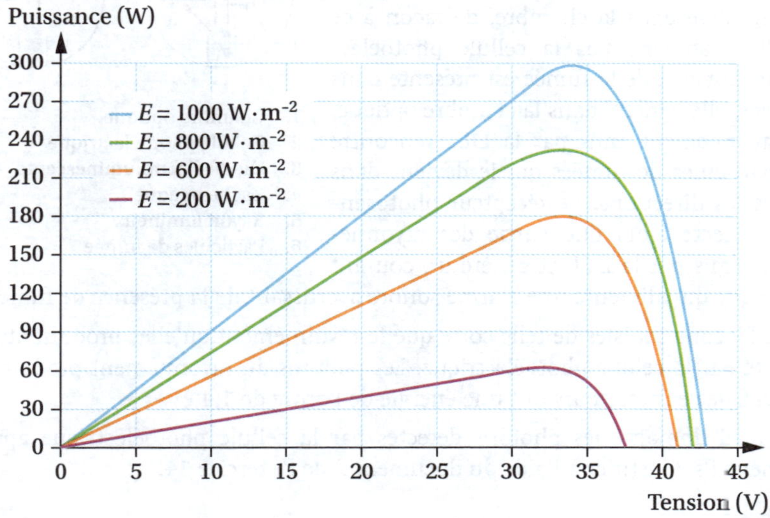

a. Déterminer graphiquement la puissance électrique maximale produite par le panneau photovoltaïque lorsqu'il est soumis à un éclairement de 200 $W \cdot m^{-2}$.

b. Calculer la surface du panneau photovoltaïque.

c. Déterminer le rendement de ce panneau photovoltaïque.

11 Comparaison entre cellule et panneau photovoltaïques

→ FICHE 52

Les caractéristiques d'un panneau photovoltaïque lorsqu'il est sous un ensoleillement optimal de 1 000 $W \cdot m^{-2}$ à 25 °C sont les suivantes :

- dimension : 1,65 m^2 ;
- nombre de cellules : 60 ;
- puissance électrique maximale : 200 W ± 5 % ;
- rendement d'une cellule : 15 %.

a. Calculer le rendement de ce panneau lorsqu'il est utilisé dans des conditions optimales.

b. Comparer ce rendement au rendement d'une seule cellule. Proposer une explication pour la différence observée entre les deux résultats.

12 Détecteurs de fumée

→ FICHE 52

Afin de prévenir des risques d'incendies, l'installation de détecteurs de fumées est obligatoire dans tous les logements depuis 2016.

Les détecteurs optiques contiennent une chambre optique composée d'une diode électroluminescente (DEL), d'un récepteur (cellule photoélectrique) qui alimente une alarme sonore. La DEL produit, en permanence, une lumière dans la chambre, de façon à ce qu'elle n'atteigne pas la cellule photoélectrique. Lorsque de la fumée est présente dans la pièce, elle pénètre dans la chambre optique. Le rayonnement émis par la DEL rencontre ces particules de fumées qui le dévient dans toutes les directions. Le récepteur photosensible détecte alors une partie des rayonnements émis par la DEL et génère un courant électrique qui alimente une alarme sonore avertissant de la présence de fumées.

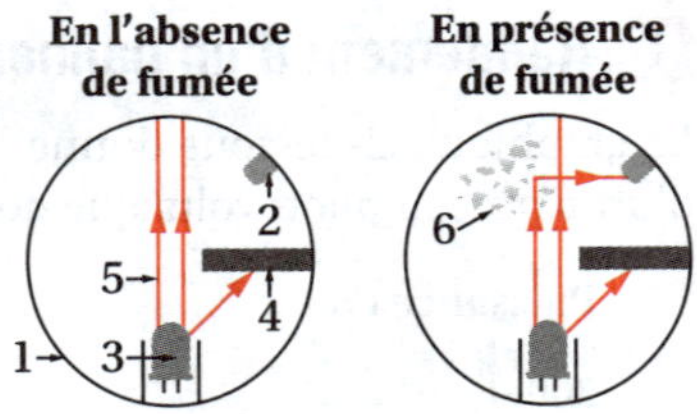

1. Chambre optique
2. Cellule photoélectrique
3. Diode électroluminescente
4. Cache opaque
5. Rayon lumineux
6. Particules de fumée

Les DEL sont choisies de telle sorte que le rayonnement qu'elles produisent soit détecté par la cellule photoélectrique. Les photons du rayonnement produit par les DEL de ces détecteurs ont une énergie de l'ordre de 1,4 eV.

a. À quel domaine les photons détectés par la cellule photoélectrique appartiennent-ils ? Justifier à l'aide du document 2 de l'exercice 14.

À NOTER

a. Le domaine d'une radiation dépend de sa longueur d'onde.

b. Expliquer la phrase : « Les DEL sont choisies de telle sorte que le rayonnement qu'elles produisent soit détecté par la cellule photoélectrique. »

13 Station mobile ADES

→ FICHE 52

La station électrique mobile ADES est une unité de production électrique combinant différentes sources d'énergie renouvelables : panneaux photovoltaïques et éoliennes ainsi qu'un groupe électrogène fonctionnant grâce à un moteur diesel et un ensemble d'accumulateurs. Le nombre de panneaux photovoltaïques utilisés est variable et déterminé en fonction des besoins sur le site d'exploitation. La station mobile peut déployer jusqu'à 84 panneaux de 1,65 m² chacun.

Cette station électrique mobile a été utilisée en Haïti pour alimenter un village de 35 maisons suite à un tremblement de terre. Durant l'intervention à Haïti, l'ensoleillement moyen sur l'année était de 600 $W \cdot m^{-2}$.

À NOTER

Il faut distinguer panneau photovoltaïque et panneau solaire thermique. Le premier capte la lumière du rayonnement solaire pour produire de l'électricité par conversion d'énergie, tandis que le second capte la chaleur du rayonnement solaire pour produire de l'eau chaude sanitaire et de chauffage par transfert d'énergie.

On donne ci-dessous la caractéristique courant-tension d'un panneau photovoltaïque de la station ADES en fonction de l'ensoleillement.

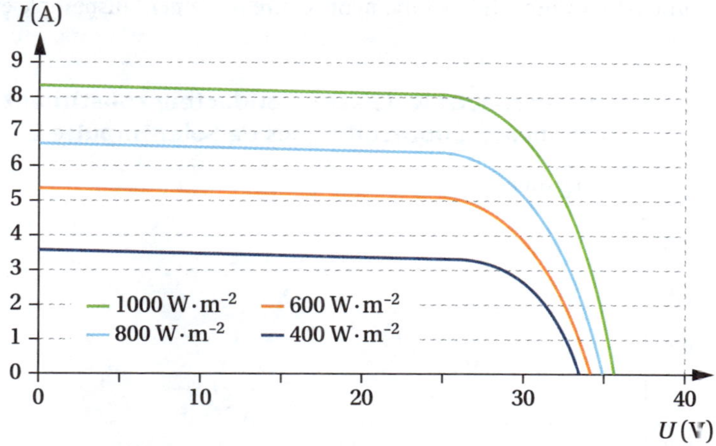

a. Déterminer pour un panneau photovoltaïque l'intensité du courant I_N pour une tension d'utilisation $U_N = 25$ V.

b. Calculer la puissance électrique $P_{élec}$ du panneau photovoltaïque dans ces conditions d'utilisation.

c. Sachant que le village a besoin d'une puissance électrique de 8,4 kW, déterminer si une seule station mobile ADES est suffisante pour subvenir aux besoins de ce village (on considérera que les éoliennes ne sont pas utilisées).

d. En déduire la surface totale de panneaux photovoltaïques que doit déployer la station ADES.

e. Calculer le rendement de la station mobile ADES déployée à Haïti.

OBJECTIF BAC

14 Solar impulse 2 : un avion solaire

30 min

Ce sujet traite des caractéristiques du flux de photons qui permettent le fonctionnement de cellules photovoltaïques ainsi que du rendement des cellules photovoltaïques. En plus de faire manipuler les formules, il permet de travailler la compétence « savoir extraire des informations d'un document ».

LE SUJET

Solar Impulse 2 est un avion presque entièrement recouvert de cellules photovoltaïques : 17 248 cellules réparties sur une surface totale de 270 m^2.

Les cellules photovoltaïques sont faites d'un matériau semi-conducteur dont la réponse dépend de la longueur d'onde des photons qu'il reçoit.

Solar Impulse 2 a atterri le jeudi 23 juin 2016 à Séville, après avoir décollé de New York le lundi 20 juin 2016, réussissant ainsi sa première traversée de l'Atlantique. Lors de cette traversée, pendant les 14 heures de vol de jour, la puissance lumineuse moyenne du rayonnement solaire réellement disponible était de 450 $W \cdot m^{-2}$.

Document 1 Réponse spectrale du semi-conducteur constituant les panneaux photovoltaïques de Solar Impulse 2

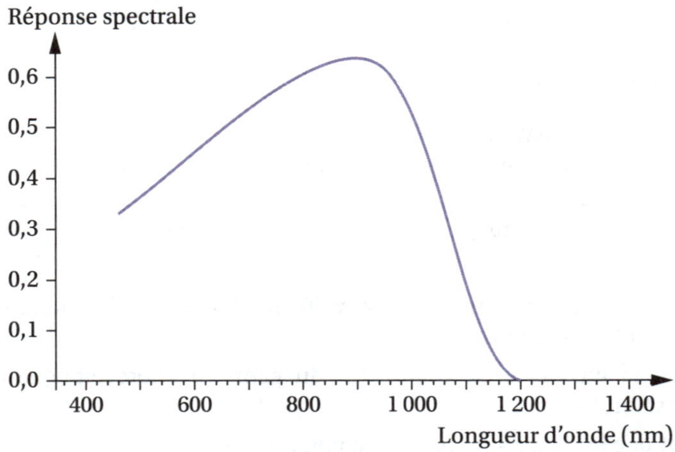

Document 2 Spectre des ondes électromagnétiques

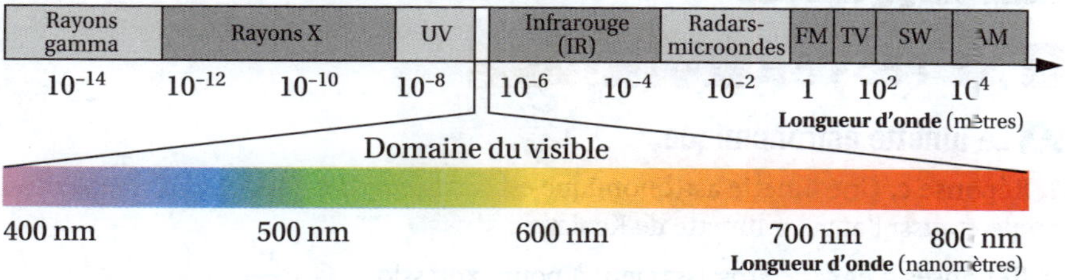

a. Déterminer la longueur d'onde des photons pour lesquels la réponse spectrale du semi-conducteur est maximale.

b. À quel domaine des ondes lumineuses ces photons appartiennent-ils ? Justifier.

c. En déduire l'énergie des photons permettant une utilisation optimale des cellules photovoltaïques de l'avion solaire.

d. Déterminer la puissance lumineuse reçue par l'ensemble des cellules photovoltaïques installées sur Solar Impulse 2.

e. Calculer dans ces conditions l'énergie solaire en kWh reçue par l'ensemble des cellules photovoltaïques en 14 heures de vol de jour.

f. Les mesures effectuées ont permis de montrer que l'énergie électrique disponible à la sortie des cellules photovoltaïques utilisées pour Solar Impulse 2 était de l'ordre de 370 kWh par jour.
En déduire le rendement de ces cellules photovoltaïques.

▸▸▸ LA FEUILLE DE ROUTE

a. Exploiter un graphique → FICHE 52

La réponse maximale correspond au point de la courbe à l'ordonnée la plus haute. La longueur d'onde correspondante est égale à l'abscisse de ce point.

b. Exploiter un document → FICHE 52

Le domaine d'une radiation dépend de sa longueur d'onde.

c. Calculer l'énergie d'un photon → VU en 1re

Pour un photon, l'énergie a pour expression : $E = \mathrm{h} \times \nu = \mathrm{h} \times \frac{c}{\lambda}$.

d. Déterminer une puissance lumineuse → FICHE 52

La puissance lumineuse reçue est égale au produit de la surface de l'ensemble des cellules et de l'éclairement produit par la source lumineuse : $P = E \times S$.

e. Calculer une énergie à partir d'une puissance → FICHE 52

L'énergie lumineuse est égale au produit de la puissance par la durée : $E = P \times t$.

f. Calculer un rendement → FICHE 52

Un rendement énergétique est le rapport entre l'énergie disponible et l'énergie reçue.

CORRIGÉS

SE TESTER QUIZ

1 La lunette astronomique

1. Réponse c. Une lunette astronomique est formée de deux lentilles convergentes, on peut aussi l'appeler lunette de Kepler.

2. Réponses a et c. Le grossissement a pour expression : $G = \frac{\theta'}{\theta} = \frac{f'_1}{f'_2}$.

2 Effet photoélectrique et cellule photovoltaïque

1. Réponse b. L'effet photoélectrique est la libération d'un ou plusieurs électron(s).

2. Réponses a et b. L'effet photoélectrique dépend de l'énergie reçue par le métal : si l'énergie du flux de photon incident est inférieure au travail d'extraction du métal, l'effet photoélectrique ne peut avoir lieu. L'énergie du photon est proportionnelle à la fréquence de la radiation lumineuse.

3. Réponse b. L'énergie d'une radiation est inversement proportionnelle à sa longueur d'onde, donc l'énergie minimale correspond à la longueur d'onde maximale. La longueur d'onde de seuil est la longueur d'onde maximale que doit avoir le flux de photon pour que l'effet photovoltaïque puisse avoir lieu.

4. Réponse b. Le rendement d'une cellule photovoltaïque est :

$$\eta = \frac{\text{Puissance électrique maximale produite}}{\text{Puissance lumineuse reçue}}.$$

S'ENTRAÎNER

3 Formules du grossissement

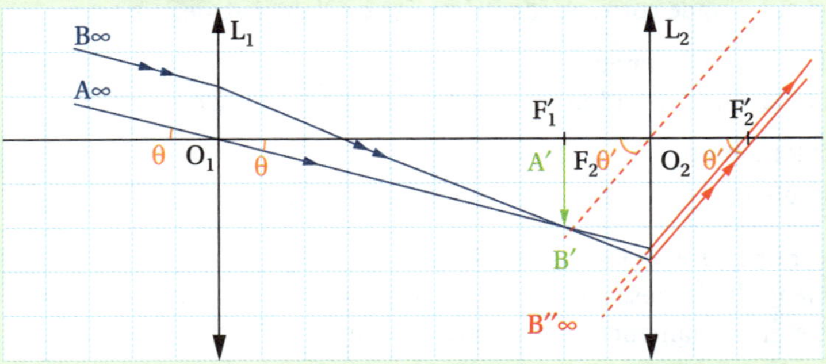

D'après le schéma ci-dessus, nous avons :

- pour le diamètre apparent de l'astre observé à l'œil nu, dans le triangle $O_1A'B'$: $\tan\theta = \frac{A'B'}{f'_1}$;
- pour le diamètre apparent de l'astre observé à travers la lunette, dans le triangle $O_2A'B'$: $\tan\theta' = \frac{A'B'}{f'_2}$.

D'après l'approximation des petits angles, $\tan\alpha = \alpha$, on peut écrire :
$\theta = \dfrac{A'B'}{f_1'}$ et $\theta' = \dfrac{A'B'}{f_2'}$.

On en déduit $G = \dfrac{\theta'}{\theta} = \dfrac{\dfrac{A'B'}{f_2'}}{\dfrac{A'B'}{f_1'}} = \dfrac{A'B'}{f_2'} \times \dfrac{f_1'}{A'B'} = \dfrac{f_1'}{f_2'}$.

4 Représentation d'un faisceau lumineux

a.

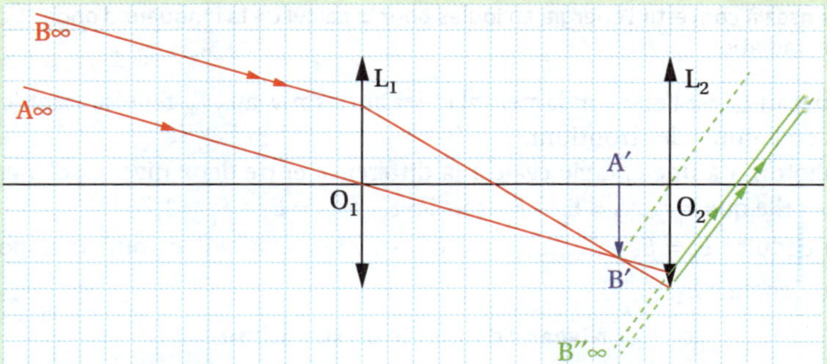

b. Calcul du grossissement de cette lunette : $G = \dfrac{f_1'}{f_2'} = \dfrac{1{,}25}{0{,}25} = 5$.

Cette lunette astronomique a un grossissement de 5.

5 Déterminer une distance focale

On sait que $G = \dfrac{f_1'}{f_2'}$, on en déduit $f_2' = \dfrac{f_1'}{G} = \dfrac{1{,}15}{46} = 0{,}025$.

L'oculaire de cette lentille a une distance focale de 2,5 cm.

6 Énergies de photons (vu en 1re)

a. • Calcul de la fréquence du photon associé à une lumière bleue :
$\nu_B = \dfrac{c}{\lambda_B} = \dfrac{3{,}00 \times 10^8}{450 \times 10^{-9}} = 6{,}67 \times 10^{14}$ Hz.

• Calcul de la fréquence du photon associé à une lumière verte :
$\nu_V = \dfrac{c}{\lambda_V} = \dfrac{3{,}00 \times 10^8}{550 \times 10^{-9}} = 5{,}45 \times 10^{14}$ Hz.

b. • Calcul de l'énergie du photon associé à une lumière bleue :
$E_B = h \times \nu_B = 6{,}63 \times 10^{-34} \times 6{,}67 \times 10^{14} = 4{,}42 \times 10^{-19}$ J

$E_B = \dfrac{4{,}42 \times 10^{-19}}{1{,}602 \times 10^{-19}} = 2{,}76$ eV.

• Calcul de l'énergie du photon associé à une lumière verte :
$E_V = h \times \nu_V = 6{,}63 \times 10^{-34} \times 5{,}45 \times 10^{14} = 3{,}61 \times 10^{-19}$ J

$E_V = \dfrac{3{,}61 \times 10^{-19}}{1{,}602 \times 10^{-19}} = 2{,}25$ eV.

7 Feu d'artifice (vu en 1re)

a. Conversion de l'énergie en joules :

$E_{photon3} = 1{,}76 \text{ eV} = 1{,}76 \times 1{,}602 \times 10^{-19} = 2{,}82 \times 10^{-19}$ J.

Calcul de la longueur d'onde du photon 3 :

$$\lambda = \frac{h \times c}{E} = \frac{6{,}63 \times 10^{-34} \times 3{,}00 \times 10^{8}}{2{,}82 \times 10^{-19}} = 7{,}05 \times 10^{-7} \text{ m} = 705 \text{ nm}.$$

La longueur d'onde de ce photon 3 est de 705 nm.

CONSEILS

a. Pensez à convertir l'énergie en joules pour le calcul de la longueur d'onde d'une radiation.

b. Le niveau E_0 est l'état fondamental et les autres niveaux E_n représentent les états excités de l'atome de strontium.

c. Le photon 3 a une énergie égale à la différence entre deux niveaux d'énergie de l'atome telle que $E_{photon3} = E_n - E_p$, soit ici $E_{photon3} = E_5 - E_p = 1{,}76$ eV.

On en déduit : $E_p = E_5 - E_{photon3} = -2{,}09 - 1{,}76 = -3{,}85$ eV, ce qui correspond au niveau d'énergie E_3.

Niveaux d'énergie du strontium

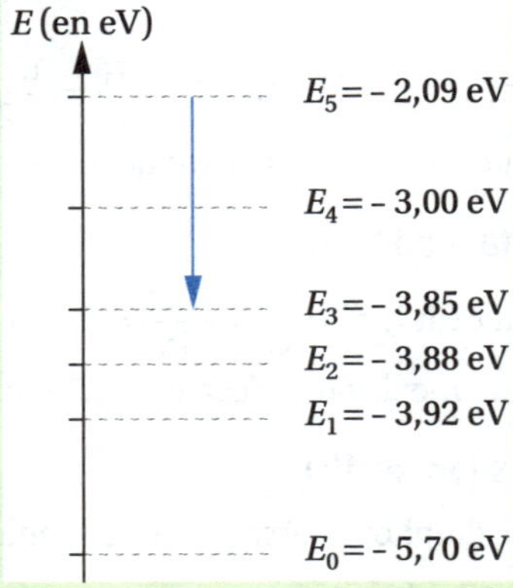

d. Calcul de l'énergie du photon émis lors de la transition de l'état E_3 vers E_0 :

$E_{photon} = E_3 - E_0 = -3{,}85 - (-5{,}70) = 1{,}85$ eV.

Cette transition correspond à l'émission du photon 2 par le strontium.

e. Conversion de l'énergie en joules :

$E_{photon} = 1{,}85 \text{ eV} = 1{,}85 \times 1{,}602 \times 10^{-19} = 2{,}96 \times 10^{-19}$ J.

Calcul de la fréquence du photon émis :

$$\nu = \frac{E_{photon}}{h} = \frac{2{,}96 \times 10^{-19}}{6{,}63 \times 10^{-34}} = 4{,}46 \times 10^{14} \text{ Hz}.$$

Le photon émis lors de la transition entre les niveaux E_3 et E_0 a une fréquence de $4{,}46 \times 10^{14}$ Hz.

8 Exposition d'un matériau à des radiations lumineuses

Conversion du travail d'extraction en joules :
$W_0 = 2{,}40\ \text{eV} = 2{,}40 \times 1{,}602 \times 10^{-19} = 3{,}84 \times 10^{-19}\ \text{J}$.
Détermination de la longueur d'onde seuil :
On a $W_0 = \text{h} \times \nu_0 = \dfrac{\text{h} \times \text{c}}{\lambda_0}$

d'où $\lambda_0 = \dfrac{\text{h} \times \text{c}}{W_0} = \dfrac{6{,}63 \times 10^{-34} \times 3{,}00 \times 10^{8}}{3{,}84 \times 10^{-19}} = 5{,}18 \times 10^{-7}\ \text{m} = 518\ \text{nm}$.

Pour que l'effet photoélectrique ait lieu il faut que la fréquence de la radiation lumineuse soit au moins égale à la fréquence seuil. Comme la longueur d'onde est inversement proportionnelle à la fréquence, pour que l'effet photoélectrique ait lieu il faut que la longueur d'onde de la radiation lumineuse soit inférieure ou égale à la longueur d'onde de seuil.
On remarque que $\lambda_1 < \lambda_0$ et $\lambda_2 > \lambda_0$ donc seule la radiation de longueur d'onde λ_1 permet l'effet photoélectrique.

9 Identification d'un métal

Calcul de l'énergie d'un photon de longueur d'onde 484 nm :
$E_{\text{photon}} = \dfrac{\text{h} \times \text{c}}{\lambda} = \dfrac{6{,}63 \times 10^{-34} \times 3{,}00 \times 10^{8}}{484 \times 10^{-9}} = 4{,}11 \times 10^{-19}\ \text{J}$.
Calcul du travail d'extraction du matériau duquel les électrons ont été extraits :
$W_0 = E_{\text{photon}} - E_{\text{c,max}} = 4{,}11 \times 10^{-19} - 3{,}28 \times 10^{-20} = 3{,}78 \times 10^{-19}\ \text{J}$.
Le métal utilisé est le sodium.

10 Rendement d'un panneau photovoltaïque

a.

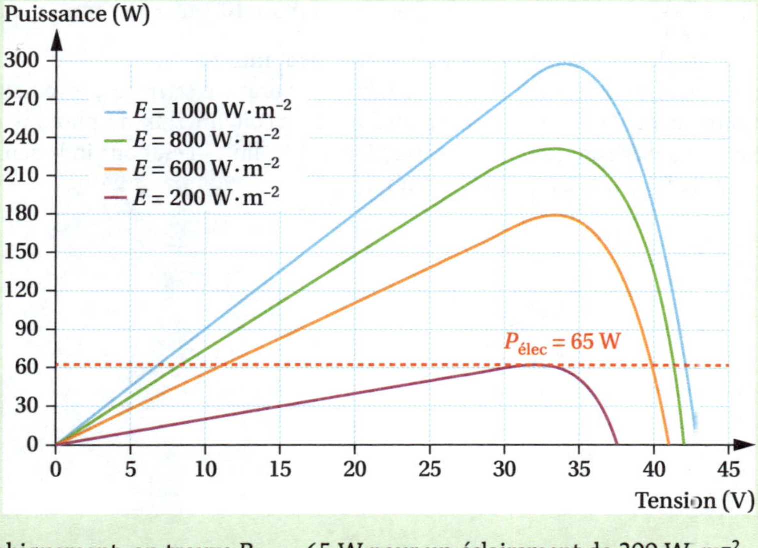

Graphiquement, on trouve $P_{\text{élec}} = 65\ \text{W}$ pour un éclairement de $200\ \text{W} \cdot \text{m}^{-2}$.

b. Calcul de la surface du panneau photovoltaïque :
$S = 1\,200 \times 10^{-3} \times 1\,800 \times 10^{-3} = 2{,}16\ \text{m}^2$.

CONSEILS
b. Pensez à convertir les longueurs en mètres.

c. Calcul du rendement de ce panneau photovoltaïque :

$$\eta = \frac{\text{Puissance électrique maximale produite}}{\text{Puissance lumineuse reçue}} = \frac{P_{\text{élec}}}{E \times S} = \frac{65}{200 \times 2{,}16} = 0{,}15 = 15\ \%.$$

11 Comparaison entre cellule et panneau photovoltaïques

a. Calcul du rendement du panneau dans des conditions optimales :

$$\eta = \frac{\text{Puissance électrique maximale produite}}{\text{Puissance lumineuse reçue}} = \frac{P_{\text{élec}}}{E \times S} = \frac{200}{1\,000 \times 1{,}65} = 0{,}12 = 12\ \%.$$

Le rendement de ce panneau photovoltaïque est de 12 %.

b. On remarque que le rendement des 60 cellules photovoltaïques (12 %) est inférieur au rendement d'une seule cellule photovoltaïque (15 %). On peut supposer que cette différence est due à des pertes dans les branchements entre les cellules du panneau.

12 Détecteurs de fumée

a. Conversion de l'énergie en joules :
$E_{\text{photon}} = 1{,}4\ \text{eV} = 1{,}4 \times 1{,}602 \times 10^{-19} = 2{,}24 \times 10^{-19}\ \text{J}$.
Calcul de la longueur d'onde de la radiation émise par la DEL :

$$E_{\text{photon}} = \text{h} \times \nu = \frac{\text{h} \times \text{c}}{\lambda}$$

d'où $\lambda = \dfrac{\text{h} \times \text{c}}{E_{\text{photon}}} = \dfrac{6{,}63 \times 10^{-34} \times 3{,}00 \times 10^{8}}{2{,}24 \times 10^{-19}} = 8{,}88 \times 10^{-7}\ \text{m} = 888\ \text{nm}$.

$\lambda > 800$ nm, donc la radiation est un rayonnement infrarouge.

b. Une cellule photoélectrique ne produira le courant électrique provoquant le fonctionnement de l'alarme sonore que si elle reçoit un flux de photons dont l'énergie est supérieure au travail d'extraction de la cellule. Il est donc indispensable de choisir la DEL vérifiant cette condition.

13 Station mobile ADES

a. Détermination graphique de l'intensité du courant I_N pour une tension d'utilisation $U_N = 25$ V et un éclairement de 600 W·m^{-2} :

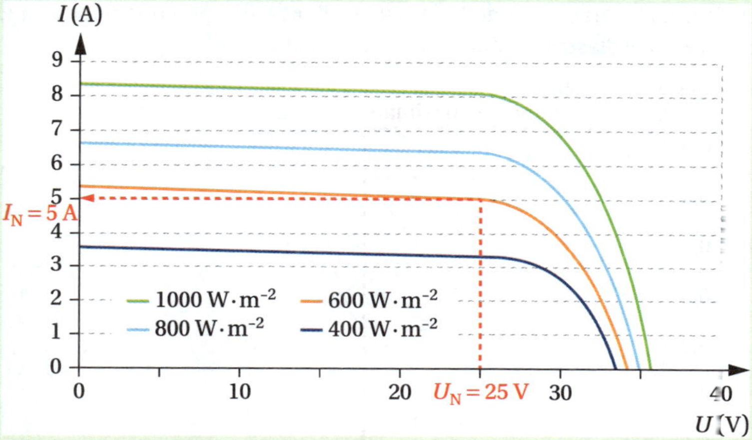

b. Calcul de la puissance électrique $P_{élec}$ d'un panneau photovoltaïque :
$P = U_N \times I_N = 25 \times 5 = 125$ W.

c. Détermination du nombre de panneaux photovoltaïques nécessaire pour subvenir aux besoins du village :

$$N = \frac{\text{Puissance nécessaire}}{\text{Puissance fournie par un panneau}} = \frac{8{,}4 \times 10^3}{125} = 67{,}2.$$

Pour couvrir totalement, les besoins en énergie électrique du village, il faut 68 panneaux photovoltaïques, donc une seule station ADES (sans utiliser les éoliennes) suffit pour subvenir aux besoins en énergie électrique de ce village.

d. Calcul de la surface totale des panneaux photovoltaïques :
$S_{totale} = S \times 68 = 1{,}65 \times 68 = 112{,}2$ m^2.

e. Calcul du rendement de la station ADES :

$$\eta = \frac{\text{Puissance électrique maximale produite par 68 panneaux}}{\text{Puissance lumineuse reçue}}$$

$$= \frac{68 \times P_{élec}}{E \times S_{totale}} = \frac{68 \times 125}{600 \times 112{,}2} = 0{,}13 = 13\ \%.$$

Le rendement de la station mobile ADES est de 13 %.

OBJECTIF BAC

14 Solar impulse 2 : un avion solaire

a. Détermination graphique de la longueur d'onde des photons pour lesquels la réponse spectrale du semi-conducteur est maximale :

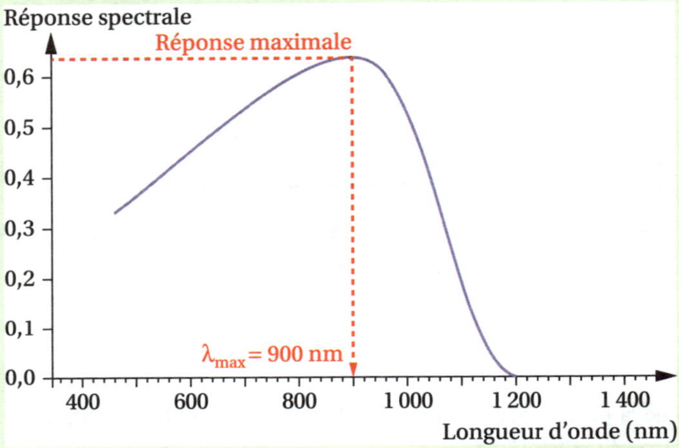

La réponse du semi-conducteur est maximale pour une radiation de longueur d'onde égale à 900 nm.

b. D'après le document 2, une radiation de longueur d'onde 900 nm appartient au domaine de l'infrarouge.

c. Calcul de l'énergie d'un photon de longueur d'onde 900 nm :

$$E_{photon} = \frac{h \times c}{\lambda} = \frac{6{,}63 \times 10^{-34} \times 3{,}00 \times 10^{8}}{900 \times 10^{-9}} = 2{,}21 \times 10^{-19}\ \text{J}.$$

d. Calcul de la puissance lumineuse reçue :

$P = E \times S = 450 \times 270 = 1{,}21 \times 10^{2}$ kW.

À NOTER

d. L'éclairement est également appelé puissance lumineuse surfacique.

e. Calcul de l'énergie reçue :

$E_{reçue} = P \times t = 1{,}21 \times 10^{2} \times 14 = 1{,}7 \times 10^{3}$ kWh.

f. Calcul du rendement :

$$\eta = \frac{E_{disponible}}{E_{reçue}} = \frac{370}{1{,}70 \times 10^{3}} = 0{,}22 = 22\ \%.$$

Les panneaux photovoltaïques de Solar Impulse 2 ont un rendement de 22 %.

14 Dynamique d'un système électrique

La technologie des écrans tactiles, équipant les smartphones et les tablettes, utilise des **capteurs capacitifs**. Quand le doigt touche l'écran, le champ électrique est modifié localement. Cela engendre un changement de capacité, dont la mesure par les capteurs permet de déterminer la position du point de contact du doigt.

53 Le condensateur

En bref *Les armatures d'un condensateur accumulent des charges électriques de signes opposés. L'intensité du courant est définie par la dérivée temporelle de la charge.*

I Modèle du condensateur

■ Un conducteur 1, portant un excès d'électrons, est approché d'un conducteur 2 relié à la terre. Par interaction électrostatique (voir programme de première), les charges négatives du conducteur 1 repoussent des électrons du conducteur 2 vers la terre ; des charges positives apparaissent alors sur la surface du conducteur 2 en regard du conducteur 1. Ce phénomène d'accumulation de charges, appelé condensation de l'électricité ou **comportement capacitif**, est d'autant plus important que les deux conducteurs sont proches.

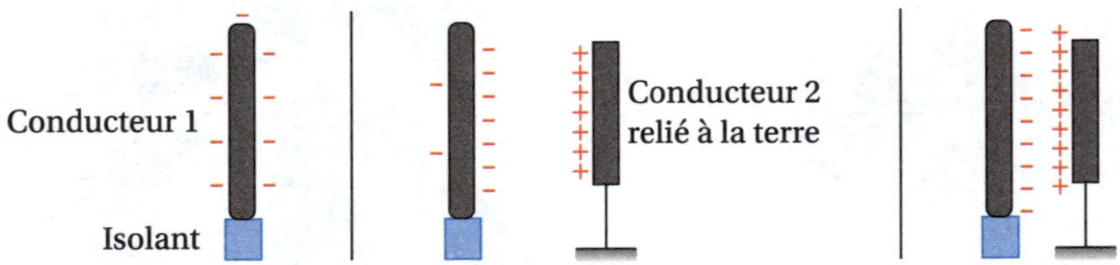

■ Un système de deux conducteurs métalliques ayant un comportement capacitif est modélisé par un dipôle électrique appelé **condensateur**. Les faces métalliques A et B en regard sont appelées armatures du condensateur.

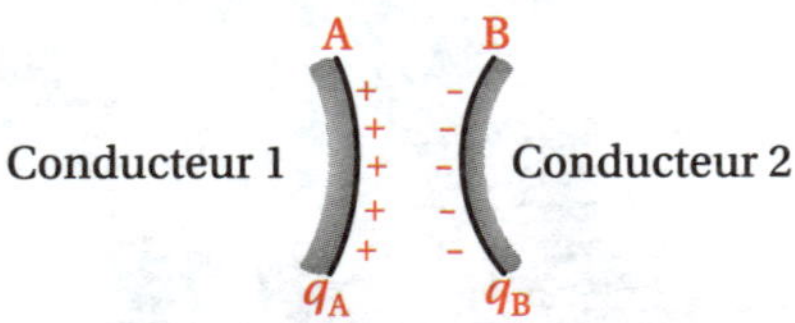

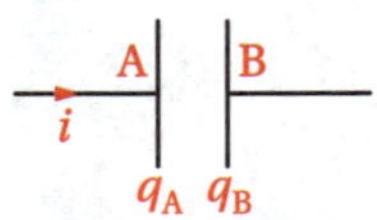

Symbole du condensateur

■ Les charges électriques q_A et q_B portées par les armatures A et B sont de signes opposés : $q_A + q_B = 0$.

> **À NOTER**
> On appelle charge du condensateur la valeur absolue $|q_A| = |q_B|$.

II Intensité électrique

L'intensité électrique i traversant un dipôle est le **débit de charge électrique**, c'est-à-dire la charge traversant une section du dipôle par unité de temps. L'intensité i du courant (orienté vers l'armature A d'un condensateur) est la dérivée de la charge q_A par rapport à t :

$$i = \frac{dq_A}{dt}$$

q_A en coulombs (C) ; t en secondes (s) ; i en ampères (A).

> **À NOTER**
> Cette définition est valide en régime continu (intensité constante) et en régime variable (intensité non constante).

Méthode

Déterminer l'intensité électrique traversant un condensateur

Les courbes I, II et III représentent, dans trois cas, l'évolution temporelle de la charge électrique q_A portée par l'armature A d'un condensateur.

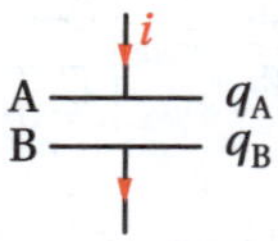

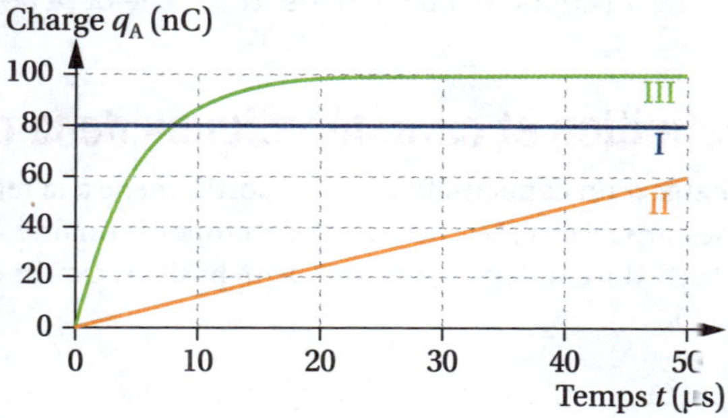

Pour chaque cas, indiquer si l'intensité est : constante ; croissante ; décroissante. Si l'intensité est constante et non nulle, déterminer sa valeur.

CONSEILS

Pensez à faire le lien entre la dérivée en un point et le coefficient directeur de la tangente à la courbe.

SOLUTION

L'intensité arrivant en A s'exprime par la dérivée : $i = \dfrac{\mathrm{d}q_A}{\mathrm{d}t}$.

• **Cas I.** La charge reste constante ($q_A = 80$ nC) donc $i = 0$, il n'y a pas de courant.

• **Cas II.** La représentation graphique de $q_A(t)$ est un segment de droite. La dérivée de cette charge est une constante égale au coefficient directeur : $i = \dfrac{\Delta q_A}{\Delta t} = \dfrac{60 \times 10^{-9}}{50 \times 10^{-6}}$ donc $i = 1{,}2 \times 10^{-3}$ A $= 1{,}2$ mA. Le régime est continu.

• **Cas III.** Graphiquement, la dérivée $i = \dfrac{\mathrm{d}q_A}{\mathrm{d}t}$ est le coefficient directeur de la tangente à la courbe $q_A(t)$ à la date considérée. En traçant plusieurs tangentes, on constate que l'intensité i (toujours positive) décroît jusqu'à une valeur nulle (tangente horizontale). Le régime est variable.

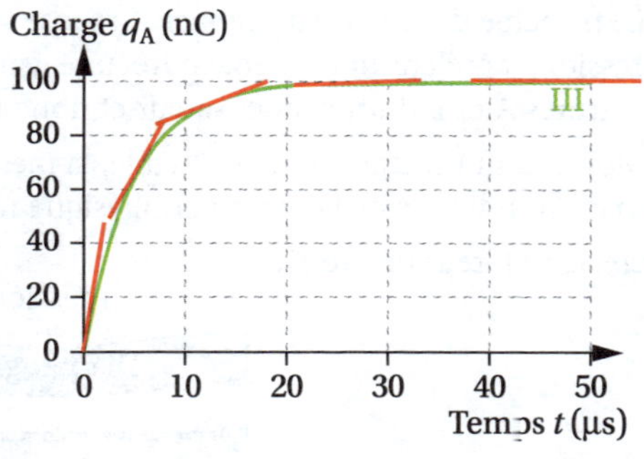

54 Capacité d'un condensateur

En bref *Le comportement capacitif d'un condensateur est traduit par la relation de proportionnalité entre la charge électrique accumulée sur ses armatures et la tension entre celles-ci. Le coefficient de proportionnalité est la capacité du condensateur ; elle dépend de sa géométrie.*

I Définition et caractéristiques de la capacité

■ La charge d'un condensateur est proportionnelle à la tension entre ses armatures. Le coefficient de proportionnalité est la **capacité C du condensateur**, grandeur positive exprimée en farads (F).

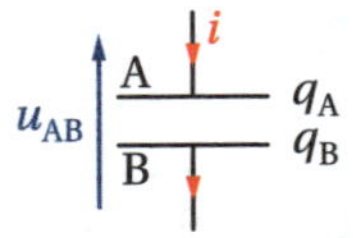

$q_A = Cu_{AB}$ | C en farads (F) ; u_{AB} en volts (V) ; q_A en coulombs (C).

■ La capacité d'un condensateur dépend de sa **géométrie**. Elle est fonction croissante de la surface des armatures et fonction décroissante de la distance entre les armatures.

■ Dans le cas d'un **condensateur plan,** constitué de deux feuilles métalliques séparées par un matériau isolant, la capacité est proportionnelle à la surface S d'une armature et inversement proportionnelle à la distance e séparant les deux armatures : $C = \varepsilon \dfrac{S}{e}$ C en F ; ε en $F \cdot m^{-1}$; S en m^2 ; e en m.

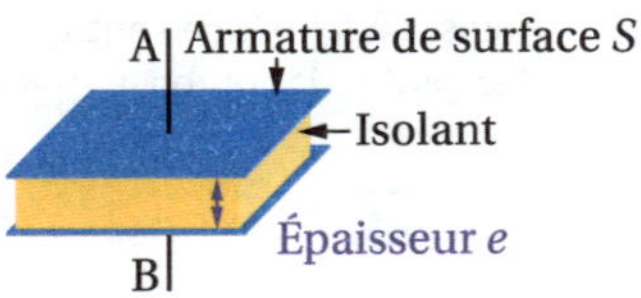

ε est la permittivité diélectrique de l'isolant ; elle dépend de la nature du matériau.
Exemple : la permittivité diélectrique de l'air est $\varepsilon = 8{,}9 \times 10^{-12}\ F \cdot m^{-1}$.

II Capteurs capacitifs

■ Le principe d'un **capteur capacitif** repose sur le fait qu'une grandeur physique (pression, accélération...) engendre une variation de la distance séparant les armatures A et B d'un condensateur et donc une variation de sa capacité.

■ Moyennant un étalonnage préalable, la mesure de la capacité permet une détermination indirecte de la grandeur physique recherchée.

Exemple : capteur de pression.

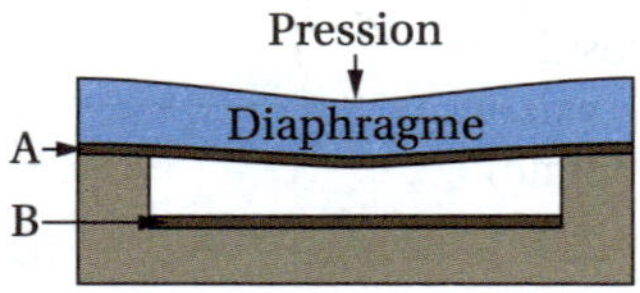

Méthode

Déterminer les caractéristiques d'un condensateur

Le condensateur représenté ci-après est constitué d'un enroulement de deux feuilles métalliques et de deux feuilles d'isolant d'épaisseur 57 µm. Ce condensateur a la forme d'un cylindre de 24 mm de diamètre et 50 mm de long.

Il est assimilable à un condensateur plan constitué de deux armatures planes de surface *S* et séparées par une feuille d'isolant d'épaisseur *e*. (Une seconde feuille d'isolant évite que les deux armatures soient en contact). Sa capacité s'exprime par la relation : $C = \varepsilon \frac{S}{e}$ avec $\varepsilon = 3{,}8 \times 10^{-11}\ \text{F} \cdot \text{m}^{-1}$.

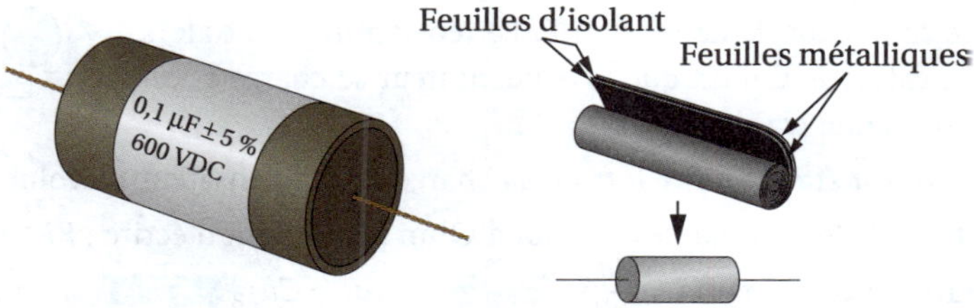

L'indication ± 5 % est la tolérance ; l'incertitude relative associée vaut $\frac{\pm 5}{\sqrt{3}}$ %.
DC inscrit à côté de 600 V signifie *direct current* (courant continu).

a. Déterminer la valeur de la charge électrique maximale du condensateur.

b. Évaluer la longueur de chaque feuille enroulée.

CONSEILS

a. Utilisez les informations inscrites sur le condensateur.
b. Déterminez la surface d'une armature.

SOLUTION

a. La capacité du condensateur vaut $C = 0{,}1\ \mu\text{F}$ avec une tolérance de ± 5 % et la tension d'utilisation du condensateur est $u_{AB} = 600$ V. La charge maximale du condensateur est : $q_A = Cu_{AB} = 0{,}1 \times 10^{-6} \times 600\ \text{V} = 6 \times 10^{-3}$ C ou 6 mC.
Cette charge, proportionnelle à *C*, est exprimée comme *C* à $\pm \frac{5}{\sqrt{3}}$ % près donc : $q_A = 6{,}0 \pm 0{,}2$ mC.

b. $C = \varepsilon \frac{S}{e}$ conduit à $S = \frac{Ce}{\varepsilon}$ avec : $C = 0{,}1 \times 10^{-6}$ F ; $e = 5{,}7 \times 10^{-5}$ m et $\varepsilon = 3{,}8 \times 10^{-11}\ \text{F} \cdot \text{m}^{-1}$ donc $S = \frac{0{,}1 \times 10^{-6} \times 5{,}7 \times 10^{-5}}{3{,}8 \times 10^{-11}} = 0{,}15\ \text{m}^2$.

Chaque feuille est rectangulaire et sa largeur est la longueur du cylindre, soit $L_{cy} = 50$ mm, donc une feuille a pour longueur $L = \frac{S}{L_{cyl}} = \frac{0{,}15}{0{,}05} = 3{,}0$ m.

On comprend aisément l'intérêt d'enrouler les feuilles pour réduire l'encombrement du condensateur.

55 Dipôle *RC* : charge d'un condensateur

En bref *Dans un circuit RC série, la charge du condensateur est régie par une équation différentielle du 1er ordre. Le temps caractéristique de la charge est égal au produit de la résistance par la capacité.*

I Modélisation de la charge d'un condensateur

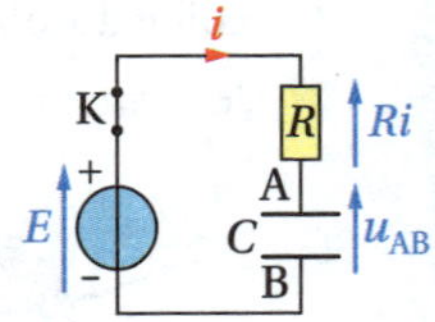

- L'association en série d'un conducteur ohmique de résistance R et d'un condensateur de capacité C constitue un dipôle RC.
- À $t = 0$, on ferme l'interrupteur K afin de connecter le dipôle RC à une source idéale de tension E. La tension u_{AB} croît alors jusqu'à la valeur E. On dit que le condensateur se charge et on parle d'un **régime transitoire**.
- Le régime est **stationnaire** lorsque la charge du condensateur n'évolue plus.
- Pour $t > 0$, la loi des mailles et la loi d'Ohm permettent d'écrire : $Ri + u_{AB} = E$. Par ailleurs, en combinant $i = \frac{dq_A}{dt}$ → FICHE 53 et $q_A = Cu_{AB}$ → FICHE 54, on obtient, sachant que C est une constante : $i = C\frac{du_{AB}}{dt}$. En reportant dans $Ri + u_{AB} = E$, on obtient l'équation différentielle du 1er ordre : $RC\frac{du_{AB}}{dt} + u_{AB} = E$.
- L'équation différentielle a pour solution :

$u_{AB}(t) = E\left(1 - e^{-\frac{t}{\tau}}\right)$ avec : $\tau = RC$ R en Ω ; C en F ; τ en s.

Au bout du temps caractéristique τ, appelé **constante de temps** du dipôle RC, le condensateur est chargé à 63 % : $u_{AB}(\tau) = E(1 - e^{-1}) = 0{,}63E$.

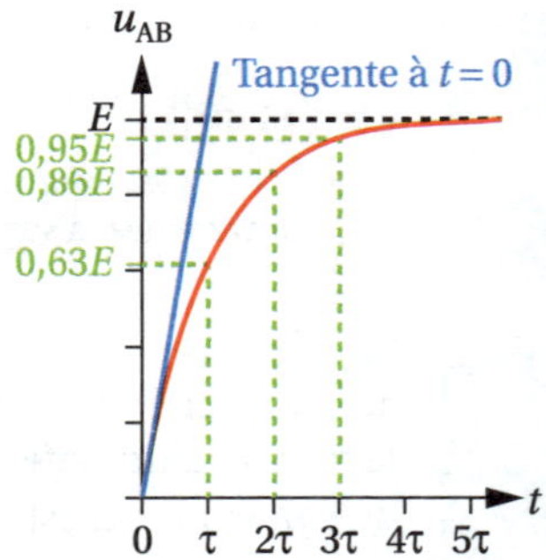

À NOTER
La signification de $\tau = RC$ est à rapprocher de celle du temps caractéristique $\tau = \frac{1}{\lambda}$ utilisé en radioactivité → FICHE 15.

II Courant de charge

La relation $i = C\frac{du_{AB}}{dt}$ avec $u_{AB}(t) = E\left(1 - e^{-\frac{t}{\tau}}\right)$ donne :

$i(t) = \frac{CE}{\tau}e^{-\frac{t}{\tau}} = \frac{E}{R}e^{-\frac{t}{\tau}}$. Le courant de charge du condensateur décroît exponentiellement.

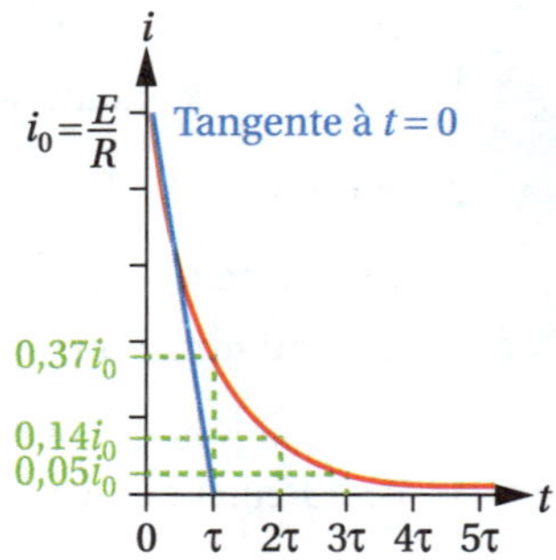

Méthode

Exploiter une courbe de charge d'un condensateur

On réalise le montage suivant, puis à la date $t = 0$, on ferme l'interrupteur K en déclenchant simultanément un chronomètre.
On relève la valeur de la tension u_{AB} à différentes dates :

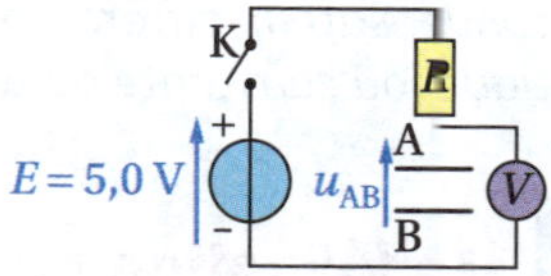

t (s)	0	5	10	20	30	40	50	60	70
u_{AB} (V)	0	1,0	1,8	3,0	3,7	4,2	4,5	4,7	4,8

En déduire la valeur de la capacité C du condensateur sachant que $R = 1{,}0 \times 10^4\ \Omega$.

CONSEILS

Tracez la courbe représentative de $u_{AB} = f(t)$ et la droite d'équation $u_{AB} = E$.
Pour déterminer graphiquement la valeur de la constante de temps τ du dipôle RC, il y a deux méthodes.
- **Méthode 1.** Tracez la tangente à l'origine qui coupe la droite d'équation $u_{AB} = E$ au point d'abscisse τ.
- **Méthode 2.** Repérez le point d'ordonnée $u_{AB} = 0{,}63E$ qui a pour abscisse τ.

Enfin, calculez C en utilisant l'expression de τ.

SOLUTION

Par les deux méthodes, on obtient $\tau = 22$ s.

L'expression de la constante de temps $\tau = RC$ donne :

$$C = \frac{\tau}{R} = \frac{22}{1{,}0 \times 10^4} = 2{,}2 \times 10^{-3}\ \text{F soit } C = 2{,}2\ \text{mF}.$$

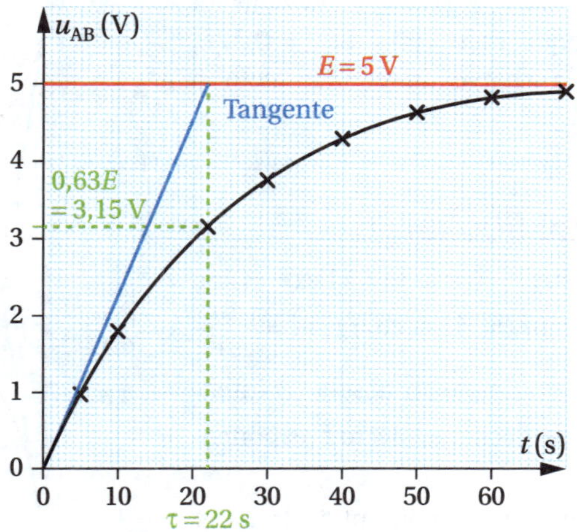

56 Dipôle *RC* : décharge d'un condensateur

En bref *L'équation différentielle du 1er ordre régissant la décharge du condensateur diffère de celle de la charge, mais le temps caractéristique (ou constante de temps) est identique.*

I Modélisation de la décharge d'un condensateur

- À $t = 0$, les bornes d'un condensateur préalablement chargé ($u_{AB}(0) = E > 0$) sont reliées par l'intermédiaire d'un conducteur ohmique de résistance R. On constate que la tension u_{AB} décroît de E jusqu'à 0. On dit que le condensateur **se décharge**.

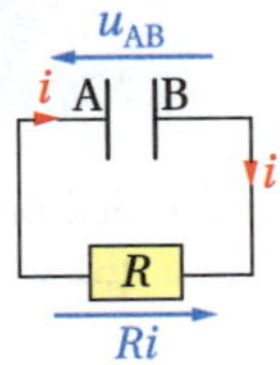

- Pour $t > 0$, la loi des mailles et la loi d'Ohm permettent d'écrire : $Ri + u_{AB} = 0$.

À NOTER
Le courant et les tensions sont orientés de la même manière que pour l'étude de la charge du condensateur → FICHE 55.

En combinant avec la relation $i = C\dfrac{du_{AB}}{dt}$ → FICHE 55 on obtient l'équation différentielle du premier ordre qui régit l'évolution de la tension aux bornes du condensateur au cours de sa décharge : $RC\dfrac{du_{AB}}{dt} + u_{AB} = 0$ ou bien $\dfrac{du_{AB}}{dt} + \dfrac{u_{AB}}{\tau} = 0$.

- L'équation différentielle admet pour solution : $u_{AB}(t) = Ee^{-\frac{t}{\tau}}$. Il s'agit d'une loi exponentielle décroissante analogue à la loi de décroissance radioactive → FICHE 15. Au bout du temps caractéristique τ : $u_{AB}(\tau) = Ee^{-1} = 0{,}37E$, c'est-à-dire que la charge du condensateur a chuté de 63 %.

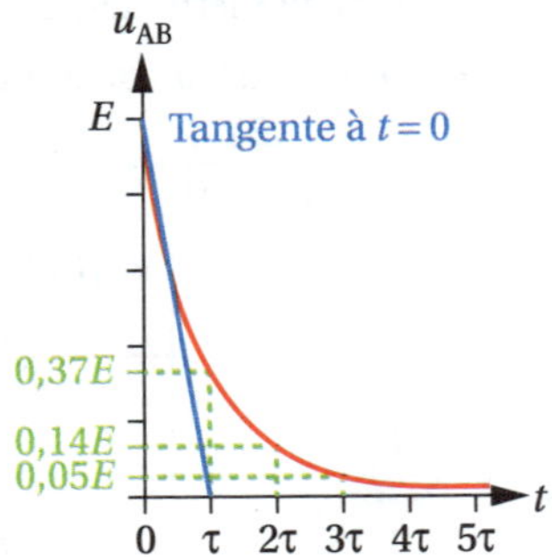

II Courant de décharge

- La relation $Ri + u_{AB} = 0$ conduit à l'expression de l'intensité du courant de décharge : $i = -\dfrac{u_{AB}}{R}$ donc : $i(t) = -\dfrac{E}{R}e^{-\frac{t}{\tau}}$. En valeur absolue, l'intensité du courant de décharge décroît exponentiellement.

On a $i < 0$ car le sens réel du courant de décharge est l'opposé de celui du courant de charge.

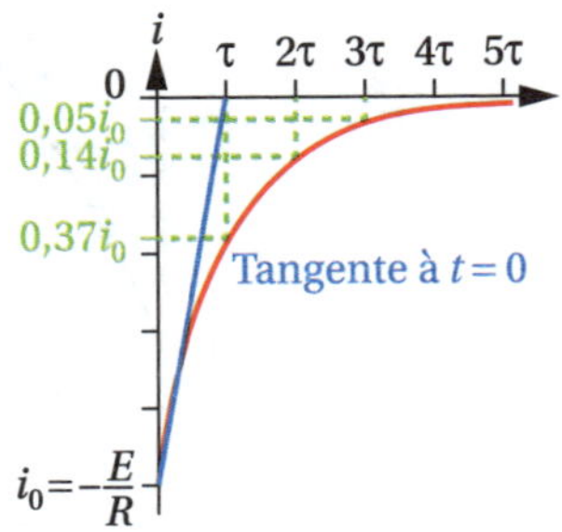

Méthode

Exploiter une courbe de décharge d'un condensateur

Un condensateur de capacité C, initialement chargé, est relié à un dipôle ohmique de résistance $R = 100$ kΩ. L'évolution temporelle de la charge q_A de l'armature A au cours de la décharge du condensateur est fournie sur le graphe suivant.

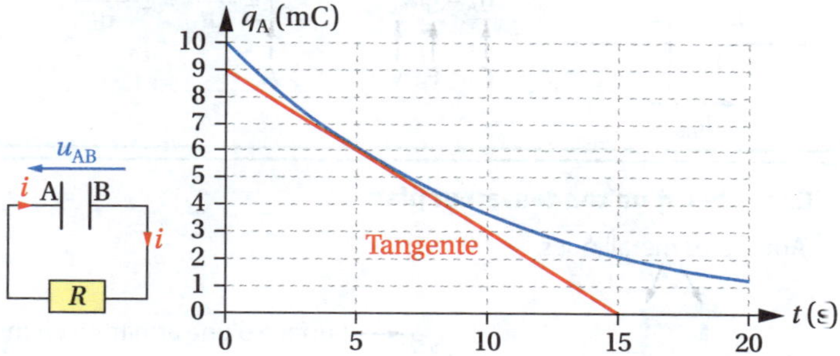

a. Déterminer graphiquement la valeur de l'intensité électrique i à la date $t = 5$ s.

b. Déterminer la valeur de la charge q_A et de la tension u_{AB} à $t = 5$ s.

c. En déduire la valeur de la capacité C.

CONSEILS

a. Faites le lien entre la définition de i et la tangente tracée sur le graphique.

b. Pensez à la loi des mailles et la loi d'Ohm pour déterminer la valeur de u_{AB}.

c. Utilisez la relation entre q_A et u_{AB}.

SOLUTION

a. L'intensité du courant s'exprime par une dérivée : $i = \frac{dq_A}{dt}$.
Graphiquement, cette dérivée est le coefficient directeur de la tangente à la courbe $q_A(t)$. La tangente à la courbe au point d'abscisse $t = 5$ s passe par les points (5 s ; 6 mC) et (15 s ; 0), donc l'intensité à cette date est :

$$i = \frac{6 \times 10^{-3} - 0}{5 - 15} = -6 \times 10^{-4} \text{ A soit } -0{,}6 \text{ mA.}$$

À NOTER
$i < 0$; c'est-à-dire que le courant de décharge est de sens opposé au sens choisi sur le schéma.

b. À $t = 5$ s, la charge de l'armature A vaut $q_A = 6 \times 10^{-3}$ C. La loi des mailles et la loi d'Ohm permettent d'écrire : $Ri + u_{AB} = 0$ donc $u_{AB} = -Ri$ soit : $u_{AB} = -10^5 \times (-6 \times 10^{-4}) = 60$ V.

c. La capacité vaut donc : $C = \frac{q_A}{u_{AB}} = \frac{6 \times 10^{-3}}{60} = 10^{-4}$ F ou 100 µF.

MÉMO VISUEL

Modèle du condensateur

Relations à connaître

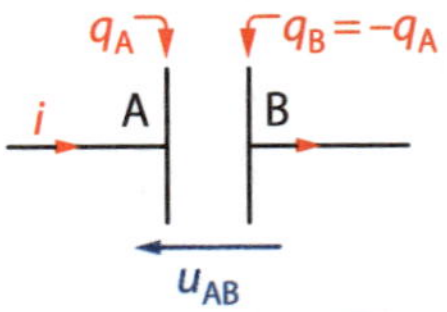

$q_A = C u_{AB}$ (C : q_A ; F : C ; V : u_{AB})

$i = \frac{dq_A}{dt} = C\frac{du_{AB}}{dt}$ (A : i)

Capacité *C* d'un condensateur plan

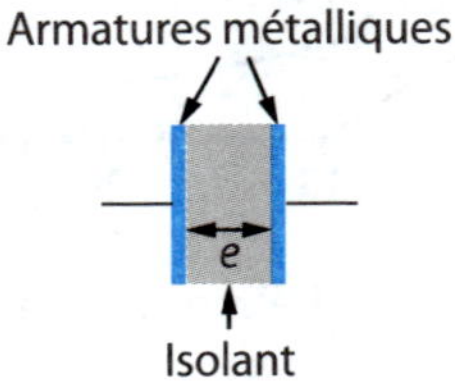

$C = \varepsilon \frac{S}{e}$

- C en F
- S : Surface d'une armature en m^2
- e : Épaisseur de l'isolant en m
- ε : Permitivité de l'isolant en $F \cdot m^{-1}$

DYNAMIQUE

Dipôle *RC* : charge d'un condensateur

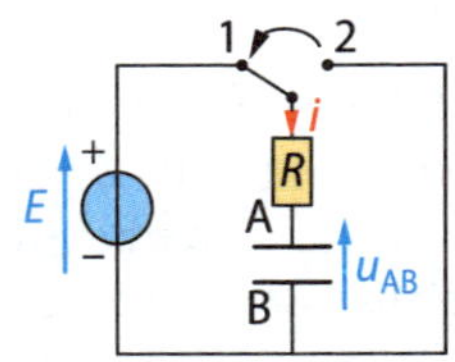

- À $t = 0$, l'interrupteur est basculé de 2 vers 1.
- **Équation différentielle :**

$$RC\frac{du_{AB}}{dt} + u_{AB} = E$$

- **Solution :** $u_{AB}(t) = E\left(1 - e^{-\frac{t}{\tau}}\right)$
- **Constante de temps** du dipôle *RC* : $\tau = RC$

Au bout d'un temps τ, condensateur chargé à 63 % : $u_{AB}(\tau) = 0{,}63E$

Dipôle *RC* : décharge d'un condensateur

- À $t = 0$, l'interrupteur est basculé de 1 vers 2.

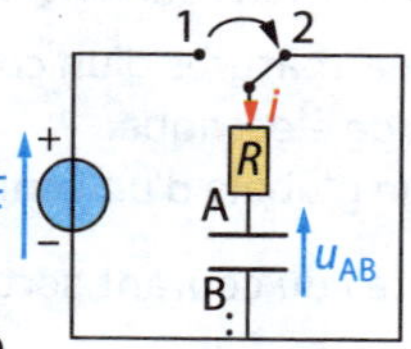

- **Équation différentielle :**

$$RC\frac{du_{AB}}{dt} + u_{AB} = 0 \text{ ou } \frac{du_{AB}}{dt} + \frac{u_{AB}}{\tau} = 0$$

- **Solution :** $u_{AB}(t) = Ee^{-\frac{t}{\tau}}$

- Au bout d'un temps τ, condensateur déchargé à 63 % : $u_{AB}(\tau) = 0{,}37E$

D'UN CIRCUIT ÉLECTRIQUE

Courbes de charge et de décharge d'un condensateur

Charge

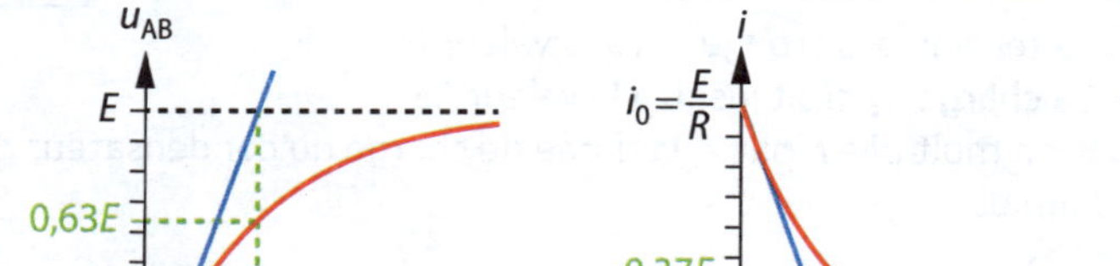

Décharge

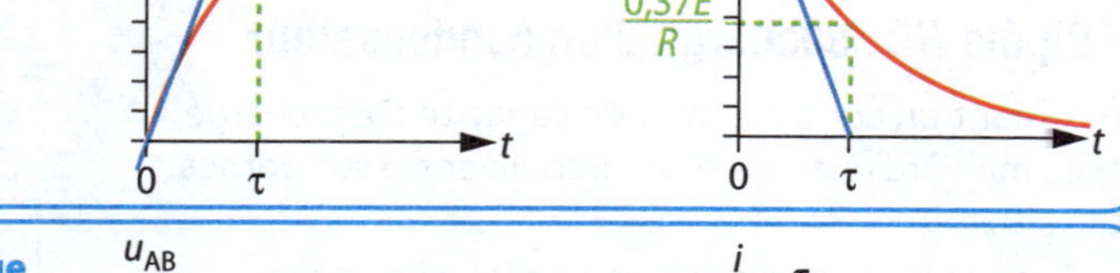

SE TESTER QUIZ

Vérifiez que vous avez bien compris les points clés des **fiches 53 à 56**.

1 Condensateur

→ FICHE 53

Parmi les affirmations suivantes, lesquelles sont vraies ?

☐ **a.** Les deux armatures d'un condensateur portent exactement la même charge électrique.

☐ **b.** La charge globale d'un condensateur est toujours nulle.

☐ **c.** L'intensité i du courant sortant de l'armature B s'exprime : $i = \frac{dq_B}{dt}$.

2 Capacité d'un condensateur

→ FICHE 54

Parmi les affirmations suivantes, lesquelles sont vraies ?

☐ **a.** La capacité d'un condensateur s'exprime en coulombs.

☐ **b.** La capacité d'un condensateur est un cœfficient de proportionnalité.

☐ **c.** La capacité d'un condensateur plan augmente avec la distance entre les armatures et l'aire des armatures.

3 Dipôle *RC* : charge d'un condensateur

→ FICHE 55

Initialement le condensateur est déchargé. À $t = 0$, on ferme l'interrupteur K.
Parmi les affirmations suivantes, lesquelles sont vraies ?

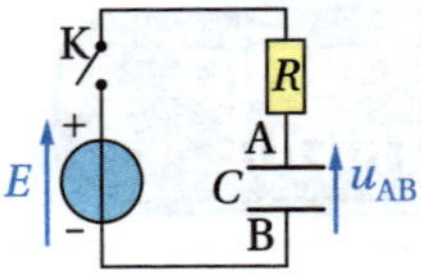

☐ **a.** La tension u_{AB} croît jusqu'à la valeur E.

☐ **b.** La charge q_A croît jusqu'à la valeur CE.

☐ **c.** Si on multiplie E par 2, la durée de charge du condensateur est doublée.

4 Dipôle *RC* : décharge d'un condensateur

→ FICHE 56

Initialement un condensateur de capacité C est chargé de telle manière que la tension initiale entre ses bornes soit $u_{AB}(0) > 0$.
À $t = 0$, on provoque sa décharge en le connectant sur un conducteur ohmique de résistance R.

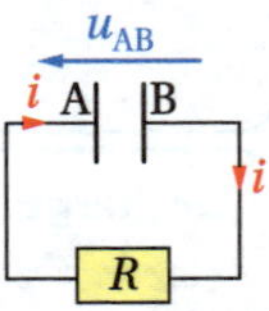

Parmi les affirmations suivantes, lesquelles sont vraies ?

☐ **a.** La charge initiale $q_A(0)$ portée par l'armature A est positive.

☐ **b.** L'intensité i du courant de décharge garde une valeur constante.

☐ **c.** À $t = \tau = RC$, la tension aux bornes du condensateur est $u_{AB}(\tau) = 0{,}63\ u_{AB}(0)$.

S'ENTRAÎNER

5 Quantité de matière d'électrons

→ FICHES 53 et 54

La valeur de la tension existant entre les bornes d'un condensateur chargé, de capacité $C = 330$ µF, est $u_{AB} = 10{,}0$ V.

a. Déterminer les charges q_A et q_B portées par les armatures A et B.

b. En déduire la quantité de matière d'électrons en excès ou en défaut sur A et B.

CONSEILS
Exprimez en valeur absolue la charge d'une mole d'électrons.

Données :
- charge électrique élémentaire $e = 1{,}602 \times 10^{-19}$ C ;
- constante d'Avogadro $N_A = 6{,}022 \times 10^{23}$ mol^{-1}.

6 Unités

→ FICHES 53, 54 et 55

a. Indiquer l'unité internationale respective de chacune des grandeurs physiques suivantes : tension électrique, intensité électrique, charge électrique, résistance électrique, capacité d'un condensateur et temps.

b. Dans chaque ligne du tableau suivant, une seule proposition est exacte. Indiquer laquelle en justifiant.

	Proposition 1	Proposition 2	Proposition 3
I	$1\ \Omega = 1\ \text{V}\cdot\text{A}$	$1\ \Omega = 1\ \text{V}\cdot\text{A}^{-1}$	$1\ \Omega = 1\ \text{A}\cdot\text{V}^{-1}$
II	$1\ \text{C} = 1\ \text{A}\cdot\text{s}$	$1\ \text{C} = 1\ \text{A}\cdot\text{s}^{-1}$	$1\ \text{C} = 1\ \text{s}\cdot\text{A}^{-1}$
III	$1\ \text{F} = 1\ \text{V}\cdot\text{C}$	$1\ \text{F} = 1\ \text{V}\cdot\text{C}^{-1}$	$\text{F} = 1\ \text{C}\cdot\text{V}^{-1}$

c. En déduire que la constante $\tau = RC$ est un temps.

7 En vingt-trois secondes chrono

→ FICHES 54 et 55

Un expérimentateur réalise le montage ci-contre avec un condensateur de capacité $C = 330$ µF. Il ferme l'interrupteur K en déclenchant simultanément un chronomètre. Il constate qu'en 23 s, la tension u_{AB} passe de 0 à 2,5 V.

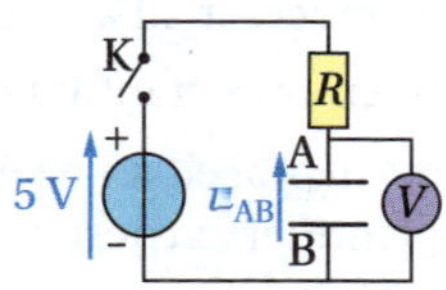

Indiquer si chaque affirmation suivante est vraie ou fausse en justifiant la réponse.

a. Le condensateur est initialement déchargé.

b. La constante de temps τ du dipôle RC est inférieure à 23 s.

c. La valeur de la résistance R est supérieure à 47 kΩ.

8 Courant de charge

→ FICHES 54 et 55

On monte en série un générateur fournissant la tension $E = 10{,}0$ V, un interrupteur K, un condensateur déchargé de capacité $C = 47$ nF et un conducteur ohmique de résistance $R = 470\ \Omega$. L'interrupteur est fermé à la date $t = 0$.

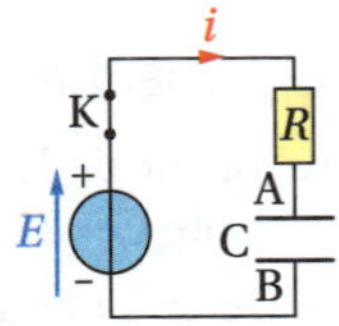

a. Établir l'expression de l'intensité initiale i_0 du courant de charge. Calculer sa valeur.

CONSEILS
Utilisez la loi des mailles et la loi des nœuds.

b. Quelle est la valeur finale de la tension u_{AB} ? En déduire la valeur finale de l'intensité du courant.

c. Quelle est la valeur de la constante de temps τ du dipôle RC ?

d. Quelle est la valeur de la tension u_{AB} à $t = \tau$? En déduire la valeur de l'intensité à $t = \tau$.

9 Modèle du dipôle *RC*

→ FICHES 54 et 55

À l'aide d'un ordinateur équipé d'une carte d'acquisition, le montage schématisé ci-contre permet de suivre l'évolution de la tension u_{AB} aux bornes d'un condensateur de capacité C monté en série avec une résistance $R = 100\ \Omega$.

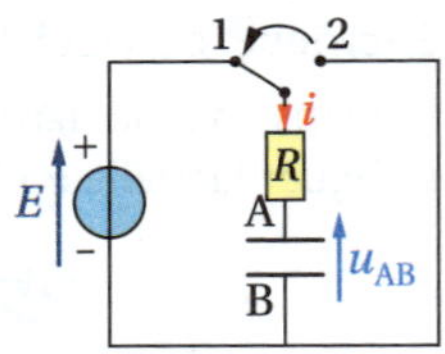

Le commutateur est laissé longtemps en position 2 puis à $t = 0$, on le bascule en position 1 en déclenchant simultanément l'enregistrement de l'évolution de u_{AB}.

Quelques-unes des valeurs acquises sont fournies :

t (ms)	0	0,10	0,20	0,30	0,40	0,50	0,60	0,70	0,80	1,0	1,2	2,0	3,0
u_{AB} (V)	0,0	1,5	2,5	3,2	3,7	4,1	4,4	4,6	4,7	4,8	4,9	5,0	5,0

a. Expliquer l'intérêt de laisser longuement le commutateur en position 2 avant de procéder à l'acquisition des valeurs.

b. En respectant les conventions d'orientation indiquées sur le schéma, montrer que u_{AB} obéit à une équation différentielle de la forme : $\tau\frac{du_{AB}}{dt} + u_{AB} = E$.
Identifier la constante τ.

c. Quelle est l'unité internationale de $\frac{du_{AB}}{dt}$? En déduire l'unité de τ et justifier l'appellation « constante de temps » qui lui est attribuée.

d. La solution de l'équation différentielle est de la forme $u_{AB}(t) = ae^{-\frac{t}{\tau}} + b$ avec a et b des constantes.

Résoudre l'équation différentielle et en déduire que $u_{AB}(t) = E\left(1 - e^{-\frac{t}{\tau}}\right)$.

e. Calculer $\frac{u_{AB}(\tau)}{E}$. En déduire une définition de la constante de temps.

f. Le temps $t_{1/2}$ de demi-charge est tel que $\frac{u_{AB}(t_{1/2})}{E} = 0{,}5$.

Parmi les propositions suivantes, indiquer celle qui est exacte en justifiant sans calcul :

- **Proposition 1** : $t_{1/2} = \tau \ln 2$;
- **Proposition 2** : $t_{1/2} = \frac{\tau}{\ln 2}$;
- **Proposition 3** : $t_{1/2} = \frac{\ln 2}{\tau}$.

Donnée : $\ln 2 = 0{,}693$.

g. À partir des valeurs enregistrées, déterminer E et $t_{1/2}$. En déduire la valeur de C.

CONSEILS
Soyez vigilant avec l'unité de $t_{1/2}$.

h. Établir l'expression de l'intensité i en fonction de u_{AB}, E et R.

i. En déduire que $i(t) = i_0 e^{-\frac{t}{\tau}}$ et déterminer la valeur de la constante i_0.

j. L'affirmation suivante est-elle exacte ? Justifier la réponse.
« Lors de la charge du condensateur, l'intensité traversant le dipôle RC est décroissante de même que la tension à ses bornes. »

10 Tension et courant de décharge

→ FICHES 54 à 56

La décharge d'un condensateur est étudiée à l'aide du montage ci-contre. L'interrupteur est laissé longuement en position 1, puis à $t = 0$, on le bascule en position 2.

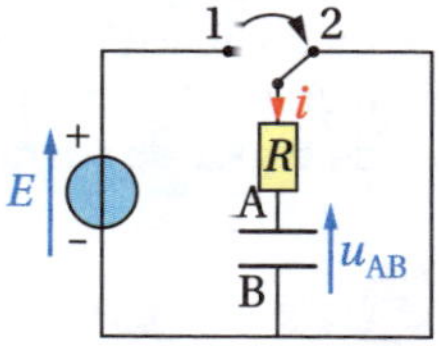

L'évolution temporelle de la tension u_{AB} (Figure 1) et celle de l'intensité i (Figure 2) sont enregistrées à l'aide d'un système d'acquisition informatisé. Les enregistrements obtenus sont les suivants :

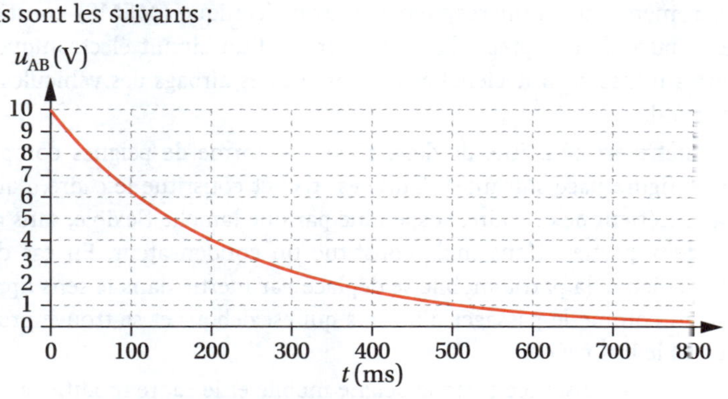

Figure 1. Évolution de la tension u_{AB}

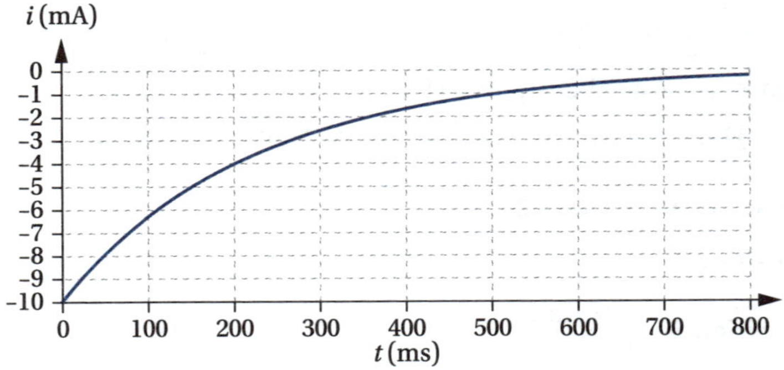

Figure 2. Évolution de la l'intensité *i*

a. Expliquer l'intérêt de laisser longuement l'interrupteur en position 1 avant de procéder à la décharge.

b. Interpréter le signe de l'intensité *i* sur l'enregistrement.

c. En expliquant précisément le raisonnement mis en œuvre, déterminer les valeurs de *E*, *R* et *C*.

OBJECTIF BAC

11 Étude d'un airbag

40 min

Ce sujet s'intéresse au principe de déclenchement de l'airbag d'un véhicule grâce à un capteur capacitif d'accélération. C'est l'occasion d'utiliser le modèle du dipôle *RC* et la constante de temps de charge d'un condensateur.

LE SUJET

Un accéléromètre est un microsystème électromécanique (MEMS) constitué sur une même puce d'un capteur d'accélération et d'un circuit électronique. Il est entre autres utilisé pour déclencher le gonflage des airbags des véhicules en cas de choc brutal.

L'accéléromètre est constitué de deux pièces en forme de peignes complémentaires (voir figure page suivante). L'une est fixe et constitue le cadre, l'autre est mobile à l'intérieur de ce cadre, suspendue par une lamelle flexible, sans contact entre les deux parties. L'ensemble constitue un condensateur. En cas de choc brutal du véhicule, la partie mobile se déplace par inertie dans le sens opposé au mouvement, comme le passager d'un bus qui est debout et se trouve projeté en avant quand le bus freine.

Ce changement de distance entre le peigne mobile et le cadre modifie la capacité du condensateur. Dès que le circuit intégré détecte ce changement de capacité, il commande le gonflage de l'airbag, avant même que le conducteur et les passagers du véhicule ne soient projetés en avant.

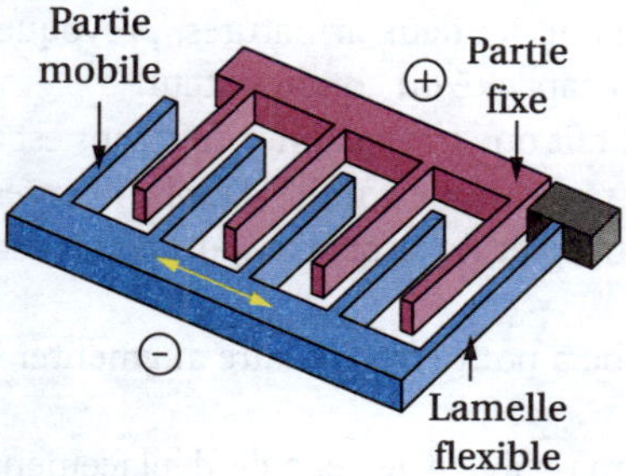

La modélisation du capteur d'accélération est la suivante : le peigne mobile et le cadre constituent un condensateur, de capacité C = 100 pF = 1,0 × 10^{-12} F, branché en série avec un dipôle ohmique de résistance R et un générateur idéal délivrant une tension E = 5,0 V.

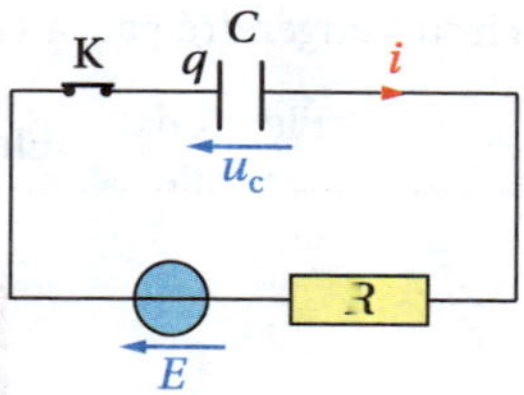

Partie 1 Comportement de l'accéléromètre en dehors de chocs

La mise sous tension de l'accéléromètre revient à fermer l'interrupteur K du montage modélisant le dispositif. Le condensateur étant préalablement déchargé, à l'instant t = 0, on ferme l'interrupteur. Les courbes représentant les variations de la tension aux bornes du condensateur et de l'intensité du courant en fonction du temps sont les suivantes :

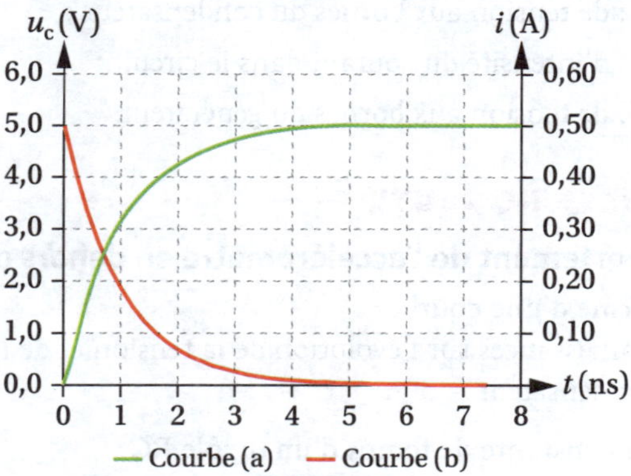

a. Identifier, en le justifiant qualitativement, la courbe correspondant à la tension et celle correspondant à l'intensité.

b. Déterminer graphiquement la valeur de la constante de temps du dipôle RC. Comparer cette valeur à la durée d'un choc de l'ordre de 200 ms.

c. En déduire la valeur de la résistance R.

d. Déterminer la valeur de la charge électrique du condensateur à la fin du processus de charge.

Partie 2 Déclenchement de l'airbag

e. En supposant que le modèle du condensateur plan est applicable, expliquer pourquoi le rapprochement des deux armatures, provoqué par un choc, entraîne une augmentation de la capacité du condensateur.

f. En tenant compte du fait que la constante de temps est très faible, on considérera que la valeur de la résistance est nulle. Établir l'expression de la tension aux bornes du condensateur u_C et de la charge q du condensateur avant le choc, en fonction de E.

g. En déduire que le choc a pour effet de faire augmenter la charge q du condensateur.

h. Indiquer sur le schéma suivant le sens de déplacement des électrons dans le circuit engendré par la variation de charge q du condensateur.

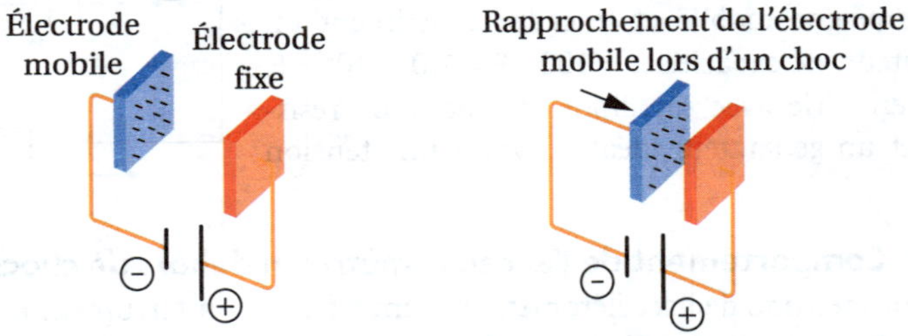

i. Parmi les propositions suivantes, identifier, en le justifiant, celle qui est exacte. Le déclenchement du gonflage de l'airbag est commandé par la détection d'une variation :

- **proposition 1** : de tension aux bornes du condensateur ;
- **proposition 2** : d'intensité du courant dans le circuit ;
- **proposition 3** : de tension aux bornes du générateur.

LA FEUILLE DE ROUTE

Partie 1 Comportement de l'accéléromètre en dehors de chocs

a. Analyser la forme d'une courbe → FICHE 55

Mobilisez vos connaissances sur l'évolution de la tension et de l'intensité lors de la charge d'un condensateur.

b. Déterminer la constante de temps d'un dipôle RC

Appuyez-vous sur la méthode de la → FICHE 55.

c. Réaliser un calcul → FICHE 55

Utilisez l'expression de la constante de temps en fonction de R et C en étant vigilant sur les unités à employer.

d. Extraire des informations et réaliser un calcul → FICHES 54 et 55

Exploitez la courbe fournie pour connaître la valeur de la tension à la fin du processus de charge.

Partie 2 Déclenchement de l'airbag

e. Raisonner à partir d'une expression littérale → FICHE 54
Utilisez l'expression de la capacité d'un condensateur plan en fonction de ses caractéristiques géométriques pour raisonner.

f. Utiliser la loi des mailles → FICHE 55
Exprimez la loi des mailles en négligeant la résistance.

g. Utilisez la relation de proportionnalité entre charge et tension → FICHE 54
Appuyez-vous sur le résultat de la question e.

h. Faire le lien entre évolution de la charge du condensateur et déplacement d'électrons → FICHE 53
Réfléchissez à l'évolution de la charge portée par chaque armature.

i. Exploitez les informations → FICHES 54 et 55
Mobilisez certains résultats précédents pour conduire votre raisonnement.

CORRIGÉS

SE TESTER QUIZ

1 Condensateur

Réponse b. L'affirmation **a** est fausse car les deux armatures d'un condensateur portent la même charge électrique en valeur absolue, mais l'une porte une charge positive tandis que la deuxième porte une charge négative.
L'affirmation **b** est vraie puisque $q_A + q_B = 0$.
L'affirmation **c** est fausse. L'intensité i qui sort de B est identique à l'intensité qui entre en A donc $i = \frac{dq_A}{dt}$ or $q_A = -q_B$ donc $i = \frac{-dq_B}{dt}$.

2 Capacité d'un condensateur

Réponse b. L'affirmation **a.** est fausse car le coulomb (C) est l'unité de charge électrique. Une capacité s'exprime en farads (F).

À NOTER
Ne pas confondre le symbole C représentant une capacité avec le symbole C du coulomb.

L'affirmation **b** est vraie puisque $q_A = Cu_{AB}$.
L'affirmation **c** est fausse. La capacité d'un condensateur plan diminue avec la distance entre les armatures et augmente avec l'aire des armatures.

3 Dipôle *RC* : charge d'un condensateur

Réponses a et b.

L'affirmation **a** est vraie. Le condensateur se charge jusqu'à ce que la tension entre ses bornes atteigne la valeur E délivrée par le générateur de tension idéale.

L'affirmation **b** est vraie. La charge q_A croît jusqu'à la valeur CE car $q_A = Cu_{AB}$ et la tension u_{AB} prend la valeur E à la fin de la charge du condensateur.

L'affirmation **c** est fausse car le temps caractéristique $\tau = RC$ est indépendant de la valeur de E, donc le temps de charge est toujours le même pour un dipôle RC donné quelle que soit la valeur de la tension de charge.

4 Dipôle *RC* : décharge d'un condensateur

Réponse a.

L'affirmation **a** est vraie car $u_{AB}(0) > 0$ et $q_A = Cu_{AB}$ donc $q_A\ (0) > 0$.

L'affirmation **b** est fausse car lorsqu'un condensateur se décharge dans une résistance, la valeur absolue de l'intensité du courant décroît exponentiellement.

L'affirmation **c** est fausse car lorsque le condensateur est déchargé à 63 %, la tension n'est plus qu'à 37 % de sa valeur initiale : $u_{AB}(\tau) = 0{,}37\ u_{AB}(0)$.

S'ENTRAÎNER

5 Quantité de matière d'électrons

a. La charge portée par A est $q_A = Cu_{AB} = 330 \times 10^{-6} \times 10{,}0 = 3{,}30 \times 10^{-3}$ C.

La charge portée par B est $q_B = -q_A = -3{,}30 \times 10^{-3}$ C.

b. La charge d'un électron est $-$e. En valeur absolue, la charge d'une mole d'électrons est donc égale à N_Ae.

La plaque A est positive, elle a donc un défaut d'électrons et la quantité de matière correspondante est $n(e^-) = \dfrac{q_A}{N_A e} = \dfrac{3{,}30 \times 10^{-3}}{6{,}022 \times 10^{23} \times 1{,}602 \times 10^{-19}} = 3{,}42 \times 10^{-8}$ mol.

La plaque B porte un excès de $3{,}42 \times 10^{-8}$ mol d'électrons.

À NOTER

Le produit $N_A e = 9{,}649 \times 10^4$ C·mol^{-1} est appelé constante de Faraday : c'est la charge globale d'une mole de charges élémentaires.

6 Unités

a.

	Tension	Intensité	Charge	Résistance	Capacité	Temps
Unité SI	volt	ampère	coulomb	ohm	farad	seconde
Symbole	V	A	C	Ω	F	s

b. I. Selon la loi d'ohm $u = Ri$, une résistance est le quotient d'une tension sur une intensité donc $1\ \Omega = 1\ \text{V}\cdot\text{A}^{-1}$ (**proposition 2**).

II. Selon l'expression $i = \frac{dq_A}{dt}$, une intensité à la dimension d'une charge sur un temps donc : $1\ A = 1\ C \cdot s^{-1}$ soit $1\ C = A \cdot s$ (**proposition 1**).
III. Selon l'expression $q_A = Cu_{AB}$, une capacité est le quotient d'une charge sur une tension donc : $1\ F = 1\ C \cdot V^{-1}$ (**proposition 3**).
c. La constante $\tau = RC$ est le produit d'une résistance par une capacité, elle s'exprime donc en $\Omega \cdot F$.
Or $1\ \Omega = 1\ V \cdot A^{-1}$ et $1\ F = 1\ C \cdot V^{-1}$ donc $1\ \Omega \cdot F = 1\ C \cdot A^{-1}$.
Par ailleurs, $1\ C = A \cdot s$ donc $1\ \Omega \cdot F = 1\ s$. La constante $\tau = RC$ s'exprime donc en secondes d'où son nom : constante de temps.

7 En vingt-trois secondes chrono

a. Vrai. Le condensateur est initialement déchargé car la tension u_{AB} est nulle au début de la charge.
b. Faux. À $t = 23$ s, $u_{AB} = 2{,}5$ V soit la moitié de la tension maximale de 5 V, le condensateur n'est donc chargé qu'à 50 %. Or la constante de temps τ est le temps nécessaire pour que le condensateur soit chargé à 63 %. Par conséquent τ est supérieur à 23 s.
c. Vrai. La constante de temps est telle que $\tau > 23$ s soit $RC > 23$ s. La capacité du condensateur est $C = 330\ \mu F = 3{,}3 \times 10^{-4}$ F donc $R > \frac{\tau}{C}$ soit $R > 70\ k\Omega$ et donc $R > 47\ k\Omega$.

8 Courant de charge

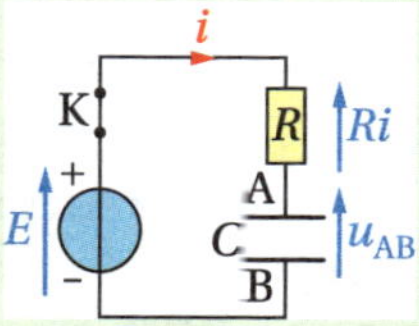

a. La loi des mailles et la loi des nœuds conduisent à l'expression : $Ri + u_{AB} = E$.
À $t = 0$, le condensateur est déchargé donc $u_{AB}(0) = 0$ et par conséquent l'intensité initiale est :
$i_0 = \frac{E}{R} = \frac{10{,}0}{470} = 0{,}0213\ A = 21{,}3\ mA$.
b. À la fin de la charge : $u_{AB} = E$ et par ailleurs $Ri + u_{AB} = E$ donc $i = 0$.
c. Constante de temps : $\tau = RC = 470 \times 47 \times 10^{-9} = 2{,}2 \times 10^{-5}\ s = 22\ \mu s$.
d. À $t = \tau$, le condensateur est chargé à 63 % soit $u_{AB} = 0{,}63E$.
La relation $Ri + u_{AB} = E$ devient alors $Ri = 0{,}37E$ et finalement :
$i = 0{,}37\frac{E}{R} = 0{,}37i_0 = 7{,}9\ mA$.

9 Modèle du dipôle *RC*

a. En laissant longuement le commutateur en position 2, on peut être sûr que le condensateur sera totalement déchargé, avant de procéder à sa charge.
b. La tension aux bornes de la résistance est Ri (loi d'Ohm).
La loi des mailles conduit à : $Ri + u_{AB} = E$.

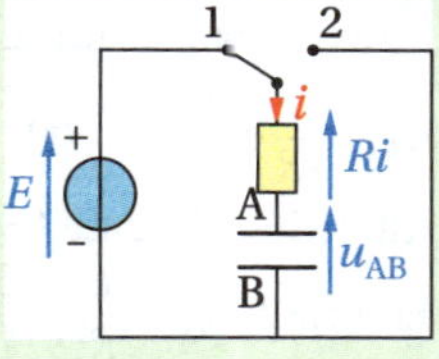

Avec $i = C\frac{du_{AB}}{dt}$, on obtient l'équation différentielle :
$RC\frac{du_{AB}}{dt} + u_{AB} = E$.
En posant $\tau = RC$, l'équation différentielle devient :
$\tau\frac{du_{AB}}{dt} + u_{AB} = E$.

c. La dérivée $\frac{du_{AB}}{dt}$ s'exprime en volts par seconde ($V \cdot s^{-1}$).

Dans l'équation différentielle, le terme $\tau \frac{du_{AB}}{dt}$ s'exprime en volts comme la tension u_{AB} auquel il est additionné. Par conséquent la constante τ s'exprime nécessairement en secondes. Il s'agit donc d'un temps égal au produit de deux constantes : R et C. C'est la raison pour laquelle on l'appelle « constante de temps ».

d. La solution de l'équation différentielle est de la forme $u_{AB}(t) = ae^{-\frac{t}{\tau}} + b$ avec a et b des constantes. En dérivant cette expression, on obtient : $\frac{du_{AB}}{dt} = -\frac{a}{\tau}e^{-\frac{t}{\tau}}$.

En reportant dans l'équation différentielle $\tau \frac{du_{AB}}{dt} + u_{AB} = E$, cela conduit à :

$\tau\left(-\frac{a}{\tau}e^{-\frac{t}{\tau}}\right) + ae^{-\frac{t}{\tau}} + b = E$ soit $b = E$.

Il suffit ensuite d'utiliser la condition initiale pour déterminer la valeur de a. Initialement, le condensateur est déchargé : $u_{AB}(0) = 0 = ae^{-\frac{0}{\tau}} + b$ soit $a + b = 0$.

Finalement, $a = -E$ et $b = E$ c'est-à-dire que la solution $u_{AB}(t) = ae^{-\frac{t}{\tau}} + b$ devient plus précisément : $u_{AB}(t) = E\left(1 - e^{-\frac{t}{\tau}}\right)$.

e. L'expression $u_{AB}(t) = E\left(1 - e^{-\frac{t}{\tau}}\right)$ conduit à $\frac{u_{AB}(\tau)}{E} = 1 - e^{-\frac{\tau}{\tau}} = 1 - e^{-1}$ soit $\frac{u_{AB}(\tau)}{E} = 0{,}63$. La constante de temps τ est donc le temps nécessaire pour que le condensateur soit chargé à 63 %.

f. Le temps τ correspond à un taux de charge de 63 % tandis qu'en un temps $t_{1/2}$ la charge n'est effectuée qu'à 50 %. Par conséquent $t_{1/2}$ est nécessairement inférieur à τ. La relation qui conduit à cette inégalité est donc : $t_{1/2} = \tau \ln 2 = 0{,}693\tau$.

Remarques : la relation $t_{1/2} = \frac{\tau}{\ln 2}$ conduirait à $t_{1/2} > \tau$ et la relation $t_{1/2} = \frac{\ln 2}{\tau}$ n'est pas homogène (un temps ne peut pas être égal à l'inverse d'un temps !).

g. Dans le tableau, on constate que :

– la valeur limite de u_{AB} est 5,0 V donc $E = 5{,}0$ V ;

– u_{AB} atteint $\frac{E}{2} = 2{,}5$ V au bout de 0,20 ms donc $t_{1/2} = 0{,}20$ ms.

L'expression $t_{1/2} = \tau \ln 2 = RC \ln 2$ permet de calculer :

$C = \frac{t_{1/2}}{R \ln 2} = \frac{0{,}20 \times 10^{-3}}{100 \times 0{,}693} = 2{,}9 \times 10^{-6}\ \text{F} = 2{,}9\ \mu\text{F}$.

CONSEILS
N'oubliez pas d'exprimer $t_{1/2}$ en s.

h. La relation $Ri + u_{AB} = E$ conduit à $i = \frac{E - u_{AB}}{R}$.

i. Avec l'expression $u_{AB}(t) = E\left(1 - e^{-\frac{t}{\tau}}\right)$, on obtient alors :

$i(t) = \frac{E}{R}e^{-\frac{t}{\tau}}$ soit $i(t) = i_0 e^{-\frac{t}{\tau}}$ avec $i_0 = \frac{E}{R}$. La constante i_0 est l'intensité initiale (ou intensité à la date $t = 0$) car $i(0) = i_0 e^0 = i_0$.

Elle vaut : $i_0 = \frac{E}{R} = \frac{5{,}0}{100} = 5{,}0 \times 10^{-2}\ \text{A} = 50\ \text{mA}$.

j. L'intensité $i(t) = \frac{E}{R}e^{-\frac{t}{\tau}}$ est décroissante donc la tension Ri aux bornes de la résistance est décroissante mais la tension totale aux bornes du dipôle RC reste constante (de valeur 5,0 V) car $Ri + u_{AB} = E$. L'affirmation est donc fausse.

10 Tension et courant de décharge

a. En laissant longuement le commutateur en position 1, il est certain que le condensateur sera totalement chargé. Ainsi, au début de la décharge, la tension entre ses bornes est égale à la tension E délivrée par le générateur.

b. On constate sur l'enregistrement que l'intensité i au cours de la décharge est négative. Cela signifie que le courant circule dans le sens inverse du sens indiqué sur le schéma. En effet, à $t = 0$, la tension $u_{AB}(0) = E$ est positive donc le condensateur se comporte comme un générateur dont la borne positive est l'armature A. Le courant circule donc, à l'extérieur du générateur, de A vers B.

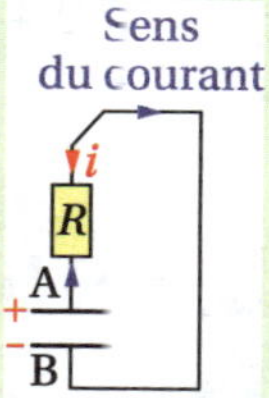

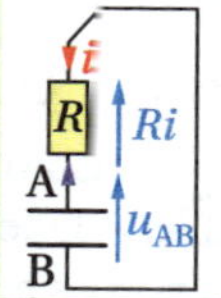

c. • **Valeur de E.** La tension aux bornes du condensateur est égale à E au début de la décharge donc par lecture graphique, on obtient : $E = 10$ V.

• **Valeur de R.** La loi des mailles et la loi d'Ohm permettent d'écrire : $Ri + u_{AB} = 0$. À $t = 0$: $u_{AB}(0) = E$ et donc $Ri(0) + E = 0$. L'intensité initiale dans le circuit de décharge (notée $i(0)$ ou i_0) s'exprime donc par la relation $i_0 = -\frac{E}{R}$.

Par lecture graphique, on obtient $i_0 = -10$ mA. La valeur de la résistance R est donc $R = -\frac{E}{i_0} = -\frac{10}{-10 \times 10^{-3}} = 1,0 \times 10^3\ \Omega = 1,0\ \text{k}\Omega$. Le résultat est exprimé avec deux chiffres significatifs, en supposant que les valeurs extraites des graphes sont exprimables aussi avec deux chiffres significatifs.

• **Valeur de C.** Pour déterminer la valeur de C, il faut au préalable connaître la valeur de la constante de temps $\tau = RC$ puis en déduire C.

Deux méthodes graphiques sont possibles → FICHE 56 à partir de la représentation de $u_{AB}(t)$:

– tracer la tangente à l'origine et lire la valeur de τ à l'intersection de cette tangente et de l'axe des abscisses ;

– déterminer l'abscisse du point d'ordonnée $u_{AB}(\tau) = 0,37E = 3,7$ V. En effet au bout d'un temps τ, le condensateur est déchargé à 63 %, c'est-à-dire que la tension à ses bornes n'est plus que de 37 % de sa charge initiale.

En appliquant ces deux méthodes (voir graphique page suivante), on obtient $\tau = 220$ ms donc :

$$C = \frac{\tau}{R} = \frac{220 \times 10^{-3}}{1,0 \times 10^3} = 220 \times 10^{-6}\ \text{F} = 220\ \mu\text{F ou } 0,22\ \text{mF}.$$

À NOTER

Une méthode similaire aurait pu être appliquée sur la courbe $i(t)$ et aurait permis de trouver la même valeur de la constante de temps.

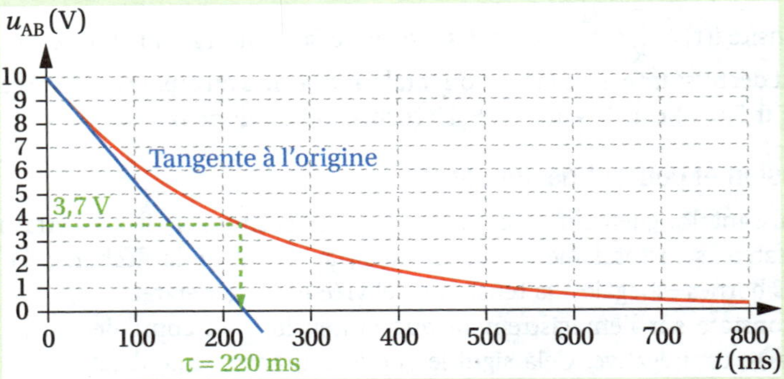

OBJECTIF BAC

11 Étude d'un airbag

Partie 1 Comportement de l'accéléromètre en dehors de chocs

a. À l'instant $t = 0$, le condensateur est déchargé donc la tension à ses bornes est nulle. À la fermeture de l'interrupteur K, le condensateur se charge. La tension u_c à ses bornes augmente jusqu'à atteindre la valeur $E = 5{,}0$ V délivrée par le générateur. La courbe (a) représente donc la courbe $u_c = f(t)$.

Pendant cette charge, l'intensité électrique, maximale à $t = 0$, décroît jusqu'à atteindre une valeur nulle lorsque le condensateur est chargé. La courbe (b) représente donc la courbe $i = f(t)$.

b. Pour déterminer la valeur de la constante de temps, deux méthodes sont possibles → FICHE 55 :

- tracer la tangente à $t = 0$ coupant la droite d'équation $u_C = 5{,}0$ V au point d'abscisse τ ;
- repérer le point d'ordonnée : $u_c = 0{,}63 \times 5{,}0 = 3{,}2$ V qui a pour abscisse τ.

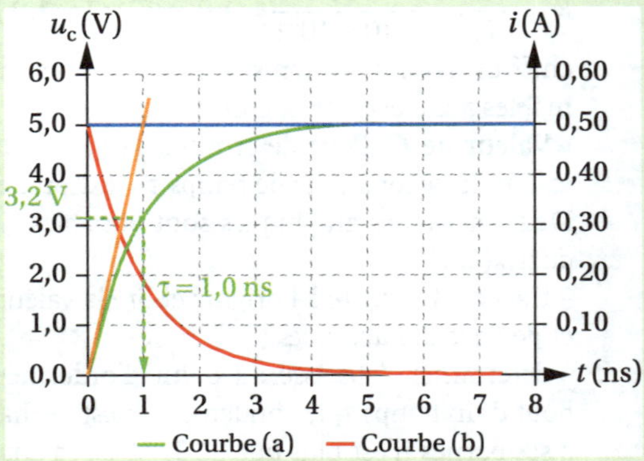

Cette constante de temps $\tau = 1{,}0$ ns est très faible par rapport à la durée d'un choc (200 ms).

c. L'expression de la constante de temps $\tau = RC$ donne :

$$R = \frac{\tau}{C} = \frac{1{,}0 \times 10^{-9}}{100 \times 10^{-12}} = 1{,}0 \times 10^{1}\ \Omega \text{ soit une résistance } R = 10\ \Omega.$$

d. La charge du condensateur est proportionnelle à la tension à ses bornes : $q = Cu_C$.
Lorsque la charge est terminée : $q = CE$ donc $q = 100 \times 10^{-12} \times 5{,}0 = 5{,}0 \times 10^{-10}$ C c'est-à-dire $q = 0{,}50$ nC.

Partie 2 Déclenchement de l'airbag

e. La capacité du condensateur, supposé plan, s'exprime par la relation : $C = \varepsilon \frac{S}{e}$.
Lors du freinage, les deux armatures se rapprochent, c'est-à-dire que la distance e est réduite. Par conséquent la capacité C, inversement proportionnelle à e, augmente.

f. Avant le choc, l'interrupteur a été fermé au moment de la mise sous tension de l'accéléromètre.

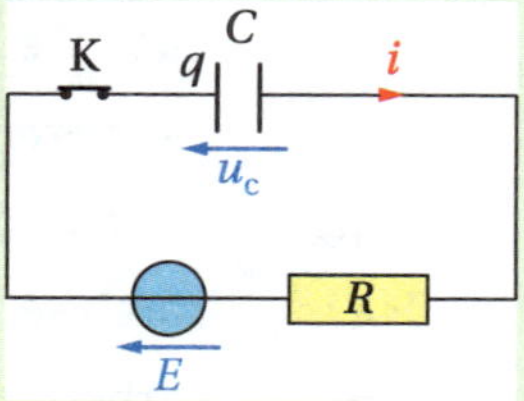

Comme la résistance R est négligeable, on a alors :
$u_C = E$ et $q = Cu_C = CE$.

g. Lors du choc, la capacité C augmente et la tension E reste inchangée. Par conséquent, la charge $q = CE$ augmente.

h. La charge du condensateur augmente donc des électrons se dirigent vers l'armature déjà chargée négativement et des électrons quittent l'armature chargée positivement.

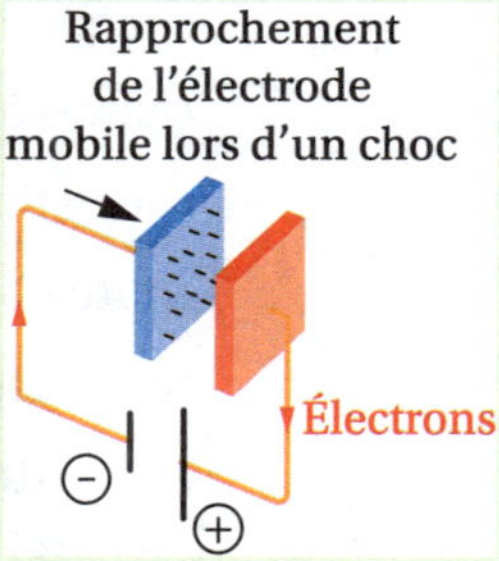

i. La variation de la charge q lors du choc provoque l'apparition d'un courant dans le circuit. En revanche, la tension E délivrée par le générateur ne varie pas. Comme la tension aux bornes du condensateur chargé vaut E, elle ne varie pas non plus. Par conséquent, le déclenchement du gonflage de l'airbag est commandé par la détection d'une variation d'intensité du courant dans le circuit (**proposition 2**).

INDEX

O P Q

R

S

T

V Z

IMPRIM'VERT

PAPIER À BASE DE FIBRES CERTIFIÉES

Hatier s'engage pour l'environnement en réduisant l'empreinte carbone de ses livres. Celle de cet exemplaire est de :
1.3 kg éq. CO_2
Rendez-vous sur www.hatier-durable.fr

Achevé d'imprimer en Italie par L.E.G.O. S.p.A. - Lavis (TN)
Dépôt légal n° 06466-9/02 - Septembre 2021